2021 年版

全国一级建造师执业资格考试一次通关

机电工程管理与实务

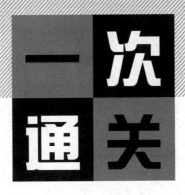

品思文化专家委员会 组织编写

侯杏莉 主编

中国建筑工业出版社

图书在版编目（CIP）数据

机电工程管理与实务一次通关/品思文化专家委员
会组织编写；侯杏莉主编. —北京：中国建筑工业出
版社，2021.6
（2021年版全国一级建造师执业资格考试一次通关）
ISBN 978-7-112-26113-0

Ⅰ. ①机… Ⅱ. ①品… ②侯… Ⅲ. ①机电工程－工
程管理－资格考试－自学参考资料 Ⅳ. ① TH

中国版本图书馆CIP数据核字（2021）第079243号

责任编辑：李笑然
责任校对：芦欣甜

2021年版全国一级建造师执业资格考试一次通关

机电工程管理与实务一次通关

品思文化专家委员会　组织编写

侯杏莉　主编

*

中国建筑工业出版社出版、发行（北京海淀三里河路9号）

各地新华书店、建筑书店经销

北京建筑工业印刷厂制版

北京京华铭诚工贸有限公司印刷

*

开本：787毫米×1092毫米　1/16　印张：25¾　字数：590千字

2021年5月第一版　　2021年5月第一次印刷

定价：**65.00**元

ISBN 978-7-112-26113-0

（37596）

品思文化专家委员会
（按姓氏笔画排序）

王树京　龙炎飞　成立芹　关　宇　许名标

苏永奕　李　想　张　铭　张少华　陈　印

陈　明　赵长歌　胡宗强　侯杏莉　徐云博

涂雪芝　梅世强　董美英　游　霄

前　言

自2004年全国首次举行一级建造师执业资格考试以来，已经举行了十余次。10多年来，一级建造师考试题目难度逐渐加大、灵活性越来越强、与工程实践的结合越来越紧密，考试的通过率越来越低。为了更好地帮助广大考生复习应考，提高考试通过率，我们专门组织国内顶级名师，依据最新版"考试大纲"和"考试用书"的要求，对各门课程的历年考情、核心考点、考题设计等进行了全面的梳理和剖析，精心编写了一级建造师执业资格考试一次通关辅导丛书，丛书共分6册，分别为《建设工程经济一次通关》《建设工程项目管理一次通关》《建设工程法规及相关知识一次通关》《建筑工程管理与实务一次通关》《机电工程管理与实务一次通关》《市政公用工程管理与实务一次通关》。

《机电工程管理与实务一次通关》主要包括以下四个部分：

1. "导学篇"——分析了2017—2020年度真题考点及分值分布、命题涉及的核心考点、各个考点的复习难度、命题规律及复习技巧，为考生提供清晰的复习思路，突出重点、把握规律，帮助制定系统全面的复习计划。

2. "核心考点升华篇"——①"考情剖析"：归纳各章节近几年核心考点及分值分布，让考生大体了解知识点；②"核心考点剖析"：按照章节顺序，提炼每节核心考点提纲，针对各个核心考点，结合真题或模拟题，总结各种典型考法，深入剖析核心考点，使考生全面了解考试命题意图、明晰解题思路；③"经典真题回顾"：针对每个核心考点，以单选、多选分别罗列的形式，精选1～2道典型真题，使考生做到心中有底；④"模拟强化练习"：针对每个核心考点，按照教材章节顺序，选取部分典型模拟题，使考生全面扎实掌握各个知识点。

3. "近年真题篇"——对近2年考试真题进行了详细解析，让考生全面了解考试内容，提前体验考试场景，尽快进入考试状态。

4. "模拟预测篇"——以最新考试大纲要求和最新命题信息为导向，参考历年试题核心考点分布情况，精编2套模拟预测试卷，并对难点进行解析。试题覆盖全部核心考点，力求预测2021年命题新趋势，帮助广大考生准确把握考试命题规律。

本系列丛书具有以下三大特点：

1. "全"——对近年一建考试真题核心考点进行了全面归纳和剖析，点睛考点，总结考法，指明思路；每个核心考点都配套了历年典型真题和模拟题，帮助考生消化考点内容，加深对知识点的理解，拓宽解题思路，提高答题技巧；结合核心考点，精心编写模拟预测试卷并对难点进行解析，帮助考生进一步巩固知识点。

2. **"新"**——严格依据最新考试用书和考试大纲，充分体现了 2021 年考试趋势；体例新颖，每一核心考点均总结各种考法，并对其进行精准剖析，理清解题思路，提炼答题技巧，每节附模拟强化练习并逐一解析，使考生举一反三，尽快适应 2021 年的考试要求。

3. **"简"**——核心知识点罗列清晰，在涵盖所有考点的前提下，简化考试用书内容，使考生一目了然，帮助考生在短时间内将考试用书由厚变薄，节省时间，掌握考点。

本系列丛书在编写过程中得到了诸多专家学者的指点，在此一并表示感谢！由于时间仓促，虽经反复推敲和校阅，书中难免有疏漏和不当之处，敬请广大考生批评指正。

扫描下方图书小程序码，即可获取精编冲刺试卷及详解。

冲刺试卷及详解

愿我们的努力能够帮助大家顺利通过考试！

目 录

导 学 篇

核心考点升华篇

近年真题篇

模拟预测篇

导 学 篇

一、机电工程专业特点

机电工程专业建造师执业范围包括：机电安装工程、石油化工工程、电力工程、冶炼工程。涉及面广，知识点多，记忆量大，给考生复习带来了难度。

二、2017—2020年考点题型题量分值分布及命题规律

2017—2020 年考点题型题量分值分布

考题范围	题型	2020 年	2019 年	2018 年	2017 年
机电工程技术	选择题	30	27	26	24
	实务操作和案例分析题	60	59	30	53
		实务操作 2 分	实务操作 22 分	实务操作 12 分	
机电工程项目施工管理	选择题	6	8	9	12
	实务操作和案例分析题	55	34	27	58
		2		实务操作 13 分	
机电工程项目施工相关法规与标准	选择题	4	5	5	4
	实务操作和案例分析题		5	12	3
		实务操作 1 分			
其他				实务操作 26 分	公共课 6 分
总分		160	160	160	160

近几年的机电工程实务的考试要求考生更注重运用所学知识，分析和解决机电工程项目现场实际问题的能力，第一章技术部分考核比例很大，往年都会考核到第一章的技术部分的知识点，如起重技术、机械设备安装技术、管道工程安装技术、电气工程安装技术、通风与空调安装技术、电梯工程安装技术等考核的频率都非常高。第二章施工管理部分的有些重要考点也是年年出题，如合同管理中的工期和费用的索赔计算、进度管理（网络图和横道图的绘制、优化调整），质量管理和安全管理也都是每年必考的内容。第三章相关法规与标准每年有 10~20 的分值，特种设备安全法和工业及建筑安装工程施工质量验收标准常会考核实务操作和案例分析题。

考生要多看往年真题，研究真题可以帮助考生又快又好地理解考试的重点、考试的形式、答题的方式。

三、实务操作和案例分析题的题型

实务操作和案例分析题解答，需要知识点表述的严谨性、完整性和综合性要求，实务操作和案例分析题不像选择题有备选项，需要考生在理解案例背景的基础上，结合相关专

业知识进行答题。所以回答问题，往往受对背景的理解、相关专业知识的掌握程度、语言的组织和表达能力的影响，难以得高分。这就要求考生既要熟练掌握知识点，也要了解案例基本题型。

1. 简答题或补缺题

简答题，是考试出现最多的一种题型，主要考查对理论知识点的掌握。也可以设置成补缺题，背景中提到几点，问还缺哪几点，这时候注意要将背景中提到的"关键语句"和教材中知识点联系起来，这也是提醒我们到底考核的是哪个部分知识点的重要线索，该类题型难度不大，一般直接按教材中原文作答，不必展开论述。

2. 判断分析题

判断分析题是考试出现较多的一种题型，有一定难度。着重考核应考者分析组织资料的能力、综合剖析的能力和表达能力。能否得分取决于对题意的把握和分析，对所掌握知识的理解和灵活应用等。

判断题就是问是否正确。分析题通常就是在此基础上再问为什么或说明理由等。回答此类问题要充分利用背景材料中的条件，分层次的解答问题，并注意问题的问法、问什么答什么。答题要严谨、层次清晰、内容完整，最好指明"对错、理由、正确做法"三个方面。

3. 计算题

机电实务考核计算的地方并不太多，主要有起重技术中载荷的计算、工期和费用索赔、进度管理中赢得值法的费用和进度偏差计算，成本管理中的方案比选，成本降低率的计算，预结算中的清单费用合成和综合单价调整等内容。考试时，一定要写出计算过程，不要只写结果，同时也要注明单位。

四、答题技巧

单项选择题难度较小，答题要稍快，同时注意准确率，无论是难题还是容易题，都要把4个选项看齐全，不要因为轻视考题，掉入小陷阱里；对已选定的选项不要轻易修改。多项选择题要多思考，谨慎选择，选择自己有充分把握的选项，似是而非的选项都不要选，宁缺毋滥，保证得分。

实务操作和案例分析题的背景资料一般都比较长，考试时间紧迫，所以作答时注意先快速读问题，带着问题看背景，再迅速联想到相应知识点，先做最熟悉最有把握的。可以先在试卷上列出答题关键词，再通过关键词扩展后再写到答题卷上。答题时注意问什么答什么，针对性要强，叙述简明，尽量使用教材上的关键词和语句。卷面一定要整洁、书写工整，条理清晰（用1、2、3条的方式来叙述），卷面上每行的文字不要太多，多换行多写几个小段，这样便于阅卷老师快速地找到关键词。特别需要注意的是，每个实务操作和案例分析题的答题都要答在指定页面范围内，否则无相关得分。

五、学习方法

1. 制订好自己的复习计划

首先，先计划好自己本年度考哪几科，如果时间不是很充足的话，也可以分两个年度考完，如果分两个年度完成考试，建议实务科目也要在第一年进行考试。

实务是通过考试的关键科目，费时最多，要多安排些时间，复习可分三个阶段：

第一阶段：基础攻坚阶段。教材到手后，第一遍学习是最费时间的。要依据真题先弄明白哪些是重点？哪些是难点？哪些是考过的？哪些还没有考过的又会是以后考核的重点。这个阶段不要求去熟记，只要理解，把教材内容吃透，建立知识的框架体系。当然也可以训练一下自己的快速记忆能力，这对后期的复习也是有帮助的。

第二阶段：7～8月份，在第一阶段对知识点的分析基础上要加深对重要知识的理解以及内在的逻辑联系，这样内容就压缩了也就把书读薄了，这个阶段要通过做题，强化记忆，训练答题技巧与速度。这个阶段要注意对知识点的反复复习，增加记忆的牢固性。建议把重要知识点的关键词及词句摘抄到一个随身携带的本子上，充分利用零散的时间来随时翻看、记忆。

第三阶段：9月份，临考的这个月，要归纳考点，进行实战的模考练习，查漏补缺。

2. 看书和做题相结合

本书在每一个核心考点后面、每章节后面都有常考题型、强化练习题和综合测试题，通过这些题目的练习，可以加深对知识点的理解和巩固复习效果，通过做题领会实务操作和案例分析题的语言组织、答题技巧，体会在掌握基本知识点的基础上，怎样可以获得较多的分值。

3. 树立必胜的信心

计划只有付诸行动才有效，学习需要静下心来，不能三天打鱼两天晒网，不能心存侥幸，要踏踏实实下足功夫，只要目标明确、方法得当，有决心、有恒心、有毅力，放平心态，循序渐进的学习，及早夯实基础，打一场有准备的战役，你一定能够攻克一级考试难关，使您的人生更上一层楼！为你的梦想起航吧，你一定会成功的！

核心考点升华篇

1H410000　机电工程技术

1H411000　机电工程常用材料及工程设备

2017—2020 年度真题考点分值表

命题点	题型	2020 年	2019 年	2018 年	2017 年
1H411010 机电工程常用材料	单选	1	1	1	1
	多选				
	案例				
1H411020 机电工程常用工程设备	单选	1	1	1	
	多选				
	案例				

1H411010　机电工程常用材料

核 心 考 点 提 纲

机电工程常用材料 { 常用金属材料的类型及应用
常用非金属材料的类型及应用
常用电气材料的类型及应用

1H411011　常用金属材料的类型及应用

核 心 考 点 及 可 考 性 提 示

考　点			2021 年可考性提示
黑色金属材料的 类型及应用	前述："黑色金属材料及分类描述"		★★
	黑色金属的类型	生铁	★
		钢	★★
		铸铁	★
	黑色金属材料的应用	钢板和钢管	★★
		型钢	★
		法兰	★
		阀门	★

考　点			2021 年可考性提示
有色金属材料的类型及应用	有色金属材料的类型		★
	有色金属材料的应用	铅及铅合金	★★★
		铜及铜合金	★★★
		镍及镍合金	★
		钛及钛合金	★
		贵重金属	★
		其他	★
常用金属复合材料的类型及应用	金属基复合材料的类型及应用		★
	金属层状复合材料的类型及应用		★
	金属与非金属复合材料的类型及应用	钢塑复合管	★
		铝塑复合管	★

★不大，★★一般，★★★极大

核心考点剖析

核心考点一、黑色金属（钢铁）材料

黑色金属（钢铁）材料以黑色矿物质为原料，经采选、冶炼、压延或铸造等形成的钢产品。

是以铁和碳为主要元素组成的合金。含碳量一般在 2% 以下，并含有其他元素的材料。

黑色金属（钢铁）材料通常分为——生铁、钢、半成品和最终产品。

也可按照 生产工序、外形、尺寸、表面状态 对黑色金属进行分类。

【考法题型及预测题】

1. 黑色金属可按（　　）等进行分类。

A. 化学成分　　　　　　　　　　　B. 生产工艺

C. 应用范围　　　　　　　　　　　D. 表面状态

2. 钢产品分类中，下列不属于黑色金属最终产品的是（　　）。

A. 钢板　　　　　　　　　　　　　B. 热轧槽钢

C. 无缝钢管　　　　　　　　　　　D. 铸钢件

【答案】

1. D；2. D

核心考点二、钢

【考法题型及预测题】

1. 牌号 Q355，其中 355 数值代表的含义是（　　）。

A. 最大屈服强度　　　　　　　　　B. 屈服强度下限值

7

C. 最大抗拉强度　　　　　　　　D. 抗拉强度下限值

【答案】B

【解析】Q355——"Q"为屈服强度第一个字母，"355"代表最小屈服强度值为355MPa（或 N/mm²）。

2. 在低合金钢与产品标准及其常用材料牌号中用（　　　）替代了Q345。

A. Q345A　　　　　　　　　　　B. Q345G

C. Q355　　　　　　　　　　　　D. Q370

【答案】C

【解析】材料牌号Q355，代替了产品标准中Q345。此外，符号Q，代表屈服强度；符号G，代表锅炉用钢；符号A代表质量等级，有A、B、C、D、E、F五个等级。

核心考点三、钢板和钢管——建筑管道材料的应用

场　合	适用的材料
生活污水	铸铁管或非金属管材（塑料管、混凝土管）
雨水管	铸铁管、镀锌和非镀锌管或非金属管材
室内热水系统	镀锌钢管、铜管和非金属管材
室内供暖系统	焊接钢管和镀锌钢管
室外生活给水管道	镀锌管、给水铸铁管、复合管或塑料管
室外排水管道	排水铸铁管或非金属管道
室外供热管网	按设计要求，设计无要求时： 管径≤40mm——焊接钢管； 管径 50～200mm——焊接钢管或无缝钢管； 管径>200mm——螺旋焊接钢管

核心考点四、型钢

型钢表面<u>不得有裂纹、结疤、折叠、夹渣和端面分层</u>。

<u>允许有深度（高度）不超过厚度公差之半的局部麻点、划痕及其他轻微缺陷</u>，但应保证型钢缺陷处的最小厚度。

核心考点五、法兰

【考法题型及预测题】

石油化工、压力容器钢制法兰用材料为板材和（　　　）。

A. 碳素钢铸件　　　　　　　　　B. 钢管

C. 锻件　　　　　　　　　　　　D. 铸铁件

【答案】C

【解析】加工钢制法兰、钢制阀门承压件用合金钢材料时，可用材料为锻件、板材、铸件和钢管；石油化工、压力容器钢制法兰用材料为板材和锻件。

核心考点六、有色金属的类型及应用

1. 有色金属又称为非铁金属，是<u>铁、锰、铬以外</u>的所有金属的统称。

2. 有色金属应用

有色金属	生　产	特别要求
铝及铝制品★★★	可以生产常压容器 设计压力不大于 8MPa 的压力容器	空气分离设备的铝制件 不得接触碱液
	铝及铝合金管一般用于设计压力不大于 1MPa，介质温度不超过 150℃的工业管道，可输送浓硝酸、醋酸、蚁酸、磷酸、脂肪酸、硫化氢、碳酸氢铵、尿素等介质；可用于不允许有铁离子污染介质的管道系统	
铜及铜合金★★★	空调与制冷设备使用的铜及铜合金无缝管常用材料有： ① 无氧铜 TU0；② 磷脱氧铜；③ 纯铜； ④ 锡青铜	空气分离设备的黄铜制件 不得接触氨气
镍及镍合金（容器）	在容器具体的腐蚀介质条件下，材料经制成容器后，要求：能具有优良的耐腐蚀性能，不但包括耐均匀腐蚀性能，必要时还包括耐晶间腐蚀性能和耐应力腐蚀性能等耐局部腐蚀性能	
	镍及镍合金的复合钢板的热处理制度应根据对耐蚀性能和力学性能的要求确定	
	当镍合金容器要求进行晶间腐蚀敏感性检验时，其所用焊条和焊丝也应进行相同方法与合格指标的晶间腐蚀敏感性检验	
镍及镍合金（工业管道）	镍及镍基合金的使用温度上限值——随介质或所处环境影响，例如：不含硫化氢环境较高、蒸汽较低些、含硫环境更低、含硫环境呈还原性比氧化性还低	
	镍及镍基合金在蒸汽环境中，镍、镍铜、镍铬铁、镍铁铬的使用温度上限依次提高	
钛及钛合金	（1）钛制焊接容器包括：壳体部件等为全钛、衬钛、复合板制容器； （2）可生产常压容器及设计压力不大于 35MPa 的钛制压力容器	所有容器用变形钛及钛合金材料的供货状态应为退火状态（M）
	钛能较好地抵抗氯离子的侵蚀，所以，钛材使用在与氯相关的介质中较多，如离子膜法烧碱生产中已大量使用钛材制造设备、管道和管配件等。 还有甲酸、醋酸、环氧丙烷等化工项目中均采用钛管道输送介质，以解决管道腐蚀问题，延长管道使用寿命	

【说明】《压力容器安全技术监察规程》中有规定，铝和铝合金在用于压力容器受压元件时，其设计压力不应大于 8MPa。

【考法题型及预测题】

有色金属材料的应用中，表述错误的是（　　　）。

A. 空气分离设备的铝制件耐碱液腐蚀

B. 空气分离设备的黄铜制件不得解除氨气

C. 镍及镍基合金的使用温度上限值随介质或所处环境影响

D. 所有容器用变形钛及钛合金材料的供货状态应为退火状态

【答案】A

【解析】空气分离设备的铝制件不得接触碱液，也即不耐碱液腐蚀。

1H411012　常用非金属材料的类型及应用

考　点			2021 年可考性提示
常用非金属材料的类型及应用	硅酸盐材料的类型及应用	水泥	★
		保温棉	★
		砌筑材料（详见炉窑砌筑）	★
		陶瓷	★
		特种新型的无机非金属材料	★
	高分子材料的类型及应用	塑料【2015 年单选】	★★★
		橡胶	★
		纤维	★
		涂料	★
		粘结剂	★
	非金属材料应用	非金属板材的应用【2016 年单选】	★★★
		非金属管材的应用	★★

★不大，★★一般，★★★极大

　　提示：表格中硅酸盐和高分子可以考分类的题。

核心考点剖析

核心考点一、硅酸盐材料

建筑工程中常见的有：水泥、保温棉、砌筑材料、陶瓷。

◆ 保温棉

常用保温棉的种类很多。常用的有 膨胀珍珠岩类、离心玻璃棉类、超细玻璃棉类、微孔硅酸壳、矿棉类、岩棉类 等。

◆ 砌筑材料

有色金属火法冶炼炉中使用最广泛的一类重要耐火材料是——镁质耐火材料。

属于碱性耐火材料，抵抗碱性物质的侵蚀能力较好，耐火度很高。

核心考点二、高分子材料

塑料：

（1）塑料分类及特性★★★

塑料分类	特　性	例如（2015 年单选）	优缺点
热塑性塑料	加工塑化后具有链状的线状分子结构，受热后又软化，可以反复塑制成型	聚乙烯、聚氯乙烯聚丙烯、聚苯乙烯	优点：加工成型简便、具有较好的机械性能。缺点：耐热性和刚性比较差

塑料分类	特 性	例如（2015年单选）	优缺点
热固性塑料	加工固化成型后有网状结构，受热后不再软化，强热下发生分解，不可反复成型	酚醛塑料、环氧塑料	优点：耐热性高、受压不易变形。 缺点：机械性能不好

（2）塑料的用途

用 途	制作材料
薄膜、软管和塑料瓶	低密度聚乙烯
煤气管	中、高密度聚乙烯
水管	聚氯乙烯
输送生活用水	聚乙烯塑料管，常使用低密度聚乙烯水管
热水管	氯化聚氯乙烯或聚丁烯
屋顶和外墙、冷库隔热保温	泡沫塑料
塑料模具、电器绝缘漆等	环氧塑料
工业、建安排水管	硬聚氯乙烯

【考法题型及预测题】

1. 下列塑料中，不属于热塑性塑料的是（   ）。

A. 聚氯乙烯　　　　　　　　　B. 聚苯乙烯

C. 聚丙烯　　　　　　　　　　D. 环氧塑料

2. 不属于热固性塑料特性的是（   ）。

A. 耐热性差　　　　　　　　　B. 机械性能不好

C. 不可反复成型　　　　　　　D. 受压不易变形

【答案】

1. D；2. A

核心考点三、非金属板材的应用★★★

板 材	制作风管适用的范围	不适用的范围
玻璃纤维复合板材【2011年单选】	中压以下的空调系统	对洁净空调、酸碱性环境和防排烟系统以及相对湿度90%以上的系统
酚醛复合板材	低、中压空调系统及潮湿环境	高压及洁净空调、酸碱性环境和防排烟系统
聚氨酯复合板材	低、中、高压洁净空调系统及潮湿环境	酸碱性环境和防排烟系统
硬聚氯乙烯板材【2016年单选】	洁净室含酸碱的排风系统	

（2016年真题）下列非金属风管材料中，适用于碱性环境的是（　　）。

A. 聚氯脂复合板材 　　　　　　B. 酚醛复合板材

C. 硬聚氯乙烯板材 　　　　　　D. 玻璃纤维复合板材

【答案】C

核心考点四、非金属管材的分类、特性及应用

1. 非金属管材的分类

分　类	常见的管材名称
无机非金属管材	混凝土管、自应力混凝土管、预应力混凝土管、钢筋混凝土管
有机及复合管材	聚乙烯管（PE管）、交联聚乙烯管（PE-X管）、聚丙烯管（PP管）、硬聚氯乙烯管（PVC-U管）、氯化聚氯乙烯管（PVC-C管）、热塑性塑料管、有机玻璃管、铝塑复合（PAP）管等

2. 复合管材特性

◆ ABS 工程塑料管

ABS 工程塑料管 ①耐腐蚀②耐温③耐冲击性能均优于聚氯乙烯管。

◆ 聚丙烯管（PP 管）

丙烯管材 系聚丙烯树脂经挤出成型而得，其刚性、强度、硬度和弹性等机械性能均高于聚乙烯，但其耐低温性差、易老化，常用于流体输送（不宜用于寒冷地区）。

【考法题型及预测题】

1. 耐腐蚀、耐温及耐冲击性能优于聚氯乙烯管的是（　　）。

A. 聚乙烯管 　　　　　　　　　B. 聚丙烯管

C. ABS 管 　　　　　　　　　　D. 聚氯乙烯管

2. 刚性、强度、硬度和弹性等机械性能均较好，但耐低温性差、易老化的塑料管是（　　）。

A. 聚乙烯塑料管 　　　　　　　B. ABS 工程塑料管

C. 聚丙烯管 　　　　　　　　　D. 铝塑复合管

【答案】

1. C；2. C

1H411013　常用电气材料的类型及应用

核 心 考 点 及 可 考 性 提 示

考　点			2021 年可考性提示
常用电气材料的类型及应用	导线的类型及应用（新内容）	裸导线	★★
		绝缘导线	★★

考　　点			2021 年可考性提示
常用电气材料的类型及应用	电缆的类型及应用（新内容）	电力电缆【2020年单选】	★★
		控制电缆	★★
		仪表电缆	★
	母线槽的类型及应用（新内容）	母线槽的分类	★★★
		母线槽的选用	★★★
	绝缘材料的类型及应用	绝缘漆、绝缘胶、气体绝缘材料、液体绝缘材料、云母制品、层压制品	★

★不大，★★一般，★★★极大

核心考点剖析

核心考点一、导线的类型及应用

导线是用来传送电能和信号的。导线的品种繁多，按其性能、结构和使用特点可分为裸导线、绝缘导线等。

1. 裸导线 裸导线没有绝缘层，散热好，可输送较大电流。 常用的有圆单线、裸绞线和型线等	裸绞线—— 常用的有铝绞线和钢芯铝绞线	钢芯铝绞线 LGJ 用于各种电压等级的长距离输电线路，抗拉强度大
		铝绞线 LJ 一般用于短距离电力线路
		铜绞线（TJ）输电线路一般不采用
	型线—— 型线有铜母线、铝母线、扁钢等。 矩形硬铜母线（TMY 型）和硬铝母线（LMY 型）用于变配电系统中的汇流排装置和车间低压架空母线等。 扁钢用于接地线和接闪线，常用的扁钢规格有 25×4、25×6、40×4 等	

2. 绝缘导线

低压供电线路及电气设备的连线，多采用绝缘导线。按绝缘层材料来分有聚氯乙烯绝缘导线、橡皮绝缘导线等。

在建筑工程中多采用——聚氯乙烯绝缘铜导线（代号 "V"）。

绝缘导线的线芯材料有铜芯和 铝芯（基本不采用）

核心考点二、电力电缆

常用的电力电缆，按其线芯材质分为铜芯和铝芯两大类。

按其采用的绝缘材料分为聚氯乙烯绝缘电力电缆、交联聚乙烯绝缘电力电缆、橡胶绝缘电力电缆和纸绝缘电力电缆等。

具有聚氯乙烯绝缘或聚氯乙烯护套的电缆，安装时的环境温度不宜低于 0℃。

1. 阻燃电缆

阻燃电缆是指残焰或残灼在限定时间内能自行熄灭的电缆。

根据电缆阻燃材料的不同，阻燃电缆分为含卤阻燃电缆及无卤低烟阻燃电缆。

无卤低烟电缆是指不含卤素（F、Cl、Br、I、At）、不含铅、镉、铬、汞等物质的胶料制成，燃烧时产生的烟尘较少，且不会发出有毒烟雾，燃烧时的腐蚀性较低，因此对环境产生危害很小。

阻燃电缆分 A、B、C 三个类别，A 类最高。

无卤低烟的聚烯烃材料主要采用氢氧化物作为阻燃剂，氢氧化物又称为碱，其特性是容易吸收空气中的水分（潮解）。潮解的结果是绝缘层的体积电阻系数大幅下降，由原来的 17MΩ/km 可降至 0.1MΩ/km。

2. 耐火电缆

耐火电缆是指在火焰燃烧情况下能够保持一定时间安全运行的电缆。分 A、B 两种类别：

A 类是在火焰温度 950～1000℃时，能持续供电时间 90min；

B 类是在火焰温度 750～800℃时，能持续供电时间 90min。

耐火电缆在建筑物燃烧时，伴随着水喷淋的情况下，电缆仍可保持线路完整运行。

当耐火电缆用于电缆密集的电缆隧道、电缆夹层中，或位于油管、油库附近等易燃场所时，应首先选用 A 类耐火电缆。除上述情况外且电缆配置数量少时，可采用 B 类耐火电缆。

耐火电缆大多用作应急电源的供电回路，要求火灾时正常工作。由于火灾时环境温度急剧上升，为保证线路的输送容量，降低压降，对于供电线路较长且严格限定允许电压降的回路，应将耐火电缆截面至少放大一档。

耐火电缆不能当作耐高温电缆使用。为降低电缆接头在火灾事故中的故障概率，在安装中应尽量减少接头数量，以保证线路在火灾中能正常工作。如果需要做分支接线，应对接头做好防火处理。

【小资料】

◇ 无卤低烟类阻燃型电缆阻燃原理

无卤低烟的聚烯烃材料主要采用氢氧化物作为阻燃剂，氢氧化物被燃烧时是分解反应，该反应是吸热反应，吸收周围空气中的大量热量，降低了燃烧现场的温度，这是阻燃机理之一；氢氧化物燃烧时，分解生成的水分子，也吸收大量热量，这是阻燃机理之二；氧化物燃烧中产生的金属氧化物结壳，阻止了氧气与有机物的再一次接触，这是阻燃机理之三；所以低烟无卤聚烯烃是采用吸热与金属氧化物隔离的方式进行阻燃的。

◇ 如何防止"潮解"

将基体－聚烯烃的分子结构予以改变，形成致密层以阻止空气中的水分子与阻燃剂氧化物相结合，这种方法称之为"交联"。

交联有化学交联（干式和湿式）和物理交联（称为辐照交联）。

辐照交联是利用电子加速器产生的高能量电子束，轰击绝缘层及护套，将高分子链打断，被打断的每一个断点称为自由基，自由基不稳定，相互之间重新组合，由原来的链状分子结构变为三维网状的分子结构面形成交联。这种交联方法即无高温又无水，在使得聚烯烃交联的时候不影响阻燃性能和电气性能。

◇ 电缆型号字母的含义

聚烯烃护套代号——E；

聚氯乙烯护套——V；

聚乙烯护套——Y；

低烟无卤——WD；

阻燃——Z；

耐火——N；

交联——YJ；

交联辐照——YJF。

3. 氧化镁电缆

氧化镁电缆是由 铜芯、铜护套、氧化镁绝缘材料 加工而成的。

氧化镁电缆的材料是无机物，防火性能特佳；耐高温（长期允许工作温度达250℃）、防爆（无缝铜管套、封闭的电缆终端）、载流量大、防水性能好、机械强度高、寿命长、具有良好的接地性能等优点。但价格贵、工艺复杂、施工难度大。

在油灌区、重要木结构公共建筑、高温场所等耐火要求高且经济性可以接受的场合，可采用氧化镁电缆。

4. 分支电缆

分支电缆是按设计要求，由工厂预先将分支线制造在主干电缆上，分支线截面和长度是根据设计要求决定，极大缩短了施工周期，大幅度减少材料费用和施工费用，保证了配电的安全性和可靠性。

5. 铝合金电缆

铝合金电缆不同于传统的铝芯电缆，它是国内一种新颖的电缆，电缆的结构形式主要有非铠装和铠装两大类，带PVC护套和不带PVC护套的，其芯线则采用高强度、抗蠕变、高导电率的铝合金材料。

非铠装铝合金电力电缆可替代 YJV 型电力电缆，适用于室内、隧道、电缆沟等场所的敷设，不能承受机械外力；

铠装铝合金电力电缆可替代 YJV_{22} 型电力电缆，适用于隧道、电缆沟、竖井或埋地敷设，能承受机械较大的机械外力和拉力。

【考法题型及预测题】

1. 阻燃电缆或耐火电缆，无卤低烟的聚烯烃护套材料及特性表述正确的是（　　　）。

A. 阻燃剂采用的是碱性的氧化物

B. 聚烯烃发生潮解，将影响绝缘层的体积电阻系数

C. 低烟无卤类电缆不含卤素，但是含铅、铬、镉、汞

D. 聚烯烃护套代号为YJF

2. 关于阻燃电缆和耐火电缆的特性，表述正确的是（　　　）。

A. 耐火电缆是在限定时间内能自行熄灭的电缆

B. WDZA（B、C）-YJY可敷设在要求无卤低烟阻燃且温度较高场所

C. 耐火电缆在灭火水喷淋的情况下，电缆仍可保持线路完整运行

D. 电缆密集的夹层中可采用 B 类耐火电缆

E. 耐火电缆不能当作耐高温电缆使用

3. 对氧化镁电缆特性表述正确的是（　　　）。

A. 氧化镁电缆的绝缘材料是有机物

B. 氧化镁熔点达 1038℃

C. 电缆允许长期工作温度达 250℃

D. 短时间或非常时期允许接近氧化镁熔点温度

【答案】

1. B

【解析】选项 A 错，应该是碱性的氢氧化物；选项 B 基本正确；选项 C 错，也不含铅、铬、镉、汞；选项 D 错，聚烯烃护套代号为"E"。

2. C、E

【解析】选项 A 错，在限定时间内能自行熄灭的电缆指阻燃电缆；选项 B 错，敷设在要求无卤低烟阻燃且温度较高场所应采用"WDZA（B、C）-YJFE"电缆；选项 C 表述正确；选项 D 错，当耐火电缆用于电缆密集的电缆隧道、电缆夹层中，或位于油管、油库附近等易燃场所时，应首先选用 A 类耐火电缆。选项 E 正确。

3. C

【解析】选项 A 错，氧化镁电缆的绝缘材料是无机物；选项 B 错，铜的熔点达 1038℃，氧化镁的熔点达 2800℃；选项 D 错，接近氧化镁熔点，高于铜的熔点，护套和线芯将熔断，可以接近铜熔点温度。

核心考点三、控制电缆（K）

控制电缆用于电气控制系统和配电装置的二次系统。二次电路的电流较小，因此芯线截面通常在 $10mm^2$ 以下，控制电缆的线芯多采用铜导体，其芯线组合有同心式和对绞式。

控制电缆按其绝缘层材质，分为聚氯乙烯、聚乙烯和橡胶。

其中以聚乙烯电性能最好，可应用于高频线路。

塑料绝缘控制电缆：如 KVV、KVVP 等。主要用于交流 500V、直流 1000V 及以下的控制、信号、保护及测量线路。

如 KVVP 用于敷设室内、电缆沟等要求屏蔽的场所；

如 KVV_{22} 等用于敷设在电缆沟、直埋地等能承受较大机械外力的场所；

如 KVVR、KVVRP 等敷设于室内要求移动的场所。

【注解】

P——屏蔽；

R——软线，需要移动的场所；

X——橡胶

V——聚氯乙烯；

Y——聚乙烯；

VV——聚氯乙烯绝缘聚氯乙烯护套。

无下标数字，不能承受机械外力，敷设于室内、电缆沟；

下标数字后面第一位 2，能承受较大机械外力，但是不能承受拉力，敷设电缆沟、直埋地。

核心考点四、母线槽★★★

母线槽是由金属外壳（钢板或铝板）、导电排、绝缘材料及有关附件组成的（图1H411013）。具有系列配套、体积小、容量大、电流易于分配到各个支路、设计施工周期短、装拆方便、安全可靠、使用寿命长等优点。

图 1H411013　母线槽

1. 母线槽分类

分类方式	母线槽	特　点
按绝缘方式分类	空气型母线槽	接头体积大，应用较少； 因存在烟囱效应，不能用于垂直安装
	紧密型母线槽	采用插接式连接，具有体积小、结构紧凑、运行可靠、传输电流大、便于分接馈电、维护方便等优点，可用于树干式供电系统，在高层建筑中得到广泛应用
	高强度母线槽	高强度母线槽外壳做成瓦沟形式，使母线槽机械强度增加，解决了大跨度安装无法支撑吊装的问题。母线之间有一定的间距，线间通风良好，相对紧密式母线槽而言，其防潮和散热功能有明显的提高；由于线间有一定的空隙，使导线的温升下降，这样就提高了过载能力，并减少了磁振荡噪声。但它产生的杂散电流及感抗要比紧密式母线槽大得多，因此在同规格比较时，它的导电排截面必须比紧密式母线槽大
按导电材料分类	铜母线槽	
	铝母线槽	
按防火能力分类	普通型母线槽	
	耐火型母线槽	耐火型母线槽是专供消防设备电源的使用，其外壳采用耐高温不低于1100℃的防火材料，隔热层采用耐高温不低于300℃的绝缘材料，耐火时间有60min、90min、120min、180min，满负荷运行可达8小时以上。耐火型母线槽除应通过CCC认证外，还应有国家认可的检测机构出具的型式检验报告

2. 母线槽的选用

（1）高层建筑的垂直输配电应选用紧密型母线槽，可防止烟囱效应，其导体应选用长期工作温度不低于130℃的阻燃材料包覆。楼层之间应设阻火隔断，阻火隔断应采用防火堵料。应急电源应选用耐火型母线槽，且不准释放出危及人身安全的有毒气体。

（2）大容量母线槽可选用散热好的紧密型母线槽，若选用空气型母线槽，应采用只有在专用工作场所才能使用的IP30的外壳防护等级。

（3）母线槽接口相对较多容易受潮，选用母线槽是应注意其防护等级。对于不同的安装场所，应选用不同外壳防护等级母线槽。

一般室内正常环境可选用防护等级为 IP40 的母线槽，消防喷淋区域应选用防护等级为 IP54 或 IP66 母线槽。

（4）母线槽不能直接和有显著摇动和冲击振动的设备连接，应采用软接头加以连接。

【考法题型及预测题】

1. 耐火型母线槽除应通过 CCC 认证外，还应有国家认可的检测机构出具的（ 　　 ）报告。

A. 耐火度   B. 防护等级

C. 燃烧试验   D. 型式检验

2. 母线槽分类及选用错误的是（ 　　 ）。

A. 按防火能力分阻燃和耐火型

B. 空气型母线槽接头之间体积过大，应用较少

C. 高强度母线槽产生的杂散电流及感抗比紧密式母线槽大很多

D. 一般室内正常环境可选用防护等级为 IP40 的母线槽

【答案】

1. D

2. A

【解析】按防火能力分普通型和耐火型。

核心考点五、绝缘材料

1. 气体介质绝缘材料

气体介质绝缘材料在电气设备中除可作为绝缘材料外，还具有灭弧、冷却和保护等作用，常用的气体绝缘材料有空气、氮气、二氧化硫和六氟化硫（SF_6）等。

◇ 六氟化硫（SF_6）气体绝缘材料——常态下，SF_6 是一种无色、无味、不燃不爆、无毒且化学性质稳定的气体，其分子量大，分子中含有电负性很强的氟原子，具有良好的绝缘性能和灭弧性能。在均匀电场中，其击穿强度约为空气的 3 倍，在 0.3~0.4MPa 下，其击穿强度等于或优于变压器油。

2. 云母制品

环氧玻璃粉云母带 含胶量大，厚度均匀，同化后电气、力学性能较好，适用于模压或液压成型的高压电机线圈绝缘。

1H411020　机电工程常用工程设备

核 心 考 点 提 纲

机电工程常用工程设备 { 通用设备的分类和性能 专用设备的分类和性能 电气设备的分类和性能

1H411021 通用设备的分类和性能

核心考点及可考性提示

考　点		2021 年可考性提示
通用设备的分类和性能	泵的分类和性能【2015 年案例】	★★
	风机的分类和性能	★★
	压缩机的分类和性能	★★
	输送设备的分类和性能	★★★

★不大，★★一般，★★★极大

核心考点剖析

核心考点一、通用设备和专用设备（混合考其一）

机电工程项目通用机械设备是指通用性强、用途较广泛的机械设备。

专用设备是指专门针对某一种或一类对象或产品，实现一项或几项功能的设备。

通用设备	输送设备、风机、泵、压缩机
专用设备	电力设备、石油化工设备、冶炼设备

【考法题型及预测题】

下列设备中，属于通用机械设备的是（　　　　）。

A. 压缩机　　　　　　　　　　　　B. 桥式起重机

C. 锅炉　　　　　　　　　　　　　D. 汽轮机

【答案】A

【解析】选项 B、C 属于其他专用设备（也属于特种设备），D 属于专用设备。

核心考点二、泵、风机、压缩机性能参数

通用设备	性　能　参　数
泵	主要有流量和扬程，此外还有轴功率、转速、效率和必需汽蚀余量 　泵的效率不是一个独立性的参数，它是由流量、扬程、轴功率等按公式计算求得。【2015 年案例】 　泵的各个性能参数之间存在着一定的相互依赖变化关系，并用特性曲线来表示。每一台泵都有特定的特性曲线，由泵制造厂提供。 　一栋 30 层的高层建筑，消防水泵扬程应在 130m 以上
风机	风机的性能参数主要有流量、压力、功率、效率和转速。另外，噪声和振动的大小也是风机的指标 轴功率是指风机的输入功率 风机有效功率与轴功率之比称为效率，风机全压效率可达 90%
压缩机	主要包括容积、流量、吸气压力、排气压力、工作效率、输入功率、输出功率、性能系数、启动电流、运转电流、额定电压、频率、噪声

【考法题型及预测题】

1. 下列参数中，属于风机的主要性能参数是（　　　）。

A. 流量、风压、比转速　　　　　B. 流量、吸气压力、转速

C. 功率、吸气压力、比转速　　　D. 功率、扬程、转速

2. 以下属于泵的主要参数是（　　　）。

A. 流量　　　　　　　　　　　　B. 转速

C. 扬程　　　　　　　　　　　　D. 压力

E. 启动电流

3. 泵的（　　　）参数不是独立参数。

A. 流量　　　　　　　　　　　　B. 轴功率

C. 扬程　　　　　　　　　　　　D. 效率

4. 为了防止气化对叶轮产生剥蚀，泵必须要有一定的（　　　）。

A. 转速　　　　　　　　　　　　B. 能量

C. 汽蚀余量　　　　　　　　　　D. 压力

5. 一栋 30 层的高层建筑，其消防水泵的扬程应在（　　　）以上。

A. 100m　　　　　　　　　　　　B. 110m

C. 120m　　　　　　　　　　　　D. 130m

6. 对于动力式泵，随着输送液体的黏度增大，问：需要的轴功率是大还是小，如何处理？

【答案】

1. A

【解析】吸气压力属于压缩机的性能参数；扬程属于水泵的性能参数。排除了 B、C、D 选项。

需要说明的是，本知识点教材有修改。

2. A、C

【解析】泵的主要参数只能选流量和扬程。注意前后类似知识点的应用，在建安管道工程施工技术中，泵类设备在安装前要核对：型号、流量、扬程以及配用的电机功率。

3. D

【解析】泵的效率不是一个独立性能参数，它可以由别的性能参数，例如流量、扬程和轴功率按公式计算求得。

4. C；5. D

6. 答：随着输送液体的黏度增大，扬尘和效率降低，需要的轴功率增大。可以加热液体，使黏性变小，提高输送效率。

核心考点三、输送设备的分类和性能★★★

输送设备只能沿一定路线向同一个方向输送物料

1. 输送设备的分类

连续输送设备	设 备 名 称
有挠性牵引件	带式输送机、版式输送机、刮板式输送机、提升机、架空索道
无挠性牵引件	工作特点：物品与推动件分别运动 螺旋输送机、滚柱输送机、气力输送机 滚子输送机（推动件做旋转运动） 振动输送机（推动件做往复运动）

2. 输送设备的主要参数

（1）输送能力、线路布置（水平运距、提升高度等）；

（2）输送速度、驱动功率；

（3）主要工作部件的特征尺寸。

【考法题型及预测题】

1. 以下属于有挠性牵引件的输送设备是（　　）。

A. 板式输送机　　　　　　　　　B. 螺旋输送机

C. 滚柱输送机　　　　　　　　　D. 气力输送机

2. 输送设备工作特点是物品与推动件分别运动的是（　　）。

A. 带式输送机　　　　　　　　　B. 斗式输送机

C. 气力输送机　　　　　　　　　D. 刮板输送机

【答案】

1. A；2. C

1H411022　专用设备的分类和性能

核 心 考 点 及 可 考 性 提 示

考　　点			2021 年可考性提示
专用设备的 分类和性能	电力设备的 分类和性能	火力发电设备【2020 年单选】	★★★
		核能发电设备	★
		风力发电设备【2018 年单选】	★★
		光伏发电设备	★★
		光热发电设备	★★
	石油化工设备的 分类和性能	静置设备	★★
		动设备	★★
	冶炼设备的 分类和性能	冶金设备	★★
		建材设备	★★
		矿业设备	★

★不大，★★一般，★★★极大

核心考点剖析

核心考点一、锅炉的主要参数 ★★★

1. 锅炉的性能

对外输出热介质并提供热能。

2. 锅炉主要参数

（1）锅炉容量（蒸汽锅炉用蒸发量表明，热水锅炉用额定热功率表明）；

（2）压力；

（3）温度；

（4）受热面蒸发率（蒸汽锅炉），受热面发热率（热水锅炉），这个参数是反映锅炉工作强度的指标；

（5）锅炉热效率（这是锅炉热经济性的指标，数值越大，表示传热效果越好）。

3. 关于钢材消耗率、锅炉可考性

钢材消耗率：是指锅炉单位蒸发量所耗用的钢材量，单位为 t/t·h。

锅炉可靠性：锅炉可靠性一般用五项指标考核【2020 单选】——

① 运行可用率；② 等效可用率；③ 容量系数；④ 强迫停运率；⑤ 出力系数。

【考法题型及预测题】

1. 反映热水锅炉工作强度指标的是（　　　）。

A. 温度

B. 受热面的蒸发率

C. 受热面的发热率

D. 热效率

2. 锅炉可靠性的考核指标包括那些？

【答案】

1. C

【解析】选项 B，是蒸汽锅炉的工作强度指标；选项 D 是锅炉经济性指标。

2. 锅炉可靠性考核指标包括：① 运行可用率；② 等效可用率；③ 容量系数；④ 强迫停运率；⑤ 出力系数。

核心考点二、风力发电设备

风力发电设备的分类：

按安装场地分、按叶片数量分、按驱动方式分。

按驱动方式分为：直驱式风电机组、双馈式风电机组。

（1）直驱式风电机组

直驱式风电机组没有齿轮箱，降低了风机机械故障率。

直驱式发电机永磁材料在振动、冲击、高温情况下容易出现失磁现象。由于永磁材料存在永久的强磁性，无法在现场条件下检修，所以一旦出现问题只能返厂维修。

（2）双馈式风电机组

按风叶的可调性分为：定浆距风电机组和变浆距风电机组。

定浆距风电机组通过叶尖扰流器（即风轮制动）来实现极端情况下的安全停机问题。

1.（　　）没有齿轮箱，降低了风机机械故障。

A. 陆上风电机组　　　　　　　　B. 单叶片风电机组

C. 直驱式风电机组　　　　　　　D. 双馈式风电机组

2.（2018 年真题）下列系统中，不属于直驱式风力发电机组成系统的是（　　）。

A. 变速系统　　　　　　　　　　B. 防雷系统

C. 测风系统　　　　　　　　　　D. 电控系统

【答案】

1. C

2. A

【解析】本题考的是风力发电机组的组成。

知识点原文：直驱式风电机组：主要由塔筒（支撑塔）、机舱总成、发电机、叶轮总成、测风系统、电控系统和防雷保护系统组成。发电机位于机舱与轮毂之间。直驱式风电机组机舱里面取消了发电机、齿轮变速系统，将发电机直接外置到与轮毂连接部分。

核心考点三、光伏发电的优缺点

优点：无资源枯竭危险，能源质量高。安全可靠、无噪声、无污染排放。不受资源分布地域的限制。

缺点：占用巨大面积。受季节气象条件影响大。相对于火力发电，发电机会成本高。光伏板制造过程不环保。

【考法题型及预测题】

不属于光伏发电优点的是（　　）。

A. 不受资源分布的限制　　　　　B. 光伏板制造过程无污染

C. 能源质量高　　　　　　　　　D. 无噪声

【答案】B

核心考点四、光热发电设备（2021 年新增内容）

◆ 光热发电的分类

光热发电形式有槽式光热发电、塔式光热发电、碟式光热发电和菲涅尔式光热发电等 4 种光热发电设备，目前国内常见——槽式光热发电设备和塔式光热发电设备。

◆ 槽式太阳能聚光集热器的结构

主要由槽型抛物面反射镜、集热管、跟踪机构组成。

◆ 塔式光热发电系统

塔式光热典型设备有定日镜和塔顶吸热器。

◆ 光热发电系统的特点：

1）太阳辐射情况受到地理维度、季节、气候等因素的影响较大。

2）占地面积大，且对场地地平整度的要求较高。

3）槽式光热的集热管管系长，散热面积大，环境温度对系统热耗影响较大。

4）槽式光热的集热器抗风性能相对较差。

核心考点五、石油化工设备

1. 石化设备分类

静置设备	按设备在生产工艺过程中作用分： 容器、反应器、塔设备、换热器、储罐等。 注意：这几项都是并列关系，属于静置设备
动设备	按动设备在生产工艺过程中的原理分： 压缩机、粉碎设备、混合设备、分离设备、 制冷设备、干燥设备、包装设备、输送设备、 储运设备、成型设备

2. 静置设备之容器

容器又按特种设备目录分为：固定式压力容器、移动式压力容器、气瓶、氧舱。

3. 静置设备之换热器

根据冷、热流体热量交换的原理和方式不同可分为间壁式、混合式、蓄热式，间壁式换热器应用最多。

间壁式换热器是工业制造最为广泛应用的一类换热器。按照传热形状与结构特点可分为管式换热器、板面式换热器、扩展表面式换热器。

4. 静置设备和动设备的性能主要由其 功能 来决定的。

【考法题型及预测题】

1. 下列石化设备中，不属于特种设备目录的容器类的是（　　　）。

A. 压力容器　　　　　　　　　　　B. 气瓶

C. 储罐　　　　　　　　　　　　　D. 氧舱

2. 以下换热器不属于工业制造广泛应用的是（　　　）。

A. 管式换热器　　　　　　　　　　B. 板面式换热器

C. 扩展表面式换热器　　　　　　　D. 蓄热式换热器

【答案】

1. C

【解析】用排除法做题。最适合题意的是选项 C。

2. D

【解析】间壁式换热器广泛应用，选项 A、B、C 属于间壁式换热器。

核心考点六、冶金设备和建材设备的分类

冶金设备和建材设备中都有的设备——耐火材料设备。

核心考点七、水泥设备与玻璃设备

1. 水泥设备：水泥生产的"一窑三磨"——回转窑、生料磨、煤磨、水泥磨。

水泥设备主要参数：熟料 t/d

2. 玻璃设备：当前"浮法"工艺式玻璃生产的主要工艺。

浮法玻璃生产线主要工艺设备有：玻璃熔窑、锡槽、退火窑、冷端的切装系统。

其中，玻璃熔窑、锡槽、退火窑 是浮法玻璃生产三大热工设备。

熔窑为 自立式 结构。

玻璃生产线的主要参数：熔化量 t/d。

【考法题型及预测题】

浮法玻璃生产三大热工设备不包括（　　）。

A. 玻璃熔窑 　　　　　　　　　B. 锡槽

C. 退火窑 　　　　　　　　　D. 冷端的切装系统

【答案】D

1H411023　电气设备的分类和性能

	考　　点		2021 年可考性提示
电气设备的分类和性能	电动机的分类和性能	分类	★
		性能【2014 年单选】	★
	变压器的分类和性能	分类	★
		性能【2013 年多选】	★★
	电器及成套装置的分类和性能	电器分类	★★
		（高压）电器及成套装置的性能【2019 年单选】	★★★

★不大，★★一般，★★★极大

核 心 考 点 剖 析

核心考点一、变压器的分类和性能

变压器是输送交流电时所使用的一种 变换电压和变换电流 的设备。

1. 变压器的分类

分类方式	分　　类
按冷却介质分类	油浸式 变压器、干式 变压器、充气式 变压器
按冷却方式分类	自冷（含干式、油浸式）变压器 蒸发冷却（氟化物）变压器
按防潮方式分类	开放式变压器、灌封式变压器、密封式变压器
其他方式分类	略

2. 变压器的性能（阅读了解）

变压器的性能由多种参数决定，其主要包括：工作频率、额定功率、额定电压、电压比、效率、空载电流、空载损耗、绝缘电阻。

补充说明（课外知识点）：对不同类型的变压器都有相应的技术要求，可用相应的技术参数表示。如电源变压器的主要技术参数有：额定功率、额定电压和电压比、额定频率、工作温度等级、温升、电压调整率、绝缘性能和防潮性能。对于一般低频变压器的主要技术参数是：变压比、频率特性、非线性失真、磁屏蔽和静电屏蔽、效率等。

工作频率：变压器铁芯损耗与频率成正比关系，所以应根据 使用频率 来设计和使用变压器。这个频率称为工作频率。

【考法题型及预测题】

1. 以下不属于按冷却介质分类的变压器是（ 　　 ）。

A. 油浸式变压器　　　　　　　　B. 蒸发冷却变压器

C. 干式变压器　　　　　　　　　D. 充气变压器

2. 变压器的设计和使用应根据（ 　　 ）。

A. 频率　　　　　　　　　　　　B. 损耗

C. 电压　　　　　　　　　　　　D. 电流

【答案】

1. B；2. A

核心考点二、电器及成套装置的分类和性能 ★★★

1. 电器的分类

开关电器	断路器、隔离开关、负荷开关、接地开关等
保护电器	熔断器、避雷器
控制电器	主令电器、接触器、继电器、启动器、控制器等
限流电器	电抗器、电阻器等
测量电器	电压、电流、电容互感器等

2. 高压电器及成套装置的性能

◆ 高压断路器（高压开关）

是变电所主要的电力控制设备，具有灭弧特性；

当系统正常运行时，它能切断和接通线路及各种电气设备的空载和负载电流；

当系统发生故障时，它和继电保护配合，能迅速切断故障电流，以防止扩大事故范围。

用途有：控制作用；保护作用；安全隔离作用。（注意：高压断路器无"调节"作用）

◆ 电抗器的性质

电抗器是依靠线圈的感抗阻碍电流变化的电器，具有保证断路器能切断短路电路，保证电气设备的动、热稳定性，通过提高阻抗来限制短路电流等性质（具有限流的作用）。

◆ 接触器、继电器的性质

接触器具有接通或分断电路、控制容量大、可远距离操作、配合继电器定时操作、联锁控制、失压及欠压保护等性能。

继电器具有根据电流、电压、温度、压力等输入信号的变化进行自动调节、安全保护、转换电路等性能。

◆ 互感器的性能【2019年单选】

互感器具有将电网高电压、大电流变换成低电压、小电流；与测量仪表配合，可以测量电能；使测量仪表实现标准化和小型化；将人员和仪表与高电压、大电流隔离等性能。

【考法题型及预测题】

1. 以下电器属于测量电器的是（　　　）。

A. 断路器

B. 电流互感器

C. 熔断器

D. 电抗器

2. 高压断路器的用途有（　　　）安全隔离等。

A. 通断

B. 控制

C. 保护

D. 调节

E. 测量

3. （　　　）与测量仪器配合，可以测量电能。

A. 控制器

B. 互感器

C. 负荷开关

D. 电抗器

【答案】

1. B；2. B、C；3. B

本节模拟强化练习

1. 室内供暖系统宜选用镀锌钢管和（　　　）。

A. 非金属管材

B. 复合管

C. 铸铁管

D. 焊接钢管

2. 室外供热管网 *DN*300，设计无要求时应选用（　　　）。

A. 镀锌钢管

B. 焊接钢管

C. 无缝钢管

D. 螺旋焊接钢管

3. 所有容器用变形钛及钛合金材料的供货状态应为（　　　）。

A. 正火（常化）状态

B. 退火状态

C. 固溶状态

D. 调质状态

4. 以下非金属材料应用妥当的是（　　　）。

A. 薄膜、软管和塑料瓶常用低密度聚乙烯制作

B. 煤气管用中高密度聚氯乙烯

C. 泡沫塑料不用于外墙保温

D. 输送生活用水常使用高密度聚乙烯水管

5. 耐腐蚀、耐温及耐冲击性能优于聚氯乙烯管的是（　　　）。

A. 聚乙烯管

B. 聚丙烯管

C. ABS 管

D. 聚氯乙烯管

6. 输配电线路通常不采用（　　　）。

A. LJ

B. TJ

C. LGJ

D. LMY

7. 关于无卤低烟电缆性能描述错误的是（　　　）。

A. 无卤低烟电缆是指不含卤素、不含铅、镉、铬、汞等物质的胶料制成

B. 燃烧时的腐蚀性较低

C. 类别最高的是 C 类

D. 无卤低烟的聚烯烃材料主要采用氢氧化物作为阻燃剂

8. 母线槽敷设在消防喷淋区域时，应选用防护等级为 IP 54 和（　　　）的母线槽。

A. IP 30　　　　　　　　　　　　B. IP 40

C. IP 66　　　　　　　　　　　　D. IP 75

9. 液压成型的高压电机线圈绝缘材料易采用（　　　）。

A. 浸渍漆　　　　　　　　　　　B. 层压管筒

C. 环氧粉云母带　　　　　　　　D. 绝缘胶

10. 以下属于回转泵的是（　　　）。

A. 活塞泵　　　　　　　　　　　B. 叶片泵

C. 柱塞泵　　　　　　　　　　　D. 隔离泵

11. 靠叶轮带动液体高速回转而把机械能传递给所输送的物料的泵是（　　　）。

A. 活塞泵　　　　　　　　　　　B. 柱塞泵

C. 离心泵　　　　　　　　　　　D. 隔离泵

12. 以下属于无挠性牵引件的输送设备的是（　　　）。

A. 螺旋输送机　　　　　　　　　B. 滚柱输送机

C. 刮板式输送机　　　　　　　　D. 气力输送机

E. 斗式提升机

13. 输送物品时，推送件自身保持或回复到原来位置的是（　　　）。

A. 斗式提升机　　　　　　　　　B. 滚柱输送机

C. 埋刮板输送机　　　　　　　　D. 带式输送机

14. 锅炉的（　　　）是反映锅炉工作强度的指标，其数值越大，表示传热效果越好。

A. 受热面蒸发率或发热率　　　　B. 蒸发量

C. 热效率　　　　　　　　　　　D. 压力和温度

15. 直驱式风电机组一旦出现失磁现象，为何只能返厂维修?

16. 定浆距风机当风速大于额定风速时，通过（　　　）来实现极端情况下的安全停机。

A. 变速系统　　　　　　　　　　B. 叶尖扰流器

C. 偏航系统　　　　　　　　　　D. 轮毂

17. 石油化工动设备的性能主要由其（　　　）来决定的。

A. 效率　　　　　　　　　　　　B. 贮存

C. 功能　　　　　　　　　　　　D. 参数

18. 具有限制电机启动电流、提高其工作可靠性的电器是（　　　）。

A. 负荷开关　　　　　　　　　　B. 启动器

C. 电抗器　　　　　　　　　　　D. 电流互感器

本节模拟强化练习参考答案

1. D; 2. D; 3. B

4. A

【解析】选项 B 错，煤气管常用中高密度聚乙烯；选项 C 错，泡沫塑料可以用于屋顶和外墙以及冷库隔热保温；选项 D 错，常用低密度聚乙烯水管。

5. C

6. B

【解析】选项 B 为铜绞线，输电线路一般不采用。

7. C

【解析】阻燃电缆分 A、B、C 三个类别，A 类最高。

8. C; 9. C; 10. B; 11. C

12. A、B、D

【解析】C、E 选项属于有挠性牵引件的输送设备。

13. B

【解析】题干表述的是无挠性牵引件的输送设备。A、C、D 选项是挠性牵引件的输送机，B 选项是无挠性牵引件的输送机，即便你不知道题干表述的是什么类型的输送机，从逻辑判断上也应该选 B，单选题只有一个选项是适合题意的。

14. A

15. 因为直驱式发电机永磁材料存在永久的强磁场，无法在现场条件下维修，所以只能返厂维修。

16. B; 17. C; 18. C

1H412000 机电工程专业技术

2017—2020 年度真题考点分值表

命题点	题型	2020 年	2019 年	2018 年	2017 年
1H412010 工程测量技术	单选	1	2	1	1
	多选				
	案例	2	4		
1H412020 起重技术	单选			1	
	多选	2	2		2
	案例	14	10	9	5
1H412030 焊接技术	单选			1	
	多选	2	2		2
	案例	4		9	4

1H412010　工程测量技术

工程测量技术 ｛ 工程测量的方法
工程测量的要求
工程测量仪器的应用

1H412011　工程测量的方法

核 心 考 点 及 可 考 性 提 示

	考　点	2021 年可考性提示
工程测量的方法	工程测量的作用和内容【2018 年、2019 年单选】	★★
	工程测量的特点【2019 年单选】	★
	工程测量的原则和要求【2019 年单选】	★★
	工程测量的基本原理与方法【2019 年案例】	★★★
	工程测量的程序	★★
	机电工程中常见的工程测量【2013 年、2015 年、2017 年、2020 年单选】	★★

★不大，★★一般，★★★极大

核 心 考 点 剖 析

核心考点一、机电工程测量的主要内容

1. 设备安装放线、基础检查、验收。

2. 工序或过程测量。

3. 变形观测。

4. 交工验收检测。

5. 工程竣工测量。

核心考点二、工程测量要求

（1）保证测设精度、满足设计要求，减少误差积累，免除因设备众多而引起测设工作的紊乱。

（2）检核是测量工作的灵魂。

检核分为：① 仪器检核；② 资料检核；③ 计算检核；④ 放样检核；⑤ 验收检核。

核心考点三、工程测量的基本原理与方法★★★

1. 关于绝对高程和相对高程【阅读了解】

我国规定以黄海平均海水面作为高程的基准面（绝对 ±0.000），并在青岛设立水准原点，作为全国高程的起算点。地面点高出水准面的垂直距离称"绝对高程"。

选定任一水准面作为高程起算的基准面，这处水准面称为假定水准面。地面任一侧点与假定水准面的垂直距离称为"相对高程"。标高是一种相对高程，比如房屋建筑中一般把室内地坪作为 ±0.000 点，以此得到的相对高程为标高。

2. 工程测量方法与基本原理

测量方法	基本原理
水准测量	利用一条水平视线，并借助于竖立在地面点上的标尺，来测定地面上两点之间的高差，然后根据其中一点的高程来推算出另外一点高程的方法
三角高程测量	三角高程测量是指通过观测两个控制点的水平距离和天顶距（或高度角）来求两点间高差的方法
气压高程测量	根据大气压力随高程而变化的规律，用气压计进行高程测量的一种方法

水准测量的方法——有高差法和仪高法两种。

◆ 高差法

采用水准仪和水准尺测定待测点与已知点之间的高差，通过计算得到待定点的高程的方法。

如"图 1H412011-1 高差法"所示，要测出 B 点的高程 H_B，则在已知高程 A 和待求高程点 B 上分别竖立水准尺，利用水准仪提供的水平视线在两尺上分别读数 a、b。

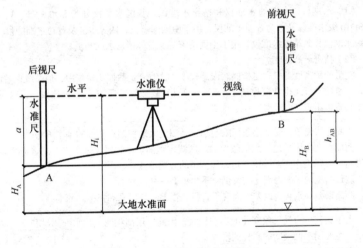

图 1H412011-1　高差法

a、b 的差值就是 AB 两点间的高程：$h_{AB} = a - b$（后读数－前读数）。

根据 A 点高程和高差，就可以计算出 B 点高程 $H_B = H_A - h_{AB}$。

◆ 仪高法

采用水准仪和水准尺，只需计算一次水准仪的高程，就可以简便地测算几个前视点的高程。

仪高法（也称视线高法 Hi-b）的特点：安置一次仪器，可测出数个前视点的高程，在工程测量中仪高法被广泛地应用。参见图 1H412011-2。

高差法和仪高法的测量原理是相同的，区别在于计算高程时次序上的不同。

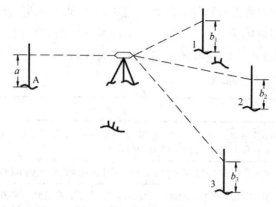

图 1H412011-2　视线高法

3. 水准测量、三角高程测量和气压高程测量的特点★★★

高程测量方法	特　点
水准测量	最精密水准测量的方法。主要用于国家水准网的建立。 　　除了国家等级的水准测量之外，还有普通水准测量。它采用精度较低的仪器（水准仪），测算手续也比较简单，广泛用于国家等级的水准网内的加密，或独立地建立测图和一般工程施工的高程控制网，以及用于线路水准和面水准的测量工作。 【小资料】 （1）水准仪，有普通水准仪和精密水准仪；我国水准仪分为 SD0.5、1、3、10 等；SD3 级和 SD10 级水准仪又称为普通水准仪，用于中国国家三、四等水准及普通水准测量，SD0.5 级和 SD1 级水准仪称为精密水准仪，用于中国国家一、二等精密水准测量。 （2）精密≠高精度 　　测量的精密度高——是指偶然误差较小，这时测量数据比较集中，但系统误差的大小并不明确。 　　测量精确度（也常简称精度）高——是指偶然误差与系统误差都比较小，这时测量数据比较集中在真值附近
三角高程测量	观测方法简单，受地形条件限制小，是测定大地控制点高程的基本方法。 　　例如：在山区或地形起伏较大的地区测定地面点高程时，采用水准测量进行高程测量一般难以进行，实际工作中常采用三角高程测量的方法施测。 　　测量精度的影响因素【按案例熟悉掌握】—— 　　距离误差、垂直角误差、大气垂直折光误差、仪器高和视标高的误差
气压高程测量	由于大气压力受气象变化的影响较大，因此气压高程测量比水准测量和三角高程测量的精度都低，主要用于低精度的高程测量。 　　它的优点是——在观测时点与点之间不需要通视，使用方便、经济和迅速

4. 基准线测量原理

◇ 基准线测量原理是利用经纬仪和检定钢尺，根据两点成一直线原理测定基准线。

◇ 测定待定位点的方法有 ①水平角测量和②竖直角测量，这是确定地面点位的基本方法。

◇ 每两个点位都可连成一条直线（或基准线）。

◆ 保证量距精度的方法

◇ 返测丈量，当全段距离量完之后，尺端要调头，读数员互换，按同样方法进行返测。往返丈量一次为一测回，一般应测量两测回以上。

◇ 量距精度以两测回的差数与距离之比表示。

◆ 安装基准线的设置

安装基准线一般都是直线，只要定出两个基准中心点，就构成一条基准线。

平面安装基准线不少于纵横两条。

◆ 安装标高基准点的设置

根据设备基础附近水准点，用水准仪测出的标志具体数值。

相邻安装基准点高差应在 0.5mm 以内。

◆ 沉降观测点的设置

◇ 沉降观测采用 二等水准测量 方法。（测的是高程的变化）

◇ 对于埋设在基础上的基准点，在埋设后就开始第一次观测，随后的观测在设备安装期间连续进行。

【考法题型及预测题】

1. 安装一次仪器，可以同时测出数个前视点的高程时，可以采用（　　　）。

A. 水准法　　　　　　　　　　　B. 仪高法

C. 高差法　　　　　　　　　　　D. 电磁波测距三角高程测量法

2. 确定地面点位的方法是（　　　）。

A. 水准法　　　　　　　　　　　B. 仪高法

C. 水平角测量　　　　　　　　　D. 二等水准测量法

3. 需要通过比较复杂计算才能得到待定点位高程的测量方法是（　　　）。

A. 水准法　　　　　　　　　　　B. 仪高法

C. 高差法　　　　　　　　　　　D. 电磁波测距三角高程测量法

4. 测定大地控制点的基本方法，通常采用（　　　）。

A. 高差法　　　　　　　　　　　B. 仪高法

C. 三角高程测量法　　　　　　　D. 大气高程测量法

5. 设备基础的沉降观测采用的方法是（　　　）。

A. 水准法　　　　　　　　　　　B. 仪高法

C. 水平角测量　　　　　　　　　D. 二等水准测量法

6. 为提高和控制测量的精度，相邻设备安装其基准点高差应在（　　　）之内。

A. 0.2mm　　　　　　　　　　　B. 0.3mm

C. 0.4mm　　　　　　　　　　　D. 0.5mm

【答案】

1. B

2. C

【解析】A、B、D 都是测高程的方法。

3. C；4. C；5. D；6. D

核心考点四、工程测量的程序

无论是建筑安装工程还是工业安装工程的测量，其测量的基本程序都是——

确认永久基准点、线→设置基础纵横中心线→设置基础标高基准点→设置沉降观测点→安装过程测量控制→实测记录等。

【实务操作题注意】规划勘察设计单位、建设单位共同移交给总包的基准点，总包单位需要进行核准。总包移交给分包的永久性基准点，分包单位无需核准，直接使用。

核心考点五、连续生产线设备安装的测量

1. 安装基准线的测设

中心标板应在浇灌基础时，配合土建埋设，也可待基础养护期满后再埋设。放线就是根据施工图，按建筑物的定位轴线来测定机械设备的纵、横中心线【2013 年单选】并标注在中心标板上，作为设备安装的基准线。设备安装平面基准线不少于纵、横两条。

2. 安装标高基准点的测设

标高基准点一般埋设在 基础边缘且便于观测的位置 。

标高基准点一般有两种：

◇ 一种是简单的标高基准点，一般作为独立设备安装的基准点；

◇ 另一种是预埋标高基准点，主要用于连续生产线上的设备在安装时使用。【2017 年单选】

采用钢制标高基准点（便于永久保存），应是靠近设备基础边缘便于测量处，不允许埋设在设备底板下面的基础表面。

3. 连续生产设备只能共用一条纵向基准线和一个预埋标高基准点。

【考法题型及预测题】

1. 设备安装基准线是要按施工图纸，按（　　　）来确定设备的纵横中心线。

A. 土建提交的纵横中心线　　　　B. 土建预留孔的位置

C. 设备底座地脚孔的位置　　　　D. 建筑物的定位轴线

2. 安装标高基准点一般设置在设备基础的（　　　）。

A. 最高点　　　　　　　　　　　B. 最低点

C. 中心标板上　　　　　　　　　D. 边缘附近

3. 设备安装的基准线是标注在（　　　）。

A. 基础边缘　　　　　　　　　　B. 中心标板上

C. 基础的中心线　　　　　　　　D. 基础的纵横中心线

【答案】

1. D；2. D；3. B

核心考点六、管线工程的测量

◆ 管线中心定位的测量方法

◇ 管线中心定位的依据：根据地面上已有建筑物进行管线定位，也可根据控制点 进行管线定位。

◇ 例如，管线的起点、终点及转折点称为管道的主点【2014 年、2020 年单选】。其位置已在设计时确定，管线中心定位就是将主点位置测设到地面上去，并用木桩或混凝土桩标定。

◆ 管线高程控制的测量方法

◇ 为了便于管线施工时引测高程及管线纵、横断面测量，应敷设管线临时水准点。

◇ 水准点一般都选在（临时水准点一般都设置在）旧建筑物墙角、台阶和基岩等处。如无适当的地物，应提前埋设临时标桩作为水准点。

◆ 地下管线工程测量

地下管线工程测量必须在回填前，测量出起点、止点，窨井的坐标和管顶标高；应根据测量资料编绘竣工平面图和纵断面图。

【考法题型及预测题】

1. 地下管线工程测量必须在（   ），测量出起、止点，窨井的坐标和管顶标高。

A. 管道敷设前　　　　　　　　　　　B. 管道敷设中

C. 回填前　　　　　　　　　　　　　D. 回填后

2. 管线中心测量定位的依据主要是（   ）。

A. 根据地面上已有建筑物进行管线定位　B. 根据相应设备的位置和标高进行定位

C. 根据设计图纸进行定位　　　　　　D. 根据控制点进行定位

E. 根据管线安装位置的实际情况进行定位

【答案】

1. C；2. A、D

核心考点七、长距离输电线路钢塔架基础施工测量

◆ 长距离输电线路定位并经检查后，可根据起、止点和转折点及沿途障碍物的实际情况，测设钢塔架基础中心桩。

◇ 中心桩的控制采用①十字线法②平行基线法进行；控制桩应根据中心桩测定，其允许偏差应符合规定。

◆ 当采用钢尺量距时，其丈量长度不宜大于80m，同时，不宜小于20m。

◆ 考虑架空送电线路钢塔之间的弧垂综合误差不应超过确定的裕度值；一段架空送电线路，其测量视距长度，不宜超过400m。

◆ 大跨越档距测量：在大跨越档距之间通常采用①电磁波测距法和②解析法测量。

【2015年单选】

1H412012　工程测量的要求

核 心 考 点 及 可 考 性 提 示

考　点		2021年可考性提示
工程测量的要求	水准测量的主要技术要求	★★
	施工过程测量的基本要求	★

★不大，★★一般，★★★极大

核心考点、水准测量法的主要技术要求

◆ 一个测区及其周围至少应有 3 个 水准点。

◆ 水准观测应在标石埋设稳定后进行。

◇ 两次观测高差较差超限时应重测。

◇ 二等水准应选取两次异向合格的结果。

◇ 当重测结果与原测结果分别比较，其较差均不超过限值时，应取三次结果的平均数。

◆ 设备安装过程中，测量时应注意：最好使用一个水准点作为高程起算点。当厂房较大时，可以增设水准点，但其观测精度应提高。

【课外知识点】关于"高差较差"的简单解释，可以理解为在往返测或用两种仪器测出的高程之间的差值。

【考法题型及预测题】

当厂房不大，高程的起算点应该是（   ）。

A. 每台设备各设置一个水准点

B. 不同类型设备分别设置水准点

C. 相关联设备设置一个水准点

D. 所有设备设置一个水准点

【答案】D

1H412013　工程测量仪器的应用

核心考点及可考性提示

考　点		2021 年可考性提示
工程测量仪器的应用	水准仪【2016 年单选】	★
	经纬仪	★★
	全站仪	★★
	其他测量仪器	★★

★不大，★★一般，★★★极大

核心考点剖析

核心考点一、测量仪器

常用的测量仪器	应 用 范 围
水准仪 【2016 年单选】	标高基准点的测设 沉降观测测量 标高高程测量

常用的测量仪器	应 用 范 围
经纬仪、光学经纬仪 【2019年案例】	安装控制网的测设 确定地面点位（竖直角、水平角测量） 测量纵横中心线 垂直度的控制测量 厂房（柱）铅垂度的控制测量
全站仪	角度测量（水平角、竖直角）、距离（斜距、平距、高差）测量、三维坐标测量、导线测量、交会定点测量和放样测量等多种用途
激光准直仪（激光指向仪）	变形观测、倾斜观测、同心度的测量
激光垂准仪 （激光铅锤仪、天顶仪）	专用的铅直定位仪器 用于——高层建筑、烟囱、电梯等施工过程中平面控制点的竖向引测和垂直度的测量
激光水准仪	具有普通水准仪功能，也可做准直导向用
激光平面仪	找平（抄平）控制测量

激光测量仪器是指装有激光发射器的各种测量仪器。这类仪器较多，其共同点是将一个氦氖激光器与望远镜连接，把激光束导入望远镜筒，并使其与视准轴重合。

◆ 全自动全站仪（测量机器人）

1. 海底管道检测——水下机器人。

2. 机电系统多、管线错综复杂、空间结构多变——BIM放样机器人。

3. 管道检测机器人——广泛应用于各种管道的施工检测、管网检测、新管验收、管道检修、养护检测、修复验收等。

同时还拓展应用于——矿井检测勘察、隧道验收、地震搜救、消防救援、灾害援助、电力巡查等。

◆ 电磁波测距仪

载波——微波无线电、激光、红外线。

【考法题型及预测题】

1. 如何用全站仪进行水平角的测量？

2. 用于高层建筑施工中的平面控制点的竖向引测的专用铅直定位仪器是（　　　）。

A. 全站仪　　　　　　　　　　B. 激光水准仪

C. 光学经纬仪　　　　　　　　D. 激光垂准仪

【答案】

1. 用全站仪进行水平角测量基本过程如下：

（1）全站仪架设完成后，工作挡设到角度测量模式；

（2）照准第一个目标"A"，设为0°0′0″；

（3）照准第二个目标，读数即为两方向间的水平角。

2. D

核心考点二、激光测量仪器的应用

在大型建筑施工，沟渠、隧道开挖，大型机器安装，以及变形观测等工程测量中应用甚广。用激光准直仪找正高层钢塔架采用的操作方法与光学经纬仪完全相同。

1H412020 起重技术

核 心 考 点 及 可 考 性 提 示

$$
起重技术 \begin{cases} 起重机械分类与选用要求 \\ 吊具种类与选用要求 \\ 吊装方法与吊装方案 \\ 吊装稳定性要求 \end{cases}
$$

1H412021 起重机械分类与选用要求

核 心 考 点 提 纲

考 点			2021 年可考性提示
起重机械分类 与选用要求	起重机械的分类、适用 范围及基本参数	起重机分类	★★
		常用轻小型起重设备【2017 年多选、2018 年单选】	★★
		起重机【2017 年案例】	★★
	流动式起重机的选用	使用特点	★★
		特性曲线	★★
		选用步骤【2013 年多选】	★★
		起重机站位的地基要求	★★★

★不大，★★一般，★★★极大

核 心 考 点 剖 析

核心考点一、起重机械的分类

机电工程常用的起重机械分为轻小型起重设备、起重机。

【实务操作提示】由轻小型起重设备组合进行起重作业，在考方案编制和审批时按非常规作业处理。

起重机分类	
桥架型	梁式、桥式、门式、半门式
臂架型	门座式、半门座式、塔式、流动式起重机、铁路起重机、桅杆起重机、悬臂起重机
缆索型	缆索起重机、门式缆索起重机

核心考点二、轻小型起重设备

1. 起重滑车

【小资料－起重滑车注解】起重滑车是一种重要的吊装工具（如图 1H412021-1 所示），它结构简单、使用方便，能够多次改变滑车与滑车组牵引钢索的方向和起吊或移动运转物体，特别是由滑车联合组成的滑车组，配合卷扬机、桅杆或其他起重机械，广泛应用在建筑安装作业中。滑车按轮数的多少分为单门滑车、双门滑车和多门滑车。按滑车与吊物的连接方式可分为吊钩式滑车、链环式滑车、吊环式滑车和吊架式滑车等。

图 1H412021-1　起重滑车

◆ 跑绳拉力的计算

滑轮组每一分支跑绳的拉力不同，最小在固定端，最大在拉出端。跑绳拉力的计算，必须按拉力最大的拉出端按公式或查表进行。

◆ 常用的穿绕方法有：顺穿、花穿和双跑头顺穿（图 1H412021-2～图 1H412021-4）。一般3门及以下，宜采用顺穿；4～6门宜采用花穿；7门以上，宜采用双跑头顺穿。

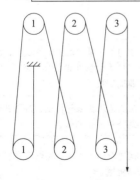
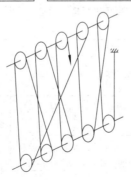
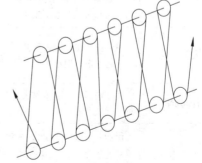

图 1H412021-2　顺穿　　图 1H412021-3　花穿　　图 1H412021-4　双跑头顺穿

2. 卷扬机

◆ 卷扬机的基本参数

（1）额定牵引拉力。

（2）工作速度，卷筒卷入钢丝绳的速度。

（3）容绳量，卷扬机的卷筒允许容纳的钢丝绳工作长度的最大值。每台卷扬机的铭牌上都标有对某种直径钢丝绳的容绳量，选择时必须注意，如果实际使用的钢丝绳的直径与铭牌上标明的直径不同，还必须进行 容绳量 校核。

【考法题型及预测题】

1. 以下起重机属于臂架型的有（　　　）。

A. 梁式起重机　　　　　　　　　B. 门座式起重机

C. 半门式起重机　　　　　　　　D. 桅杆起重机

E. 铁路起重机

2. 吊装工程用的卷扬机，所考虑的基本参数有（　　　）等。

A. 容绳量　　　　　　　　　　　B. 最大工作速度

C. 额定起重量　　　　　　　　　D. 安全系数

E. 额定牵引力

【答案】

1. B、D、E

2. A、E

【解析】卷扬机基本参数有：额定牵引拉力、工作速度、容绳量；B选项"最大工作速度"是陷阱。

核心考点三、常用起重机的特点及适用范围

起重机	特　　点	适用范围
流动式起重机	适用范围广，机动性好，可以方便地转移场地，但对道路、场地要求较高，台班费较高。 　汽车起重机不可以在360°范围内进行吊装作业，其吊装区域受到限制。 　履带起重机，臂架位于行走正前方可在一定程度上带载行走，但其行走速度较慢，履带会破坏公路路面。较大的履带起重机，转移场地需要用平板拖车运输，拆除、组装应编制专项施工方案	适用于单件重量大的大、中型设备、构件的吊装，作业周期短
塔式起重机	吊装速度快，台班费低。 　但起重量一般不大，并需要安装和拆卸	适用于在某一范围内数量多，而每一单件重量较小的设备、构件吊装，作业周期长
桅杆起重机	其结构简单，起重量大，对场地要求不高，使用成本低，但效率不高	主要适用于某些特重、特高和场地受到特殊限制的吊装
施工升降机	按用户需求，依据国家相关标准设计、制造、验证等、非标准生产、可临时安装的、带有有导向的平台、吊笼或其他运载装置	在建设施工工地各层站停靠服务的升降机械

【考法题型及预测题】

详见 1H412023 相关预测习题，或结合方案比选考实务操作应用。

核心考点四、起重机选用的基本参数

主要有吊装载荷（吊装重量）、吊装计算载荷、额定起重量、最大幅度、最大起升高度等，这些参数是制定吊装技术方案的重要依据。

【实务操作和案例分析知识点补充】

旋转臂架起重机还需要考虑起重力矩 M，M ＝起重量 Q × 臂架幅度 R。

这个参数决定了起重机工作过程中抗颠覆稳定性的能力。

1. 吊装载荷

吊装载荷是指设备、吊钩组件、吊索（吊钩以上滑轮组间钢丝绳质量）、吊具及其他附件等的质量总和。

例如，履带起重机的吊装载荷为被吊设备（包括加固、吊耳等）和吊索（绳扣）重量、吊钩滑轮组重量和从臂架头部垂下的起升钢丝绳重量的总和。

2. 额定起重量

根据起重机配置和起重机的准备情况，起重机制造商规定的最大容许载荷。额定起重量应大于设备吊装载荷。

$$Q_{max} > Q \geqslant Q_1 + Q_2$$

式中：Q_{max}——起重机额定起重量；

　　　Q——起重机起重量；

　　　Q_1——吊物（设备、构件）的重量；

　　　Q_2——索具重量（包括吊钩、吊钩以上滑车组间钢丝绳、吊钩与吊耳之间吊索、平衡梁、卡环等重量）。

3. 最大幅度

最大幅度即起重机的最大吊装回转半径，即额定起重量条件下的吊装回转半径。

4. 吊装计算高度

吊装作业时，设备顶部起升的最大高度。那么在选择起重机械时，就要求起重机械具有的最小起升高度应大于吊装计算高度。以汽车式起重机为例，如图 1H412021-5 所示。

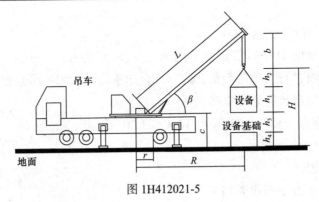

图 1H412021-5

图中：c——吊车臂杆转盘距离地面距离（m）；

　　　b——吊钩至臂杆顶端滑轮的安全距离（m）；

　　　L——吊车工作臂杆长度（m）；

　　　r——吊臂转台中心与吊臂铰轴间距（m）；

　　　R——吊车作业半径（m）；

　　　β——吊车作业臂杆仰角（°）。

起重机最大起重高度应满足下式要求：

$$H > h_1 + h_2 + h_3 + h_4$$

式中：h_1——设备高度（m）；

h_2——索具高度（包括钢丝绳、平衡梁、卸扣等的高度）（m）；

h_3——设备吊装到位后底部高出地脚螺栓高的高度（m）；

h_4——基础和地脚螺栓高度（m）。

【考法题型及预测题】

1. 钢结构屋架为桁架结构，跨度30m，上弦为弧线形，下弦为水平线，下弦安装标高为21m。单片桁架吊装重量为28t、吊索具重量2t，采用地面组焊后整体吊装。施工单位项目部采用2台吊车抬吊的方法，选用60t汽车吊和50t汽车吊各一台。根据现场的作业条件，60t吊车最大吊装能力为23t，50t吊车最大吊装能力为18t。项目部认为吊车的总吊装能力大于桁架总重量，满足要求，并为之编写了吊装技术方案。

问：请说明钢结构屋架起重吊装方案是否可行？

2. 下列流动式汽车起重机作业工况、起吊高度计算简图（图1H412021-6）有哪些错误？

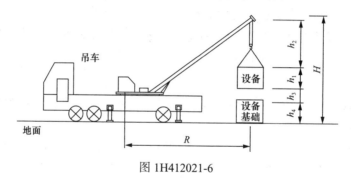

图 1H412021-6

【答案】

1. 答：方案不可行，理由是：

虽然总额定起重量 41 >计算载荷（$1.1 \times 1.2 \times 30 = 39.6$）

但是，如果没有进行合理的载荷分配，二台起重机各承担一半起重量15t，则不符合单机载荷不得超过额定起重量的80%要求。

50t 最大起重能力 18t，$18 \times 80\% = 14.4 < (30/2)$

2. 以上简图中有以下错误：

（1）轮胎落地错；

（2）h_2 错，那么 H 也就跟着错了；

（3）作业半径 R 指示错。

核心考点五、流动式起重机的选用★★★

流动式起重机有：汽车吊、履带汽车吊、轮胎吊。

1. 流动式起重机的特性曲线

反映流动式起重机的起重能力随臂长、幅度的变化而变化的规律和反映流动式起重机的最大起升高度随臂长、幅度变化而变化的规律的曲线称为起重机的特性曲线。

选择流动式起重机的依据：

（1）起升高度—工作范围图表；

（2）起重能力表。

2. 流动式起重机的选用步骤

流动式起重机的选用必须依照其特性曲线图、表进行，选择步骤是：

（1）根据被吊装设备或构件的就位位置、现场具体情况等确定起重机的站车位置，站车位置一旦确定，作业半径也就确定了。

（2）根据被吊装设备或构件的就位高度、设备尺寸、吊索高度等和作业半径由起重机的起重特性曲线，确定其臂长。【2013 年多选】

（3）根据上述已确定的幅度（回转半径）、臂长，由起重机的起重性能表或起重特性曲线，确定起重机的额定起重量。

（4）如果起重机的额定起重量大于计算载荷，则起重机选择合格，否则重新选择。

（5）计算吊臂与设备（平衡梁）之间的安全距离，若符合规范要求，则选择合格，否则重选。

3. 流动式起重机的地基要求 ★★★

◆ 地耐力检测【按案例掌握】

◇ 宜采用压重法检测，根据起重机械作业对地压强的要求，计算每个测试点需要压重块的数量 n，压重块对地压强计算公式：

$$f = \frac{nGg}{S} > 2f_c$$

式中：f——压块对地压强，MPa；

　　　n——每个测试点需要压重块的数量；

　　　G——每块压重质量，kg；

　　　g——重力加速度，m/s^2（= N/kg）；

　　　S——重块接地面积，cm^2；

　　　f_c——汽车起重机支腿垫板或履带式起重机路基箱对地压强，MPa。

◇ 选择起重机吊装作业时对地压强最大的位置，叠放压重块，确定两个基准点，均布找出压重块上的 4 个位置作为测量点，并做好标志。

◇ 压重块应静置 24h，测量记录压重块 4 个位置的沉降量，若 4 个点最大沉降量不大于 50mm，则证明处理的地基合格，地面或支撑面的承载能力大于起重机当前工况下最大接地比压。

◆ 地基处理

流动式起重机必须在 水平坚硬 地面上进行吊装作业。吊车的工作位置（包括吊装站位置和行走路线）的地基应进行处理。应根据其地质情况或测定的地面耐压力为依据，采用合适的方法（一般施工场地的土质地面可采用 开挖回填夯实 的方法）进行处理。处理后的地面应 做耐压力测试，地面耐压力应满足吊车对地基的要求，在复杂地基上吊装重型设备，应 请专业人员对基础进行专门设计。吊装前必须对地基 基础验收。

1. 吊装某台设备,依据起重机特性曲线确定其臂长时,需考虑的因素有( )。

A. 设备重量   B. 设备尺寸

C. 设备就位高度   D. 吊索长度

E. 吊车工作幅度

2. 根据已确定的流动式起重机的幅度、臂长,查特性曲线,确定其( )。

A. 最大起升高度   B. 额定起重量

C. 工作速度   D. 最大幅度

3. 流动式起重机的特性曲线是反映流动式起重机的起重能力和最大起升高度随起重机臂长和( )的变化而变化规律的曲线。

A. 站位位置地基耐压强度   B. 起重机提升速度

C. 待吊设备高度   D. 起重机幅度

4. 简述在用流动式起重机进行吊装作业时,对地基有哪些要求?

【答案】

1. B、C、E

【注意】索具高度≠索具长度。

2. B;3. D

4. 答:在用流动式起重机进行吊装作业时,对地基的要求有:

(1)地基应平整且符合载荷要求;

(2)如不平整应进行平整处理;要进行夯实;

(3)铺钢板增加承载力;

(4)按设计要求进行耐压力试验(用压重法做预压沉降试验);

(5)吊装前必须对地基基础进行验收。

1H412022 吊具种类与选用要求

核 心 考 点 及 可 考 性 提 示

考　点		2021 年可考性提示
吊具种类与选用要求	钢丝绳【2019 年案例】	★★
	平衡梁【2020 年多选】	★★
	液压提升装置	★★

★不大,★★一般,★★★极大

核 心 考 点 剖 析

核心考点一、钢丝绳

钢丝绳的主要技术参数——

① 钢丝绳的强度极限；② 钢丝绳的规格；③ 钢丝绳的直径；④ 钢丝绳的安全系数。

1. 钢丝绳的强度极限

钢丝绳钢丝的公称抗拉强度级别有 1570MPa（相当于 1570N/mm^2）、1670MPa、1770MPa、1870MPa、1960MPa。

2. 钢丝绳的直径

◆ 在同等直径下

◇ 6×19 钢丝绳中的钢丝直径较大，强度较高，但柔性差，常用作缆风绳。【2016 年单选】

◇ 6×61 钢丝绳中的钢丝最细，柔性好，但强度较低，常用来做吊索。

◇ 6×37 钢丝绳的性能介于上述二者之间。

后两种规格钢丝绳常用作穿过滑轮组牵引运行的跑绳和吊索。

吊索俗称千斤绳或绳扣，用于连接起重机吊钩和被吊装设备。

◇ 绳股为 点线接触型的 1＋6＋15＋15 结构，直径范围 20～60mm ，性能较好，在大型吊装中使用最为普遍。

◇ 若采用 2 个以上吊点起吊时，每点的吊索与水平线的夹角不宜小于 60°。

如图 1H412022-1 所示，随着吊索与水平线夹角变小，起重能力降低。

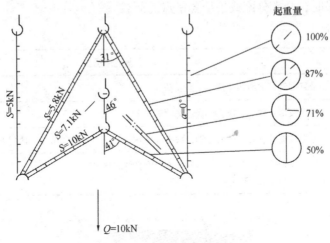

图 1H412022-1

3. 钢丝绳的安全系数【2020 年案例，2021 年继续掌握】

钢丝绳安全系数为标准规定的钢丝绳在使用中允许承受拉力的储备拉力，即钢丝在使用中破断的安全裕度。应符合下列规定：

用　　途	安 全 系 数
拖拉绳（如，缆风绳）	≥3.5
卷扬机走绳	≥5
作系挂绳扣时	≥5
捆绑绳扣使用时	≥6
作载人吊篮时	≥14

【考法题型及预测题】

1. 下列规格的钢丝绳，可以用作缆风绳的是（　　　）。

A. 6×19　　　　　　　　　　　　B. 6×31

C. 6×37　　　　　　　　　　　　D. 6×61

2. 在大型吊装中使用最为普遍的钢丝绳型号是（　　　）。

A. 1＋6＋11＋11　　　　　　　　B. 1＋6＋12＋12

C. 1＋6＋13＋13　　　　　　　　D. 1＋6＋15＋15

【答案】

1. A；2. D

核心考点二、平衡梁（铁扁担）

在吊装精密设备与构件时，或受到现场环境影响，或多机抬吊时，一般多采用平衡梁进行吊装。

◆ 平衡梁的作用【2020 年多选】

（1）保持被吊设备的平衡，避免吊索损坏设备；

（2）缩短吊索的高度，减小动滑轮的起吊高度；

（3）减少设备起吊时所承受的水平压力，避免损坏设备；

（4）多机抬吊时，合理分配或平衡各吊点的荷载。

◆ 平衡梁的形式

平衡梁形式	特点及适用场合
管式平衡梁	吊装排管、钢结构构件、小型设备
钢板平衡梁	用钢板切割加工制成，可在现场就地加工
槽钢型平衡梁	分部板提吊点可以前后移动，根据设备重量、长度来选择吊点，使用方便、安全、可靠
桁架式平衡梁	吊点伸开的距离较大（即需要增加其刚度的时候） 如图 1H412022-2 所示

图 1H412022-2　低压转子吊装

（图中用的是桁架式平衡梁）

◆ 平衡梁的选用

◇ 平衡梁的形式，一般都是根据 ①设备的重量②规格尺寸③结构特点④现场环境要求 等条件来选择；

◇ 平衡梁的具体尺寸经过设计计算来确定。

【考法题型及预测题】

1. 在吊装作业中，平衡梁的作用有（　　　）。

A. 保持被吊设备的平衡　　　　　B. 避免吊索损坏设备

C. 合理分配各吊点的荷载　　　　D. 平衡各吊点的荷载

E. 减少起重机承受的荷载

【提示】本知识点有可能以论述题的方式考，如简述铁扁担的作用。

2. 某吊装作业，受设备形状限制，吊点伸开的距离较大，为保证设备吊装的稳定性，增设（　　　）平衡梁来增加其刚度。

A. 钢板式　　　　　　　　　　B. 管式

C. 槽钢式　　　　　　　　　　D. 桁架式

【答案】

1. A、B、C、D；2. D

核心考点三、液压提升装置

◆ 装置组成

常用的液压装置主要由——液压泵站、穿心式液压提升器（液压千斤顶）、钢绞线和控制器组成。

提升器由——上锚具、下锚具、地锚和主油缸四大部分组成。

◆ 液压泵站的选用

液压泵站工作压力、流量应根据泵站配置 ① 提升油缸的数量② 载荷③ 提升速度 来确定。

1H412023　吊装方法与吊装方案

核 心 考 点 及 可 考 性 提 示

	考　　点	2021年可考性提示
吊装方法与吊装方案	常用吊装方法【2014年多选】【2018年、2020年案例】	★★★
	吊装方案选择步骤	★★
	吊装方案的主要内容【2010、2015、2019年多选】	高频考点
	吊装方案的管理【2015年单选】【2012、2015、2017年案例】	高频考点

★不大，★★一般，★★★极大

核心考点剖析

核心考点一、吊装方法分类【2021年版新增内容】

按工程分类	钢筋混凝土结构吊装	
	钢结构吊装	
	设备吊装	
	管道吊装	
按起重机械分类	塔式起重机吊装	
	桥式起重机吊装	
	流动式起重机吊装	
	其他起重机吊装	桅杆系统吊装
		缆索系统吊装
		液压提升系统吊装
		利用构筑物吊装
		坡道法提升

◆ 钢筋混凝土结构吊装

（1）当构件无设计吊钩（点）时，应通过计算确定绑扎点的位置，绑扎方法应考虑可靠和摘钩简便安全。

（2）装配式大板结构吊装顺序【按案例掌握】——

宜从中间向两端进行，并应按先横墙后纵墙、先内墙后外墙、最后隔断墙的逐间封闭的顺序。

◆ 特种钢结构吊装【按案例掌握】

（1）采用高空组装法吊装塔架时，其爬行桅杆必须经过设计确定；如，电视塔的桅杆天线吊装，采用爬杆式（电视塔顶部设备也可以采用缆索系统吊装）。

（2）大跨度屋盖整体提升前，应矫正所有吊索铅直线垂直度，进行载重调试，各吊点水平高差不超过2mm，进行试提升。

（3）网架采用提升或顶升时，验算载荷应包括吊装阶段结构自重和各种施工载荷，并乘以动力系数1.1。如采用拔杆，动力系数取1.2；采用履带式起重机或汽车起重机，动力系数取1.3。

◆ 工业设备吊装

（1）卧式设备吊装时，吊点间距宜大于设备长度的1/3，宜使用吊梁吊装。

（2）采用兜捆方式吊装时，应对索具与设备的边缘棱角接触部位进行保护，并对设备进行保护。

◆ 桅杆系统吊装

桅杆吊装系统组成【2020年案例】——由桅杆、缆风系统、提升系统、托排滚杠系统、牵引溜尾系统等组成；其中，提升系统有：卷扬机滑轮系统、液压提升系统。

桅杆型式——桅杆有单桅杆、双桅杆、人字桅杆、门字桅杆、井字桅杆。

作业工艺方式——有单桅杆和双桅杆滑移提升法、扳转（单转、双转）法、无锚点推举法等吊装工艺。

◆ 利用构筑物吊装法作业时应做到【2018年案例】

（1）编制专门吊装方案，应对承载的结构在受力条件下的强度和稳定性进行校核。

（2）选择的受力点和方案应征得设计人员的同意。

（3）对于通过锚固点或直接捆绑的承载部位，还应对局部采取补强措施；如采用大块钢板、枕木等进行局部补强，采用角钢或木方对梁或柱角进行保护。

（4）施工时，应设专人对受力点的结构进行监视。

【考法题型及预测题】

见模拟预测篇中的相关案例。

核心考点二、吊装方案选择步骤

选择步骤：技术可行性论证→安全性分析→进度分析→成本分析→综合选择。

例如，立式设备宜采用整体组合吊装。

例如，大型设备吊装工艺和吊点位置应满足强度、刚度和局部稳定性等相关要求；细长设备和带内衬设备的吊点设置应满足强度和挠度的要求。

【考法题型及预测题】

1. 吊装作业，汽车吊与桅杆吊均技术可行；工期提前有奖励。项目部分别应选哪个方案？理由是什么？

2. 改扩建工程，众多塔类设备中增加一高大的重型塔器。需要进行设备的吊装，拟采用汽车吊与桅杆吊。项目部分别应选哪个方案？理由是什么？

【答案】

1. 项目部应选用汽车吊。理由是：

（1）汽车吊是常规作业方式，而桅杆吊为非常规作业，安全性上汽车吊比桅杆吊有优势。

（2）汽车吊进度比桅杆吊进度快。

（3）虽然汽车吊比桅杆吊成本高，但是成本不是优先考虑的因素，并且进度提前有奖励。

（4）所以综合考虑应选用汽车吊。

【注意】严格讲，综合考虑这个关键词是有分值的。

2. 项目部应选用桅杆吊。理由是：

根据两种起重机械的特点，进行可行性对比，汽车起重机不可以在360°范围内进行吊装作业，其吊装区域受到限制。而桅杆吊，主要适用于某些特重、特高和场地受到特殊限制的吊装。所以根据作业条件与设备的适用性，应选桅杆吊。

核心考点三、吊装方案主要内容★★★

吊装方案的主要内容	内 容 细 则
1. 编制说明及依据	编制依据： （1）相关法律、法规、规范性文件、标准、规范； （2）设计文件； （3）施工合同、施工组织设计
2. 工程概况	
3. 吊装工艺设计	（1）施工工艺 （2）吊装参数表【2019年多选】 　主要包括设备规格尺寸、金属总重量、吊装总重量、重心标高、吊点方位及标高等。若采用分段吊装，应注明设备分段尺寸、分段重量。 （3）机具 （4）吊点及加固 （5）工艺图 （吊装平、立面布置图；地锚施工图） （6）吊装进度计划 （7）吊装作业区域地基处理措施 （8）地下工程和架空电缆施工规定
4. 吊装组织体系	
5. 安全保证体系及措施	
6. 质量保证体系及措施	
7. 吊装应急处置方案	
8. 吊装计算校核书 【2015年多选】	吊装工艺计算书内容： （1）主起重机和辅助起重机受力分配计算； （2）吊装安全距离核算； （3）吊耳强度核算； （4）吊索、吊具安全系数核算

【考法题型及预测题】

（2015年真题）起重机吊装工艺计算书的主要内容包括（　　　）。

A. 吊装安全距离核算　　　　　　　B. 卷扬机走绳强度核算

C. 起重机受力分配计算　　　　　　D. 吊耳强度核算

E. 吊索具安全系数核算

【答案】

A、C、D、E

【解析】起重机吊装工艺计算书一般包括的内容：主起重机和辅助起重机受力分配计算；吊装安全距离核算；吊耳强度核算；吊索、吊具安全系数核算。选项B，应该是卷扬机走绳安全系数核算。

核心考点四、吊装方案的管理

吊装方案的编制、审批（高频考点）

分类	工程作业	论证	审批签字 【2012年、2013年、2015年、 2020年案例】
危险性较大的 分部分项工程 【2020年案例】	采用非常规起重设备、方法，且单件起吊重量在10kN（约1t）及以上的起重吊装工程	不需要专家论证	施工（分包）单位的 企业技术负责人 审批签字 盖公章 ↓ 总包单位 企业技术负责人 审批签字 盖公章 ↓ 总监理工程师 审核签字 盖执业印章
	采用起重机械进行安装的工程		
	起重机械设备自身的安装、拆卸工程		
超过一定规模的 危险性较大的 分部分项工程	采用非常规起重设备、方法，且单件起吊重量在100kN（约10t）及以上的起重吊装工程	专家论证前专项 施工方案应当通过 施工单位和总监理 工程师审查	
	起吊重量300kN（约30t）及以上起重设备安装、拆卸工程		
	跨度36m及以上的钢结构安装工程。重量1000kN及以上的大型结构整体顶升、平移、转体等施工工艺		

1H412024 吊装稳定性要求

核 心 考 点 及 可 考 性 提 示

考　点		2021年可考性提示
吊装稳定性要求 【2014年案例】	起重吊装作业稳定性的作用及内容	★★★
	失稳的原因及预防措施【2018、2019年案例】	★★★
	桅杆的稳定性	★★

★不大，★★一般，★★★极大

核 心 考 点 剖 析

核心考点一、起重吊装作业失稳的原因及预防措施★★★
1. 起重机械失稳

失稳主要原因	预防措施
① 超载	严禁超载
② 支腿不稳定	打好支腿并用道木和钢板垫实和加固，确保支腿稳定
③ 机械故障	严格机械检查
④ 起重臂杆仰角超限	起重臂杆仰角最大不超过78°，最小不低于45°

2. 吊装系统的失稳

失稳主要原因	预防措施
多机吊装的不同步	集群千斤顶或卷扬机通过计算机控制来实现多吊点的同步
不同起重能力的多机吊装荷载分配不均	多机吊装时尽量采用同机型、吊装能力相同或相近的吊车
多动作、多岗位指挥协调失误	通过主副指挥来实现多机吊装的同步； 制定周密的指挥和操作程序并进行演练，达到指挥协调一致
桅杆系统缆风绳、地锚失稳	缆风绳和地锚严格按吊装方案和工艺计算设置，设置完成后进行检查并做好记录

3. 吊装设备或构件的失稳

失稳主要原因	预防措施
由于设计与吊装时受力不一致	（1）对于细长、大面积设备或构件采用多吊点吊装；
设备或构件的刚度偏小	（2）薄壁设备进行加固加强； （3）对型钢结构、网架结构的薄弱部位或杆件进行加固或加大截面

【考法题型及预测题】

1. 起重机械失稳的主要原因有（　　　　）。

A. 机械故障　　　　　　　　　　B. 超载

C. 桅杆地锚失稳　　　　　　　　D. 速度过快

E. 支腿不稳定

2. 防止起重机械失稳的主要预防措施有哪些？

【答案】

1. A、B、E

2. 答：防止起重机械失稳的主要预防措施有：① 严禁超载；② 打好支腿并用道木和钢板垫实和加固，确保支腿稳定；③ 严格进行机械设备的检查；④ 按规定程序操作使用并做好维护保养。

核心考点二、桅杆的稳定性校核

1. 缆风绳拉力的计算及选择

◆ 缆风绳的设置要求

◇ 直立单桅杆顶部缆风绳的设置宜为 6～8 根；

◇ 对倾斜吊装的桅杆应加设后背主缆风绳，后背主缆风绳的设置数量不应少于 2 根；

◇ 缆风绳与地面的夹角宜为 30°，最大不得超过 45°；

◇ 直立单桅杆各相邻缆风绳之间的水平夹角不得大于 60°；

◇ 缆风绳应设置防止滑车受力后产生扭转的设施；

◇ 需要移动的桅杆应设置备用缆风绳。

2. 地锚的种类及要求

◆ 常用地锚的种类和适用场合

地锚的种类	应 用 场 合
全埋式地锚	可以承受较大的拉力，适合于重型吊装
活动式地锚	承受的力不大，重复利用率高，适合于改、扩建工程
利用已有建筑物作为地锚	必须获得建筑物设计单位的书面认可。 使用时应对基础、柱子的棱角进行保护

◆ 地锚设置和使用要求

◇ 地锚结构形式应根据①受力条件②施工地区的地质条件设计和选用。

◇ 埋入式地锚基坑的前方，缆风绳受力方向坑深 2.5 倍的范围内不应有地沟、线缆、地下管道等。

◇ 埋入式地锚在回填时，应用净土分层夯实或压实，回填的高度应高于基坑周围地面 400mm 以上，且不得浸水。

地锚设置完成后应做好隐蔽工程记录。

◇ 埋入式地锚设置完成后，受力绳扣应进行预拉紧。

◇ 主地锚应经拉力试验符合设计要求后再使用。

3. 桅杆使用的要求

（1）桅杆的使用应执行桅杆使用说明书的规定，不得超载使用。

（2）桅杆组装应执行使用说明书的规定，桅杆组装的直线度应小于其长度的 1/1000，且总偏差不应超过 20mm。

（3）桅杆基础应根据桅杆载荷及桅杆竖立位置的地质条件及周围地下情况设计。

（4）采用倾斜桅杆吊装设备时，其倾斜度不得超过 15°。

（5）当两套起吊索、吊具共同作用于一个吊点时，应加平衡装置并进行平衡监测。

（6）吊装过程中，应对桅杆结构的直线度进行监测。

【考法题型及预测题】

1. 有关缆风绳的设置要求，正确的是（　　）。

A. 直立单桅杆顶部缆风绳的设置宜为 6~8 根

B. 缆风绳与地面的夹角宜为 45°

C. 倾斜桅杆相邻缆风绳之间的水平夹角不得大于 60°

D. 缆风绳应设置防止滑车受力后产生倾斜的设施

E. 需要移动的桅杆应设置备用缆风绳

2. 下列不符合地锚设置要求的是（　　）。

A. 地锚设置应按吊装施工方案的规定进行

B. 埋入式地锚基坑的前方坑深 2 倍的范围内有地沟

C. 埋入式地锚设置前对受力绳扣进行预拉紧

D. 地锚设置完成后应做好隐蔽工程记录

E. 主地锚应经抗压试验符合设计要求后再使用

3. 某改扩建工程，设备吊装采用桅杆式，其地锚适宜选用（　　）。

A. 全埋式   B. 半埋式

C. 活动式   D. 利用建筑物

【答案】

1. A、E

【解析】选项 B 错误，缆风绳与地面的夹角宜为 30°，最大不得超过 45°；选项 C 错误，直立桅杆各相邻缆风绳之间的水平夹角不得大于 60°；选项 D 错误，应该是防止滑车受力后产生扭转的设施。

2. B、C、E

【解析】选项 B，埋入式地锚基坑的前方坑深 2.5 倍的范围内不应有地沟；选项 C，埋入式地锚设置完成后，受力绳扣进行预拉紧；选项 E，主地锚应经拉力试验符合设计要求后再使用。

3. C

1H412030 焊接技术

核心考点提纲

$$
焊接技术
\begin{cases}
焊接材料与焊接设备选用要求 \\
焊接方法与焊接工艺评定 \\
焊接应力与焊接变形 \\
焊接质量检验方法
\end{cases}
$$

1H412031 焊接材料与焊接设备选用要求

核心考点及可考性提示

考 点			2021 年可考性提示
焊接材料与焊接设备选用要求	焊接材料	焊条	★★★
		焊丝	★★
		保护气体	★
		焊剂	★★
		焊接材料的复验	★★
	焊接设备	焊接设备分类	★
		焊接设备应用范围	★

★不大，★★一般，★★★极大

核心考点剖析

核心考点一、焊条★★★

1. 碱性焊条和酸性焊条工艺性能对比

焊条按熔渣碱性分：碱性焊条（又称作低氢型焊条）和酸性焊条。

注：碱性焊条，焊条的药皮成分主要是碱性氧化物。药皮有足够的脱氧能力。焊接接头含氢量很低，故又称为低氢型焊条。碱性焊条的焊缝具有良好的抗裂性和力学性能，但工艺性能较差。

工艺性能对比

项　　目	碱性焊条	酸性焊条
药皮氧化还原性	还原性	强氧化性强
对水、锈产生气孔的敏感性	敏感	不敏感
电弧稳定性	应采用短弧操作	稳定、可长弧操作
电源极性	直流、反极性	交、直流两用
耐大电流	一般	好
焊缝成形	一般、熔深较深	好、熔深较浅
熔渣结构	呈结晶状	玻璃状
脱渣性	不同品牌有好有坏	好
焊接烟尘	较多	少
扩散氢含量	低	高
全位置焊接操作性	一般	好

注：熔深指母材熔化部的最深位与母材表面之间的距离（图 1H412031）。

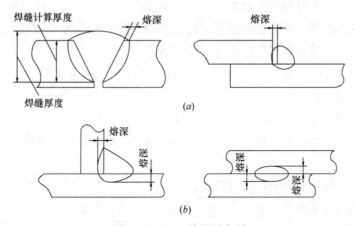

图 1H412031　熔深示意图

2. 焊条的选用

场合条件	选用的焊条
普通结构钢	熔敷金属抗拉强度等于或稍高于母材的焊条
合金结构钢	焊条的合金成分要与母材相同或相近
焊缝易产生裂纹的情况下	比母材强度低的焊条、低氢型焊条
受振动冲击的焊件	低氢型焊条

场合条件	选用的焊条
接触腐蚀介质的焊件	不锈钢焊条
母材中碳、硫、磷偏高	低氢型焊条
焊接部位难以清理的焊件、通风条件差的场合	酸性焊条

【考法题型及预测题】

1. 下述碱性焊条和酸性焊条工艺性能对比结论错误的是（   ）。

A. 酸性焊条氧化性强   B. 碱性焊条熔深较浅

C. 碱性焊条焊接烟尘较多   D. 酸性焊条全位置焊接操作性好

2. 对承受动载荷和冲击载荷的焊件，除满足强度要求外，应选用塑性和韧性指标较高的（   ）焊条。

A. 低氢型   B. 钛钙型

C. 纤维类型   D. 酸性

【答案】

1. B；2. A

核心考点二、焊丝

焊丝按 规定代号 选择适用的焊接方法。

核心考点三、埋弧焊剂使用要求

埋弧焊用的焊剂是一种重要的焊接材料，它的焊接工艺性能、化学冶金性能是决定焊缝金属的主要因素，使用焊剂应注意以下几个问题：

（1）运输保管：焊剂应存放在干燥的库房内，防止受潮影响焊接质量。并妥善运输焊剂，防止包装破损。

（2）烘焙：使用前，焊剂应按说明书所规定的参数进行烘焙。

（3）回收：使用回收的焊剂，应清除里面的渣壳、粉碎及其他杂物，与新焊剂混合后均匀后使用。

核心考点四、特种设备的焊接材料复验

（1）球罐用的焊条和药芯焊丝应 按批号 进行 扩散氢 复验。

（2）工业管道用的焊条、焊丝、焊剂 库存超过期限，应经复验合格后方可使用 。焊接材料质量证明书或合格证书上应注明库存的期限，并应符合以下规定：

1）酸性焊接材料及 防潮包装密封良好的 低氢型焊接材料的规定期限一般为 2 年；

2）石墨型焊接材料及其他焊接材料的规定期限为 1 年。

1H412032　焊接方法与焊接工艺评定

焊接方法 是直接影响焊接成本、焊接效率和焊接质量的主要因素。

焊接工艺评定是指为验证所拟定的焊件焊接工艺的正确性而进行的试验过程及结果评价。

核心考点及可考性提示

	考 点		2021年可考性提示
焊接方法与焊接工艺评定 【2018年案例】	常用的焊接方法	焊条电弧焊	★★
		钨极惰性气体保护焊【2020年多选】	★
	焊接工艺评定	焊接工艺评定定义	★★
		焊接工艺评定作用	★★
		焊接工艺评定依据	★
		焊接工艺评定步骤	★★★
	焊接作业指导书		★★★
	焊接工艺技术	焊接作业人员的要求	★★★
		焊接技术管理要求	★★
		特殊材料焊接工艺措施	★★

★不大，★★一般，★★★极大

核心考点剖析

核心考点一、焊条电弧焊

焊条电弧焊特性	
机动性和灵活性好	（1）所需要的焊接设备相对简单。 （2）焊接场地不受限制。 （3）可适用全位置焊接。 （这是因为其焊接设备简单，只需要配备适用的电源、焊钳和足够长的焊接电缆）
焊缝金属性能良好	（1）焊缝金属结晶较致密，其力学性能比其他熔焊高，特别是缺口冲击韧性高得多。 （2）通过焊条药皮配方的调整，容易控制焊缝金属的性能
工艺适应性强	不适用焊"活性金属"，其他金属结构都可以焊

核心考点二、焊接工艺评定

1. 定义

焊接工艺评定是指为验证所拟定的焊接工艺正确性而进行的试验过程及结果评价。

记载验证性的试验及其结果，对拟定的焊接工艺规程进行评价的报告称为焊接工艺评定报告（PQR）。

拟定的焊接工艺规程是为焊接工艺评定所拟定的焊接工艺文件，称为：预焊接工艺规程（PWPS）。

2. 焊接工艺评定作用

（1）验证施焊单位能力。

（2）作为编制焊接工艺规程（WPS）的依据。

需要注意的是：

● 施焊前进行的工艺评定应建立在掌握焊接材料焊接性能的基础上进行。

● 一份焊接工艺评定报告可以作为编制一个或者多个焊接工艺规程的依据；

多份焊接工艺评定报告也可作为编制一个焊接工艺规程的依据。

3. 焊接工艺评定

● 必须自己单位完成：PWPS 的编制、试件焊接等。

焊评试件由本单位技能熟练的焊工，用本单位的焊接设备施焊。

● 可以委托另一个单位来完成：试件和试样的加工、无损检测和理化性能试验等。

焊评试件检验项目至少包括：外观检查、无损检测、力学试验、弯曲试验。

● 焊接工艺评定报告应由焊接技术负责人审核。

承担钢结构工程焊接难度等级 C 级和 D 级的施工单位，焊接技术负责人应具有高级技术职称。

4. 焊接工艺评定步骤 ★★★

◇ 步骤

拟定 PWPS →施焊试件→试件检验→签发报告。

◇ 签发报告

焊接工艺评定过程中应做好记录，焊评完成后应提出 WPS，并经企业焊接技术负责人审核同意签字。

【考法题型及预测题】

1. 为焊接工艺评定所拟定的焊接工艺文件称为（　　　）。

A. 焊接工艺评定报告　　　　　　　　B. 焊接工艺指导书

C. 预焊接工艺规程　　　　　　　　　D. 焊接工艺规程

2. 关于焊接工艺评定，描述错误的是（　　　）。

A. 焊接工艺评定是在掌握焊接材料性能前进行的

B. 必须在工程焊接后进行焊接工艺评定

C. 焊接试件应由有资质的工人施焊

D. 试件的理化试验可以进行委托分包

E. 一份焊接工艺评定报告可以作为编制多份焊接规程的依据

3. 对焊评试件检验项目至少应包括以下的（　　　）。

A. 外观检查　　　　　　　　　　　　B. 致密性试验

C. 无损检测　　　　　　　　　　　　D. 力学试验

E. 弯曲试验

【答案】

1. C；2. ABC；3. ACDE

核心考点三、焊接作业指导书（WPS）

1. WPS 编制要求

（1）WPS 必须由施焊单位自行编制。

（2）编制依据———焊接工艺评定报告（PQR）。

编制 WPS 还需要考虑的因素：① 设计文件的要求；② 相关标准的要求；③ 产品使用情况；④施工条件情况等。

（3）当某个焊接工艺评定因素的变化超出标准规定的评定范围时，均需要重新编制 WPS；重新编制 WPS 应有相对应的 PQR 作为支撑性文件。

注：也就是说，当某个焊接工艺评定因素的变化超出标准规定的评定范围时，需要重新进行焊接工艺评定，出新的 PQR，以此作为重新编制 WPS 的依据。当然也需要对重新进行的工艺评定重新编制 PWPS。

（4）WPS 应由具有一定专业知识和相当实践经验的焊接技术人员编制。

2. 焊接工艺规程的审批和交底

应由 本单位焊接技术负责人 批准 WPS。

焊接作业前，应由 焊接技术人员 向焊工发放相应的 WPS 并进行技术交底。

核心考点四、焊接工艺技术

1. 对焊接作业人员的要求★★★

◆ 从事钢结构焊接的焊工技能要求

应按所从事钢结构的 ①钢材种类②焊接节点形式③焊接方法④焊接位置 等要求进行技术资格考试，取得钢结构焊接合格证。

2. 焊接技术管理要求

◆ 焊接技术交底内容

焊接工程特点、WPS 内容、焊接质量检验计划、进度要求等。

◆ 关于返修次数

焊缝同一部位的返修次数不宜超过 2 次。

如超过 2 次，返修前应编制超次返修技术方案，并经施工单位技术负责人批准后，方可实施。

◆ 对焊接环境场所的要求

自然环境：焊接场所的风速；焊接电弧 1m 范围的相对湿度；雨、雪天气不符合现行国家有关标准且无有效安全可靠的防护措施时，禁止焊接。

不锈钢、有色金属焊接作业场地：应设置专用场地，并保持清洁、干燥、无污染，不得与黑色金属等其他产品混杂；配置专用组焊工装。

注：不锈钢电化学腐蚀是一大问题，这样的措施是尽可能地去降低发生电化学腐蚀的外部条件。

3. 特殊材料焊接工艺措施

◆ 有延迟裂纹倾向的材料

【相关知识】延迟裂纹是冷裂纹的一种，是由于 塑性储备、应力状态以及焊缝金属中 氢含量 等综合作用而产生的焊接裂纹（这种裂纹不在焊后立即出现，可能在焊后数小时、数天或更长时间内出现，具有孕育期的冷裂纹称为延迟裂纹）。

延迟裂纹主要发生在低合金高强钢中，如 Q345R、18MnMoNbR、13MnMoNbR（这是仿日本的 BHW，是单层厚壁钢）和日本的 CF-62 系列钢等。

防止产生延迟裂纹的措施（注意有考案例的可能）：应采取焊条烘干、减少应力、焊前预热、焊后及时热处理的措施外，尽量严格执行焊后热消氢处理的工艺，必要时打磨焊缝余高。

不能及时进行热处理时，应在焊后立即均匀加热至 200～300℃，并保温缓冷。

◆ 有再热裂纹倾向的材料

产生再热裂纹与钢中所含碳化物形成元素（Cr、Mo、V、NB、Ti、B 等）有关。

预防产生再裂纹的方法（注意有考案例的可能）：

（1）预热：

● （焊前）预热温度一般为 200～450℃。

● 若焊后能及时后热（焊后热处理），可适当降低预热温度。

例如，18MnMoNb 钢焊后，立即进行 180℃热处理 2h，焊前预热温度可降低至 180℃。

（2）应用低强度焊缝，使焊缝强度低于母材以增高其塑性变形能力。

（3）减少焊接应力，合理地安排焊接顺序、减少余高、避免咬边及根部未焊透等缺陷以减少焊接应力。

【课外知识点】

（1）焊后，焊件在一定温度范围再次加热而产生的裂纹称再热裂纹。有些金属焊后并未发生裂纹，而是再焊后消除应力的热处理过程中才出现裂纹。有些焊后没有发生裂纹，而在一定温度条件下长期工作产生裂纹。

（2）再裂纹一般只发生在某些材料中、某温度区间、同时存在残余应力和不同程度的应力集中、热影响区粗晶区的晶界上。

◆ 抗硫化氢腐蚀钢

20HIC（20 号钢，又称抗硫化氢钢）材质焊接工艺评定时，母材和焊接材料化学成分、焊接接头力学性能和表面质量除应符合《石油裂化用无缝钢管》GB 9948—2013 表 6 中 20 号钢的规定及其附录 B 的下列要求：

（1）焊接接头布氏硬度不大于 190HBW。

（2）焊缝咬边深度不得大于 0.4mm。

【课外知识点】

布氏硬度（HB），表示材料抵抗硬物体压入其表面的能力。使用钢球压头测试（HBS），使用硬质合金钢头测试（HBW）。布氏硬度一定程度上体现了材料的耐磨性。

【考法题型及预测题】

1. 从事钢结构焊接的焊工，应按所从事钢结构的（　　　）等要求进行技术资格考试，获得焊接合格证。

A. 钢材种类　　　　　　　　　B. 焊接设备

C. 焊接节点形式　　　　　　　D. 焊接方法

E. 焊接位置

2. 产生延迟裂纹的主要因素是由（　　　）某一因素与相互作用。

A. 残余应力   B. 焊缝含扩散氢

C. 焊缝有余高   D. 焊接接头所承受的拉应力

E. 金属塑性储备

【答案】

1. A、C、D、E；2. B、D、E

1H412033 焊接应力与焊接变形

焊接残余应力和变形，会对焊接构件的承载力和构件的加工精度造成影响。应从设计、焊接工艺、焊接方法、装配工艺等方面着手，采取相应的措施以降低焊接残余应力和减小焊接残余变形。

核心考点及可考性提示

考 点			2021 年可考性提示
焊接 应力与焊接变形	降低焊接应力的措施【2015 年多选】		★★
	焊接变形的危害性及预防焊接变形的措施	焊接变形的分类	★★
		焊接变形的危害	★★
		预防焊接变形的措施【2017 年案例】	★★★

★不大，★★一般，★★★极大

核心考点剖析

核心考点一、降低焊接应力的措施【2015 年多选】

1. 设计措施

设计措施	做 法
减少焊接量	尽量减少焊缝的数量和尺寸，可减小变形量，同时降低焊接应力
改变焊缝分布	避免焊缝过于集中，从而避免焊接应力峰值叠加
优化接头形式	将容器的接管口设计成翻边式，少用承插式

2. 工艺措施

◆ 关于焊后热处理

消除残余应力的最通用的方法是 高温回火 。如：将焊件放在热处理炉内加热到一定温度（Ac1 以下）和保温一定时间，利用材料在高温下屈服极限的降低，使内应力高的地方产生塑性流动，弹性变形逐渐减少，塑性变形逐渐增加而使应力降低。

焊后热处理对金属抗拉强度、蠕变极限的影响与热处理的温度和保温时间有关。焊后热处理对焊缝金属冲击韧性的影响随钢种不同而不同。

注：Ac1——临界温度（转变温度）。是材料在加热过程中开始形成（转变）奥氏体的温度。

【考法题型及预测题】

1. 在降低焊接应力的措施中属于工艺措施的是（　　　　）。

A. 尽量减少焊缝的数量和尺寸

B. 防止焊缝过于集中

C. 合理安排装配焊接顺序

D. 采用较小的焊接线能量

E. 要求较高的容器接管口，宜将插入式改为翻边式

2. （2015年真题）降低焊接应力的正确措施有（　　　　）。

A. 构件设计时尽量减少焊缝尺寸

B. 将焊缝集中在一个区域

C. 焊接时采用较小的焊接线能量

D. 焊接过程中，层间锤击

E. 焊接前对构件进行整体预热

【答案】

1. C、D

【解析】答题技巧：排除属于设计措施的选项，剩下的选项是工艺措施的内容。

2. A、C、D、E

核心考点二、焊接变形的分类

焊接变形分类		变形的类型
① 焊接热过程中发生的瞬态热变形		
② 室温条件下的残余变形	面内变形	焊缝纵向收缩变形、横向收缩变形 焊缝回转变形。如图 1H412033-1 所示
	面外变形	角变形、弯曲变形、扭曲变形、失稳波浪变形。如图 1H412033-2 所示

【题型】面内变形和面外变形混合考其一。

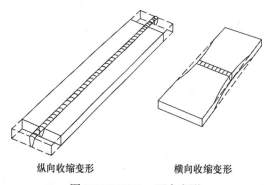

纵向收缩变形　　　　横向收缩变形

图 1H412033-1　面内变形

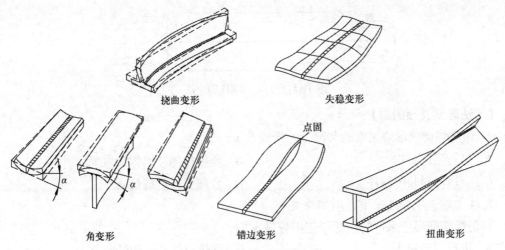

挠曲变形　　　　　　　失稳变形

点固

角变形　　　　　　错边变形　　　　　　扭曲变形

图 1H412033-2　面外变形

核心考点三、焊接变形的危害【按案例准备】

焊接变形的危害主要表现在：降低装配质量、影响外观质量、降低承载力、增加矫正工序、提高制造成本等五个方面。

核心考点四、预防焊接变形的措施

预防焊接变形的措施	具体的措施内容
1. 进行合理的焊接结构设计	（1）合理安排焊缝位置； （2）尽可能减少焊缝数量，减小焊缝长度； （3）合理选择坡口形式
2. 采用合理的装配工艺措施	（1）预留收缩余量法； （2）反变形法，如图 1H412033-3 所示； （3）刚性固定法，如图 1H412033-4 所示； （4）合理选择装配程序。 装配压力容器及球罐时，采用弧形加强板、日字形夹具进行刚性固定
3. 采取合理的焊接工艺措施	（1）尽量用气体保护焊等热源集中的焊接方法； （2）尽量减小焊接线能量的输入，能有效地减小变形； （3）合理的焊接顺序和方向

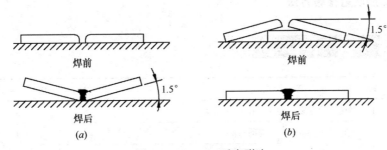

焊前　　　　　　　　　　　焊前

焊后　　　　　　　　　　　焊后
（a）　　　　　　　　　　　（b）

图 1H412033-3　反变形法

【图示说明】

图 1H412033-3（a），没有采取措施，焊后产生变形；图 1H412033-3（b），采取了"反变形"措施。

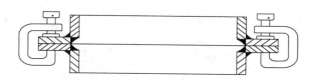

图 1H412033-4　刚性固定法

【考法题型及预测题】

1. 预防焊接变形应采取的装配工艺措施是（　　　）。

A. 进行层间锤击　　　　　　　　　B. 预热拉伸补偿焊缝收缩

C. 合理选择装配程序　　　　　　　D. 合理安排焊缝位置

2.（上题选项修改一下，增加难度）

预防焊接变形应采取的装配工艺措施是（　　　）。

A. 进行层间锤击　　　　　　　　　B. 预热拉伸补偿焊缝收缩

C. 合理安排焊接顺序　　　　　　　D. 采用反变形法

3. 把焊接变形降到最小的焊接方法是（　　　）。

A. 气体保护焊　　　　　　　　　　B. 电弧焊

C. 埋弧自动焊　　　　　　　　　　D. 气焊

4. 焊接残余变形中不属于面外变形的是（　　　）。

A. 收缩变形　　　　　　　　　　　B. 角变形

C. 弯曲变形　　　　　　　　　　　D. 回转变形

E. 扭曲变形

5. 以下预防焊接变形的措施中不属于采用合理的装配工艺措施的是（　　　　）。

A. 采用合理的焊接顺序　　　　　　B. 预留收缩余量

C. 采取刚性固定　　　　　　　　　D. 减少焊缝数量

E. 采用较小的线能量

【答案】

1. C；2. D；3. A；4. A、D；5. A、D、E

1H412034　焊接质量检验方法

核心考点及可考性提示

考点			2021 年可考性提示
焊接质量 检验方法	焊接检验方法分类【2018 年单选】		★★★
	焊接过程 质量检验	焊前检验	★
		施焊过程检验	★★
		焊缝检验【2018 年、2020 年案例】	★★
		耐压试验和泄露试验	分别见工业管道和静置设备

★不大，★★一般，★★★极大

核心考点剖析

核心考点一、焊接检验方法分类★★★

焊接检验方法包括：破坏检验和非破坏性检验两种。

焊接检验方法分类		检验方式
破坏检验	力学性能试验【2018年单选】	拉伸试验、冲击试验、硬度试验、断裂性试验、疲劳试验
	弯曲试验	
	化学分析试验	化学成分分析、不锈钢晶间腐蚀试验、焊条扩散氢含量测试
	金相试验	宏观组织、微观组织
	焊接性试验	
	焊缝电镜	
非破坏性试验	外观检验	
	无损检测	渗透检测、磁粉检测、超声检测、射线检测
	耐压试验和泄露试验	

【考法题型及预测题】

不属于力学性能试验的是（　　　）。

A. 断裂性试验　　　　　　　　　　B. 弯曲试验

C. 疲劳试验　　　　　　　　　　　D. 拉伸试验

【答案】B

核心考点二、焊接前检验

焊前检验内容：

（1）焊接前对母材和焊材应进行验收；

（2）焊件组对前检查各零部件主要结构尺寸，包括主要结构尺寸的校验性检查；

（3）组对质量检查；

（4）坡口清理检查；

（5）焊接前确认，是质量控制点，确认焊接准备工作的质量；对于不符合规定的接头不得施焊。

核心考点三、施焊过程检验

◆ 定位焊缝

定位焊缝存在缺陷可能性较大，在焊接过程中，这些缺陷常常不能全部熔化而滞留在新的焊道中形成根部缺陷。因此，应清除定位焊缝渣皮后进行检查。

【解析】定位焊缝是在焊接前，为装配和固定焊件接头的位置而焊接的短焊缝。定位焊缝是正式焊缝的一部分。但是定位焊焊缝存在未熔合、未焊透、裂纹、夹渣、气孔等缺陷的可能性较大，如果不进行处理，就进行下一步的施焊，那么这些缺陷常常不能全部熔化而滞留在新的焊道中形成根部缺陷，这时候再进行处理势必是既费工也是费时的。因此，在定位焊焊后，应清除定位焊焊缝渣皮，进行检查。也就是说，定位焊焊缝是不允许出现未熔合、未焊透、裂纹、夹渣、气孔等缺陷的。

◆ 关于焊接线能量

对有冲击力韧性要求的焊缝，施焊时应测量焊接线能量并记录。

与焊接线能量有直接关系的因素包括：焊接电流、电弧电压和焊接速度。（还与时间有关）线能量的大小与焊接电流、电压成正比，与焊接速度成反比。

线能量计算公式：$q = IU/v$

式中：I——焊接电流（A）；U——电弧电压（V）；

v——焊接速度（cm/s）；q——线能量（J/cm）。

【相关知识解析】施焊过程中需要检查是否执行了焊接工艺要求。其中包括焊接线能量。线能量是焊接时候由焊接能源输入给单位长度焊缝上的热量。

相关知识点：为预防焊接变形，应采取合理的焊接线能量。

核心考点四、焊缝检验

1. 外观检验内容：焊缝表面、几何尺寸。

● 焊缝表面不允许存在的缺陷包括：裂纹、未焊透、未熔合、表面气孔、外露夹渣、未焊满。【2018年案例】

● 允许存在的其他缺陷情况应符合现行国家相关标准，例如：咬边、角焊缝厚度不足、角焊缝焊脚不对称等。

● 容器焊接后应检查几何尺寸，包括：

（1）同一端面最大内直径与最小内径之差（图 1H412034-1）；

（2）椭圆度；

（3）矩形容器截面上最大边长与最小边长之差；

（4）焊接接头棱角度（环向和轴向）等（图 1H412034-2）。

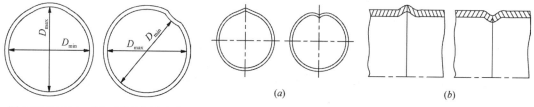

图 1H412034-1　同一端面上最大内
直径与最小内直径
之差示意图

图 1H412034-2　焊接接头棱角度
（环向和轴向）示意图
（a）环向棱角；（b）轴向棱角

2. 常用焊接接头无损检测方法及适用范围

◆ 常用焊接接头无损检测方法及适用范围

◆ 无损检测新技术应用（阅读了解）

（1）X 射线数字成像检测（DR、DDR）

数字图像便于储存，检索、统计快速方便，易于实现远程图像传输、专家评审，结合 GPS 系统可对每道焊口进行精确定位，便于工程质量监督。同时，由于没有了底片暗室处理环节，消除了化学药剂对环境以及人员健康的影响，已有现行技术标准。

检测方法代号	适 用 范 围		
	材料	焊接接头形式	透照厚度（mm）
RT	金属材料	对接接头、角接接头、管板角焊缝等	钢：< 38
UT	金属材料	对接接头、T形焊接接头、角接接头、堆焊层等	容器：6～500 管道：6～150
MT	铁磁性材料	对接接头、T形焊接接头、角接接头等	
PT	非多空金属材料	不限制	

（2）TOFD

压力容器的对接接头应当采用 射线检测或者超声波检测 ；

超声波检测包括衍射时差法超声波检测（TOFD）、可记录的脉冲反射超声波检测和不可记录的脉冲反射法超声波检测；

当采用不可记录的脉冲反射法超声波检测时，应当采用射线或者 TOFD 作为附加局部检测。

目前，国内 TOFD 应用较为成熟，可记录的脉冲反射超声波检测技术已推广应用。

◆ 无损检测技术要点

（1）立式圆筒形钢制焊接储罐壁钢板最低标准屈服强度大于 390MPa 时，焊接完毕后至少经过 24h 后再进行无损检测。

（2）对有延迟裂纹倾向的材料，应当至少在焊接完成 24h 后进行无损检测；

对有延迟裂纹倾向的材料制造的球罐，应当在焊接结束至少 36h 后进行无损检测。

（3）对有再热裂纹倾向的材料，应在热处理后增加一次无损检测。

◆ 焊缝表面无损检测

设计文件无规定时，焊缝表面无损检测可选用 MT 或 PT 方法；

除设计文件另有规定外，现场焊接的管道和管道组成件的承插焊焊缝、支管连接焊缝 （对接式支管连接焊缝除外） 和补强圈焊缝、密封焊缝、支吊架与管道直接焊接的焊缝，以及管道上的其他角焊缝，其表面应进行 MT 或 PT；

PT 前，焊缝表面不得有铁锈、焊渣、焊接飞溅及各种防护层等；

MT 前，焊缝表面及其两侧 25mm 范围内，不得有油脂、污垢、焊渣、焊接飞溅或其他粘附磁粉的物质等。

◆ 射线检测（RT）和超声检测（UT）的优缺点

检测方法		优 缺 点
RT	优点	可以获得缺陷的投影图像，缺陷定性，长度测量比较准确，对体积型缺陷和薄壁工件中的缺陷，检测率较高
	缺点	厚壁工件的缺陷检出率偏低，缺陷在工件厚度方向的位置难以确定，自身高度难以测量； 对面积型缺陷的检出受到多种因素的影响，有时会漏检； 射线对人体和环境有危害，防护成本、检测成本较高； 射线检测速度较慢等

检测方法		优　缺　点
UT	优点	面积型缺陷的检出率较高，穿透能力强，适合于厚壁工件，定位准确，可以测量缺陷自身高度，对人体和环境无害，检测成本较低检测速度快等
	缺点	缺陷定性困难，定量精度不高，常用的（不可记录）脉冲反射法超声波检测结果无直接见证记录，无缺陷直观图像，薄壁工件检测困难，一般需要对探头扫查面进行打磨处理，增加了工作量

【考法题型及预测题】

1. 焊缝表面不允许存在的缺陷包括裂纹、未焊透、未熔合、（　　）。

A. 外露夹渣 　　　　　　　　　　B. 咬边

C. 表面气孔 　　　　　　　　　　D. 角焊缝厚度不够

E. 未焊满

2. 压力容器焊接后应检查几何尺寸，应包括哪些内容？

3. （　　）一般不能采用 MT 或 PT 进行焊缝表面的无损检测。

A. 补强圈焊缝 　　　　　　　　　B. 密封焊缝

C. 支吊架与管道直接焊接的焊缝 　D. 对接式支管连接焊缝

4. RT 和 UT 的优缺点表述错误的是（　　）。

A. RT 检测速度快 　　　　　　　B. RT 检测缺陷自身高度难以测量

C. UT 能精准地对薄壁工件进行检测 D. UT 面积型缺陷检测率较高

E. UT 对厚壁工件的缺陷定位准确

【答案】

1. A、C、E

2. 压力容器焊接后应检查几何尺寸，内容包括：

（1）同一端面最大内径与最小内径之差；

（2）椭圆度；

（3）矩形容器截面上最大边长与最小边长之差；

（4）焊接接头棱角度（环向和轴向）；

（5）焊接接口对口错边量等。

3. D

4. A、C

【解析】选项 A，RT 检测速度慢；选项 C，薄壁工件 UT 检测困难。

本节模拟强化练习

1. 测量工作的灵魂是什么？包括哪些方面？

2. 各等级的水准点的埋设，在一个测区及其周围至少应有（　　）个水准点。

A. 1 　　　　　　　　　　　　　　B. 2

C. 3 D. 4

3. 确定地面点位的方法是（ ）。

A. 水准法　　　　　　　　　　　　　B. 仪高法

C. 二等水准测量法　　　　　　　　　D. 竖直角测量

4. 为了便于管线施工及引测高程，应（ ）。其定位允许偏差应符合规定。

A. 进行管线定位　　　　　　　　　　B. 按建筑物轴线进行定位测量

C. 在视野开阔处设观测点　　　　　　D. 沿管线敷设临时水准点

5. 结构简单，起重量大，对场地要求不高，使用成本低，但效率不高的起重机是（ ）。

A. 桥式起重机　　　　　　　　　　　B. 流动式起重机

C. 塔式起重机　　　　　　　　　　　D. 桅杆起重机

6. 起重机吊臂顶端滑轮的起重高度应大于以下（ ）之和。

A. 待吊设备高度　　　　　　　　　　B. 臂长

C. 索具长度　　　　　　　　　　　　D. 设备基础和地脚螺栓高度

E. 起重机回转中心距设备的距离

7. 流动式起重机选择步骤中，根据被吊装设备或构件的（ ）等确定起重机的站车位置，站车位置一旦确定，其幅度也就确定了。

A. 就位位置　　　　　　　　　　　　B. 现场具体情况

C. 臂长　　　　　　　　　　　　　　D. 就位高度

E. 设备尺寸

8. 在卷扬机的使用中，如果实际使用的钢丝绳的直径与卷扬机铭牌上的标明的直径不同时，必须进行（ ）校核。

A. 容绳量　　　　　　　　　　　　　B. 工作速度

C. 卷筒强度　　　　　　　　　　　　D. 额定牵引力

9. 在厂房、车间内使用的跨度 3～150m 的吊装机械是（ ）。

A. 塔式起重机　　　　　　　　　　　B. 履带起重机

C. 桥式起重机　　　　　　　　　　　D. 桅杆起重机

10. 电视塔顶设备吊装适宜采用（ ）吊装方法。

A. 桥式起重机　　　　　　　　　　　B. 集群液压千斤顶整体提升

C. 缆索系统吊装　　　　　　　　　　D. 利用构筑物吊装

11. 吊装设备或构件的失稳的预防措施主要有（ ）。

A. 对于细长、大面积设备或构件采用多吊点吊装

B. 薄壁设备进行加固加强

C. 对型钢结构、网架结构的薄弱部位或杆件进行加固或加大截面

D. 多机吊装时尽量采用同机型、吊装能力相同或相近的吊车，并通过主副指挥来实现多机吊装的同步

E. 打好支腿并用道木和钢板垫实和加固，确保支腿稳定

12. 对受力不大、焊接部位难以清理的焊件，应选用的焊条是（ ）。

A. 低温钢焊条　　　　　　　　　　　　B. 不锈钢焊条

C. 低氢焊条　　　　　　　　　　　　　D. 酸性焊条

13. 当选用焊丝作为焊材时，应按（　　　）选择适用的焊接方法。

A. 母材的物理性能　　　　　　　　　　B. 母材的力学性能

C. 规定代号　　　　　　　　　　　　　D. 焊接环境

14. 石墨型焊接材料的库存期限一般为（　　　）。

A. 1 年　　　　　　　　　　　　　　　B. 2 年

C. 3 年　　　　　　　　　　　　　　　D. 4 年

15. 焊条电弧焊特性不包括（　　　）。

A. 焊接方法灵活　　　　　　　　　　　B. 可在空间狭小处施焊

C. 焊缝金属性能良好　　　　　　　　　D. 适用于活性金属的焊接

16. 下列对焊接工艺评定作用的表述中，正确的有（　　　）。

A. 用于验证焊接工艺方案的正确性　　B. 用于评定焊接工艺方案的正确性

C. 评定报告可直接指导生产　　　　　D. 是焊接工艺细则的支持文件

E. 一个焊接工艺评定报告是编制一份焊接工艺卡的依据

17. 将焊件放在热处理炉内加热到一定温度（Ac1 以下）和保温一定时间，利用材料在高温下屈服极限的降低，使内应力高的地方产生塑性流动，（　　　）而使应力降低。

A. 弹性变形逐渐减少　　　　　　　　　B. 弹性变形逐渐增加

C. 塑性变形逐渐减少　　　　　　　　　D. 塑性变形逐渐增加

E. 释放金属晶粒间的应力

18. 以下焊接变形（　　　）属于面内变形。

A. 收缩变形　　　　　　　　　　　　　B. 角度变形

C. 扭曲变形　　　　　　　　　　　　　D. 弯曲变形

E. 焊缝回转变形

19. 管道组焊时，可以不进行 MT 或 PT 进行表面缺陷检测的焊缝是（　　　）。

A. 支吊架与管道直接焊接的焊缝　　　B. 对接式支管连接的焊缝

C. 补强圈焊缝　　　　　　　　　　　D. 承插焊焊缝

本节模拟强化练习参考答案

1. 答：检核是测量工作的灵魂。

包括：①仪器检核②资料检核③计算检核④放样检核⑤验收检核。

2. C

【解析】水准点应选在土质坚硬、便于长期保存和使用方便的地点。一个测区及其周围至少应有 3 个水准点。水准点之间的距离，一般地区应为 1～3km，工厂区宜小于 1km。

3. D；4. D

5. D

【解析】桅杆式起重机特点：属于非标准起重机，其结构简单，起重量大，对场地要求不高，使用成本低，但效率不高。

6. A、D

7. A、B

【解析】根据被吊装设备或构件的就位位置、现场具体情况等确定起重机的站车位置，站车位置一旦确定，其幅度也就确定了。

8. A

【解析】每台卷扬机的铭牌上都标有对某种直径钢丝绳的容绳量。在卷扬机的使用中，如果实际使用的钢丝绳的直径与卷扬机铭牌上的标明的直径不同时，必须进行容绳量校核。

9. C

【解析】桥式起重机吊装：起重能力为 3～1000t，跨度在 3～150m，使用方便。

10. C

【解析】缆索系统吊装：用在其他吊装方法不便或不经济的场合，重量不大，跨度、高度较大的场合。如桥梁建造、电视塔顶设备吊装。

11. A、B、C

【解析】D 是吊装系统失稳的预防措施；E 是起重机械失稳的预防措施。

12. D

【解析】对受力不大、焊接部位难以清理的焊件，应选用酸性焊条。

13. C

【解析】选用焊丝成分需要考虑选项 A、B；而选项 D 是需要考虑的技术措施，适合题意的是 C 选项。

14. A

15. D

【解析】焊条电弧焊不适用于焊接活性金属。

16. A、B、D

【解析】焊接工艺评定作用：用于验证和评定焊接工艺方案的正确性，其评定报告不直接指导生产，是焊接工艺细则（卡）的支持文件，同一焊接工艺评定报告可作为几份焊接工艺卡的依据。

17. A、D

【解析】本题考核焊后热处理的最通用方法"高温回火"。选项 E 是层间锤击的效果，不能选。

18. A、E

【解析】C、B、D 是面外变形。面内变形：可分为焊缝纵向收缩变形、横向收缩变形和焊缝回转变形。面外变形：可分为角变形、弯曲变形、扭曲变形、失稳波浪变形。

19. B

【解析】除设计文件另有规定外，现场焊接的管道和管道组成件的承插焊焊缝、支管连接焊缝（对接式支管连接焊缝除外）和补强圈焊缝、密封焊缝、支吊架与管道直接焊接的焊缝，以及管道上的其他角焊缝，其表面应进行 MT 或 PT。

1H413000　工业机电工程安装技术

2017—2020 年度真题考点分值表

命题点	题型	2020 年	2019 年	2018 年	2017 年
1H413010 机械设备安装技术	单选			1	1
	多选	2	2		
	案例	8	2		
1H413020 电气工程安装技术	单选			1	1
	多选	2	2		
	案例	8	5		4
1H413030 管道工程施工技术	单选			1	1
	多选	2	2		
	案例	20	12		5
1H413040 静置设备及金属结构 安装技术	单选			1	1
	多选	2	2		
	案例				2
1H413050 发电设备安装技术	单选	1	1	1	1
	多选			2	
	案例	4			12
1H413060 自动化仪表工程安装技术	单选	1	1	1	1
	多选				
	案例				
1H413070 防腐蚀工程施工技术	单选	1	1	1	1
	多选				
	案例			2	6
1H413080 绝热工程施工技术	单选	1	1	1	1
	多选				
	案例	1			
1H413090 炉窑砌筑工程施工技术	单选	1		1	
	多选				
	案例				

1H413010　机械设备安装技术

核心考点提纲

机械设备安装技术 ⎰ 设备基础种类及验收要求
　　　　　　　　　 ⎱ 机械设备安装程序
　　　　　　　　　 ⎰ 机械设备安装方法
　　　　　　　　　 ⎱ 机械设备安装精度控制要求

1H413011　设备基础种类及验收要求

核心考点及可考性提示

考　点			2021 年可考性提示
设备基础种类及验收要求	工业安装工程中的土建工程		★
	设备基础的种类及应用	按材料分类	★★
		按埋置深度分类 【2007 年、2013 年、2015 年单选】	★★★
		按结构分类	★★
		按使用功能分类	★★
	基础施工质量验收要求 【2009 年多选】 【2011 年、2014 年案例】	强度验收要求 位置尺寸验收要求 预埋地脚螺栓验收要求	★★★

★不大，★★一般，★★★极大

核心考点剖析

核心考点一、设备基础的种类 ★★★

划分方式		类　型	适用场合
按材料组成		素混凝土基础	适用于承受荷载较小、变形不大的设备基础
		钢筋混凝土基础	适用于承受荷载较大、变形较大的设备基础
		垫层基础	适用于使用后允许产生沉降的结构，如大型储罐 【2011 年单选】
按埋置深度	浅基础	扩展基础	
		联合基础【2013 年单选】	适用于底面积受到限制、地基承载力较低、对允许振动线位移控制较严格的大型动力设备基础，如：轧机、铸造生产线、玻璃生产线
		独立基础	

划分方式		类　　型	适用场合
按埋置深度	深基础	桩基础【2007年、2015年单选】	适用于需要减少基础振幅、减弱基础振动或控制基础沉降和沉降速率的精密、大型设备的基础，如：透平压缩机、汽轮发电机组、锻压设备等
		沉井基础	如：冶炼石油化工工程的烟囱和火炬、发电厂的洗涤设备
按结构形式		大块式基础	广泛应用于设备基础
		箱式基础	
		框架式基础	适用于作为电机、压缩机等设备的基础
按使用功能		减振基础	需要消减振动能量的
		绝热层基础	有特殊保温要求的设备基础（在基础底部设置）

【考法题型及预测题】

1. 按埋置深度分类的机械设备基础是（　　）。

A. 箱式基础　　　　　　　　　　B. 垫层基础

C. 减振基础　　　　　　　　　　D. 联合基础

2. 综合考虑各种因素，大型储罐选择（　　）基础较为妥当。

A. 混合　　　　　　　　　　　　B. 砂垫层

C. 深井　　　　　　　　　　　　D. 框架式

3. 精密、大型设备安装基础需要考虑减小基础振幅、减弱基础振动或控制基础沉降等，最适合采用的基础是（　　）。

A. 扩展基础　　　　　　　　　　B. 联合基础

C. 桩基础　　　　　　　　　　　D. 沉井基础

4. 当地基承载力较低、设备底面积受限时优先考虑（　　）地基形式。

A. 墙式基础　　　　　　　　　　B. 构架式基础

C. 联合基础　　　　　　　　　　D. 独立基础

5. 车间生产线用小型压缩机适宜选用（　　）。

A. 素混凝土基础　　　　　　　　B. 浅基础

C. 框架式基础　　　　　　　　　D. 减振基础

6. 桩基础的作用是（　　）。

A. 允许设备位移　　　　　　　　B. 减轻运转噪声

C. 减弱基础振动　　　　　　　　D. 控制基础沉降

E. 增加承载

【答案】

1. D

【解析】D选项，联合基础属于浅基础，是按埋置深度分类的。

2. B；3. C；4. C；5. C；6. C、D

核心考点二、设备基础施工质量验收要求

验收依据：《混凝土结构工程施工质量验收规范》GB 50204—2015、设计文件等。

验收要形成验收资料或记录。

验收项目	要　　求
混凝土强度	● 基础施工单位应提供设备基础质量合格证明文件。 ● 设备安装单位主要检查其混凝土配合比、混凝土养护、混凝土强度。【2009 年多选、2011 年案例】 ● 若有怀疑，可请有检测资质的工程检测单位，对基础的强度进行复测。 ● 重要的设备基础应做预压强度试验，预压合格并有预压沉降详细记录。【2011 年案例】
基础位置和尺寸 ★★★	● 机械设备安装前，应按规范允许偏差对设备基础的位置和尺寸进行复检。 ● 设备基础位置和尺寸的主要检查项目：基础的坐标位置；不同平面的标高；平面外形尺寸；凸台上平面外形尺寸；凹穴尺寸；平面的水平度；基础的垂直度；预埋地脚螺栓的标高和中心距；预埋地脚螺栓孔的中心位置、深度和孔壁垂直度；预埋活动地脚螺栓锚板的标高、中心线位置、带槽锚板和带螺纹锚板的水平度等。【2014 年案例】 ● 检查基础坐标、中心线位置时，应从纵横两个方向测量，并取其中的最大值
预埋地脚螺栓	● 位置、标高及露出基础的长度应符合设计或规范要求。 ● 中心距应在其根部和顶部沿纵、横两个方向测量。 ● 标高应在其顶部测量。 ● 安装胀锚地脚螺栓的基础混凝土强度不得小于 10MPa。 ● 基础混凝土或钢筋混凝土有裂缝的部位不得使用胀锚地脚螺栓
基础外观质量	● 设备基础外表面应无裂纹、空洞、掉角、露筋。 ● 设备基础表面和地脚螺栓预留孔中油污、碎石、泥土、积水等应清除干净。 ● 地脚螺栓预留孔内应无露筋、凹凸等缺陷，孔壁应垂直。放置垫铁的基础表面应平整。【2014 年案例】 中心标板和标高基准点应埋设牢固、标记清晰、编号准确

【考法题型及预测题】

1. 对 4000t 压机基础验收时还应提供哪些合格证明文件和详细记录？

2. 设备安装前应按规范允许偏差对设备基础的（　　　）进行复检验收。

A. 设备基础位置 　　　　　　　B. 几何尺寸

C. 基础平面的水平度 　　　　　D. 基础的铅垂度

E. 预埋地脚螺栓孔的中心位置

3. 地脚螺栓孔的验收，主要是检查验收地脚螺栓孔的（　　　）等。

A. 混凝土强度 　　　　　　　　B. 中心位置

C. 标高 　　　　　　　　　　　D. 深度

E. 孔壁铅垂度

【答案】

1. 答：对 4000t 压机基础验收时应提供：（1）设备基础质量合格证明文件，检查混凝土配合比、混凝土养护、混凝土强度是否符合设计要求；（2）设备基础的位置、几何尺寸验收资料或记录；（3）预压沉降详细记录。

2. A、B

【解析】C、D、E 选项属于 A、B 项的具体内容，所以最适合题意的选项为 A、B。

3．B、D、E

【解析】C选项是不能选的，如果是问地脚螺栓，则要选标高（露出基础的长度）。本考点，2014年考了案例分析。

核心考点三、设备基础常见的质量通病

设备基础常见的质量通病【按案例掌握】

（1）基础上平面标高超差；

（2）预埋地脚螺栓的位置、标高超差；

（3）预留地脚螺栓孔深度超差。

1H413012 机械设备安装程序

核 心 考 点 及 可 考 性 提 示

考 点			2021 年可考性提示
机械设备安装程序	一般程序【2015 年、2019 年案例】		★★★
	各工序主要工作内容	开箱检查	见 1H420063
		基础测量放线	★★
		基础检查验收	见 1H413011
		垫铁设置【2010 年案例】	★★
		吊装就位	★
		安装精度调整与检测	★
		设备固定与灌浆	★★
		设备装配【2011 年多选】	★
		轮滑与设备加油【2020 年多选】	★★
		试运转【2007 年单选】	★★
		工程验收	★

★不大，★★一般，★★★极大

核 心 考 点 剖 析

核心考点一、机械设备安装一般程序★★★

机械设备安装的一般程序【按案例掌握】——

施工准备→设备开箱检查→基础测量放线→基础检查验收→垫铁设置→设备吊装就位→设备安装调整→设备固定与灌浆→设备零部件清洗与装配→润滑与设备加油→设备试运转→工程验收。

核心考点二、现场设施应具备的开工条件

【考法题型及预测题】

开工前，项目部组织相关人员检查了现场实施是否具备开工条件，检查内容包括：临建设施、作业场所、运输道路、电源、照明。

问：检查内容还缺少哪些？

【解析】现场设施应满足机电安装工程的需要。如临建设施、作业场所、运输道路、电源、水源、照明、通信、网络、消防等。

【答】现场设施检查内容还缺少水源（工程用水与消防水源）、通信、网路、消防设施。

核心考点三、基础的测量放线

◆ 机械设备就位前，应按工艺布置图并依据相关建筑物轴线、边缘线、标高线，划定设备安装的基准线和基准点。【2010年多选】

◇ 所有设备安装的平面位置和标高，应以确定的基准线和基准点为基准进行测量。

◆ 生产线的纵、横向中心线以及主要设备的中心线应埋设永久性中心线标板，主要设备旁应埋设永久性标高基准点，使安装过程和生产维修均有可靠的依据。

◇ 例如：烧结机的主轴线（纵向中心线）和头部大星轮轴线（横向中心线）。

◇ 对于重要、重型、特殊设备需设置沉降观测点，用于监视、分析设备在安装、使用过程中基础的变化情况。

【考法题型及预测题】

1. 设备安装时，所有设备安装的平面位置和标高，均应以（   ）为基准进行测量。

A. 车间的实际位置和标高　　　　　B. 设备的实际几何尺寸

C. 全厂确定的基准线和基准点　　　D. 土建交付安装的中心线和标高

2. 生产线应设置永久性标高基准点，烧结机的横向中心线是（   ）。

A. 厂房的横向轴线　　　　　　　　B. 烧结机的主轴线

C. 烧结机的头部大星轮轴线　　　　D. 设备基础的边缘线

【答案】

1. C；2. C

核心考点四、垫铁的设置要求

◆ 垫铁的作用（案例）

◇ 找正调平机械设备，通过调整垫铁的厚度，达到设计或规范要求的标高和水平度。

◇ 把设备重量、工作载荷和拧紧地脚螺栓产生的预紧力通过垫铁均匀地传递到基础。

◆ 垫铁的设置要求

【说明】2010年案例分析应用。教材这部分知识点已删，但需要阅读了解，或考实务操作应用。

◇ 垫铁的放置方法主要有①坐浆法②压浆法。

◇ 垫铁与设备基础之间应接触良好；除铸铁垫铁外，设备调整完毕后，各垫铁相互间应用定位焊焊牢。

◇ 每个地脚螺栓旁边至少应放置一组垫铁，并放在靠近地脚螺栓和底座主要受力部位下方。

◇ 设备底座有接缝处的两侧，应各设置一组垫铁。

◇ 相邻两垫铁组间的距离，宜为500～1000mm。

◇ 每组垫铁的块数不宜超过5块，放置平垫铁时，厚的宜放在下面，薄的宜放在中间，垫铁的厚度不宜小于2mm。

◇ 设备调平后，垫铁端面应露出设备底面外缘，平垫铁宜露出10~30mm，斜垫铁宜露出10~50mm。

◇ 垫铁组伸入设备底座底面的长度应超过设备地脚螺栓的中心。

【考法题型及预测题】

制定安装质量保证措施和质量标准，其中对关键设备球磨机表带安装提出了详尽的要求：在垫铁安装方面，每组垫铁数量不得超过6块，平垫铁从下至上按厚薄顺序摆放，最厚的放在最下层，最薄的放在最顶层，安装找正完毕后，最顶层垫铁与设备底座点焊牢固以免移位。问：纠正球磨机垫铁施工方案中存在的问题。

【答案】

答：球磨机垫铁施工方案中存在的问题有：

（1）垫铁数量应该是不能超过5块，而不是6块；

（2）最薄的不能放在顶层，应该放在中间；

（3）垫铁与设备之间不应点焊，应该是靠灌浆固定，垫铁与垫铁之间应该点焊固定。

核心考点五、设备固定与灌浆

◆ 除少数可移动机械设备外，绝大部分机械设备须固定在设备基础上。

◆ 对于解体设备应先将底座就位固定后，再进行上部设备部件的组装。

◆ 设备灌浆分为一次灌浆和二次灌浆。

一次灌浆是在设备粗找正后，对地脚螺栓孔进行的灌浆。

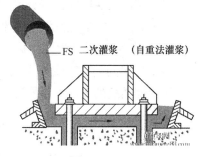

二次灌浆是在设备精找正后，对设备底座和基础间进行的灌浆。如图1H413012所示。

图 1H413012

【考法题型及预测题】

某台设备灌浆分为一次灌浆和二次灌浆，一次灌浆是指本设备（　　）。

A. 全部地脚孔的灌浆　　　　　　B. 全部地脚孔的第一次灌浆

C. 基础支模后的灌浆　　　　　　D. 部分地脚孔的灌浆

【答案】A

核心考点六、润滑与设备加油【2020年多选】

（1）润滑与设备加油是保证机械设备正常运转的必要条件，通过润滑剂减少摩擦副的摩擦、表面破坏和降低温度，使设备具有良好工作性能，延长使用寿命。

（2）按润滑剂加注方式，一般划分为分散润滑和集中润滑。

注：当设备是有专门的加油管进行运行中的加油，那么特别需要注意该管线在使用前的冲洗，如果没有冲洗，管路中的杂质会增加设备的摩擦，加大表面破坏，升高温度。

核心考点七、设备试运转

设备试运转应按安装后的调试 、单体试运转、无负荷联动试运转和负荷联动试运转四个步骤进行：

◆ 安装后的调试

安装后的调试包括——润滑、液压、气动、冷却、加热和电气及操作控制等系统单独模拟调试合格；按 生产工艺、操作程序和随机技术文件要求 进行各动作单元、单机直至整机或成套生产线的工艺动作试验完成。

【说明】调试包括各单元的单独模拟调试，也包含了系统的调试；调试合格才可以进行后面的试运行。

1H413013 机械设备安装方法

核 心 考 点 及 可 考 性 提 示

考 点		2021 年可考性提示
机械设备安装方法	安装方法分类【2009 年多选】	★
	典型零部件的安装【2011、2018 年单选】 螺纹连接件装配	★★★
	过盈配合件装配	★★★
	齿轮装配要求【2017 年单选】	★★
	联轴器装配要求【2016、2019 年多选】	★★★
	轴承装配要求	★★
	机械设备的固定方式 地脚螺栓	★★★
	垫铁的施工方法	★
	设备安装新技术应用	★

★不大，★★一般，★★★极大

核 心 考 点 剖 析

核心考点一、典型零部件的安装

典型零部件安装是机械设备安装方法的重要组成部分，它包括：① 轮系装配及变速器安装，② 联轴器安装，③ 滑动轴承和滚动轴承安装，④ 轴和套热（冷）装配，⑤ 液压元件安装，⑥ 气压元件安装，⑦ 液压润滑管路安装等。

1. 螺纹连接件装配★★★

有预紧力要求的螺纹连接常用的紧固方法——

定力距法、测量伸长法、液压拉伸法、加热伸长法 。

2. 过盈配合件装配★★★

过盈配合件装配一般采用—— 压入装配、低温冷装配、加热装配法 。

在施工现场安装的，主要采用加热装配法。

3. 齿轮装配要求

◇ 齿轮装配时，齿轮基准端面与轴肩或定位套端面应靠紧贴合（如图 1H413013-1 所示）用 0.05mm 塞尺检查不应塞入；基准断面与轴线的垂直度应符合传动要求。

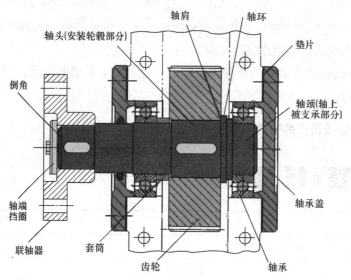

图 1H413013-1　轴承零部件结构示意图

◇ 用压铅法检查齿轮啮合间隙时，铅丝直径不宜超过间隙的 3 倍，铅丝的长度不应小于 5 个齿距，沿齿宽方向应均匀放置至少 2 根铅丝（如图 1H413013-2 所示）。

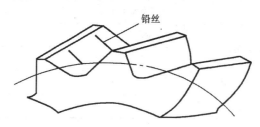

图 1H413013-2　压铅法检测齿轮啮合间隙铅丝放置示意图

◇ 着色法检查传动齿轮啮合的接触斑点。应将颜色涂在小齿轮上，在轻微制动下，用小齿轮驱动大齿轮，使大齿轮转动 3～4 转。

圆柱齿轮和蜗轮的接触斑点，应趋于齿侧面中部；圆锥齿轮的接触斑点，应趋于齿侧面的中部并接近小端；齿顶和齿端棱边不应有接触。【2018 年单选选项】

圆锥齿轮的接触斑点，应趋于齿侧面的中部并接近小端；齿顶和齿端棱边不应有接触。

4. 联轴器装配要求

（2016 年多选）电机与减速机联轴器找正时，需测量的参数包括（　　　）。

A. 径向间隙　　　　　　　　　　B. 两轴心径向位移

C. 端面间隙　　　　　　　　　　D. 两轴线倾斜

E. 联轴器外径

【答案】B、C、D

【解析】联轴器装配时，两轴心径向位移、两轴线倾斜和端面间隙应进行测量；A 为汽轮机转子找正；E 不是需要测量的参数。

5. 轴承装配要求

（1）滑动轴承的装配

要检测：① 接触质量；② 轴颈与轴瓦的侧间隙；③ 轴颈与轴瓦的顶间隙。

轴颈与轴瓦的侧间隙可用塞尺检查（如图 1H413013-3 所示），单侧间隙应为顶间隙的 1/3～1/2。

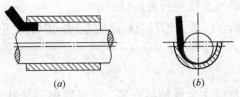

(a)　　　　　　(b)

图 1H413013-3　滑动轴承安装塞尺检测示意图

轴颈与轴瓦的顶间隙可用压铅法检查，铅丝直径不宜大于顶间隙的 3 倍。【2018 年单选选项】

（2）滚动轴承装配（如图 1H413013-4 所示）

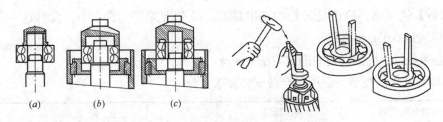

(a)　　(b)　　(c)

图 1H413013-4　滚动轴承安装示意图
（a）压内圈专用工具；（b）压外圈专用工具；（c）压内、外圈专用工具

滚动轴承装配方法有 压装法和温差法 两种。采用压装法装配时，压入力应通过专用工具或在固定圈上垫以软金属棒、金属套传递，不得通过轴承的滚动体和保持架传递压入力。

采用温差法装配时，应均匀地改变轴承的温度。

轴承的加热温度不应高于 120℃，冷却温度不应低于 −80℃。【2018 年单选选项】

轴承外圈与轴承座孔在对称于中心线 120° 范围内，与轴承盖孔在对称于中心线 90° 范围内应均匀接触，且用 0.03mm 的塞尺检查时，塞尺不得塞入轴承外圈宽度的 1/3。

轴承装配后应转动灵活。采用润滑脂的轴承，应在轴承 1/2 空腔内加注规定的润滑脂；采用稀油润滑的轴承，不应加注润滑脂。

【考法题型及预测题】

1. 机械设备典型零部件的安装是机械设备安装方法的重要组成部分，其中包括（　　　）。

A. 联轴节安装　　　　　　　　　　B. 轴和套普通装配

C. 气压元件安装　　　　　　　　　D. 液压润滑管路安装

E. 检测装置安装

2. 有预紧力要求的螺纹连接常用的紧固方法有（　　　）。

A. 定力距法　　　　　　　　　　　B. 压入装配法

C. 测量伸长法　　　　　　　　　　　　D. 加热装配法

E. 液压拉伸法

3. 齿轮装配时，下列说法正确的是（　　　）。

A. 齿轮的端面与轴肩应紧靠贴合

B. 基准端面与定位套的同轴度应符合传动要求

C. 用 0.1mm 塞尺不应塞入

D. 基准端面与轴线的垂直度应符合传动要求

E. 压铅法检测齿轮啮合间隙，铅丝直径不宜超过间隙的 3 倍

【答案】

1. A、C、D

【解析】选项 A，教材原文是联轴器安装，但是联轴节是其中的零件，可以选；选项 B，应该是轴和套热（冷）装配，不能普通装配；选项 E 不属于典型零部件。

2. A、C、E

【解析】选项 B、D 为过盈配合件的装配方法。

3. D、E

【解析】选项 A，应该是齿轮的基准端面，少基准二字；选项 B，没有这一条内容；选项 C 应该是 0.05mm 塞尺。

核心考点二、机械设备的固定方法★★★

1. 地脚螺栓的类型与适用场合及安装要求

地脚螺栓的类型	适用场合	安 装 要 求
固定地脚螺栓	固定没有强烈振动和冲击的设备	
活动地脚螺栓，如 T 形头螺栓、拧入式螺栓、对拧式螺栓	固定工作时有强烈振动和冲击的重型机械设备	
胀锚地脚螺栓	部分静置的简单设备或辅助设备	（1）胀锚地脚螺栓中心到基础边缘的距离不小于 7 倍的胀锚地脚螺栓直径； （2）安装胀锚地脚螺栓的基础强度不得小于 10MPa； （3）钻孔处不得有裂缝，钻孔时应防止钻头与基础中的钢筋、埋管等相碰； （4）钻孔直径和深度应与胀锚地脚螺栓相匹配

2. 垫铁的施工方法

◇ 垫铁的施工方法有坐浆法和压浆法两种。

◇ 坐浆混凝土强度达到 75% 以上时，方可安装设备。

◇ 设备无垫铁安装目前还只限于设计文件有要求的情况下采用，由二次灌浆层起承重作用。

【考法题型及预测题】

1. 胀锚地脚螺栓安装时，符合施工要求的是（　　　）。

A. 螺栓中心到基础边缘的距离不小于 5 倍的胀锚螺栓直径

B. 安装胀锚螺栓的基础强度不得大于 10MPa

C. 钻孔处不得有裂缝

D. 钻孔时钻头不得与基础中的钢筋相碰触

E. 钻孔直径和深度应与胀锚地脚螺栓相匹配

2. 球磨机安装固定地脚螺栓宜选用（　　）。

A. 粘结　　　　　　　　　　　　B. 固定

C. 胀锚　　　　　　　　　　　　D. 活动

3. 下列（　　）设备安装时，可采用胀锚地脚螺栓。

A. 大型空压机　　　　　　　　　B. 500m³ 球形储罐

C. 窗式空调机　　　　　　　　　D. 200m 胶带输送机传动装置

E. 轧机

4. 以下可用于固定球磨机的地脚螺栓的是（　　）。

A. 爪式螺栓　　　　　　　　　　B. T 形头螺栓

C. 拧入式螺栓　　　　　　　　　D. 对拧式螺栓

E. 直钩螺栓

【答案】

1. C、D、E

【解析】A 选项错：应该是螺栓中心到基础边缘的距离不小于 7 倍的胀锚螺栓直径。

B 选项错：应该是安装胀锚螺栓的基础强度不得小于 10MPa。

2. D

【解析】球磨机工作时有强烈振动，所以宜选用活动地脚螺栓固定。

3. B、C

【解析】选项 A、D、E 设备运行中有振动，不适宜选用固定地脚螺栓和胀锚地脚螺栓。选项 B 为静置设备，可以用固定地脚螺栓也可以用胀锚地脚螺栓。

【提示】在多选题中，排除了 3 项，余下的两项一般都不会错，可直接选。

4. B、C、D

【解析】球磨机为有振动的动设备，应采用活动地脚螺栓。

1H413014 机械设备安装精度控制要求

核心考点及可考性提示

考点		2021 年可考性提示
机械设备安装精度控制要求【2011 年单选】	机械设备的安装精度（类型）	★★
	影响设备安装精度的因素 设备基础	★★
	垫铁埋设	★★
	设备灌浆	★★

考　点			2021年可考性提示
机械设备安装精度控制要求【2011年单选】	影响设备安装精度的因素	地脚螺栓	★★
		设备制造	★★★
		测量误差【2014年多选】	★
		环境因素【2013年多选】	★
	提高安装精度的方法【2010年、2014年单选】		★★★
	设备安装偏差方向的控制	补偿温度变化所引起的偏差	★★
		补偿受力所引起的偏差	★★
		补偿使用过程中磨损所引起的偏差	★★
		设备安装精度偏差的相互补偿	★

★不大，★★一般，★★★极大

核心考点剖析

核心考点一、机械设备的安装精度（类型）

设备安装精度是指安装过程中为保证整套装置正确联动所需的各独立设备之间的 位置精度 ；单台设备通过合理的安装工艺和调整方法能够重现的 制造精度 ；整台（套）设备在使用中的 运行精度 。

核心考点二、影响设备安装精度的因素

影响设备安装精度的因素	主　要　方　面
设备基础	强度（不够）、沉降（不均匀）、抗振性能（不够）
垫铁埋设	承载面积（有效面积不够）、接触情况（不好）
设备灌浆	强度（不够）、密实度（不密实）
地脚螺栓因素	垂直度（不垂直）和紧固力（不够）
设备制造	加工精度、装配精度
测量误差	检测基准、检测器具精度、检测人员【2014年多选】
环境因素	基础温度变形、设备温度变形、恶劣环境场所

◆ 关于解体设备装配精度、相对运动精度★★★

◇ 解体设备的装配精度将直接影响设备的运行质量，包括各运动部件之间的 相对运动精度 ， 配合面之间的配合精度 和 接触质量 。

◇ 现场组装大型设备各运动部件之间的相对运动精度包括①直线运动精度②圆周运动精度③传动精度等。

◇ 设备基准件的安装精度 包括标高差、水平度、铅垂度、直线度、平行度等，将直接影响设备各部件间的相互位置精度和相对运动精度。如龙门刨床的床身导轨的直线度和导轨之间的平行度将影响工作台的直线运动精度。

◆测量误差

测量过程包括：测量对象、计量单位、测量方法和测量精度四个要素。

主要形状误差、位置误差——

形状误差：指被测要素对其理想要素的变动量（就是自身的）。如：直线度、平面度、圆度、圆柱度等；

位置误差：指有关联实际要素的位置对基准的变动全量（有着相对概念的意思）。如：平行度、垂直度、倾斜度、同轴度、对称度等。

【考法题型及预测题】

1. 现场组装大型设备各运动部件之间的相对运动精度包括（ ）。

A. 配合精度 B. 直线运动精度

C. 圆周运动精度 D. 接触精度

E. 传动精度

2. 直接影响设备各部件间的相互位置精度和相对运动精度的是（ ）。

A. 设备测量基准的选择 B. 检测精度

C. 设备基准件的安装精度 D. 设备安装环境

3. 影响设备安装精度的测量因素有（ ）。

A. 零部件装配精度 B. 施测人员技能

C. 设备制造精度 D. 设备检测基准精度

E. 测量仪器精度

4. 下列机械设备中，需严格控制环境温度来保证安装精度的有（ ）。

A. 2050mm 薄板冷连轧机 B. 中型离心式鼓风机

C. 中央空调机组 D. 数控机床

E. 12mm 胶带输送机

5. 某大型机床的基础施工，当环境气温升高时，对设备基础造成的影响是（ ）。

A. 设备基础中间下陷 B. 设备基础边缘下陷

C. 设备基础中间上拱 D. 设备基础边缘上拱

6.（2013 年真题）在进行某客梯单机试运行调试施工时，有一台客梯轿厢晃动厉害，经检查是导轨的安装精度没达到技术要求，安装人员对导轨重新校正固定，单机试运行合格。问：影响导轨安装精度的因素有哪些？

【答案】

1. B、C、E；2. C

3. B、D、E

【解析】A、C 选项属于制造和装配因素。

4. A、D

【解析】相关知识点：温度的变化对设备基础和设备本身的影响很大（包括基础、设备和测量装置），尤其是大型、精密设备的安装如精密机床、高精度的大型连轧机组。设备安装时应避免设备基础、设备因温度变形而影响安装精度。选项 A 属于高精度的大型连轧机组；选项 D 属于精密机床。

5. C

6. 答：影响导轨安装精度的因素有：（1）井道结构的施工质量；（2）导轨基准线的设置；（3）测量器具的选择；（4）导轨的制造质量；（5）安装人员的技术水平。

核心考点三、提高安装精度的方法★★★

1. 应从人、机、料、法、环等方面着手，尽量排除和避免影响安装精度的诸因素。

2. 根据设备的设计精度、结构特点，选择适当、合理的装配和调整方法。采用可补偿件的位置或选择装入一个或一组合适的固定补偿件的办法调整，抵消过大的安装累积误差。

3. 选择合理的检测方法，包括测量器具和测量方法，其精度等级应与被检测设备的精度要求相适应。

4. 必要时选用修配法，对补偿件进行补充加工，抵消过大的安装累积误差。这种方法是在调整法解决不了时才使用。

5. 设备安装允许有一定的偏差，偏差方向的确定是一项复杂的、技术性极强的工作，对于一种偏差方向，往往要考虑多种因素，应以主要因素来确定安装精度的偏差方向。有些偏差有方向性，在设备技术文件中一般会有规定，当设备技术文件中无规定时，可按下列原则进行：

（1）有利于抵消设备附属件安装后重量的影响；

（2）有利于抵消设备运转时产生的作用力的影响；

（3）有利于抵消零部件磨损的影响；

（4）有利于抵消摩擦面间油膜的影响。

【考法题型及预测题】

设备安装精度偏差控制要求不包括（   ）。

A. 有利于抵消设备附属件安装后重量的影响

B. 有利于抵消过大的装配累积误差

C. 有利于抵消零部件磨损的影响

D. 有利于抵消摩擦面间油膜的影响

【答案】B

核心考点四、设备安装偏差方向的控制

◆ 补偿温度变化所引起的偏差

例如：汽轮机、干燥机、发电机、鼓风机、电动机这类机组的联轴器装配定心时，应考虑温差的影响，控制安装偏差的方向。

◇ 调整两轴心径向位移时，汽轮机、干燥机（运行中温度高）应低于发电机、鼓风机、电动机（运行温度低的）；（简记：汽轮机、干燥机安装位置要低）

◇ 调整两轴线倾斜时，上部间隙小于下部间隙；

◇ 调整两端面间隙时选择较大值，使运行中温度变化引起的偏差得到补偿。

◆ 补偿受力所引起的偏差

例如：带悬臂转动机构的设备，受力后向下和向前倾斜，安装时就应控制悬臂轴水平度的偏差方向和轴线与机组中心线垂直度的方向，使其能补偿受力引起的偏差变化。

故而，带悬臂转动机构的设备安装时，悬臂是不能下挠的，应该略为上扬（也要注意偏差在规定允许值范围内）。

◆ 补偿使用过程中磨损所引起的偏差

装配中的许多配合间隙是可以在一个允许的范围内选择的，例如，齿轮的啮合间隙、可调轴承的间隙、轴封等密封装置的间隙、滑道与导轮的间隙、导向键与槽的间隙等。设备运行时，这些间隙都会因磨损而增大，引起设备在运行中振动或冲击，安装时间隙选择调整适当，能补偿磨损带来的不良后果。

【实操解析】那么在实际应用中，齿轮的啮合间隙、可调轴承的间隙、轴封等密封装置的间隙、滑道与导轮的间隙、导向键与槽的间隙在配合间隙选择时，宜选择较小值。

◆ 设备安装精度偏差的相互补偿

例如：控制相邻辊道轴线与机组中心线垂直度偏差的方向相反，控制相邻设备水平度偏差的方向相反，就可以减少产品在机组运行中的跑偏。

【提示】减少产品在机组运行中的跑偏，可以采取的方法有：控制相邻辊道轴线与机组中心线垂直度偏差的方向相反，控制相邻设备水平度偏差的方向相反。

1H413020 电气工程安装技术

核心考点提纲

$$
\text{电气工程安装技术}
\begin{cases}
\text{配电装置安装与调试技术} \\
\text{电机安装与调试技术} \\
\text{输配电线路施工技术} \\
\text{防雷与接地装置的安装要求}
\end{cases}
$$

1H413021 配电装置安装与调试技术

核心考点及可考性提示

考　点			2021 年可考性提示
配电装置安装与调试技术	配电装置的现场检查		★
	配电装置柜体的安装要求		★★
	配电装置试验及调整要求【2018 年单选】		★★★
	配电装置送电试运行验收	送电前准备工作	★
		送电前检查	★
		送电验收	★★

★不大，★★一般，★★★极大

核心考点剖析

核心考点一、配电柜安装要求【阅读了解】

1. 配电装置柜体基础型钢的安装要检查的项目——

垂直度、水平度允许偏差；位置偏差、不平行度、型钢顶部平面；基础型钢的接地。

◆ 基础型钢的接地不少于两处，且连接牢固，导通良好。

2. 装有电器的柜门应以 截面积 ≥ 4mm² 的裸铜软线 与金属柜体可靠连接。

3. 将柜体按编号顺序分别安装在基础型钢上，再找平找正。

柜体安装垂直度允许偏差不应大于 1.5‰（千分之 1.5），

相互间接缝 不应大于 2mm，成列盘面偏差 不应大于 5mm。

4. 柜体安装完毕后，每台柜体均应单独与基础型钢做接地保护连接。

5. 安装完毕后，还应全面复测一次，并做好柜体的安装记录。

核心考点二、配电装置的试验与调整要求★★★

配电装置到达现场后应及时进行检查，安装完毕后应全面复测一次。

分别进行模拟试验，装置的操作、控制、联锁、信号和保护应正确无误、安全可靠。

◆ 高压试验

高压试验应当由当地供电部门许可的试验单位进行。

母线、避雷器、高压瓷瓶、电压互感器、电流互感器、高压开关等设备及元部件试验的内容有（高压试验内容）——

绝缘试验，主回路电阻测量和温升试验，峰值耐受电流、短时耐受电流试验，关合、关断能力试验，机械试验，操作振动试验，内部故障试验，SF$_6$ 气体绝缘开关设备的漏气率及含水率检查，防护等级检查。

◆ 配电装置的主要整定内容★★★【2018 年单选】

整定项目	整定内容
过电流保护整定	电流元件整定和时间元件整定
过负荷告警整定	过负荷电流元件整定和时间元件整定
三相一次重合闸整定	重合闸延时整定和重合闸同期角整定
零序过电流保护整定	电流元件整定、时间元件整定和方向元件整定
过电压保护整定	过电压范围整定和过电压保护时间整定

【考法题型及预测题】

1. 以下（　　　）应进行高压试验。

A. 避雷器　　　　　　　　　　　　B. 电压互感器

C. 不间断电源　　　　　　　　　　D. 母线

E. 熔断器

2. 下列的高压开关设备的试验内容中，不属于高压真空开关试验内容的是（　　　）。

A. 关断能力试验　　　　　　　　　B. 短路时耐受电流试验

C. 开关绝缘试验   D. 漏气率及含水率试验

3. 下列整定内容属于配电装置过电流保护整定的是（   ）。

A. 合闸元件整定   B. 过电流范围整定

C. 方向元件整定   D. 时间元件整定

【答案】

1. A、B、D

【解析】选项 C，不间断电源属于备用电源不属于一次设备；选项 E，一次回路和二次回路都有，保证得分，不选。

2. D

【解析】选项 D 是 SF_6 气体绝缘开关设备的试验内容。

3. D

核心考点三、配电装置送电验收

◆ 送电前准备工作

◇ 需要准备的工器具——

备齐合格的验电器、绝缘靴、绝缘手套、临时接地编织铜线、绝缘胶垫、灭火器材等。

◆（配电装置）送电验收

◇ 合开关的步骤：

| 合高压进线开关→合变压器柜开关→合低压柜进线开关→分别合其他柜的开关 |

◇ 空载运行 24h，无异常现象，办理验收手续，交建设单位使用。【可以提前交工】

◇（送电验收办理手续）同时提交以下技术资料——

① 施工图纸；

② 施工记录；

③ 产品合格证（及）说明书；

④ 试验报告单。

1H413022 电机安装与调试技术

核心考点及可考性提示

考点			2021年可考性提示
电机安装与调试技术	变压器安装技术	开箱检查	★★
		变压器二次搬运【2019年多选】	★★★
		变压器吊芯（器身）检查	★
		变压器就位【2019年多选】	★
		变压器接线	★
		变压器的交接试验【2007年多选、2012年、2017年、2020年案例】	★★

考　点			2021 年可考性提示
电机安装与调试技术	变压器安装技术	送电前的检查	★
		送电试运行【2014 年案例】	★★
	电动机的安装技术	电动机安装前的检查【2015 年单选】【2019 年案例】	★★
		电动机安装	★★
		电动机接线	★★
		电机试运行【2015 年多选】	★★

★不大，★★一般，★★★极大

核心考点剖析

核心考点一、变压器安装施工程序（阅读了解）

开箱检查→变压器二次搬运→变压器吊芯（器身）检查→变压器就位→变压器接线→变压器交接试验→送电前检查→送电试运行。

核心考点二、变压器运输途中注意事项

◇ 充氮气或干燥空气运输的，应有压力监视和补偿装置；

在运输途中应保持 正压 ，气体压力应该控制在 0.01～0.03MPa 。

核心考点三、变压器的二次搬运（要求）★★★【2019 年多选】

（1）可采用滚杠滚动的排架以倒链或卷扬机拖运的运输方式。

（2）变压器吊装时，索具必须检查合格；钢丝绳必须挂在油箱的吊钩上； 变压器顶盖上部的吊环仅作吊芯检查用，严禁用此吊环吊装整台变压器 。

（3）变压器搬运时，将高低压绝缘瓷瓶罩住进行保护，使其不受损伤。

（4）变压器搬运过程中，不应有严重冲击或振动情况；利用机械牵引时，牵引的着力点应在变压器重心以下； 运输倾斜角不得超过 15° ，以防止倾斜使内部结构变形。

（5）用千斤顶顶升大型变压器时，应将 千斤顶放置在油箱千斤顶支架部位 ，升降操作应协调，各点受力均匀，并及时垫好垫块。

【考法题型及预测题】

（2019 年真题）下列关于油浸式变压器二次搬运和就位的说法，正确的是（　　）。

A. 变压器可以用滚杠及卷扬机托运的运输方式

B. 顶盖气体继电器气流方向有 0.5% 的坡度

C. 就位后应将滚轮用能拆卸的制动装置固定

D. 二次搬运时变压器倾斜角不得超过 15°

E. 可使用变压器顶盖上部吊环吊装变压器

【答案】A、C、D

【解析】选项 B 错误，变压器基础的轨道应水平，轨距与轮距应配合，装有气体继电器的变压器顶盖，沿气体继电器的气流方向有 1.0%～1.5% 的升高坡度。选项 E 错误，变压器吊装时，索具必须检查合格，钢丝绳必须挂在油箱的吊钩上，变压器顶盖上部的吊环仅作吊芯检查用，严禁用此吊环吊装整台变压器。

核心考点四、变压器的交接试验【2020 年案例】

◆ 变压器交接试验内容【2017 年案例】

变压器交接试验内容		要　　求
检查	检查所有分接的电压比	
	检查三相接线组别	采用 直流感应法或交流感应法 分别检测出：三相绕组的极性、连接组别、接线组别
	检查相位	应与电网相位一致
测量	测量绕组连同套管的直流电阻	
	测量铁芯及夹件的绝缘电阻	变压器安装结束后，测铁芯及夹件的绝缘电阻，包括： ① 铁心对地的绝缘电阻； ② 有外引接地线的夹件对地的绝缘电阻； ③ 铁心对夹件的绝缘电阻。 变压器上有专用铁心接地线引出套管的，在注油前后测量其对外壳的绝缘电阻。 用 2500V 兆欧表测，持续 1min，无闪络及击穿
	测量绕组连同套管的绝缘电阻及吸收比	
试验 【2020 年案例】	绝缘油试验或 SF_6 气体试验	SF_6 气体含水量应符合产品计术文件要求
	绕组连同套管的交流耐压试验	试验前必须将测试元件用摇表检查绝缘状况
	额定电压下的冲击合闸试验	在额定电压下进行 5 次，每次间隔时间宜为 5min。 第一次合闸后带电运行时间不少于 30min，以后几次可缩短时间但不少于 5min

【课外知识点】关于变压器分接。

变压器的性能是由多种参数决定的，主要是由变压器的绕组匝数、连接组别方式、外部接线方式及外接元器件来决定的。

电网电压是随着运行方式和负载的大小变化而变化的。电网电压过高和过低，将会直接影响变压器和用电设备的正常运行，为了使变压器能够有一个额定的输出电压，大多数是通过改变一次线圈分接抽头的位置即改变变压器线圈接入的匝数多少，来改变变压器的输出端电压。在变压器一次侧的三相线圈中，根据不同的匝数引出几个抽头，这几个抽头按照一定的接线方式接在分接开关上。开关的中心有一个能转动的触头，当变压器需要调整电压时，改变分接开关的位置就改变了变压器的变压比，从而改变变压器的输出电压，使之满足需要。

◆ 变压比试验结果的分析判断要求

所有分接都要测试，其变压比试验结果和变压器铭牌上的出厂试验数值相比，不应有显著差别，可参照：

（1）电压等级在 35kV 以下，电压比小于 3 的变压器电压比允许偏差应为 ±1%；

（2）其他所有变压器额定分接下电压比允许偏差不应超过 ±0.5%；

（3）其他分接的电压比应在变压器阻抗电压值（%）的 1/10 以内，且允许偏差应为 ±1%。

【考法题型及预测题】

下列试验要求不属于变压器交接试验中绕组连同套管的交流耐压试验、冲击合闸试验的是（　　　）。

A. 35kV 的变压器新装注油后应静置 5h 以上才能进行耐压试验

B. 耐压试验前应将试验元件用摇表检查绝缘状况

C. 冲击合闸试验应进行 5 次，每次持续时间为 5min

D. 冲击合闸应在高压侧进行

E. 冲击合闸应在全压下进行

【答案】A、C、E

【解析】选项 A 错，10kV 以上为大容量，至少要静置 12h。选项 C 错，进行 5 次，每次间隔时间宜为 5min。选项 E 错，应在额定电压下进行，在送电试运行时，可全压冲击合闸。

核心考点五、变压器送电试运行（阅读了解）

（1）变压器第一次投入使用时，可全压冲击合闸，冲击合闸宜由高压侧投入。

（2）变压器应进行 5 次空载全压冲击合闸，应无异常情况；第一次受电后，持续时间不应少于 10min；全电压冲击合闸时，励磁涌流不应引起保护装置的误动作。

（3）油浸变压器带电后，检查油系统所有焊缝和连接面不应有渗油现象。

（4）变压器并列运行前，应核对好相位。

（5）变压器试运行要注意①冲击电流②空载电流③一、二次电压④温度，并做好试运行记录。

【提示】虽然 2014 年案例考过，但是此知识点也可以考选择题的。

（6）变压器空载运行 24h【2014 年案例】，无异常情况，方可投入负荷运行。

【课外知识点】空载全压冲击合闸次数最多 5 次。通常冲击合闸，达到电压最大值，就可以不进行再合闸试验了，但是如果冲击合闸 5 次，一次都达不到电压最大值，则不合格。要查找原因。

核心考点六、电动机安装前的检查

电动机安装前要进行：开箱检查，超过保证期限的、经电气试验质量可疑的、端部检查可疑的进行抽芯检查，受潮的电动机应进行干燥处理。

1. 抽芯检查

◆ 电动机检查过程中，若发现有下列情况之一时，应做抽芯检查：

◇ 电动机出厂期限超过制造厂保证期限；

◇ 若制造厂无保证期限，出厂日期已超过 1 年；

◇ 经外观检查或电气试验，质量可疑时；

◇ 开启式电动机经端部检查可疑时。

2. 电动机的干燥

◆ 电机绝缘电阻不能满足下列要求时，必须进行干燥。

◇ 1kV 以下电机使用 1000V 摇表，绝缘电阻值不应低于 1MΩ/kV。

◇ 1kV 及以上使用 2500V 摇表——

定子绕组绝缘电阻不应低于 1MΩ/kV；

转子绕组绝缘电阻不应低于 0.5MΩ/kV；

转子绕组吸收比（R60/R15）试验，吸收比不小于 1.3。

◆ 干燥方法：

◇ 外部加热干燥法。

◇ 电流加热干燥法。在通电情况下电机用其自身电阻发热，使线圈均匀受热，干燥效果比较好。

◆ 电机干燥时注意事项：

◇ 电动机的干燥工作，在干燥前应根据电机受潮情况制定烘干方法及有关技术措施。

◇ 烘干温度缓慢上升，一般每小时的温升控制在 5～8℃；

干燥中要严格控制温度，使其在规定范围内；干燥最高允许温度应按 绝缘材料的等级 来确定。

◇ 一般铁芯和绕组的最高温度应控制在 70～80℃。

◇ 干燥时不允许用水银温度计测量温度，应用酒精温度计、电阻温度计或温差热电偶。【2015 年单选】

要定时测定并记录绕组的绝缘电阻、绕组温度、干燥电源的电压和电流、环境温度。

测定时一定要断开电源，以免发生危险。

◇ 当电动机绝缘电阻达到规范要求，在同一温度下经 5h 稳定不变，才认为干燥完毕。

【考法题型及预测题】

1. 测量额定电压为 1kV 的电动机绝缘电阻，应使用（　　　）摇表。

A. 250V

B. 500V

C. 1000V

D. 2500V

2. 下列电动机的绝缘电阻测试，需要进行干燥的有（　　　）。

A. 380V 电动机绝缘电阻测试值为 0.45MΩ

B. 1kV 电动机绝缘电阻测试值为 1.2MΩ

C. 20kV 电动机绝缘电阻测试值为 20MΩ

D. 10kV 电动机定子绕组的绝缘电阻测试值为 6.8MΩ

E. 10kV 电动机转子绕组的绝缘电阻测试值为 6.8MΩ

【答案】

1. D

【解析】1kV 及以上使用 2500V 摇表测绝缘电阻值，包含正好是 1kV 的电动机。

2. A、C、D

【解析】选项 A，380V 的电动机，绝缘电阻小于 0.38 就要进行干燥。380V = 0.38kV，$0.38/x = 1/1$，$x = 0.38MΩ$，即：380V 电动机，绝缘电阻值不能低于 0.38MΩ，但是教材相应内容还有：500V 以下的电机，绝缘电阻不能小于 0.5MΩ，所以还要兼顾这个要求。

选项 C，知识点：1kV 及以上使用 2500V 摇表——定子绕组绝缘电阻小于 1MΩ/kV；转子绕组绝缘电阻小于 0.5MΩ/kV；选项与教材描述不同，不要选。

选项 D，1kV 及以上使用 2500V 摇表——定子绕组绝缘电阻小于 1MΩ/kV；即：10kV，定子绕组绝缘电阻小于 10MΩ 时，就要进行干燥。

核心考点七、电动机安装要求

◇ 安装时应在电动机与基础之间衬垫一层 质地坚硬的木板或硬塑胶等防振物 。

◇ 四个地脚螺栓上均要套用弹簧垫圈，拧紧螺母时要 按对角交错次序拧紧 ，每个螺母要拧得一样紧。

◇ 应调整电动机的水平度。一般 用水平仪进行测量 。

◇ 稳装电机垫片一般不超过 3 块。

核心考点八、电动机接线

电动机的接线方式有——Y（星）接、△（三角）接。

【实务操作知识点】原则上应按设备的铭牌进行接线；接线前还应通过铭牌上的电源电压和频率判断其铭牌上要求的接线方式是否合适。

核心考点九、电动机试运行

◆ 电动机的保护接地线【2019 年案例】

电动机试运行前检查保护接地线，保护接地线必须连接可靠，接地线 （铜芯）的 截面积不小于 4mm² ，有防松弹簧垫圈。

1H413023 输配电线路施工技术

核 心 考 点 及 可 考 性 提 示

	考 点		2021 年可考性提示
输配电线路 施工技术	架空线路施工 程序及内容	施工程序【2007 年单选】	★★
		施工测量	★
		基础施工要求	★
		杆塔组立要求	★★
		放线架线	★
		导线连接要求【2010 年单选、2013 年多选、2016 年案例】	★★
		线路试验【2016 年案例】	★★
		竣工验收要求	★
	电缆线路的敷设	室外电缆线路敷设要求	★★
		电缆（本体）敷设一般要求【2020 年案例】	★
		电缆线路绝缘电阻测试和耐压试验	★★

★不大，★★一般，★★★极大

核心考点一、架空线施工程序及杆塔组立要求

1. 架空线施工程序

施工测量→基础施工→杆塔组立→放线施工→导线连接→竣工验收检查。

2. 杆塔组立要求

◆ 电杆的整体组立

混凝土杆整体组立的步骤：排杆焊接→组装横担和绝缘子→立杆准备→整体立杆。

◆ 铁塔组立施工方法（见图 1H413023）

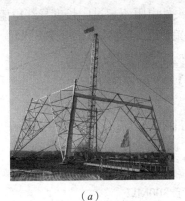 

（a）　　　　　　　　　　（b）

图 1H413023　铁塔组立施工方法示意图

（a）外拉线抱杆；（b）内拉线抱杆

铁塔的组立（施工）方法	
整体组立法	倒落式人字抱杆法、座腿式人字抱杆法
分解组立法	内、外拉线抱杆分解组塔、倒装组塔。 ◆ 施工特点： 目前的输电线路施工中，主要采用的是分解组塔的施工方法； 内拉线抱杆分解组塔的特点是不受铁塔周围地形的影响，减少了因设置锚桩所需要的工具及工作量。可以同时进行双吊，提高了施工效率

◆ 螺栓的紧固

目前的铁塔均采用螺栓连接。

【考法题型及预测题】

1. 输配电架空线路施工工序为：勘测定位、基础施工、（　　　）等。

A. 放线施工、电杆组装、立杆、拉线施工

B. 拉线施工、放线施工、电杆组装、立杆

C. 立杆、拉线施工、放线施工、电杆组装

D. 电杆组装、立杆、拉线施工、放线施工

2. 符合混凝土杆整体组立程序的是（　　　）。

A. 立杆准备→排杆焊接→组装横担和绝缘子→整体立杆

B. 排杆焊接→立杆准备→组装横担和绝缘子→整体立杆

C. 组装横担和绝缘子→排杆焊接→立杆准备→整体立杆

D. 排杆焊接→组装横担和绝缘子→立杆准备→整体立杆

【答案】

1. D；2. D

核心考点二、（架空线路）导线连接要求（阅读了解）

◇ 每根导线在每一个档距内只准有一个接头；但在跨越公路、河流、铁路、重要建筑物、电力线和通信线等处，导线和避雷线均 不得有接头 。

◇ 不同材料、不同截面或不同捻回方向的导线连接，只能在杆上跳线内连接。接头处的机械强度不低于导线自身强度的 90%。接头处电阻不超过同长度导线电阻的 1.2 倍 。

◇ 耐张杆、分支杆等处的跳线连接，可以采用 T 形线夹和并沟线夹连接。

架空线的压接方法，可分为①钳压连接②液压连接③爆压连接。

【2010 年单选、2013 年多选、2016 年案例】

核心考点三、线路试验

◆ 悬式绝缘子和支柱绝缘子的绝缘电阻测量

◇ 棒式绝缘子不进行绝缘电阻的测量。

【课外知识点】因为棒式绝缘子属于不可击穿型。

◇ 每片悬式绝缘子的绝缘电阻值，不应低于 300MΩ。

◇ 35kV 及以下的支柱绝缘子的绝缘电阻值，不应低于 500MΩ。

◇ 采用 2500V 兆欧表测量绝缘子的绝缘电阻值，可按同批产品数量的 10% 抽查。

◆ 悬式绝缘子和支柱绝缘子的交流耐压试验

◇ 35kV 及以下的支柱绝缘子，可在母线安装完毕后一起进行试验，试验电压应符合高压电气设备绝缘的工频耐压试验电压标准的规定。

◇ 35kV 多元件支柱绝缘子的交流耐压试验值合格规定，测量并记录线路的绝缘电阻值。

◆ 冲击合闸试验

在额定电压下对空载线路的 冲击合闸试验，应进行 3 次 。

◆ 导线接头测试

◇ 电压降法

正常的导线接头两端的电压降，一般不超过同样长度导线的电压降的 1.2 倍 。

◇ 温度法

红外线测温仪，可距被测点一定距离外进行测温，通过导线接头温度的测量，来检验接头的连接质量。

【考法题型及预测题】

1. 不需要进行绝缘电阻测量的有（　　）。

A. 棒式绝缘子

B. 支柱绝缘子

C. 蝶式绝缘子

D. 针型绝缘子

2. 需要进行交流耐压试验的是（　　）。

A. 棒式绝缘子   B. 支柱绝缘子

C. 蝶式绝缘子   D. 针型绝缘子

3.（2016年案例四第4问）C公司在9月20日前应完成35kV架空线路的哪些测试内容？

【答案】

1. A；2. B

3. C公司在9月20日前应完成35kV架空线路的测试内容有：测量绝缘子和线路的绝缘电阻；检查线路各相两侧的相位；冲击合闸试验；测量杆塔的接地电阻值；导线接头测试。

核心考点四、室外电缆线路敷设要求

◆ 直埋电缆敷设要求

（1）直埋电缆的埋深应不小于 0.7m，穿越农田时应不小于 1m 。

（2）直埋电缆一般使用铠装电缆。在铠装电缆的金属外皮两端要可靠接地，接地电阻不得大于 10Ω 。

（3）电缆敷设后，上面要铺 100mm 厚的 软土或细沙 ，再盖上混凝土保护板，覆盖宽度应超过电缆两侧以外各 50mm，或用砖代替混凝土保护板。

（4）、（5）、（6）、（8）略。

（7）保护管内径不小于电缆外径的 1.5 倍。

◆ 电缆沟或隧道内电缆敷设的要求

（1）电力电缆和控制电缆不应配置在同一层支架上。

（2）控制电缆在普通支架上，不宜超过 1 层；桥架上不宜超过 3 层。

（3）高低压电力电缆、强电与弱电控制电缆应按顺序分层配置，一般情况宜由上而下配置。

（4）交流三芯电力电缆，在普通支吊架上不宜超过一层，桥架上不宜超过 2 层。

（5）交流单芯电力电缆，应布置在同侧支架上，当按紧贴的正三角形排列时，应每隔 1m 用绑带扎牢。

（6）电缆沟内电缆敷设完毕后，应及时清除杂物，盖好盖板。必要时还应将盖板缝隙密封。

◆ 电力电缆接头的布置

（1）并联敷设的电缆，其长度、型号、规格应相同，接头的位置宜相互错开。

（2）电缆明敷时的接头，应用托板托置固定。

（3）直埋电缆接线盒外面应有防止机械损伤的保护盒（环氧树脂接头盒除外）。

◆ 标志牌的装设

在电缆终端头、电缆接头、拐弯处、夹层内、隧道及竖井的两端、人井内等地方，电缆上应装设标志牌。

【考法题型及预测题】

1. 不符合直埋电缆敷设要求的是（　　　）。

A. 穿越农田的电缆埋深不小于 0.7m

B. 与其他管道平行敷设时应敷设在上方

C. 电缆敷设后，上面要铺 100mm 厚的细碎石

D. 所用的保护管不应小于电缆外径的 1.5 倍

E. 直线段每隔 50～100m 应设明显的标桩

2. 电缆沟或隧道内电缆敷设符合要求不包括（　　）。

A. 同层支架上高压电缆在上控制电缆在下

B. 交流三芯电缆在桥架上可以敷设 2 层

C. 交流单芯电缆应布置在同侧支架上

D. 控制电缆在桥架上可以敷设 3 层

【答案】

1. A、B、C

【解析】选项 A 错，穿越农田埋深应不小于 1m；选项 B 错，直埋的电缆不能和其他管道平行敷设；选项 C 错，电缆敷设后，上面要铺 100mm 厚的软土或细沙。

2. A

【解析】选项 A 错，不同电压的电缆不得配置在同层支架上。

核心考点五、电缆线路绝缘电阻测量和耐压试验

1. 绝缘电阻的测量

（1）1kV 及以上的电缆可用 2500V 的兆欧表测量其绝缘电阻。不同电压等级电缆的最低绝缘电阻值应符合规定。

（2）电缆线路绝缘电阻 测量前，先用导线将电缆对地短路放电 ，以确保操作安全和测试结果准确，然后将电缆终端头套管表面擦拭干净，以减少表面泄漏。当接地线路较长或绝缘性能良好时， 放电时间不得少于 1min 。

（3）测量完毕或需要再测量时，应将电缆再次接地放电。

（4）由于电缆线路的绝缘电阻值受多种外界因素的影响，所以每次测量都需记录环境温度、湿度、绝缘电阻表电压等级及其他可能影响测量结果的因素，以便于对测量结果进行分析、比较，正确判断电缆绝缘性能的优劣。

2. 耐压试验

（1）耐压试验用直流电压进行试验，试验电压标准应符合要求。

（2）在进行直流耐压试验的同时，用接在高压侧的微安表测量泄漏电流。三相泄漏电流最大不对称系数一般不大于 2。对于 10kV 及以上的电缆，若泄漏电流小于 $20\mu A$，其三相泄漏电流最大不对称系数不作规定。

【直流耐压试验实操说明】耐压试验用直流电压进行试验，是因为交流耐压试验有可能在电缆空穴中产生游离放电而损害电缆。而电力电缆在直流电压作用下，绝缘中的电压按电阻分布，当电力电缆有缺陷时，电压将主动加在与缺陷有关的部位上，使得缺陷更容易暴露，这是交流耐压试验无法做到的。直流耐压测试时负极性连接，就是接负极测试。

【考法题型及预测题】

项目部在电缆敷设前进行电缆的电阻值检测，检测结果与铭牌标注的不符。问：可能的原因有哪些？

【参考答案】电缆电阻值实测值与铭牌上的不符，主要原因有：（1）触点或线圈受潮所致；（2）检测前未进行放电；（3）检测仪表未归零复位或精度不符合要求；（4）也可能和检测人员的经验有关；（5）也可能是产品质量不合格。

【解析】要从几个方面去分析：

（1）检测时的环境条件，如湿度、温度；

（2）检测器具的精度；

（3）测量人员是否有失误；

（4）出厂的质量是否合格。

1H413024　防雷与接地装置的安装要求

核心考点及可考性提示

考　　点		2021年可考性提示
防雷与接地装置的安装要求	防雷措施	输电线路的防雷措施【2013、2014年单选】 ★★
		发电厂和变电站的防雷措施 ★★
		工业建筑物和构筑物的防雷措施 ★
	防雷装置安装要求	接闪器安装要求 ★★
		接闪器试验【2020年多选】 ★★
	接地装置的安装要求	接地极的安装要求 ★
		接地线的敷设要求 ★
	爆炸和火灾危险环境的接地要求	★★
	防静电接地装置的要求	★★

★不大，★★一般，★★★极大

核心考点剖析

核心考点一、防雷措施

◆ 不同电压等级输电线路，避雷线的设置：

电压等级	防　雷　方　式
500kV及以上	全线装设双接闪线，且输电线路越高，保护角越小
220～330kV	装设双接闪线，杆塔上接闪线对导线的保护角为20°～30°，保护角参见示意图1H413024
110kV【2013年单选】	①一般沿全线装设接闪线； ②在雷电特别强烈地区采用双接闪线； ③在少雷区，可不设接闪线，但杆塔仍应随基础接地

◆ 发电厂和变电站的防雷措施

◇ 利用阀型接闪器来限制入侵雷电波的过电压幅值。

◇ 变电站通常采用 阀型接闪器 。

◇ 发电厂发电机采用 金属氧化物接闪器 。

在靠近变电站的进线，必须架设 1～2km 的接闪线保护。

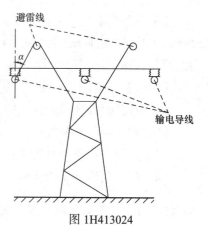

图 1H413024

【考法题型及预测题】

1. 下列措施中，能预防由雷击造成输电路线停电的措施是（　　　）。

A. 减少绝缘子串的片数

B. 采用高阻抗接地

C. 增加杆塔的接地电阻

D. 装设自动重合闸装置

2. 输电线路通过（　　　）对雷电流进行分流。

A. 装设自动重合闸　　　　　　　B. 减低杆塔的接地电阻

C. 增加杆塔的接地电阻　　　　　D. 架设耦合地线

E. 架设避雷线

3. 变电站的防雷措施，一般采用（　　　）来限制入侵雷电波的过电压幅值。

A. 金属氧化物避雷器　　　　　　B. 阀型避雷器

C. 管型避雷器　　　　　　　　　D. 避雷针

【答案】

1. D

2. B、D

【解析】A 选项的作用是预防由雷击造成输电路线停电；B 选项，减低杆塔的接地电阻可快速将雷电流引泄入地；C 选项，与 B 选项一比较，显然是错误的方式；D 选项的作用就是对雷电流进行分流；E 选项，架设避雷线使雷直接击在避雷线上，保护输电导线不受雷击，减少流入杆塔的雷电流。所以严格讲，E 选项不能选，它的主要作用不是分流电流，而是减少受电（雷电）。

3. B

核心考点二、防雷装置安装要求

1. 接闪器安装要求

● 接闪器组装时，各节位置符合出厂标志的编号。

● 排气式接闪器安装方位，避免其排出的气体引起相间或对地闪络或喷到其他电气设备。

● 氧化锌接闪器的接地线应用 截面积不小于 $16mm^2$ 的软铜线。

● 管型接闪器与被保护设备的连接线长度不得大于 4m ，安装时应避免各接闪器排出的电离气体相交而造成的短路。

● 正确选择接闪器的最大允许电压。接闪器在大于其允许电压下动作，会使接闪器发生爆炸。

2. 接闪器试验【2020 年多选】

● FS 型阀式接闪器的试验：

① 测绝缘电阻；

② 测泄漏电流；

③ 测工频放电电压。

● 金属氧化物接闪器的试验：

① 测绝缘电阻；

② 测泄漏电流；

③ 测持续电流；

④ 测工频参考电压或直流参考电压。

● 磁吹接闪器的试验：

① 测绝缘电阻；

② 测泄漏电流；

③ 测交流电导电流。

【课外知识点】

◆ 测量绝缘电阻的目的：可以初步检查接闪器内部是否受潮；有并联电阻者可检查其通断、接触和老化等情况。一般使用 2500V 兆欧表测量。220V、380V 等低压接闪器使用 500V 兆欧表测量。这项检测是安装后和运行中都需要进行的项目。

◆ 工频参考电压：是指将制造厂规定的参考电流（以阻性电流分量的峰值表示，通常约为 1～20mA），施加于金属氧化物接闪器，在接闪器两端测得的峰值电压，即为工频参考电压。测量后记录在案，作为初始值。

工频参考电压的变化能直接反映接闪器的老化、变质程度，也就是说它能进一步判断该接闪器是否可以继续使用。

◆ 测量磁吹接闪器的交流电导电流

是指磁吹接闪器的停电或带电测量运行电压下的交流电导电流。

核心考点三、爆炸和火灾危险环境的接地要求

1. 危险环境接地要求

危险环境	接 地 要 求
有爆炸性气体的	（1）电气设备和金属外壳应可靠接地。 （2）在有爆炸性气体环境 1 区内的所有电气设备以及 2 区内除照明灯具外的其他电气设备，应采用专门的接地线。 （3）接地干线应在爆炸危险区域内 不同的方向 不少于两处 与接地体连接。 （4）电气设备的接地装置与独立的避雷针的接地装置应分开设置；与建筑物上的避雷针接地装置可合并设置
有爆炸粉尘的	（1）电气设备的金属外壳应可靠接地。 ● 爆炸性粉尘环境 10 区内的所有电气设备，应采用 TN-S 系统，即应有专门的接地线。 ● 爆炸性粉尘 11 区内的所有电气设备，可采用 TN-C 系统，即利用有可靠电气连接的金属管线或金属构件作为接地线（PE 线）；但不得利用输送爆炸危险物质的管道。 （2）接地干线应在爆炸危险区域内不同的方向 不少于两处 与接地体连接
有火灾危险的	（1）电气设备金属外壳可靠接地； （2）接地干线不少于两处与接地体相连

2. 防静电接地装置的要求（阅读了解）

（1）防静电的接地装置可与防感应雷和电气设备的接地装置共同设置。

只做防静电的接地装置，每一处接地体的接地电阻应符合设计规定。

（2）设备、机组、贮罐、管道等的防静电接地线，应单独与接地体或接地干线相连，除并列管道外不得互相串联接地。

（3）防静电接地线的安装，应与设备、机组、贮罐等固定接地端子或螺栓连接；连接螺栓不应小于 M10，并有防松装置和涂以电力复合脂。

（4）容量为 50m³ 及以上的贮罐，其接地点不应少于两处，且接地点的间距不应大于 30m，并应在罐体底部周围对称与接地体相连，接地体应连接成环形的闭合回路。

【考法题型及预测题】

1. 符合设备机组等防静电接地要求的是（　　）。

A. 设备的防静电接地必须单独设置

B. 设备的防静电接地线应与接地干线单独连接

C. 防静电接地线的连接螺栓不小于 M10

D. 并列的设备防静电接地线可以串联

E. 容量为 50m³ 及以上的贮罐，其接地点至少设置两处

2. 在爆炸性粉尘 11 区内的所有电气设备，金属外壳应可靠接地，可采用（　　）。

A. TN-S 系统

B. TS-N 系统

C. TN-C 系统

D. TC-N 系统

【答案】

1. B、C、E

【解析】A 选项表述不准确，应该是可以单独设置也可以和其他接地共同设置；D 选项错，只有并列的管道可以，其他都不可以串联。

2. C

1H413030　管道工程施工技术

核 心 考 点 提 纲

$$
\text{管道工程施工技术}
\begin{cases}
\text{管道分类与施工程序} \\
\text{管道施工技术要求} \\
\text{管道试压技术要求} \\
\text{管道吹洗技术要求}
\end{cases}
$$

1H413031　管道分类与施工程序

考　点			2021年可考性提示
管道分类与施工程序	工业管道的分类	按管道材质分	★
		按设计压力分	★
		按输送介质温度分类	★
		按输送介质的性质分类	★
	工业管道的施工程序	安装前施工条件　对施工队伍的要求	★★★
		现场条件	★
		施工前应具备的开工条件	★★
		管道安装施工程序【2013年单选、2019年案例】	★★
		工程交接验收技术条件	★★★

★不大，★★一般，★★★极大

核心考点剖析

核心考点一、工业金属管道安装前施工条件

◆对施工队伍的要求★★★

（1）承担工业金属管道施工的施工单位应取得相应的施工资质，并应在资质许可范围内从事管道施工。例如：工业锅炉中蒸汽管道的施工单位应取得相应的施工资质包括工程建设施工资质、压力管道安装许可资质等专业施工资质。

【实务操作题注意】加上消防工程施工资质。

（2）施工单位在压力管道工程施工前，必须向工程所在地的设区的市级质量技术监督部门办理书面告知，在施工过程中要主动接受特种设备安全监督管理部门的监督管理，并接受监督检验单位的监督检验。

（3）施工单位应建立压力管道质量保证体系，并应有健全的质量管理制度和相应的施工技术标准。

（4）参加工业金属管道 ①施工管理人员②施工作业人员③施工质量检查④检验的人员 应具备相应的资格。

注：以上可沿用在特种设备安装分包时对分包队伍的要求。

◆ 施工前应具备的开工条件（阅读了解）

（1）工程设计图纸及其他技术文件完整齐全，已按程序进行了工程交底和图纸会审。

（2）施工组织设计和施工方案已批准，并已进行了技术和安全交底。

（3）施工人员已按有关规定考核合格。

（4）已办理工程开工文件。

（5）用于管道施工的机械、工器具应安全可靠，计量器具应检定合格并在有效期内。

（6）已制定相应的职业健康安全及环境保护应急预案。

核心考点二、工业管道安装的施工程序

管道安装工程一般施工程序：施工准备→测量定位→支架制作安装→管道预制安装→仪表安装→试压清洗→防腐保温→调试及试运行→交工验收。

【考法题型及预测题】

下列工业管道安装工程一般施工程序中，正确的是（　　　）。

A. 管道与设备连接→仪表安装→调试与试运行

B. 仪表安装→试压及清（吹）洗→防腐与保温

C. 管道敷设→管道与设备连接→防腐与保温

D. 管道与设备连接→试压及清（吹）洗→防腐与保温

【答案】B

【解析】紧前紧后工作都是正确的只有 B 选项，其他选项都有缺少的工序步骤。

核心考点三、工业管道工程交工验收技术条件★★★

◆ 工业管道工程交工验收技术条件包括：交接验收手续条件、交接验收技术资料。

◆交接验收技术资料包括：技术文件、施工检查记录、试验报告。

◆ 无损检测和焊后热处理的管道，在管道轴测图上应表明的焊接工艺信息——

焊缝位置、焊缝编号、焊工代号、无损检测方法、无损检测焊缝位置、焊缝补焊位置、热处理和硬度检验的焊缝位置等。

1H413032　管道施工技术要求

核心考点及可考性提示

考　点			2021 年可考性提示
管道施工技术要求	工业管道安装技术要求	设别色、设别符号、安全标识	★★
		安装前检验【2018 年单选、2019 年、2020 年案例】	★★
		管道安装技术要求【2016 年案例】	管道敷设及连接【2020 年多选】 ★
			保护套管安装 ★
			阀门安装 ★★
			支吊架安装 ★★★
			静电接地安装 ★★
		热力管道安装要求	架空敷设或地沟敷设 ★★
			补偿装置安装要求 ★★
			支托架安装要求 ★
	管道工厂化预制技术	预制条件及流程	★★
		工厂化预制的主要技术内容	★
	长输管道施工程序	施工前准备	★
		施工程序	★★★

★不大，★★一般，★★★极大

核心考点剖析

核心考点一、基本识别色

工业管道基本识别色分为八类。

例如：

水是艳绿色，水蒸气是大红色，可燃液体是棕色，其他液体是黑色；

空气是淡灰色，气体是中黄色，氧是淡蓝色；

酸或碱是紫色。

【注意】建安管道中水识别色——浅绿色。

识别符号组成——物质名称、流向、主要工艺参数。

核心考点二、金属管道安装前的检验

在管道元件进场时，要进行进场的质量检验；材料的进场验收知识点详见 1H420062。

1. 管材的检验

◆ 特别要注意以下管道元件：

◇ 铬钼合金钢、含镍合金钢、镍及镍合金钢、不锈钢、钛及钛合金材料的管道组成件，应采用 光谱分析 或其他方法对材质进行复查，并做好标记。

◇ 材质为不锈钢、有色金属的管道元件和材料，在运输和储存期间不得与碳素钢、低合金钢接触。【2020 年案例应用，电化学腐蚀】

◇ GC1 级管道在使用前采用外表面磁粉或渗透无损检测抽样检验，要求检验批应是同炉批号、同型号规格、同时到货。

◆【实务操作题注意】

（1）无质量合格证明、有质量合格证明进场验收不合格的均不能用于工程；

（2）质量证明文件中应包含特种设备检验检测机构出具的监督检验证书（大部分工业管道为特种设备）；

（3）应进行抽样检验。

2. 阀门壳体压力试验和密封试验

◇ 阀门壳体试验压力和密封试验应以洁净水为介质；不锈钢阀门试验时，水中的氯离子含量不得超过 25ppm。

◇ 阀门的壳体试验压力为阀门在 20℃时最大允许工作压力的 1.5 倍；密封试验为阀门在 20℃时最大允许工作压力的 1.1 倍，试验持续时间不得少于 5min，无特殊规定时，试验温度为 5~40℃，低于 5℃时，应采取升温措施。

◇ 安全阀的校验应按照国家现行标准《安全阀安全技术监察规程》和设计文件的规定进行整定压力调整和密封试验，委托有资质的检验机构完成（提示：案例中要注意，施工单位的试验室无相应资质是不能自己进行校验的）；安全阀校验应做好记录、铅封，并出具校验报告。

【考法题型及预测题】

1. （   ）管道安装前应采用光谱分析或其他方法对其材质进行复查。

A. 铝合金钢管　　　　　　　　　　B. 不锈钢

C. PP 管　　　　　　　　　　　　　D. 涂塑钢管

2. 进行晶间腐蚀试验的（　　　）管道元件和材料，供货方应提供低温冲击韧性、晶间腐蚀性试验结果的文件。

A. 不锈钢　　　　　　　　　　　　B. 镍及镍合金钢

C. 铬钼合金钢　　　　　　　　　　D. 钛合金

E. 镀锌无缝钢管

【答案】

1. B；2. A、B

核心考点三、管道安装技术要点

1. 管道和机械设备的连接要求【2020 年案例，2021 年阅读了解】

（1）与设备的连接不管是焊接还是法兰连接，都应采用无应力配管；其固定焊口应远离机器设备；

（2）连接时应在自由状态下检验法兰的平行度和同轴度，其偏差应符合规定要求；

（3）管道与设备最终连接时，应在联轴节上架设百分表监测机器的位移；

（4）在系统试压、吹扫合格后，应进行管道与设备的复位检查；

（5）管道安装合格后，不得承受设计以外的附加载荷。

【注意】管道复位时，应由施工单位会同建设单位共同检查填写记录，并应按规范规定的格式填写"管道系统吹扫及清洗记录"及"隐蔽工程（封闭）记录"。

2. 管道保护套管安装

管道穿越道路、墙体、楼板或构筑物时，应加套管或砌筑涵洞进行保护，

除了符合设计文件和现行标准的规定外，还应符合下列规定：

（1）管道焊缝不应设置在套管内；

（2）穿越墙体的套管长度不得小于墙体厚度（建安：穿过一般墙体平齐；穿过封闭或密闭隔墙，伸出墙体 30～50mm）；

（3）穿越楼板的套管应高出楼面 50mm（建安：20mm，50mm）；

（4）穿越屋面的套管应设置防水肩和防水帽；

（5）管道与套管之间应填塞对管道无害的不燃材料。

3. 阀门安装应符合的规定

◇ 阀门安装前，应按设计文件核对其型号，并应按介质流向确定其安装方向；检查阀门填料，其压盖螺栓应留有调节裕量。

◇ 当阀门与金属管道以法兰或螺纹方式连接时，阀门应在 关闭 状态下安装；以焊接方式连接时，阀门 不得关闭 。

◇ 焊缝底层宜采用 氩弧焊 ；当非金属管道采用电熔连接或热熔连接时，接头附近的阀门应处于开启状态。

◇ 安全阀安装应满足 垂直 安装；安全阀的出口管道应接向安全地点，在进出管道上设置截止阀时应加铅封，且应锁定在全开启状态的规定。

4. 支、吊架安装应符合的规定

有偏位安装要求的管道支吊架，按位移的反方向、位移值的 1/2 偏位安装。如图 1H413032-1 所示。

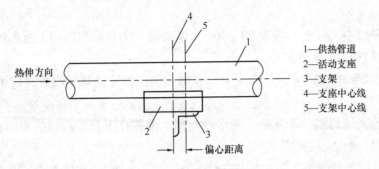

图 1H413032-1　活动与导向支座安装

5. 静电接地安装应符合规定（认真阅读）

◇ 有静电接地要求的管道，各段管子间应导电。例如：每对法兰或螺纹接头间电阻值超过 0.03Ω 时，应设导线跨接。管道系统的对地电阻值超过 100Ω 时，应设两处接地引线，接地引线宜采用焊接形式。如图 1H413032-2 所示。

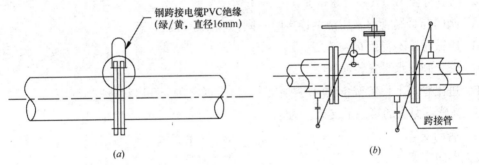

图 1H413032-2　管道、法兰跨接静电接地示意图

（a）法兰接地跨接；（b）管道接地跨接

◇ 有静电接地要求的钛管道及不锈钢管道，导线跨接或接地引线不得与钛管道及不锈钢管道直接连接，应采用钛板及不锈钢板过渡。

◇ 静电接地安装完毕后，必须进行测试，电阻值超过规定时，应进行检查与调整。

核心考点四、热力管道安装要求

热力管道通常采用 ①架空敷设②地沟敷设。

◆ 坡度要求

◇ 为了避免噪声，蒸汽管道的 坡度与介质 的流向应该相同；【2009 年单选】

◇ 室内管道的坡度为 0.002；

◇ 室外管道的坡度为 0.003。

◆ 疏水器应安装在以下位置：

①管道的最低点可能集结冷凝水的地方②流量孔板的前侧③其他容易积水处。

◆ 补偿器安装要求

◇ 当补偿器竖直安装时的要求：如管道输送的介质是热水，应在补偿器的最高点安装放气阀，在最低点安装放水阀；如果输送的介质是蒸汽，应在补偿器的最低点安装疏水器或放水阀。

◇ 两个补偿器之间（一般为20～40m）以及每一个补偿器两侧（指远的一端）应设置固定支架。【2012年单选】

两个固定支架的中间应设导向支架，导向支架应保证使管子沿着规定的方向作自由伸缩。

◇ 补偿器两侧的第一个支架应为活动支架，设置在距补偿器弯头弯曲起点0.5～1m处，不得设置导向支架或固定支架。

◇ 靠近补偿器两侧的几个支架安装时应装偏心（支架）；其偏心的长度应是该点距固定点的管道热伸量的一半；补偿器偏心的方向都应以补偿器的中心为基准。

【考法题型及预测题】

1. 阀门与金属管道焊接方式连接时，阀门不得关闭，焊缝底层宜采用（　　）。

A. CO_2 气体保护焊 　　　　　　　B. 氩弧焊

C. 电阻焊 　　　　　　　　　　　　D. 等离子焊

2. 以下符合阀门安装要求的是（　　）。

A. 阀门与金属管道采用法兰连接时，阀门应处于开启状态

B. 压盖螺栓不得留有调节裕量

C. 安全阀应水平安装

D. 进出管道上设置截止阀时应加铅封，且应锁定在全开启状态

3. 补偿器两侧的第一个支架应为（　　）。

A. 活动支架 　　　　　　　　　　　B. 固定支架

C. 导向支架 　　　　　　　　　　　D. 弹簧支架

【答案】

1. B

【解析】当阀门与金属管道以法兰或螺纹方式连接时，阀门应在关闭状态下安装；以焊接方式连接时，阀门不得关闭，焊缝底层宜采用氩弧焊。

2. D

【解析】A选项，阀门与金属管道采用法兰连接时应该是处于关闭状态。B选项，压盖螺栓应留有调节裕量。C选项，安全阀应该满足垂直安装的要求。

3. A

【解析】补偿器两侧的第一个支架应为活动支架，设置在距补偿器弯头弯曲起点0.5～1m处，不得设置导向支架或固定支架。

核心考点五、长输管道施工程序★★★

长输管道是指产地、储存库、用户间的长距离输送油、气介质的管道。按《特种设备安全法》中的分类，为GA类。

长输管道一般采用 埋地弹性 敷设方式。弹性敷设是指管道在外力或自重作用下产生弹性弯曲变形，利用这种变形进行管道敷设的一种方式。

按照一般地段施工的方法，其主要施工程序是：线路交桩→测量放线→施工作业带清理及施工便道修筑→管道运输→管沟开挖→布管→清理管口→组装焊接→焊接质量检查与返修→补口检漏补伤→吊管下沟→管沟回填→三桩埋设→阴极保护→通球试压测径→管线吹扫、干燥→连头（碰死口）→地貌恢复→水工保护→竣工验收。

【课外知识点】管道在外力或自重作用下产生弹性弯曲变形，利用这种变形，可以改变管道走向或需要的高程。但是完全依靠这种弹性弯曲变形是需要非常大的施工空间的，有时候曲率半径可以达到几百米，所以实际施工中在地形受限情况下会配合以热煨弯管来施工。

1H413033　管道试压技术要求

核 心 考 点 及 可 考 性 提 示

考 点			2021 年可考性提示
管道试压技术要求	系统试验的类型与条件	管道系统试验类型	★★
		系统试验前应具备的条件【2015 年多选、2017 年单选】	★
	管道试压技术要求	压力试验一般规定	★★
		压力试验的替代形式及规定【2020 年案例】	★
		系统试验的实施要点【2020 年案例】	★★

★不大，★★一般，★★★极大

核 心 考 点 剖 析

核心考点一、管道的系统试验目的

管道试压目的是检查已安装的管道系统的抗压强度和严密性是否达到设计要求，并对管架和基础进行检验，以保证正常运行。

核心考点二、管道系统试验类型

管道系统试验主要有压力试验、泄露性试验、真空度试验。

压力试验是以液体和气体为介质，对管道逐步加压，达到规定的压力，以检验管道强度和严密性的试验。

泄露性试验，检验管道系统中的泄露点。

真空度试验，对管道抽真空，使管道系统内部成为负压，检验管道系统在规定时间内的增加率。

【考法题型及预测题】

检验管道系统强度和严密性的试验是（　　　）。

A. 压力试验　　　　　　　　　　　　B. 真空度试验

C. 泄漏性试验   D. 致密性试验

【答案】A

核心考点三、管道压力试验的一般规定

1. 试验介质的规定

压力试验宜以液体为试验介质，当管道的设计压力小于或等于 0.6MPa 时，可采用气体为试验介质，但应采取有效安全措施。

2. 试验程序的规定

管道安装完毕，热处理和无损检测合格后，才能进行压力试验。进行压力试验时，划定禁区，无关人员不得进入。

3. 脆性材料试验规定

脆性材料严禁使用气体进行试验，压力试验温度严禁接近金属材料的脆性转变温度。

4. 试验过程发现泄露的处理规定

试验过程发现泄漏时，不得带压处理。消除缺陷后应重新进行试验。

5. 试验完毕后的相关规定（案例阅读掌握）

（1）试验结束后及时拆除盲板、膨胀节临时约束装置。

（2）试验介质的排放应符合环保要求。

（3）压力试验完毕，不得在管道上进行修补或增添物件。

（4）当在管道上进行修补增添物件时，应重新进行压力试验。经设计或建设单位同意，对进行了小修和增添物件，可不重新进行压力试验。

（5）压力试验合格后，应填写"管道系统压力试验和泄漏性试验记录"。

核心考点四、工业管道液压试验实施要点（阅读了解）【2013 年案例】

◇ 液压试验应使用洁净水；

对不锈钢管、镍及镍合金钢管道，或对连有不锈钢管、镍及镍合金钢管道或设备的管道，水中氯离子含量不得超过 25ppm（25×10^{-6}）。【2018 年案例】

◇ 试验前，注入液体时应排尽气体。

◇ 试验时环境温度不宜低于 5℃，当环境温度低于 5℃时应采取防冻措施。（试压结束后注意排尽积水）

◇ 承受内压的地上钢管道及有色金属管道试验压力应为设计压力的 1.5 倍；埋地钢管道的试验压力应为设计压力的 1.5 倍，且不得低于 0.4MPa。

◇ 管道与设备作为一个系统进行试验时，当管道的试验压力等于或小于设备的试验压力时，应按管道的试验压力进行试验；当管道试验压力大于设备的试验压力，且设备的试验压力不低于管道设计压力的 1.15 倍时，经建设单位同意，可按设备的试验压力进行试验。（按系统中设计压力小的那个进行）

《工业金属管道工程施工规范》GB 50235—2010 规定，如果设备的试验压力大于管道试验压力的 77%，经建设单位同意，可按设备的试验压力进行。

◇ 试验缓慢分段升压，待达到试验压力后，稳压 10min，再将试验压力降至设计压力，保持 30min，检查压力表有无压降、管道所有部位有无渗漏。

需要注意：

对位差较大的管道，应计入试验介质的静压力，液体管道的试验压力以最高点的压力为准，但最低点的压力不得超过管道组成件的承受能力。

【案例分析应用】在压力试验时，最高点和最低点都要装压力表【2020年案例】。压力以最高处达到试验压力为准。如果最低点压力超出管道的承受能力，则应分段进行试验，这需要在试验方案中明确。

核心考点五、工业管道气压试验实施要点【2013年、2020年案例】

根据管道输送介质的要求，采用气体作介质进行的压力试验，选用的气体为干燥洁净的空气、氮气或其他不易燃和无毒的气体。实施要点如下：

（1）承受内压钢管及有色金属管试验压力应为设计压力的1.15倍；真空管道的试验压力应为0.2MPa。

（2）试验时应装有压力泄放装置，其设定压力不得高于试验压力1.1倍。

（3）试验前，应用空气进行预试验，试验压力宜为0.2MPa。

（4）试验时，应逐步缓慢增加压力，当压力升至试验压力的50%时，如未发现异常或泄漏现象，继续按试验压力的10%逐级升压，每级稳压3min，直至试验压力。应在试验压力下稳压10min，再将压力降至设计压力，以发泡剂检验不泄漏为合格。

核心考点六、管道泄露性试验的实施要点【2013年案例】

◆ 输送极度和高度危害介质以及可燃介质的管道必须进行泄漏性试验。

◆ 泄漏性试验是以气体为试验介质，在设计压力下，采用发泡剂、显色剂、气体分子感测仪或其他手段检查管道系统中泄漏点的试验；泄漏性试验可结合试车一并进行。

◆ 实施要点如下：

◇ 泄漏性试验应在 压力试验合格后 进行，试验介质 宜采用空气 。

◇ 泄漏性试验压力为 设计压力 。

◇ 泄漏试验应逐级缓慢升压，当达到试验压力，并且停压10min后，采用涂刷中性发泡剂的方法巡回检查。

◇ 泄漏试验检查重点是 阀门填料函、法兰或者螺纹连接处、放空阀、排气阀、排水阀 。

【管道泄露性试验实操注意要点】泄漏性试验可以结合试车进行，但是要注意，当管道中的介质为液体，是无法结合试车进行的。例如，系统中含有泵设备，泵是不允许无介质运行的（不能以空气为介质，而泄漏性试验是以空气为介质的），这样就比较容易去记和理解这个特例了。

【考法题型及预测题】

炼油厂成品油输送管道安装工程，管道设计压力为16MPa，工作压力为10MPa，气压试验的压力为18.4MPa。那么管道的泄露性试验压力应该为（　　　）。

A. 16MPa

B. 10MPa

C. 18.4MPa

D. 11MPa

【答案】A

【解析】泄漏性试验压力为设计压力，所以选A。

1H413034 管道吹洗技术要求

考　点			2021 年可考性提示
管道吹洗 技术要求	管道吹洗的 规定及实施要点	管道吹洗的规定	★★
		实施要点【2019 年多选、2020 年案例】	★★★
	大管道 闭式循环冲洗技术	闭式冲洗工艺及适用范围	★
		冲洗实施要点	★★

★不大，★★一般，★★★极大

核心考点剖析

核心考点一、管道吹洗的规定

◆ 管道吹扫与清洗方法应根据对管道的①使用要求②工作介质③系统回路④现场条件⑤管道内表面的脏污程度确定。

【2012 年多选】

吹洗方法的选用应符合施工规范的规定。如——

◇ 公称直径大于或等于 600mm 的液体或气体管道，宜采用人工清理；

◇ 公称直径小于 600mm 的液体管道宜采用水冲洗；

◇ 公称直径小于 600mm 的气体管道宜采用压缩空气吹扫；

◇ 蒸汽管道应以蒸汽吹扫；

◇ 非热力管道不得用蒸汽吹扫；

◇ 不锈钢管道，宜采用蒸汽吹净后进行油清洗。

◆ 吹洗的顺序应按主管、支管、疏排管依次进行。

◆ 管道复位时，应由施工单位会同建设单位共同检查填写记录，并应按规范规定的格式填写"管道系统吹扫及清洗记录"及"隐蔽工程（封闭）记录"。

【考法题型及预测题】

1.（2012 年真题）确定管道吹洗方法的依据有（　　）。

A. 管道设计压力等级　　　　　　B. 管道的使用要求

C. 管道材质　　　　　　　　　　D. 工作介质

E. 管道内表面的脏污程度

2. 管道系统正确的吹洗顺序是（　　）。

A. 支管→疏排管→主管　　　　　B. 疏排管→支管→主管

C. 主管→支管→疏排管　　　　　D. 主管→疏排管→支管

【答案】

1. B、D、E；2. C

核心考点二、管道吹洗实施要点

◆ 水、空气、蒸汽冲洗的实施要求★★★

冲洗方法	流速要求	其他要求
水冲洗【2019年多选】	连续进行，流速不低于1.5m/s	冲洗排管的截面积不应小于被冲洗管截面积的60%；排水时不得形成负压
空气吹洗	间断进行，流速不低于20m/s	
蒸汽吹扫	大流量进行，每次吹扫一根，轮流吹扫，流速不小于30m/s	蒸汽管道吹扫前，管道系统的保温隔热工程应已完成。 蒸汽吹扫应按加热→冷却→再加热的顺序循环进行
油清洗	以油循环的方式进行	油清洗合格后的管道，采取封闭或充氮保护措施

◆ 蒸汽管道吹扫前，管道系统的保温隔热工程应已完成。

◆ 化学清洗实施要点【2020年案例】

需要化学清洗的管道，其清洗范围和质量要求应符合设计文件的规定。实施要点如下：

（1）当进行管道化学清洗时，应与无关设备及管道进行隔离。

（2）化学清洗液的配方应经试验鉴定后再采用。

（3）管道酸洗钝化应按脱脂去油、酸洗、水洗、钝化、水洗、无油压缩空气吹干的顺序进行。当采用循环方式进行酸洗时，管道系统应预先进行空气试漏或液压试漏检验合格。

核心考点三、大管道闭式循环冲洗技术

◆ 冲洗工艺的确定

严格计算选择——杂质的悬浮力、启动速度、移动速度，以最终确定闭式循环水的冲洗速度。

◆ 系统选择原则

（1）冲洗水池和水泵应设在管网的起点或中间段，便于系统地选择和分配。

（2）根据干管和支管的长度，分干管系统和支管系统；干管过长，可以分两个系统，但中间部件加连通管，安装连通阀门；也可以分干管和支管为一个系统。

◆ 水泵尽可能用正式水泵

◆ 阀门安装

在主管和支管末端供回水管上开三通安装连通管，连通供水管和回水管，并在连通管上安装一个阀门将供水、回水管隔断。冲洗时打开，运行时隔断。

以供热管网闭式循环冲洗系统示意图为例：

◆ 管网冲洗顺序

将供水管道、回水管道的最终端连通，并安装连通阀门，先冲远处，后冲近处，先冲支管，再冲干管。先脏水循环冲洗，再换清水循环冲洗，最后换净水循环冲洗。

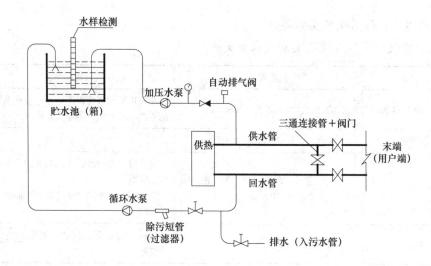

1H413040　静置设备及金属结构安装技术

核 心 考 点 提 纲

　　静置设备有高温高压设备，介质有可燃、易爆、有毒、有腐蚀性，危险性较大；大多数属于特种设备监督管理范围的压力容器。

$$静置设备及金属结构安装技术 \begin{cases} 塔器设备安装技术 \\ 金属储罐制作与安装技术 \\ 球形罐安装技术 \\ 金属结构制作与安装技术 \end{cases}$$

1H413041　塔器设备安装技术

核 心 考 点 及 可 考 性 提 示

考　　点			2021 年可考性提示
塔器设备 安装技术	安装准备工作	随机资料和施工技术文件	★★★
		开箱检验	★★
		基础验收	★★
		到货设备的保护	★
	塔器安装技术	整体安装程序	★
		现场分段组焊	★★
	耐压试验与 气密性试验	耐压试验	★★
		气密性试验	★★
		重新试验	★
	施工质量验收工程划分		★

★不大，★★一般，★★★极大

核心考点剖析

核心考点一、塔器随机资料和施工技术文件★★★

◇ 设备随机资料

设计文件；产品质量证明文件；特性数据符合设计文件及相应制造技术标准的要求；有复检要求的材料应有复验报告；具有《特种设备制造监督检验证书》。

◇ 施工技术文件

设计交底和图纸会审记录；相应的技术标准规范；施工图；设计变更；施工组织设计；专项施工方案；《特种设备安装维修改造告知单》。

【塔器】塔器是指用以进行分离或吸收等物理过程、改变气体或液体复杂混合物组成的设备。又称"塔设备"。其高度与直径之比较大，塔器内外设置有一定的附件。内件用以使物料中的气体与液体、气体与固体、液体与液体或液体与固体密切接触，表面不断更新以完成质量传递（一般伴随热量传递）的过程（图1H413041）。

图 1H413041　塔器

【实务操作题注意】

◇ 塔器属于特种设备，安装前要进行书面告知备案。

◇ 塔器的安装要编制以下专项施工方案并进行专家论证：起重设备的安装和拆卸专项施工方案；塔器吊装专项施工方案。

核心考点二、开箱检验

塔器设备安装准备工作之一，开箱检验，需要核对装箱单，还需要对塔体外观质量进行检查。

◆ 分段到货的塔器验收内容包括———

● 塔体分段处的圆度、外圆周长偏差、端口不平度、坡口质量符合相关规定；

● 筒体直线度、筒体长度以及筒体上接管中心方位和标高的偏差符合相关规定；

● 组装标记清晰；

● 裙座底板上的地脚螺栓孔中心圆直径允许偏差、相邻两孔弦长允许偏差和任意两孔弦长允许偏差均为 2mm。

【考法题型及预测题】

下列（　　）选项不属于塔器分段到货开箱验收的内容。

A. 组装标记清晰

B. 设备人孔临时封闭

C. 分段处的圆度、外圆周长偏差符合相关规定

D. 筒体上接管中心方位和标高的偏差符合相关规定

【答案】B

【解析】设备人孔临时封闭属于到货设备保护内容。

核心考点三、塔器基础验收

复测基础并对其表面处理，应符合要求。基础混凝土强度不得低于设计强度的 75%，有沉降观测要求的，应设有沉降观测点。

核心考点四、塔器分段组焊

1. 分段组焊有卧式组焊和立式组焊（正装法）

立式组焊的无损检测可以在段间环焊缝完成后进行，也可以在各段全部组焊完毕后进行。

2. 产品焊接试件

● 塔器现场组焊必须制备产品焊接试板（以下称试板）；

● 由施焊塔器的焊工，在与施焊相同的条件下采用与施焊塔器相同的焊接工艺焊接试板；

● 塔器焊后需热处理时，试件应随焊缝一起进行热处理。

试板的试验项目：拉伸试验，弯曲试验，冲击试验；不合格项目应复验。

核心考点五、耐压试验与气密性试验

◆ 耐压试验前应确认的条件

（1）设备本体及与本体相焊的内件、附件焊接和检验工作全部完成；

（2）开孔补强圈用 0.4～0.5MPa 的压缩空气检查焊接接头质量合格；

（3）焊后热处理的设备热处理工作已经完成；

（4）在基础上进行耐压试验的设备，基础二次灌浆 达到强度要求 ；

（5）试验方案 已经批准 ，施工资料完整。

◆ 水压试验和气压试验的合格标准

试验项目	合 格 标 准
水压试验	无渗漏；无可见变形；试验过程中无异常的响声。 放水后，对标准抗拉强度下限值大于或等于 540MPa 的钢制容器，进行表面无损检测抽查未发现裂纹
气压试验	试验过程中无异常的响声，经过肥皂液或者其他捡漏液无漏气，无可见变形。 泄压后，对标准抗拉强度下限值大于或等于 540MPa 的钢制容器，进行表面无损检测抽查未发现裂纹

◆ 塔器气压试验程序要求

（1）缓慢升至试验压力的 10%，且不超过 0.05MPa，保压时间 5min，对所有焊接接头和连接部位进行初次泄漏检查。

（2）初次泄漏检查合格后，继续升压至试验压力的 50%，观察有无异常现象。

（3）如无异常现象，继续按规定试验压力的 10% 逐级升压，直到试验压力，保压 10min 后将压力降至规定试验压力的 87%，对所有焊接接头和连接部位进行全面检查。

注：有的规范是保压 30min，考试时按教材内容作答。

（4）检查期间保持压力不变，并不得采用继续加压的方式维持压力不变。

【考法题型及预测题】

通常情况下，容器气压试验合格标准有（　　　）。

A. 射线检测 100% 合格　　　　　　　B. 无可见的变形

C. 无渗漏　　　　　　　　　　　　　D. 表面 100% 磁粉检测无裂纹

E. 试验过程中无异常的响声

【答案】B、C、E

【解析】A 选项是，气压试验前，对焊缝检验的合格标准要求；D 选项只是对标准抗拉强度下限值大于或等于 540MPa 的钢制容器需要多进行的一项检测及其合格标准。

1H413042　金属储罐制作与安装技术

金属储罐指立式圆筒形钢制焊接储罐，是在常压或微内压条件下储存液态物料的设备；

气柜为圆筒形钢制焊接储气罐，是储存、缓冲、稳压、混合化工气体及城市煤气的容器。

核 心 考 点 及 可 考 性 提 示

考　　点			2021 年可考性提示
金属储罐制作与安装技术	金属储罐	金属储罐的分类	★★
		金属储罐安装方法【2014 年单选】【2015 年案例】	★
		金属储罐焊接工艺【2015 年案例】【2018 年单选】	★★★
	金属气柜	气柜分类	★
		气柜组装方法	★
	预防（矫正）焊接变形技术措施	预防焊接变形技术措施【2011 年、2014 年单选，2016 年多选】【2017 年案例】	★★
		矫正焊接变形技术措施	★★
	检验与试验	焊接质量检验	★★
		试验	★★

★不大，★★一般，★★★极大

核心考点剖析

核心考点一、金属储罐的分类和结构特点

◆ 浮顶储罐的结构特点

◇ 罐顶盖浮在敞口的圆筒形罐壁内的液面上并随液面升降，在浮顶与罐内壁之间的环形空间设有随着浮顶浮动的密封装置。

◇ 其优点是可 减少或防止罐内液体蒸发损失，也称外浮顶储罐 见图 1H413042-1。

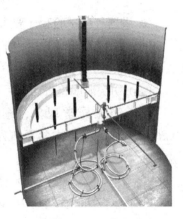

图 1H413042-1　外浮顶储罐
结构示意图

核心考点二、金属储罐安装方法

金属储罐的安装方法主要有正装法和倒装法两种。

金属储罐安装方法		考情说明
正装法	外搭脚手架正装法	2014 年单选考了外搭脚手架法
	内挂脚手架正装法	2015 年案例考了两种方法的区别
	水浮正装法	简单了解其工艺
倒装法	中心柱组装法	教材没有介绍其工艺
	边柱液压提升倒装法 边柱葫芦提升倒装法	简单了解其工艺程序即可
	充气顶升法	教材没有介绍其工艺
	水浮顶升法	

◆ 水浮正装法

利用部分罐体作为水槽；在水槽内组装浮船，利用浮船作为操作平台；罐壁设移动小车或吊篮对罐壁外侧进行作业；用吊车或在浮船上设吊杆吊装壁板。

◆ 边柱倒装法施工工艺（阅读了解）

利用均布在罐壁内侧带有提（顶）升机构的边柱提升与罐壁板下部临时胀紧固定的胀圈，使上节壁板随胀圈一起上升到预定高度，组焊第二圈罐壁板。然后松开胀圈，降至第二圈罐壁板下部胀紧、固定后再次起升。如此往复，直至组焊完。

核心考点三、金属储罐的焊接工艺

1. 罐底焊接顺序与工艺措施

（1）确定储罐罐底焊接顺序的原则：采用收缩变形最小的 焊接工艺及焊接顺序。

（2）罐底焊接程序：中幅板焊缝→罐底边缘板对接焊缝靠边缘的 300mm 部位→罐底与罐壁板连接的角焊缝（在底圈壁板纵焊缝焊完后施焊）→边缘板剩余对接焊缝→边缘板与中幅板之间的收缩缝（见图 1H413042-2）【2018 年单选】。

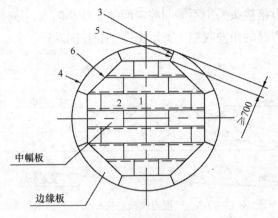

图 1H413042-2　罐底焊接

1—中幅板的短焊缝　2—中幅板的长焊缝　3—边缘板对接焊缝靠边缘的300mm部位　4—罐底和罐壁板连接的角焊缝
5—边缘板对接焊缝除边缘的300mm之外的部位　6—边缘板与中幅板之间的收缩缝

2. 罐壁焊接【2015年案例】

焊接方法	焊接顺序
焊条电弧焊	先焊纵向焊缝，后焊环向焊缝；当焊完相邻两圈壁板的纵向焊缝后，再焊其间的环向焊缝。 焊工应均匀分布，并沿同一方向施焊
纵焊缝的气电立焊（自动焊）	自下向上焊接
对接环焊缝采用埋弧自动焊	焊机应均匀分布，并沿同一方向施焊

3. 罐顶焊接工艺

（1）焊接工艺原则：先短后长，先内后外。

（2）焊接顺序：

1）径向的长焊缝采用隔缝对称施焊方法，由中心向外分段跳焊。

2）顶板与包边抗拉环、抗压环焊接时，焊工应对称分布，并沿同一方向分段跳焊。

【考法题型及预测题】

金属储罐罐底的中幅板搭接接头焊接时，控制焊接变形的主要工艺措施之一的是（　）。

A. 先焊长焊缝　　　　　　　　　　B. 初层焊道采用分段退焊或跳焊法

C. 焊工均匀分布、对称施焊　　　　D. 沿同一方向进行分段焊接

【答案】B

【解析】A选项应该是先焊短焊缝，后焊长焊缝；C选项是弓形边缘板对接焊缝的初焊层、罐底与罐壁连接的角焊缝的焊接顺序要求；D选项是罐底与罐壁连接的角焊缝的焊接顺序要求。

核心考点四、预防焊接变形技术措施

1. 组装措施

（1）储罐排版，焊缝要分散、对称布置。

（2）底板边缘板对接接头采用不等间隙，间隙要外小内大；采用反变形措施，在边缘板下安装楔铁，补偿焊缝的角向收缩（见示意图 1H413042-3）。

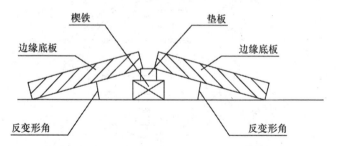

图 1H413042-3　底板边缘板对接接头反变形示意图

（3）壁板卷制中要用弧形样板检查边缘的弧度，避免壁板纵缝组对时形成尖角。可用弧形护板定位控制纵缝的角变形。

2. 焊接技术措施

◆ 底板控制焊接变形的措施【2011 年单选、2017 年案例】

（1）边缘板采用隔缝焊接，边缘板先焊接外侧 300mm 左右的焊缝，内侧待边缘板与壁板的角缝焊接后再施焊（见图 1H413042-2 罐底焊接）。

（2）中幅板焊接先焊短焊缝、后焊长焊缝，焊前要将长焊缝的定位焊点全部铲开，用定位板固定。遵循由罐中心向四周并隔缝对称焊接的原则，分段退焊或跳焊。

（3）罐底与罐壁连接的角焊缝：先焊内侧环形角缝，再焊外侧环形角缝。由数对焊工对称均匀分布，同一方向进行分段焊接。初层焊道采用分段退焊或跳焊法（本条适合任何部位）。

◆ （金属储罐）壁板控制焊接变形的措施

（1）壁板焊接要先纵缝、后环缝，环缝焊工要对称分布，沿同一方向施焊；

（2）打底焊时，焊工要分段跳焊或分段退焊；

（3）在焊接薄板时——

1）应采用 ϕ3.2 的焊条；

2）采用小电流、快速焊的焊接参数施焊；

3）用小焊接热输入，减少焊缝的热输入量（即小的焊接线能量），降低焊接应力，减少焊接变形。

【考法题型及预测题】

金属储罐罐底的中幅板搭接焊接时，控制焊接变形的主要工艺措施之一是（　　）。

A. 先焊长焊缝　　　　　　　　　　B. 初层焊道采用分段退焊或跳焊法

C. 焊工均匀分布、对称施焊　　　　D. 沿同一方向进行分段焊接

【答案】B

【解析】本题有点难度，考了多个焊接位置的控制变形的工艺措施。选项 B，对任何部位的焊接技术都是正确的。A 选项本身就是错的，应该是先焊短焊缝，后焊长焊缝；C 选项的措施是针对弓形边缘板的；D 选项是针对罐壁、罐底与罐壁的角焊缝。

核心考点五、矫正焊接变形技术措施

焊接变形超出规范要求时，可通过机械矫正、火焰加热矫正两种方式矫正。

◆ 火焰加热矫正

火焰加热矫正壁板时，可采用 梅花点状加热 ，增强矫正效果（见图 1H413042-4）。

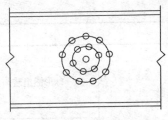

图 1H413042-4 梅花点状加热示意图

核心考点六、金属储罐检验与试验

◆ 焊缝无损检测

◇ 罐壁钢板最低标准屈服强度＞390MPa 时， 焊接完毕后应至少经过 24h 后 再进行无损检测。

◆ 抽真空试验

罐底焊缝应采用真空箱法进行严密性试验，试验负压值 不得低于 53kPa ，无渗漏为合格。

◆ 充水试验基本要求

◇ 充水试验前，所有附件及其他与罐体焊接的构件全部完工并检验合格。

◇ 一般情况下，充水试验采用洁净淡水，试验水温均不低于 5℃。

◇ 充水试验中应进行基础沉降观测。

充水和放水过程中，应打开透光孔，且不得使基础浸水。

◆金属储罐充水试验项目【按案例掌握】

（1）罐底严密性试验；

（2）罐壁强度及严密性试验；

（3）固定顶强度及严密性试验；

（4）固定顶的稳定性试验；

（5）浮顶、内浮顶罐升降试验。

1H413043 球形罐安装技术

球形罐盛装的是压力较高的气体或液化气体，多数是易燃、易爆介质，危险性大。

核 心 考 点 及 可 考 性 提 示

考　　点		2021 年可考性提示
球形罐安装技术	球形罐的构造及形式	球形罐的构造	★
		球形罐的形式	★
	球壳和零部件的检查和验收	质量证明文件检查	★★
		球壳板检查【2015 年案例】	★
		产品试板检查	★★

考　点			2021 年可考性提示
球形罐安装技术	球形罐组装与焊接	分片法组装	★
		分带（环带）组装法	★
		球形罐焊接原则和顺序	★
	球形罐焊后整体热处理	热处理前的条件	★★
		整体热处理方法和工艺要求	★★
		整体热处理后质量检验	★★
	耐压和泄露试验	耐压试验	★
		泄漏性试验	★★

★不大，★★一般，★★★极大

核心考点剖析

核心考点一、球壳和零部件的检查和验收

◆ 球壳和零部件的检查和验收的工作包括：

（1）质量证明书等技术质量文件的检查；

（2）球壳板检验；

（3）支柱、零部件的检验。

1. 质量证明文件检查

球形罐质量证明书包括的内容	
1. 制造竣工图样	
2. 压力容器产品合格证	
3. 产品质量证明文件	（1）质量计划或检验计划； （2）主要受压元件材质证明书及复验报告； （3）材料清单； （4）材料代用审批证明； （5）结构尺寸检查报告； （6）焊接记录； （7）热处理报告及自动记录曲线； （8）无损检测报告； （9）产品焊接试件检验报告； （10）产品铭牌的拓印件或者复印件
4. 特种设备制造监督检验证书	

2. 产品试板检查

（1）外形尺寸和数量。 制造单位 提供每台球罐 6块焊接试板 ，其尺寸为 600mm× 180mm，试板的各项检测按《承压设备产品焊接试件的力学性能检验》NB/T 47016—2011 的规定执行。（NB/T：国家能源行业推荐性标准）

（2）标识和材质证明书。试板材料与球罐材料应具有相同标准、相同牌号、相同厚度和相同热处理状态。试板的坡口形式与球壳板相同。

【考法题型及预测题】

球形罐制造单位提供的产品质量证明书应有（　　　）。

A. 制造竣工图样　　　　　　B. 压力容器产品合格证

C. 焊后整体热处理报告　　　D. 耐压试验和泄漏试验记录

E. 特种设备制造监督检验证书

【答案】A、B、E

【解析】C、D 选项是在安装过程中形成的，由安装单位提供。注意：制造单位还应该提供产品生产的许可证复印件。

核心考点二、球形罐焊后整体热处理

球形罐根据设计图样要求、盛装介质、厚度、使用材料等确定是否进行焊后整体热处理。球形罐焊后整体热处理应在压力试验前进行。

【注意】球形罐整体热处理在无损检测后压力试验前进行。

1. 整体热处理前的条件

（1）热处理方案已审核批准。

（2）整体热处理前，与球形罐受压件连接的焊接工作全部完成，各项无损检测工作全部完成并合格。

（3）加热系统已调试合格。

（4）前面工序已经完成，办理工序交接手续。

2. 球形罐整体热处理工艺

◆ 球形罐整体热处理方法

国内一般采用内燃法；保温材料宜采用岩棉或超细玻璃棉。

◆ 热处理过程应控制的参数

①热处理温度②升降温速度③温差。

◆ 测温点的布置要求

在球壳外表面均匀布置，相邻测温点间距小于 4.5m。测温点总数应符合规定。

◆ 球形罐柱脚处理及移动监测

◇ 整体热处理时应松开拉杆及地脚螺栓。

◇ 检测支柱底部与预先在基础上设置的滑板之间的润滑及位移测量装置。

◇ 热处理过程中应监测柱脚实际位移值，及时调整支柱使其处于垂直状态。

◇ 热处理后应测量并调整支柱的 ①垂直度②拉杆挠度。

3. 整体热处理后质量检验

球罐焊后热处理的效果评定内容主要包括——

① 热处理工艺报告②产品试板力学性能试验报告。

【考法题型及预测题】

球形罐整体热处理时，应监测柱脚的（　　　）。

A. 垂直度　　　　　　　　　　B. 拉杆挠度

C. 实际位移值　　　　　　　　D. 沉降

【答案】C

核心考点三、球形罐的耐压和泄漏性试验

◆ 泄漏性试验

（1）球罐需经耐压试验合格后方可进行泄漏性试验。

（2）泄漏性试验分为 气密试验、氨检漏试验、卤素检漏试验和氦检漏试验 ，应按照设计文件规定和要求进行泄漏性试验。

（3）气密试验所用气体为干燥的洁净空气、氮气或其他惰性气体；

试验压力为球形罐的设计压力 。试验合格标准：无泄漏。

1H413044　金属结构制作与安装技术

核心考点及可考性提示

考　点			2021 年可考性提示
金属结构 制作安装技术	金属结构组成	钢结构	★
	金属结构件制作	制作内容	★
		制作程序和要求	★★
	金属结构安装 工艺技术与要求	金属结构安装一般程序	★★
		基础验收及处理	★★
		框架和管廊安装	★★
		高强度螺栓连接 【2017 年单选，2019 年、2020 年多选】	★★
		质量要求与检测	★★

★不大，★★一般，★★★极大

核心考点剖析

核心考点一、钢构件制作工艺要求

（1）零件、部件采用样板、样杆号料时，号料样板、样杆制作后应进行校准，并经检验人员复验确认后使用。

（2）钢材切割面或剪切面应无裂纹、夹渣、分层和大于 1mm 的缺棱，并应全数检查。

（3）碳素结构钢在环境温度低于 −16℃时，不应进行冷矫正和冷弯曲。低合金结构钢在环境温度低于 −12℃时，不应进行冷矫正和冷弯曲。碳素结构钢和低合金结构钢在加热矫正时，加热温度不应超过 900℃。低合金结构钢在加热矫正后应自然冷却。

（4）矫正后的钢材表面，不应有明显的凹面或损伤，划痕深度不得大于 0.5mm，且不应大于该钢材厚度允许负偏差的 1/2。

【考法题型及预测题】

1. 钢构件制作时，碳素结构钢在环境温度低于（　　　）时，不应进行冷校正和冷弯曲。

A. −12℃　　　　　　　　　　　　B. −15℃

C. −16℃　　　　　　　　　　　　D. −18℃

2. 钢构件制作中，钢材的切割面不允许存在的缺陷是（　　　）。

A. 裂纹　　　　　　　　　　　　B. 分层

C. 缺棱　　　　　　　　　　　　D. 夹渣

E. 切痕

【答案】

1. C；2. A、B、D

【解析】C 选项可以有，但是不能大于 1mm，E 选项不要选。模棱两可的选项不要去选。

核心考点二、钢结构安装一般程序

◆ 钢结构安装的主要环节

（1）基础验收与处理；

（2）钢构件复查；

（3）钢结构安装；

（4）涂装（防腐涂装或防火涂装）。

◆ 钢结构安装施工一般程序

钢柱安装→支撑安装→梁安装→平台板（层板、屋面板）、钢梯、防护栏安装→其他构件安装。

例如：某制造厂车间钢结构厂房安装程序为：构件检查→基础复查及底面处理→钢柱安装→柱间支撑安装→主梁安装→次梁安装→承台板安装→钢屋架安装→檩条安装→水平、垂直支撑安装→屋面板安装→墙壁板安装。

【考法题型及预测题】

某钢结构厂房安装，梁安装后的紧后工序是（　　　）。

A. 檩条安装　　　　　　　　　　B. 垂直支撑安装

C. 墙壁板安装　　　　　　　　　D. 承台板安装

【答案】D

核心考点三、（金属结构）基础验收及处理

◆ 金属结构基础验收

1. 钢结构安装前建设（监理）单位组织基础施工单位和钢结构施工单位进行基础交接验收，验收合格后方可交付安装。

> 若基础施工与钢结构安装是同一个施工单位，则应进行工序间的自检、互检、专检。

2. 基础混凝土强度达到设计要求；　　　⎫
　　基础周围回填夯实完毕；　　　　　　⎬ 基础验收的主要内容
　　基础的轴线标识和标高基准点准确齐全。⎭

◆ 基础保护和处理

对基础表面进行麻面处理；对钢结构预埋螺栓进行保护。

核心考点四、框架和管廊的安装要求

框架——支撑设备或作为操作平台的稳定空间钢结构体系（图1H413044-1）。

管廊——支撑管道的稳定空间钢结构体系（图1H413044-2）。

图1H413044-1　框架

图1H413044-2　管廊

1. 分部件散装

一般可按照柱、支撑、梁等的顺序安装。

（1）首节钢柱安装后要及时进行垂直度、标高和轴线位置校正。

（2）钢梁安装要采用两点起吊；单根钢梁长度大于21m，需计算确定3～4个吊点或采用平衡梁吊装。

（3）支撑安装要从下到上的顺序组合吊装。

2. 分段（片）安装

已安装的结构应有①稳定性②空间刚度；

铣平面接触均匀，接触面积不少于75%；

框架的节点采用焊接连接时，宜设置安装定位螺栓，每个节点定位螺栓不少于2个。

核心考点五、高强度螺栓连接与检测【2019年、2020年多选】

◇ 钢结构制作和安装单位应按规定分别进行高强度螺栓连接摩擦面的抗滑移系数试验和复验，现场处理的构件摩擦面应单独进行抗滑移系数试验。合格后方可进行安装。

（施工单位进行的是复验）

◇ 紧固高强度的测力扳手，应在作业前校正，且应在每拧完100个螺栓后校正一次，其扭矩误差不得大于±3%。

◇ 高强度螺栓安装时，穿入方向应一致，且不得强行穿入。高强度螺栓孔不应采用气割扩孔，机械扩孔应征得设计同意。

◇ 高强度螺栓的拧紧应在同一天完成。拧紧分为初拧、复拧和终拧（同一天完成）。初拧、复拧扭矩值各为终拧扭矩值的50%。

◇ 高强度螺栓应按照一定顺序施拧，宜由螺栓群中央顺序向外拧紧。

◇ 扭剪型高强度螺栓初拧（复拧）后应用颜色在螺母上涂上标记，然后用专用扳手终拧，以拧掉尾部梅花卡头为终拧结束。断裂位置只允许在梅花卡头与螺纹连接的最小截面处。

◇ 高强度螺栓安装完毕后，应用锤重为 0.25～0.5kg 的手锤采用 锤击法 对高强度螺栓逐个进行检查，不得有漏拧。

【考法题型及预测题】

1. 现场处理的构件摩擦面应单独进行（　　　）试验。

A. 扭矩系数　　　　　　　　　B. 紧固轴距

C. 抗滑移系数　　　　　　　　D. 弯曲系数

2. 以下不符合高强度螺栓紧固工作要求的是（　　　）。

A. 紧固高强度螺栓的测力扳手应在作业前校正

B. 现场安装高强度螺栓穿入不畅时可以对高强度螺栓孔进行机械扩孔

C. 高强度螺栓的拧紧应在同一天完成

D. 高强度螺栓施拧宜由螺栓群一侧向另一侧顺序拧紧

E. 高强度螺栓的拧紧分为初拧、复拧和终拧

【答案】

1. C；2. B、D

【解析】 B 选项应该是，不可以进行气割扩孔，进行机械扩孔要获得设计同意。D 选项应该是由螺栓群中央顺序向外拧紧。

核心考点六、其他检验

◇ 多节柱安装时，每节柱的定位轴线应 从地面控制轴线直接引上 ，不得从下层柱的轴线引上，避免造成过大的积累误差。

◇ 吊车梁和吊车桁架不应下挠。

◇ 钢网架结构 ①总拼完成后②屋面工程完成后 应分别测量其 挠度值 ，且所测的挠度值不应超过相应设计值的 1.15 倍。

【考法题型及预测题】

1. 多节柱钢构安装时，为避免造成过大的积累误差，每节柱的定位轴线应从（　　　）直接引上。

A. 地面控制轴线　　　　　　　B. 下一节柱轴线

C. 中间节柱轴线　　　　　　　D. 最高一节柱轴线

2. 钢网架结构中要求测定挠度值不应超过设计值的 1.15 倍，其测定应该在（　　　）工序完成后进行。

A. 网架地面组装　　　　　　　B. 网架试吊中

C. 结构总拼装　　　　　　　　D. 屋面工程

E. 单元网格安装

【答案】

1. A；2. C、D

1H413050　发电设备安装技术

核心考点提纲

$$发电设备安装技术 \begin{cases} 电厂锅炉设备安装技术 \\ 汽轮发电机安装技术 \\ 风力发电设备安装技术 \\ 光伏发电设备安装技术 \end{cases}$$

1H413051　电厂锅炉设备安装技术

核心考点及可考性提示

考　点			2021年可考性提示
电厂锅炉设备安装技术	电厂锅炉设备的组成		★★★
	电站锅炉主要设备安装技术要点	电厂锅炉安装一般程序	★★
		锅炉钢架安装技术要点【2019年单选】	★★
		锅炉受热面组合安装施工要求	★★★
		电站锅炉安装质量控制要点【2016年多选】	★★★
	锅炉热态调试与试运转		★★

★不大，★★一般，★★★极大

核心考点剖析

核心考点一、电厂锅炉设备组成★★★

电厂锅炉系统主要设备	设备包括
锅炉本体设备	锅炉钢架、锅筒或汽水分离器及储水箱、水冷壁、过热器、再热器、省煤器、燃烧器、空气预热器、烟道等主要部件
锅炉辅助设备	送引风设备、给煤制粉设备、吹灰设备、除灰排渣设备等

<u>直流锅炉本体设备只有汽水分离器及储水箱，</u>不含锅筒。

核心考点二、电厂锅炉安装一般程序

设备的清点检查和验收→基础验收→基础放线→设备搬运及起重吊装→钢架及梯子平台的安装→汽水分离器（或锅筒）安装→锅炉前炉膛受热面的安装→尾部竖井受热面的安装→燃烧设备的安装→附属设备安装→热工仪表保护装置安装→单机试转→报警及联锁试验→水压试验→锅炉风压试验→锅炉酸洗→锅炉吹管→锅炉热态调试与试运转。

核心考点三、锅炉钢架安装技术要点

1. 锅炉钢架安装程序

基础划线→柱底板安装、找正→立柱、垂直支撑、水平梁、水平支撑安装→整体找

正→高强度螺栓终紧→平台、扶梯、栏杆安装→顶板梁安装等。

2. 锅炉钢架安装工艺和方法

◇ 根据土建移交的中心线进行基础划线。

◇ 为了便于钢架大板梁、受热面大件及空气预热器等安装，可采取部分构件缓装或部分构件交叉安装方式，这样既保证了锅炉大件设备的顺利安装，又将炉架构件缓装区域降低到最低限度，从而保证了锅炉安装的整体稳定性。

【实务操作题注意】锅炉钢架缓装，先装锅炉大件设备的，应获得设计同意，有相应的专项施工方案，方案中要进行设计计算，采取加强措施，保证锅炉钢架的稳定性。

◇ 锅炉钢架钢结构组件吊装程序：确定组件重心→起吊点选择→组件绑扎→试吊→吊装就位。

【2019年真题-4】锅炉钢结构组件吊装时，与吊点选择无关的是（　　）。

A. 组件的结构强度和刚度　　　　B. 吊装机具的起升高度

C. 起重机索具的安全要求　　　　D. 锅炉钢结构开口方式

【答案】D

【解析】此题考查锅炉钢结构组件吊装起吊节点的选定。即根据组件的结构、强度、刚度，机具起吊高度，起重索具安全要求等选定。

3. 锅炉钢架的找正

◇ 用弹簧秤配合钢卷尺检查中心位置和大梁间的对角线误差；

◇ 用经纬仪检查立柱垂直度；

◇ 用水准仪检查大梁水平度和挠度。

板梁挠度在板梁承重前、锅炉水压前、锅炉水压试验上水后及放水后、锅炉整套启动前进行测量。

核心考点四、锅炉受热面（组合）安装施工要求★★★

1. 锅炉受热面施工程序

设备及其部件清点检查→合金设备（部件）光谱复查→通球试验与清理→联箱找正划线→管子就位对口焊接→组件地面验收→组件吊装→组件高空对口焊接→组件整体找正等。

2. 锅炉受热面施工要求

◆ 锅炉受热面施工场地是根据①设备组合后体积②设备组合后重量③现场施工条件来决定的。

◆ 锅炉受热面施工形式是根据①设备的结构特征②现场的施工条件来决定的。

◆ 组件的组合形式包括

直立式：将联箱放置（或悬吊）在支架上部，管屏在联箱下面组装。

横卧式：将管排横卧摆放在组合支架上与联箱进行组合，然后将组合件竖立后进行吊装。

组合形式	优　点	缺　点
直立式	组合场占用面积少，便于组件的吊装	钢材耗用量大，安全状况较差
横卧式	克服了直立式组合的缺点	占用组合场面积多，且在设备竖立时，若操作处理不当则可能造成设备变形或损伤

◆ 螺旋水冷壁设备的组合

螺旋水冷壁设备采取地面整体预拼装，拼缝留有适当的预收缩量；螺旋水冷壁安装时分层吊装定位，吊带（垂直搭接板）的基准线定位准确。螺旋水冷壁安装螺旋角偏差控制在 0.5° 之内。

【相关知识点】有的水冷壁结构形式是下部螺旋环绕上升水冷壁和上部垂直上升水冷壁组成（见图 1H413051-1）。

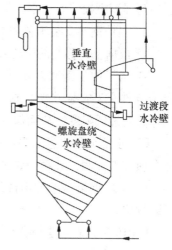

图 1H413051-1　螺旋水冷壁示意图

3. 锅炉受热面组件吊装原则和顺序

锅炉钢架施工验收合格后，即可进行锅炉受热面组件的吊装。

◆ 锅炉受热面组件吊装的一般原则是：先上后下，先两侧后中间。先中心再逐渐向炉前、炉后、炉左、炉右进行。

◆ 锅炉受热面大件吊装的一般顺序

水冷壁上部组件及管排吊装→水冷壁中部组件及管排吊装→炉膛上部过热器组件及管排吊装→炉膛出口水平段过热器或再热器组件及管排吊装→尾部包墙过热器组件及管排吊装→尾部低温再热器、低温过热器、省煤器吊装等。

【考法题型及预测题】

1. 锅炉本体受热面组合安装的一般程序中，设备清点检查的紧后工序是（　　　）。

A. 组件地面验收　　　　　　　B. 联箱找正划线

C. 通球试验　　　　　　　　　D. 合金设备光谱复查

2. 锅炉受热面施工中的横卧式组合方式的缺点是（　　　）。

A. 钢材耗用大　　　　　　　　B. 可能造成设备变形

C. 不便于组件的吊装　　　　　D. 安全状况较差

3. 锅炉受热面组件吊装的一般原则是（　　　）。

A. 先下后上，先两侧后中间　　B. 先上后下，先中间后两侧

C. 先上后下，先两侧后中间　　D. 先下后上，先中间后两侧

【答案】

1. D；2. B；3. C

核心考点五、电站锅炉安装质量控制要点★★★

1. 锅炉钢结构安装质量控制

2. 锅炉受热面安装质量控制

3. 燃烧器安装质量控制

4. 锅炉密封质量控制

锅炉密封工作结束后，对炉膛进行气密试验，并处理缺陷至合格，风压试验压力按设备技术文件规定来选择，如无规定时，试验压力可按 炉膛工作压力加 0.5kPa 进行正压试验，一般负压锅炉的风压试验值选 0.5kPa。

5. 锅炉整体水压试验质量控制

6. 回转式空预器安装质量控制

◇ 回转式空预器安装（图 1H413051-2）

施工中对影响预热器漏风系数的①径向密封间隙②轴向密封间隙③圆周（环向）密封间隙进行严格控制；回转式空气预热器安装后，必须进行冷态调整。

图 1H413051-2 空预器示意图

核心考点六、锅炉热态调试与试运转

锅炉热态调试与试运转主要工作内容有：

（1）严密性水压试验

锅炉点火前，上水水质应为合格的除盐水。

（2）锅炉化学清洗

化学清洗结束至锅炉启动时间不应超过 20d。

（3）蒸汽管路的冲洗与吹洗

（4）锅炉试运行

对于 300MW 及以上的机组，锅炉应连续完成 168h 满负荷试运行。

（5）办理移交签证手续

◆ 蒸汽管路的冲洗与吹洗

（1）锅炉吹管的临时管道系统应由具有设计资质的单位进行设计。

（2）在排汽口处加装消声器。

（3）锅炉吹管范围：①减温水管系统②锅炉过热器③再热器④过热蒸汽管道。【2015 年单选，2021 年继续掌握】

（4）吹洗过程中，至少有一次停炉冷却（时间 12h 以上），以提高吹洗效果。

1H413052 汽轮发电机安装技术

核心考点及可考性提示

	考 点		2021 年可考性提示
汽轮发电机安装技术	汽轮发电机组系统设备的分类及组成	汽轮机分类	★★
		汽轮机设备组成	★
		发电机分类	★★
		发电机组成	★★
	汽轮机主要设备的安装技术要求	汽轮机设备安装程序	★★
		电站汽轮机的安装技术要点【2016 年、2020 年案例】	★★
	发电机设备的安装技术要求	发电机设备安装程序【2015 年、2020 年单选】	★★
		发电机定子安装技术要求	★★
		发电机转子安装技术要求【2017 年案例】	★★★

★不大，★★一般，★★★极大

核心考点剖析

核心考点一、汽轮机设备分类与组成

◆ 汽轮机分类

常见的分类形式	分　类
按工作原理	冲动式汽轮机；反动式汽轮机；冲动、反动联合汽轮机
按热力特性	凝汽式汽轮机、背压式汽轮机、抽气式汽轮机、抽气背压式汽轮机、中间再热式汽轮机等
按主蒸汽压力	低压汽轮机、中压汽轮机、高压汽轮机、超高压汽轮机、亚临界压力汽轮机、超临界压力汽轮机和超超临界压力汽轮机
按结构	单级汽轮机和多级汽轮机
按气流方向	轴流式、辐流式和周流（回流）式汽轮机
按用途	工业驱动汽轮机、电站汽轮机 【供热式汽轮机（又称热电联产汽轮机）多采用轴流式、凝汽式（或抽汽式）】

提示：本知识点放到考前三天再看。

◆ 汽轮机组成

电站汽轮机设备主要由汽轮机本体设备，以及蒸汽系统设备、凝结水系统设备、给水系统设备和其他辅助设备组成。

其中汽轮机本体主要由静止部分和转动部分组成。

静止部分	汽缸、喷嘴组、隔板、隔板套、汽封、轴承及紧固件等
转动部分	叶栅、叶轮、主轴、联轴器、盘车器、推力盘、机械危急保安器等

【考法题型及预测题】

1. 汽轮机按工作原理可以划分为（　　）。

A. 工业驱动 　　　　　　　　 B. 电站驱动

C. 冲动式 　　　　　　　　　 D. 轴流式

E. 反动式

2. 中间再热式汽轮机是按（　　）分类的。

A. 工作原理 　　　　　　　　 B. 热力特性

C. 主蒸汽压力 　　　　　　　 D. 结构形式

3. 热电联产汽轮机一般采用（　　）汽轮机。

A. 周流式 　　　　　　　　　 B. 轴流式

C. 背压式 　　　　　　　　　 D. 冲动式

【答案】

1. C、E；2. B；3. B

核心考点二、发电机分类

发电机是根据电磁感应原理，通过磁场和绕组的相对运动，将机械能转变为电能。

发 电 机 分 类	
按原动机类型分类	汽轮发电机、水轮发电机、风力发电机、柴油发电机、燃气轮发电机
按冷却方式分类	有外冷式发电机、内冷式发电机
按冷却介质分类	有气冷、气液冷、液冷
按结构形式分类	旋转磁极式和旋转电枢式发电厂的大型发电机属于旋转磁极式

核心考点三、旋转磁极式发电机组成

汽轮发电机 （如图1H413052所示）	组成	包 含
	定子	机座、定子铁心、定子绕组、端盖
	转子	转子锻件（也称转子铁芯）、激磁绕组（也称励磁绕组）、护环、中心环、风扇

转子励磁绕组　转子铁芯　定子铁芯　定子绕组　电刷装置

机座

设备基础

图 1H413052　汽轮发电机组成

注意：从图示中可以看到发电机设备的基础不是独立的一个，所以在基础验收中还要注意检查各基础的相对位置。

【提示】定子和转子混合考其一。

核心考点四、汽轮机设备安装程序

基础和设备的验收→底座安装→汽缸和轴承座安装→轴承和轴封安装→转子安装→导叶持环或隔板的安装→汽封及通流间隙的检查与调整→上、下汽缸闭合→联轴器安装→二次灌浆→汽缸保温→变速齿轮箱和盘车装置安装→调节系统安装→调节系统和保安系统的整定与调试。

【考法题型及预测题】

汽轮机上下气缸闭合前应进行（　　　）。

A. 联轴器安装　　　　　　　　　　B. 气缸保温

C. 调节系统安装　　　　　　　　　D. 汽封及通流间隙的检查与调整

【答案】D

【提示】这类题容易忘记，放在考前一周再进行复习。

核心考点五、电站汽轮机安装技术要点

◆ 基础和设备验收

◇ 基础的验收应包括①汽轮机基础的标高检查②各基础相对位置③沉降观测点的检查④建设单位提供基础预压记录。

◇ 在设备验收时，除了进行一般性的设备出厂合格证明书、外观、规格型号，以及数量等复检外，还要对汽缸、隔板、转子、轴承、主汽阀，以及其他零部件进行检查。尤其要仔细检查汽缸的结合面、轴颈的表面光洁度，表面不应有划痕。

◆ 低压内缸组合程序

低压内缸就位找正→隔板调整→低压转子吊入汽缸中并定位→通流间隙调整。

◆ 整体到货的高、中压缸的检查

整体到货汽轮机高、中压缸现场不需要组合装配，但在汽缸就位前要测量运输环轴向和径向的定位尺寸，并以制造厂家的装配记录校核，以检查缸内的转子在运输过程中是否有移动，确保通流间隙不变。

◆转子安装

◇ 转子安装可以分为：转子吊装、转子测量和转子、汽缸找中心。

◇ 转子吊装应使用由制造厂提供并具备出厂试验证书的专用横梁和吊索。

【实务操作题注意】没有提供试验证书，应索要；或按要求进行载荷试验。

◇（汽轮机）转子测量应包括：轴颈椭圆度、不柱度的测量，推力盘晃度、瓢偏度、转子弯曲度测量。

◇ 对转子叶片应按制造厂要求进行叶片静频率测试。

转子中心孔的探伤检查应在制造厂厂内进行，并应提供质量合格证明。

◆ 导叶持环或隔板的安装

隔板安装找中心方法一般有假轴找中心、拉钢丝找中心、激光准直仪找中心。

采用钢丝找中心时，钢丝的固定装置对钢丝紧力和位置应能微调，所用钢丝直径不宜超过 0.40mm，钢丝的拉力应为破坏应力的 3/4，测量时应对钢丝垂弧进行修正，制造厂有明确要求时，应按其要求执行。

◆ 上下气缸闭合工序的注意要点：

扣盖区域应封闭管理；

连续进行，不得中断；

正式扣盖前应进行试扣；

扣盖前用压缩空气吹扫汽缸内各部件及其空隙；

低压缸螺栓采用冷紧。

◆ 凝汽器安装【2020 年案例，2021 年阅读了解】

◇ 鉴于凝汽器结构尺寸相当庞大，其支承方式多采取通过弹簧支座坐落在凝汽器基础上的支承形式。

◇ 凝汽器与低压缸排汽口之间的连接，采用具有伸缩性能的中间连接段。

◇ 凝汽器组装完毕后，汽侧应进行灌水试验。

灌水高度应充满整个冷却管的汽侧空间并高出顶部冷却管 100mm，维持 24h 应无渗漏。

◆ 轴系对轮中心找正【2016年案例】

【课外知识点】关于轴系的概念：当汽轮机转子与发电机转子以及多缸汽轮机转子之间用联轴器连接起来时，构成一个多支点的转子系统，通常称为轴系。

◇ 轴系对轮中心找正主要是对①高中压对轮中心的找正②中低压对轮中心的找正③低压对轮中心的找正④低压转子——电转子对轮中心的找正。

◇ 在轴系对轮中心找正时，首先要以低压转子为基准【2014年单选】；其次，对轮找中心通常都以全实缸、凝汽器灌水至模拟运行状态进行调整；再次，各对轮找中时的开口和高低差要有预留值；最后，一般在各不同阶段要进行多次对轮中心的复查和找正。

◇ 例如：某工程600MW机组轴系中心找正内容，及其各对轮找中时的开口和高低差预留值分别为：轴系中心找正要进行多次。即：轴系初找；凝汽器灌水至运行重量后的复找；汽缸扣盖前的复找；基础二次灌浆前的复找；基础二次灌浆后的复找；轴系联结时的复找。除第一次初找外，所有轴系中心找正工作都是在凝汽器灌水至运行重量的状态下进行的。

【考法题型及预测题】

1. 不符合电站汽轮机转子安装要求是（　　　）。

A. 转子吊装应使用由制造厂提供的专用横梁和吊索

B. 安装前在现场对转子中心孔进行超声波探伤

C. 对转子叶片应按制造厂要求进行叶片静频率测试

D. 转子安装要注意转子和气缸找中心

2. 低压内缸组合工序不包括（　　　）。

A. 内缸找正、隔板调整　　　　　　　B. 低压转子吊入气缸

C. 流通间隙调整　　　　　　　　　　D. 检查水平、垂直结合面间隙

【答案】

1. B

【解析】B选项错，应该在制造厂厂内进行。

2. D

【解析】选项D，是低压外上缸组合的工序。

核心考点六、发电机设备安装程序

定子就位→定子及转子水压试验→发电机穿转子→氢冷器安装→端盖、轴承、密封瓦调整安装→励磁机安装→对轮复找中心并连接→整体气密性试验等。

核心考点七、发电机定子安装技术要求

◆ 发电机定子的卸车要求

发电机定子较重，如300MW型发电机定子重约180～210t，一般由平板车运输进厂，行车经改造后抬吊卸车。600MW型发电机定子重约300t，1000MW发电机定子重量可达400t以上，发电机定子卸车方式主要采用 液压提升装置卸车 或 液压顶升平移方法卸车 。

◆ 发电机定子的吊装技术要求

发电机定子吊装通常有采用液压提升装置吊装、专用吊装架吊装和行车改装系统吊装

三种方案。【2012年多选】

例如：某电厂600MW机组发电机定子净重320t，外形尺寸为10400mm×4600mm×4300mm，主要采用主厂房中的二台80t行车并在行车大跑上加装2台临时小跑，再配制吊梁同时抬吊就位的。

【考法题型及预测题】

（2012年真题）在厂房内吊装大型发电机定子的方法通常有（　　　）。

A. 大型流动式起重机组合吊装　　　　B. 液压提升装置吊装

C. 液压顶升平移吊装　　　　　　　　D. 专用吊装架吊装

E. 桥式起重机改装系统吊装

【答案】B、D、E

【解析】定子卸车方法：液压提升装置、液压顶升平移。桥式起重机也称为"行车"，也有称"天车"的，所以E项可以选。

核心考点八、发电机转子安装技术要求★★★

1. 发电机转子穿装前进行单独气密性试验

重点检查集电环下导电螺钉、中心孔堵板的密封状况，消除泄漏后应再经漏气量试验，试验压力和允许漏气量应符合制造厂规定。

2. 发电机转子穿装工作要求

必须在完成机务（如支架、千斤顶、吊索等服务准备工作）、电气与热工仪表的各项工作后，会同有关人员对定子和转子进行最后清扫检查，确信其内部清洁，无任何杂物并经签证后方可进行。

3. 发电机转子穿装

（1）必须在完成机务（如支架、千斤顶、吊索等服务准备工作）、电气与热工仪表的各项工作后，会同有关人员对定子和转子进行最后清扫检查，确信其内部清洁，无任何杂物并经签证后方可进行。

（2）转子穿装要求在定子找正完、轴瓦检查结束后进行。转子穿装工作要求连续完成，用于转子穿装的专用工具由制造厂提供；不同的机组有不同的穿转子方法，穿转子常用的方法有——

①滑道式方法②接轴的方法③用后轴承座作平衡重量的方法④用两台跑车的方法等。

【考法题型及预测题】

1. 发电机转子穿装工艺要求有（　　　）。

A. 转子穿装前进行单独气密性试验

B. 气密性试验在漏气量试验合格后进行

C. 转子穿装应在完成机务工作后、电气和热工仪表的安装前进行

D. 转子穿装后对定子和转子进行最后清扫检查

E. 转子穿装采用滑道式方法

2. 发电机安装过程中，穿转子前应单独进行（　　　）。

A. 定子就位　　　　　　　　　　　　B. 水压试验

C. 气密性试验　　　　　　　　　　D. 氢冷器安装

3. 发电机安装程序中，转子穿装前的工序是（　　　）。

A. 定子就位　　　　　　　　　　　B. 水压试验

C. 气密性试验　　　　　　　　　　D. 氢冷器安装

【答案】

1. A、E

【解析】B 选项，应该是消除了泄露后进行漏气量试验，即，先进行气密性试验再进行漏气量试验；C 选项，应该是在完成机务工作、电气和热工仪表的安装后；D 选项，应该是在穿装前进行清扫检查。

2. C；3. B

1H413053　风力发电设备安装技术

核 心 考 点 及 可 考 性 提 示

考　点		2021 年可考性提示
风力发电设备 安装技术	风力发电设备的组成	设备分类	★★
		设备构成	★
	风力发电设备安装程序		★★
	风力发电设备安装技术要点		★★

★不大，★★一般，★★★极大

核 心 考 点 剖 析

核心考点一、风力发电设备的分类

风力发电设备按照安装的区域可分为陆地风力发电和海上风力发电。

（1）陆地风力发电设备多安装在山地、草原等风力集中的地区，最大单机容量 5MW。

（2）海上风力发电设备多安装在滩头和浅海等地区，最大单机容量 6MW，施工环境和施工条件普遍比较差。

核心考点二、风力发电设备安装程序

风力发电设备的安装程序：施工准备→基础环平台及变频器、电器柜→塔筒安装→机舱安装→发电机安装→叶片与轮毂组合→叶轮安装→其他部件安装→电气设备安装→调试试运→验收。

核心考点三、风力发电设备安装技术要求

◆ 基础环安装实操

基础环是独立风机基础重要的预埋部件，它承载着风机塔筒及风机等静载荷以及运行时巨大风力动载荷，所以对基础环的安装水平度要求是非常高的，按相关规定应控制在

2mm 以内。由于基础环自重、体积较大，同时在基础浇筑时受作业环境影响因素多，所以从基础环进场道最终交接各个施工环节必须严格遵守施工工艺要求（图 1H413053）。

图 1H413053　新型梁板式预应力锚栓基础施工

【考法题型及预测题】

基础环安装，应编制那些专项方案？

答：要编制基础环卸车、基础环吊装、基础环及附件及调平等作业项目的专项方案。

1H413054　光伏发电设备安装技术

核心考点及可考性提示

考点			2021 年可考性提示
光伏发电设备安装技术	光伏发电设备安装技术	光伏发电设备的组成【2018 年单选】	★★
		光伏发电设备安装程序	★★
		光伏发电设备安装技术要点	★
	光热发电设备安装技术【2021 年新增内容】	光热发电设备的组成	★★
		光热发电设备安装程序	★★
		光热发电设备安装技术要求	★★

★不大，★★一般，★★★极大

核心考点剖析

核心考点一、光伏发电设备的组成

光伏发电设备主要由光伏支架、光伏组件、汇流箱、逆变器、电气设备等组成（图 1H413054-1）。

光伏支架包括——跟踪式支架、固定支架和手动可调支架等。【2018 年单选】

【注意】工程系统不供交流负载，哪些设备组成就不包括逆变器。

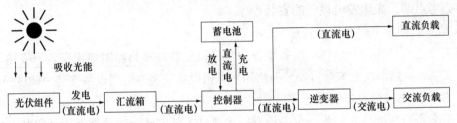

图 1H413054-1 光伏发电设备的组成

核心考点二、光伏发电设备安装程序

施工准备→基础检查验收→设备检查→光伏支架安装→光伏组件安装→汇流箱安装→逆变器安装→电气设备安装→调试→验收。

核心考点三、光热发电设备的组成

光热发电又分为槽式光热发电、塔式光热发电两种（图 1H413054-2、图 1H413054-3）。

光热发电设备包括：集热器设备、热交换器、汽轮发电机等设备。

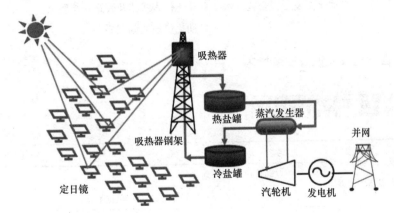

图 1H413054-2 塔式光热发电系统示意图

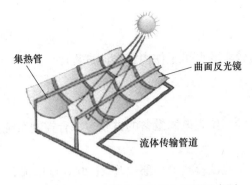

图 1H413054-3 槽式光热发电系统示意图

槽式光热发电的集热器	集热器支架（驱动塔架、支架）、集热器（驱动轴、悬臂、反射镜、集热管、集热管支架、管道支架等）及集热器附件等
塔式光热发电的集热设备	定日镜、吸热器钢架和吸热器设备等

核心考点四、光热发电设备的安装程序

1. 塔式光热发电设备安装程序

施工准备→基础检查验收→设备检查→<u>定日镜安装→吸热器钢结构安装→吸热器及系统管道安装</u>→换热器及系统管道安装→汽轮发电机设备安装→电气设备安装→调试→验收。

2. 槽式光热发电设备安装程序

施工准备→基础检查验收→设备检查→<u>集热器支架安装→集热器及附件安装</u>→换热器及管道系统安装→汽轮发电机设备安装→电气设备安装→调试→验收。

1H413060 自动化仪表工程安装技术

仪表工程主要指自控系统的设备包括仪表控制系统、集中控制系统。

核心考点提纲

$$
自动化仪表工程安装技术
\begin{cases}
自动化仪表设备安装要求 \\
自动化仪表线路及管路安装要求 \\
自动化仪表的调试要求
\end{cases}
$$

1H413061 自动化仪表设备安装要求

核心考点及可考性提示

考　点		2021 年可考性提示
自动化仪表设备安装要求	自动化仪表工程划分	★
	自动化仪表工程安装程序【2020 年单选】	★★

★不大，★★一般，★★★极大

核心考点剖析

核心考点一、自动化仪表的调试工作内容与调试程序

◆ 自动化仪表调试工作

（1）仪表试验包括：

单台仪表的校准和试验、仪表电源设备的试验、综合控制系统的试验、回路试验和系统试验。

（2）仪表回路试验和系统试验必须全部检验。【2020 年单选】

◆ 调试程序

先单体设备或部件调试，后局部、区域调试和回路调试，最后整体系统联调。

核心考点二、自动化仪表工程的验收工作

◆ 验收步骤：

工程验收分为分项工程验收、分部工程验收和单位工程竣工验收三个步骤。

◆ 验收内容：

自动化仪表工程施工中的电缆导管预埋、直埋电缆、接地极等都属于隐蔽工程，这些工程在下道工序施工前，应由建设单位代表（或监理人员）进行隐蔽工程检查验收，并认真做好隐蔽工程记录和办理验收手续，纳入技术档案。

◆ 验收要求：

交接验收前，仪表工程应连续开通投入运行48h，运行正常方可进行验收。

1H413062 自动化仪表线路及管路安装要求

核心考点及可考性提示

考 点			2021年可考性提示
自动化仪表线路及管路安装要求	自动化仪表线路安装要求	一般规定【2012年单选】	★★
		支架制作与安装	★
		电缆桥架安装	★
		电缆导管安装	★
		电缆、电线和光缆敷设	★★
		仪表线路配线	★
		爆炸和火灾环境的仪表线路及装置的施工	★
	自动化仪表管路安装要求	一般规定【2013年单选】	★★
		测量管道安装	★
		气动管道安装	★
		气源管道安装	★
		液压管道安装【2017年单选】	★
		盘、柜、箱内仪表管道安装	★
		仪表管路管道试验（基本同工业管道）	★
	取源部件安装【2007年单选、2016年多选、2019年单选】		★★★
	仪表设备安装【2014年单选】		★
	控制仪表和综合控制系统安装		★★
	仪表管路脱脂技术		★★
	仪表管路接地施工技术	一般规定	★★
		盘、台、柜接地要求	★★

★不大，★★一般，★★★极大

核心考点剖析

核心考点一、仪表线路安装的一般规定

◇ 当线路周围环境温度超过65℃时应采取隔热措施。

◇ 线路与绝热的设备及管道绝热层之间的距离应≥200mm，与其他设备和管道之间的距离应≥150mm。

◇ 线路的终端接线处及经过建筑物的伸缩缝和沉降缝处应留有余度。

◇ 电缆不应有中间接头。

当需要中间接头时，应在接线箱或接线盒内接线，接头宜采用压接；当采用焊接时，应采用无腐蚀性焊药。补偿导线应采用压接。同轴电缆和高频电缆应采用专用接头。

核心考点二、仪表设备的电缆、电线、光缆的敷设

◇ 敷设塑料绝缘电缆时环境温度要求不低于 0℃；

敷设橡皮绝缘电缆时环境温度要求不低于 -15℃。

◇ 补偿导线不得直接埋地敷设，应穿电缆导管或在电缆桥架内敷设。

当补偿导线与测量仪表之间不采用切换开关或冷端温度补偿器时，宜将补偿导线和仪表直接连接。

◇ 同轴电缆和高频电缆的连接应采用专用接头。

◇ 光纤连接前和光纤连接后均应对光纤进行测试；

光缆的（静态）弯曲半径不应小于光缆外径的 15 倍（动态弯曲半径 20 倍）。

◇ 在电缆桥架内，交流电源线路和仪表信号线路应用金属隔板隔开敷设。

◇ 明敷设的仪表信号线路与具有强磁场和强静电场的 电气设备之间的净距离宜大于 1.5m；

◇ 当采用屏蔽电缆或穿金属电缆导管以及金属槽式电缆桥架内敷设时，宜大于 0.8m。

◇ 各类线缆应分别采用各自的电缆导管。

◇ 信号回路的接地点，应在显示仪表侧，当采用接地型热电偶和检测元件已接地仪表时，在显示仪表侧不应再接地。

【考法题型及预测题】

1. 自动化仪表工程中敷设橡皮绝缘电缆时环境温度要求不低于（　　　　）。

A. -15℃

B. -5℃

C. 0℃

D. 5℃

2. 光缆敷设时，其弯曲半径应大于光缆外径的（　　　　）。

A. 4.5 倍

B. 5 倍

C. 10 倍

D. 15 倍

3. 关于自动化仪表线路中电缆、电线敷设要求，正确的是（　　　　）。

A. 不同类别电缆共用同一导管敷设时，需标明编号

B. 仪表电缆与电力电缆交叉敷设时宜成直角

C. 塑料绝缘多芯控制电缆的弯曲半径，不应小于其外径的 10 倍

D. 补偿导线直接埋地敷设时需做好防腐

E. 当采用接地型热电偶和检测元件已接地仪表时，在显示仪表侧须重复接地

【答案】

1. A；2. D

3. B、C

【解析】A 选项错：不同类别电缆不能共用同一导管敷设。D 选项错：补偿导线不能直接埋地敷设。E 选项错，在显示仪表侧不应再接地。

核心考点三、自动化仪表管路安装要求

◆ 自动化仪表管路安装的一般规定

◇ 高压钢管的弯曲半径宜大于管子外径的 5 倍，其他金属管的弯曲半径宜大于管子外径的 3.5 倍，塑料管的弯曲半径宜大于管子外径的 4.5 倍。【2013 年单选】

◇ 直径小于 13mm 的铜管和不锈钢管，宜采用卡套式接头连接，也可采用承插法或套管法焊接。承插法焊接时，其插入方向应顺着流体流向。

不锈钢管固定时，不应与碳钢材料直接接触（仓库保管、运输时也不得和碳钢接触）。

【课外知识点】仪表管路的词条解释

测量管道	连通被测量介质的管道
气源管道	为气动仪表提供气源的管道
气动管道	气动管路也称气源管道或气动信号管道
液压管道	连接各液压元件的管道

◆ 测量管道安装要求

◇ 测量管道与高温设备、高温管道及低温管道连接时，应采取热膨胀补偿措施。低温管道敷设应采取膨胀补偿措施。

◇ 测量压差的正压管和负压管应安装在环境温度相同的位置。

◇ 当测量管道与玻璃管微压计连接时，应采用软管。

◇ 低温管及合金管下料切断后，必须移植原有标识。薄壁管、低温管或钛管，严禁使用钢印作标识。

◆ 气动信号管道安装

（1）气动信号管道应采用 紫铜管、不锈钢管或聚乙烯管、尼龙管 。

（2）气动信号管道安装无法避免中间接头时，应采用卡套式接头连接；气动信号管道终端应配装可拆卸的活动连接件。

【考法题型及预测题】

用于仪表管路的以下管道材料下料后可以用钢印作标识转移原有标识的是（　　　）。

A. 薄壁管   B. 低温管

C. 合金管   D. 钛管

【答案】C

核心考点四、取源部件安装的一般规定（阅读了解）【2019 年单选】

◇ 设计文件要求或规范规定脱脂的取源部件，应脱脂合格后安装。

◇ 设备上的取源部件应在设备制造的同时安装。管道上的取源部件应在管道预制、安装的同时安装。

◇ 在设备或管道上安装取源部件的开孔和焊接工作，必须在设备或管道的防腐、衬里和压力试验前进行。（即压力试验合格后不得进行开孔）

在高压、合金钢、有色金属设备和管道上开孔时，应采用机械加工的方法。

在砌体和混凝土浇筑体上安装的取源部件，应在砌筑或浇筑的同时埋入，埋设深度、露出长度应符合设计和工艺要求，当无法同时安装时，应预留安装孔。安装孔周围应按设计文件规定的材料填充密实，封堵严密。【2007 年单选】

安装取源部件时，不应在焊缝及其边缘上开孔及焊接。

◇ 取源阀门与设备或管道的连接 不宜 采用卡套式接头。

◇ 取源部件安装完毕后，应与设备和管道同时进行压力试验。

核心考点五、温度取源部件安装★★★

◇ 温度取源部件与管道垂直安装时，取源部件轴线应与管道轴线相垂直。

◇ 与管道呈倾斜角度安装时，宜逆着物料流向，取源部件轴线应与管道轴线相交。

◇ 在管道的拐弯处安装时，宜逆着物料流向，取源部件轴线应与管道轴线相重合。如图 1H413062-1 所示。

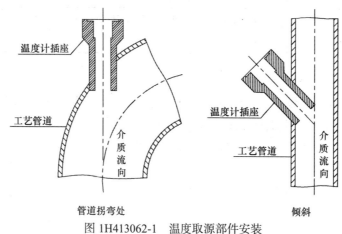

管道拐弯处　　　　　　　　　　　倾斜

图 1H413062-1　温度取源部件安装

◇ 取源部件安装在扩大管上时，扩大管的安装方式应符合设计文件的规定。

【简记】垂直—垂直；倾斜—相交；转弯—重合。

核心考点六、压力取源部件的安装★★★

压力取源部件与温度取源部件在同一管段上时，应安装在温度取源部件的上游侧。如图 1H413062-2 所示。

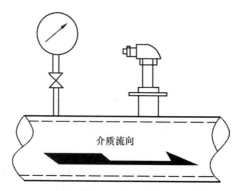

图 1H413062-2　压力取源部件的安装

【简记】介质应该是先流过压力取源部件。

【课外知识点】当被测物料流束脉动时，会造成测量压力不稳定和不准确，同时容易损坏仪表。温度取源部件是插入管道中的，会使管道中物料流产生脉动，这样就造成压力测量的不准确，因此，要求压力取源部件与温度取源部件在同一管段上安装时，压力取源部件要安装在温度取源部件的上游侧（热电阻杆体对其前端的流体影响距离小于后端）。压力取源部件（取源短管）在施焊时要注意端部不能超出工艺设备或工艺管道的内壁的。

◆ 在水平和倾斜的管道上安装压力取源部件时，取压点的方位应符合下列要求：

（水平管道上的取压口一般从顶部或侧面引出，以便于安装）

测量气体压力时，应在管道的上半部；测量液体压力时，应在管道的下半部与管道水平中心线成 0°～5° 夹角范围内；测量蒸汽压力时，应在管道的上半部以及下半部与管道水平中心线成 0°～45° 夹角范围内。如图 1H413062-3 所示。

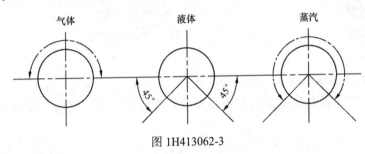

图 1H413062-3

【考法题型及预测题】

1. 温度取源部件与压力取源部件在同一直管段时，应安装在压力取源部件的（　　　）。

A. 上游
B. 下游
C. 相邻位置
D. 0.5m 以外

2. 蒸汽管直管段上测压力的取源部件安装其取压口应选择在（　　　）。

A. 应在管道的下半部与管道水平中心线成 0°～45° 夹角范围内
B. 应在管道的上半部，以及下半部与管道水平中心线成 0°～45° 夹角范围内
C. 应在管道的上半部与管道水平中心线成 0°～45° 夹角范围内
D. 应在管道的上半部

【答案】

1. B；2. B

核心考点七、流量取源部件安装★★★

◇ 流量取源部件上下游直管段的最小长度应符合设计文件的规定，在规定的直管段最小长度范围内，不得设置其他取源部件或检测元件，直管段内表面应清洁，无凹坑或凸出物。

◇ 在水平和倾斜的管道上安装节流装置时，取压口的方位应符合下列要求：

测量气体流量时，应在管道的上半部；

测量液体流量时，应在管道的下半部与管道水平中心线成 0°～45° 夹角范围内；

测量蒸汽流量时，应在管道的上半部与管道水平中心线成 0°～45° 夹角范围内。
如图 1H413062-4 所示。

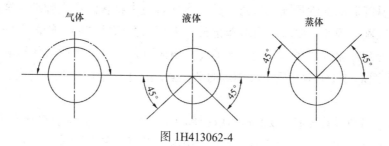

图 1H413062-4

【考法题型及预测题】

当取源部件设置在管道的下半部与管道水平中心线成 0°～45° 夹角范围内时，其测量的参数是（   ）。

A. 气体压力
B. 气体流量
C. 蒸汽压力
D. 蒸汽流量

【答案】C

核心考点八、温度检测仪表安装要求

◇ 测温元件安装在易受被测物料强烈冲击的位置，应按设计文件规定采取 防弯曲 措施；

◇ 压力式温度计的温包必须全部浸入被测对象中。

核心考点九、流量检测仪表安装

◆ 流量计安装应符合以下规定——

◇ 涡轮流量计和涡街流量计的信号线应使用屏蔽线。其上、下游直管段的长度应符合设计文件的规定。

◇ 质量流量计应安装于被测流体完全充满的水平管道上。

测量气体时，箱体管应置于管道上方；

测量液体时，箱体管应置于管道下方。

◇ 电磁流量计安装

流量计外壳、被测流体和管道连接法兰之间应等电位接地连接；

在垂直的管道上安装时，被测流体的流向应自下而上；

在水平的管道上安装时，两个测量电极不应在管道的正上方和正下方位置；

流量计上游直管段长度和安装支撑方式应符合设计文件规定。

◇ 超声波流量计上、下游直管段长度应符合设计文件规定；

对于水平管道，换能器的位置应在与水平直线成 45° 夹角的范围内；

被测管道内壁不应有影响测量精度的结垢层或涂层。

【考法题型及预测题】

看图找错，管路中的介质为液体的管路，图 1H413062-5 中 A、B、C、D 四个电磁流量计，哪几个安装位置是错误的？

【答案】C、D位置错误。

【解析】D位置错，因为在垂直管道上安装时，被测流体的流向应自下而上；水平管路上，C位置容易聚气，液体不能充满流量计，如图1H413062-6所示。

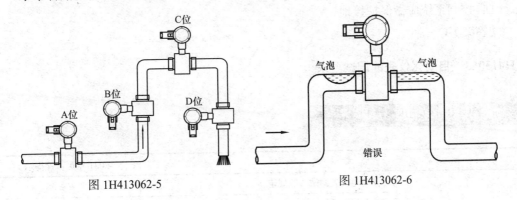

图1H413062-5   图1H413062-6

核心考点十、成分分析和物性检测仪表安装

可燃气体检测器和有毒气体检测器的安装位置应根据所检测气体的 密度 确定；

其密度大于空气时，检测器应安装在距地面200～300mm处；

其密度小于空气时，检测器应安装在泄漏区域的上方。

核心考点十一、仪表管路脱脂技术

◇ 设计文件未规定脱脂溶剂时，可按下列要求选用脱脂溶剂——

管材或介质环境	脱脂溶剂选用
金属件	工业用三氯乙烯
黑色金属 有色金属	工业用三氯乙烯
铝制品	10%的氢氧化钠溶液
物料为浓硝酸	65%的浓硝酸

核心考点十二、仪表管路接地通用要求（阅读了解）

√ 供电电压 高于36V 的现场仪表的外壳，仪表盘、柜、箱、支架、底座等正常不带电的金属部分，均应做保护接地。

　√仪表及控制系统应做工作接地；

　工作接地应包括： 信号回路接地和屏蔽接地，以及特殊要求的本质安全电路接地 ；

　接地系统的连接方式和接地电阻值应符合设计文件的规定。

　√各仪表回路应 只有一个信号回路接地点 。

　信号回路的 接地点应在显示仪表侧 ，

　当采用接地型热电偶和检测元件已接地的仪表时，在显示仪表侧不应再接地。

　√铠装电缆的铠装两端应进行 保护接地 。

【考法题型及预测题】

以下做法符合仪表管路通用要求的是（　　　　）。

A. 以铠装电缆接线的盘柜，进线端应进线保护接地

B. 各仪表回路至少有一个信号回路接地点

C. 信号回路的接地点应在显示仪表侧

D. 控制系统应做保护接地

【答案】C

1H413063　自动化仪表的调试要求

核心考点及可考性提示

考　点		2021 年可考性提示
自动化仪表的调试要求	自动化仪表调试一般规定	★★
	单台仪表的校准和试验要求	★★
	仪表电源设备试验	★★
	综合控制系统的试验	★
	回路试验与系统试验【2018 年单选】	★

★不大，★★一般，★★★极大

核心考点剖析

核心考点一、自动化仪表调试一般规定

◇ 室内温度保持在 10～35℃。

◇ 仪表试验的电源电压应稳定。交流电源及 60V 以上的直流电源电压波动不应超过 ±10%。60V 以下的直流电源电压波动不应超过 ±5%。仪表试验的气源应清洁、干燥；气源压力应稳定。仪表试验的气源露点比最低环境温度低 10℃以上。

◇ 仪表校准和试验用的标准仪器仪表应具备有效的计量检定合格证明，其基本误差的绝对值不宜超过被校准仪表基本误差绝对值的 1/3 。

◇ 单台仪表的校准点应在仪表全量程范围内均匀选取【2015 年单选】，一般不应少于 5 点。回路试验时，仪表校准点不应少于 3 点。【2011 年单选】

【考法题型及预测题】

1. 自动化仪表试验的气源应清洁、干燥、露点比最低环境温度（　　）以上。

A. 高 15℃ 　　　　　　　　　　　　B. 低 15℃

C. 高 10℃ 　　　　　　　　　　　　D. 低 10℃

2. 自动化工程的工作仪表精度等级是 1.0 级，选择校准仪表的精度等级应为（　　）。

A. 1.5 级 　　　　　　　　　　　　B. 1.0 级

C. 0.5 级 　　　　　　　　　　　　D. 0.2 级

3.（2011 年真题）单台仪表的校准点应在仪表全量程范围内均匀选取，一般不应少于（　　）点。

A. 2   B. 3

C. 4   D. 5

【答案】

1. D

2. D

【解析】1.0×1/3 = 0.33，符合不超过被调校仪表基本误差绝对值的 1/3，只有 D。

3. D

【解析】全程 5 点，回路 3 点。

核心考点二、单台仪表的校准和试验要求

◇ 控制阀和执行机构的试验应符合下列要求：

阀体压力试验和阀座密封试验等项目，可对制造厂出具的产品合格证明和试验报告进行验证，对事故切断阀应进行阀座密封试验。

◇ 变送器、转换器应进行输入输出特性试验和校准。其准确精度应符合设计文件的规定，输入输出信号范围和类型应与名牌标识、设计文件规定一致，并应与显示仪表配套，还应按设计文件和使用要求进行零点、量程调整和零点迁移调整。

核心考点三、仪表电源设备试验

√ 电源设备的带电部分与金属外壳之间的绝缘电阻，当采用 500V 兆欧表测量时，不应小于 5MΩ。

√ 电源设备应进行输出特性检查。

√ 不间断电源应进行自动切换性能试验。

【考法题型及预测题】

仪表电源设备要进行哪些试验？

答：仪表电源设备要进行绝缘电阻测试、输出特性检查；

不间断电源应进行自动切换性能试验。

【超纲知识点补充】关于仪表三阀组。

三阀组是由三个互相沟通的三个阀组成；

左边高压阀（正压阀），右边低压阀（负压阀），中间平衡阀。三阀组与变送器配套使用，作用是将正、负压测量室与引压点导通或断开，或将正负压测量室断开或导通。如图 1H413063 所示。

图 1H413063

1. 操作仪表三阀组，注意两个原则：

（1）不能让导压管内的凝结水或隔离液流失。

（2）不可使测量元件单向受压或受热。

2. 三阀组启动顺序

打开正压阀（左），关闭平衡阀（中），打开负压阀（右）。

3. 三阀组的停运顺序

关负压阀（右），打开平衡阀（中），关正压阀（左）。

1H413070　防腐蚀工程施工技术

核 心 考 点 提 纲

防腐蚀工程施工技术 $\begin{cases} 设备及管道防腐蚀工程施工方法 \\ 设备及管道防腐蚀工程施工技术要求 \end{cases}$

1H413071　设备及管道防腐蚀工程施工方法

核 心 考 点 及 可 考 性 提 示

考　点			2021 年可考性提示
设备及管道防腐蚀工程 施工方法	设备及管道腐蚀类型 和防腐蚀措施	防腐蚀类型【2020 年单选】	★
		防腐蚀措施	★★
	防腐蚀施工方法	涂料涂层【2018 年单选】	★
		金属涂层	★★
		衬里【2019 年单选】	★
		阴极保护	★★★

★不大，★★一般，★★★极大

核 心 考 点 剖 析

核心考点一、设备及管道防腐蚀措施

防腐蚀措施		适用性举例
1. 介质处理		手段： （1）去除介质中促进腐蚀的有害成分； （2）调节介质的 pH 值； （3）改变介质的湿度。 例如，锅炉给水的除氧；在管道输送原油前，必须脱出原油中水及其他腐蚀性成分
2. 覆盖层	涂料涂层	常用于设备及架空管道的防腐
	金属涂层	设备或储罐的外壁
	衬里	温度较高、压力较高的场合可衬耐腐蚀金属。 注意：铅衬里不适用高温、高压、有振动的场所。 又：铅耐硫酸腐蚀。 【2019 年单选，衬里属于防腐措施中的覆盖层】
	管道防腐层	用于土壤、淡水、海水等腐蚀性较强环境中的钢质管道，对覆盖层的防腐性能要求较高，通常称为管道防腐层。 常用类型有：三层聚乙烯防腐层、环氧粉末防腐层、环氧煤沥青防腐层等
3. 电化学保护		硫酸设备等化工设备和设施可采用阳极保护技术； 埋地钢质管道、管网以及储罐常采用阴极保护技术
4. 添加缓蚀剂		加入乌洛托品等缓蚀剂可减轻炼油装置的腐蚀

核心考点二、金属涂层施工方法

◇ 金属涂层。是利用某种热源，如电弧、等离子弧、燃烧火焰等将粉末状或丝状的金属涂层材料加热到熔融或半熔融状态，然后借助焰流本身的动力或外加的高速气流雾化并以一定的速度喷射到经过预处理的基体材料表面，与基体材料结合而形成具有各种功能的表面金属覆盖层。金属涂层常用于设备或储罐的外壁防腐。

◇ 金属热喷涂工艺过程：表面处理→热喷涂→后处理→精加工。

【考法题型及预测题】

1. 宜选用阳极保护技术的金属设备是（　　　）。

A. 储罐　　　　　　　　　　　B. 蒸汽管网

C. 硫酸设备　　　　　　　　　D. 石油长输管道

2. 不宜作金属热喷涂热源的是（　　　）。

A. 电弧　　　　　　　　　　　B. 等离子弧

C. 过热蒸汽　　　　　　　　　D. 燃烧火焰

【答案】

1. C

【解析】

选项 A，金属涂层或阴极保护；

选项 B，衬里；

选项 C，电化学保护——阳极保护（还可以用铅衬里）；

选项 D，加缓蚀剂或阴极保护。

2. C

【解析】金属涂层是利用某种热源，如电弧、等离子弧、燃烧火焰等将粉末状或丝状的金属涂层材料加热到熔融或半熔融状态……

核心考点三、阴极保护施工方法★★★

阴极保护可采用强制电流法、牺牲阳极法或两种方法结合的方式。

应视工程规模、土壤环境、防腐层绝缘性能等因素，经济合理地选用。

1. 强制电流阴极保护系统施工

（1）（埋地管道的）强制电流阴极保护系统由 4 部分组成：电源设备、辅助阳极、被保护管道与附属设施。

【小资料】

强制电流阴极保护又称外加电流阴极保护。

阴极保护有一个直流电源和一个辅助阳极，放置在距保护构件（如管道）一定的距离位置上；直流电源的正极连接辅助阳极，负极连接需要保护的构件（管道）。电流从辅助阳极流出，经大地到达管道表面破损处，再沿管道流回电源的负极。这样被保护的构件（如管道）一直处于电流移动状态，从而因电子不会流失而得到保护。又因为电流是被强制加入的，所以这种阴极保护的方式又被称为强制电流阴极保护。

（2）施工方法：

1）电源设备的机壳应接地，安装环境应与 使用环境 相匹配。

电源设备所用外部电源应设置独立的配电箱。

2）辅助阳极地床根据埋设深度不同可分为：浅埋阳极地床和深井阳级地床。

阳极四周宜填充 焦炭、石墨等 填充料。

3）浅埋阳极地床可采用水平式或立式。在非永冻土地区，辅助阳极应安装冻土层以下，埋深不宜小于1m；在永冻土地区，辅助阳极应安装在岛状冻土之间的非永冻土层或冻融地层内。

4）深井阳极地床应安装 非金属耐氯材料制造的排气管 ，缓解阳极与导电填料间产生气阻。

5）深井阳极地床处、浅埋阳极地床首末端应设置永久性地床标识桩。

2. 牺牲阳极阴极保护系统组成

（1）牺牲阳极阴极保护系统由3部分组成：牺牲阳极、被保护管道与附属设施。

（2）常用牺牲阳极材料包括：镁及镁合金阳极、锌及锌合金阳极、铝合金阳极和镁锌复合式阳极；其中 铝合金阳极主要用于海洋环境中管道或设备的牺牲阳极保护 。

牺牲阳极结构形式可选用棒状、带状。

【考法题型及预测题】

强制电流阴极保护系统的施工方法，表述正确的是（   ）。

A. 常用的辅助阳极材料包括铝合金阳极

B. 在非冻土区，辅助阳极埋深不小于0.7m

C. 阳极四周宜填充焦炭、石墨等填充料

D. 浅埋阳极地床的末端宜设置地床标识桩

【答案】C

【解析】选项A错，铝合金阳极用在牺牲阳极阴极保护系统；选项B错，在非冻土区，辅助阳极埋深不小于1m；选项D表述错，正确的是浅埋阳极地床的首末端应设置永久性地床标识桩。

1H413072　设备及管道防腐蚀工程施工技术要求

核心考点及可考性提示

考　　点			2021年可考性提示
设备及管道防腐蚀工程施工技术要求	基本要求	施工前应具备的条件	★
		表面处理质量要求	★★
	防腐工程施工	表面处理工艺【2018年案例应用】	★
		防腐蚀层施工工艺	★★

★不大，★★一般，★★★极大

核心考点剖析

核心考点一、表面处理质量要求

◇ 表面处理质量等级要求

序号	覆盖层类别	表面处理方法及质量等级
1	金属热喷涂	Sa3 级
2	橡胶衬里、搪铅、纤维增强塑料衬里、树脂胶泥衬砌砖板衬里、涂料涂层、塑料板粘结衬里、玻璃鳞片衬里、喷涂聚脲衬里	Sa2.5 级
3	水玻璃胶泥衬砌砖板衬里、涂料涂层、氯丁胶乳水泥砂浆衬里	Sa2 级 或 Sa3 级
4	衬铅、塑料板非粘结衬	Sa1 级 或 Sa2 级

处理后的基体表面不宜含有氯离子等附着物。

◇ 粗糙度要求

（1）表面处理后，金属基体粗糙度应符合要求。

（2）喷射或抛射除锈后的基体表面应呈均匀的粗糙面，除基体原始锈蚀或机械损伤造成的凹坑外，不应产生肉眼明显可见的凹坑和飞刺。

（3）对螺纹、密封面及光洁面应妥善保护，不得误喷。

◇ 作业环境要求

（1）当相对湿度大于 85% 时，应停止表面处理作业。

（2）当进行喷射或抛射处理时，基体表面温度应高于露点温度 3℃。

核心考点二、防腐层施工工艺

◆ 涂料涂层施工

【实操应用】油罐的安装，防腐工程，需要刷"重防腐底漆"，一般采用水性无机富锌树脂漆。氟涂料、富锌涂料的施工宜采用喷涂法施工，喷涂后的质量检查重点：喷涂的涂层厚度、粘结力。

◆ 塑料衬里

宜采用松衬法。

◆ 铅衬里

铅衬里的方法分为衬铅与搪铅。

◇ 搪铅法施工：

搪铅设备基体表面处理后应露出金属光泽；直接搪铅法搪铅不应少于 2 层。

1H413080 绝热工程施工技术

核心考点提纲

绝热工程施工技术 { 设备及管道绝热工程施工方法 / 设备及管道绝热工程施工技术要求

1H413081　设备及管道绝热工程施工方法

考　点			2021年可考性提示
设备及管道绝热工程施工方法	设备及管道绝热结构组成	绝热及绝热材料	★
		绝热结构的组成【2019年单选】	★★
		常用的绝热材料及其制品	★★
	施工方法	绝热层	★
		防潮层	★
		保护层	★

★不大，★★一般，★★★极大

核心考点剖析

核心考点一、绝热结构的组成

绝热——按热流方向分为保温和保冷。

绝热类别	结构组成
保温	保温层、保护层 【注意】特别潮湿的环境、埋地的环境，还需要有防潮层
保冷	保冷层、防潮层、保护层

核心考点二、常用的绝热材料及其制品

绝热	常用材料
保温	硅酸钙制品、复合硅酸盐制品、岩棉制品、矿渣棉制品、玻璃棉制品、硅酸铝棉及其制品、硅酸镁纤维毯
保冷	柔性泡沫橡塑制品、硬质聚氨酯泡沫塑料制品、泡沫玻璃制品、聚异氰脲酸酯等

【考法题型及预测题】

以下通常用于保冷结构的材料是（　　　　）。

A. 复合硅酸盐制品　　　　　　　　B. 泡沫玻璃制品

C. 岩棉制品　　　　　　　　　　　D. 矿渣棉制品

【答案】B

核心考点三、绝热层的施工方法之"捆扎法"

◇ 适用于软质毡、板、管壳，硬质、半硬质板等各类绝热材料制品的施工。

用于大型筒体设备及管道时，需依托固定件或支承件来捆扎、定位。

◇ 配套的捆扎材料有镀锌铁丝、包装钢带、粘胶带等。

对泡沫玻璃、聚氨酯、酚醛泡沫塑料等脆性材料不宜采用镀锌铁丝、不锈钢丝捆扎，宜采用感压丝带捆扎，分层施工的内层可采用粘胶带捆扎。

核心考点四、金属反射绝热结构施工方法

利用高反射、低辐射的金属材料（如铝箔、抛光不锈钢、电镀板等）组成的绝热结构称为金属反射绝热结构。该类结构主要采用焊接或铆接方式施工。

1H413082　设备及管道绝热工程施工技术要求

核心考点及可考性提示

考　　点			2021 年可考性提示
设备及管道绝热工程施工技术要求	施工准备和要求	施工依据	★
		应具备的条件	★
		附件安装要求	★
		绝热材料要求【2020 年案例】	★
	施工技术要求	绝热层	★★★
		防潮层【2020 年单选】	★
		保护层	★

★不大，★★一般，★★★极大

核心考点剖析

核心考点一、施工准备和要求

◇ 绝热材料

（1）当需要修改设计、材料代用或采用新材料时，必须经过原设计单位同意。（通用要求）

（2）对于到达施工现场的绝热材料及其制品，必须检查其出厂合格证书或化验、物性试验记录，凡不符合设计性能要求的不予使用。有疑义时必须做抽样复核【2020 年案例】。

例如：现行行业标准《城镇供热管网工程施工及验收规范》CJJ 28 要求，城镇供热管保温材料检验应符合下列规定：

1）保温材料进场前应对品种、规格、外观等进行检查验收，并应从进场的每批材料中，任选 1～2 组试样进行导热系数、保温层密度、厚度和吸水（质量含水、憎水）率等测定。

2）应对预制直埋保温管、保温层和保护层进行复检，并应提供复检合格证明；

<u>预制直埋保温管的复检项目应包括</u>（考前注意按案例补缺题进行复习）：

保温管的抗剪切强度、保温层的厚度、密度、压缩强度、吸水率、闭孔率、导热系数及外护管的密度、壁厚、断裂伸长率、拉伸强度、热稳定性。

3）按工程要求可进行现场抽检。

（3）绝热材料不应在露天堆放，否则应采取防雨、防雪防潮措施，严防受潮。

核心考点二、绝热层施工技术要求的一般规定

（1）分层施工

当采用一种绝热制品，保温层厚度≥100mm 或保冷层厚度≥80mm 时，应分为两层或多层逐层施工，各层厚度宜接近。

（2）拼缝宽度

硬质或半硬质绝热制品用作保温层时，拼缝宽度≤5mm；

用作保冷层时，拼缝宽度≤2mm。

（3）搭接长度

绝热层施工时，每层及层间接缝应错开，其搭接的长度宜≥100mm。

（4）接缝位置

1）水平管道的纵向接缝位置，<u>不得布置在管道下部垂直中心线 45° 范围内。</u>

（注意：这部分和二级教材不同）

2）当采用大管径的多块硬质成型绝热制品时，绝热层的纵向接缝位置可不受此限制，但应偏离管道垂直中心线位置。

（5）附件要求

1）保冷设备及管道上的裙座、支座、吊耳、仪表管座、支吊架等附件，必须进行保冷。

2）其保冷层长度不得小于保冷层厚度的 4 倍或敷设至垫块处，保冷层厚度应为邻近保冷层厚度的 1/2，但不得小于 40mm。设备裙座内、外壁均应进行保冷。

核心考点三、喷涂法施工要求 ★★★

（1）工艺调节

喷涂施工时，应根据 设备、材料性能及环境条件 调节喷射压力和喷射距离。

喷涂物料混合后的雾化程度及喷涂层成分的均匀性应符合工艺要求。

（2）过程控制

1）喷涂时应均匀连续喷射，喷涂面上 不应出现干料或流淌。

喷涂方向应 垂直 于受喷面，喷枪应不断地进行螺旋式移动。

2）喷涂时应 由下而上分层 进行，大面积喷涂时，应分段分层进行。

接槎处必须结合良好，喷涂层应均匀。

（3）环境条件

在风力大于三级、酷暑、雾天或雨天环境下，不宜进行室外喷涂施工。

【考法题型及预测题】

保温层喷涂作业施工要求不包括（   ）。

A. 喷涂方向应垂直于受喷面　　　　B. 喷涂应自上而下进行

C. 分段分层进行时，接槎处结合应良好　D. 风力大于三级，不宜进行室外喷涂作业

【答案】B

【解析】喷涂应自下而上进行。

核心考点四、伸缩缝及膨胀间隙的留设

伸缩缝留设规定：

◇ 设备或管道采用硬质绝热制品时，应留设伸缩缝。

◇ 两固定管架间水平管道的绝热层应 至少留设一道 伸缩缝。应在立式设备及垂直管道的支承件、法兰 下面 留设伸缩缝。

◇ 弯头两端的直管段上，可 各留一道 伸缩缝；当两弯头之间的间距较小时，其直管段上的伸缩缝可根据介质温度确定仅留一道或不留设。

◇ 当方形设备壳体上有加强筋板时，其绝热层可不留设伸缩缝。

◇ 球形容器的伸缩缝，必须按设计规定留设。当设计对伸缩缝的做法无规定时，浇注或喷涂的绝热层可用嵌条留设。

◇ 多层绝热层伸缩缝的留设：中、低温保温层的各层伸缩缝，可不错开。保冷层及高温保温层的各层伸缩缝，必须错开，错开距离应大于 100mm。

◇ 伸缩缝留设的宽度：设备宜为 25mm，管道宜为 20mm。

【考法题型及预测题】

1. 伸缩缝留设的宽度，管道宜为（　　　）。

A. 20mm   B. 25mm

C. 30mm   D. 35mm

2. 设备或管道采用硬质绝热制品时，应留设伸缩缝的正确选项是（　　　）。

A. 在直立设备及垂直管道的支承件、法兰上面留设伸缩缝

B. 弯头两端的直管段上留一道伸缩缝

C. 两固定管架间水平管道的绝热层应至少留设一道伸缩缝

D. 两弯头之间的间距较小时，其直管段上的伸缩缝根据介质的种类确定是否留设

【答案】

1. A

2. C

【解析】A 选项错在：应该在下面设；B 选项错在：应该是两端分别设；D 选项错在：应该按介质温度来确定。

1H413090　炉窑砌筑工程施工技术

核 心 考 点 提 纲

$$\text{炉窑砌筑工程施工技术} \begin{cases} \text{炉窑及砌筑材料的分类与性能} \\ \text{炉窑砌筑施工技术要求} \end{cases}$$

1H413091 炉窑及砌筑材料的分类与性能

考 点			2021年可考性提示
炉窑及砌筑材料的分类与性能	炉窑的分类		★
	耐火材料的分类	按化学特性分类	★★
		按耐火度分类	★★
		按结构性能分类	★★
		按耐火材料的形状分类	★★
	锚固件的分类及性能		★
	其他耐火材料的种类及应用	耐火陶瓷纤维及制品	★
		膨胀缝填充材料	★★
		耐高温涂料	★
		保护性材料	★

★不大，★★一般，★★★极大

核 心 考 点 剖 析

核心考点一、耐火材料的分类及性能

按化学特性分类	酸性耐火材料	如：硅砖、锆英砂砖
	碱性耐火材料	如：镁砖、镁铝砖、白云石砖
	中性耐火材料	如：刚玉砖、高铝砖、碳砖
按耐火度分类	普通耐火材料	如：耐火度为1580～1770℃
	高级耐火材料	如：耐火度为1770～2000℃
	特级耐火材料	如：耐火度为2000℃以上
按结构性能分类	致密性耐火材料	如：气孔率低于45%的耐火材料
	隔热耐火材料	如：气孔率大于45%的耐火材料
按耐火材料的形状分类	定型耐火材料	如：耐火烧砖
	不定型耐火材料	如：耐火浇注料、耐火泥浆、喷涂料、可塑料、捣打料（弥补定型耐火材料砌筑的不足之处）
	新型耐火材料	如：耐火陶瓷纤维

【考法题型及预测题】

1.（2014年二级真题）下列耐火材料中，属于中性耐火材料的是（　　　）。

A. 高铝砖　　　　　　　　　　　B. 镁铝砖

C. 硅砖　　　　　　　　　　　　D. 白云石砖

2. 下列耐火材料中，属于按结构性能分类的是（　　　）。

A. 碱性耐火材料　　　　　　　　B. 高级耐火材料

C. 隔热耐火材料　　　　　　　　D. 不定型耐火材料

【答案】

1. A；2. C

核心考点二、膨胀缝填充材料

膨胀缝填充材料其伸缩性能要好，可采用：耐火陶瓷纤维、PVC 板、发泡苯乙烯等。

1H413092　炉窑砌筑施工技术要求

核 心 考 点 及 可 考 性 提 示

考　　点			2021 年可考性提示
炉窑砌筑 施工技术要求	炉窑砌筑前工序交接的规定		★★★
	耐火砖砌筑的施工程序		★★★
	一般炉窑各部位砌体砖缝厚度的施工技术要求		★★
	一般炉砌筑的允许误差的检查		★
	耐火砖砌筑 施工技术要点	底和墙砌筑的技术要求【2015 年单选】	★★
		拱和拱顶砌筑的技术要求	★★
	耐火浇注料 施工技术要点	施工程序	★
		施工中的技术要求要点【2014 年单选】	★★
	耐火喷涂料施工技术要点【2016 年单选】		★★
	耐火陶瓷纤维施工技术要求【2018 年单选】		★
	冬期施工的技术要求		★★★
	烘炉的技术要点【2020 年单选】		★★

★不大，★★一般，★★★极大

核 心 考 点 剖 析

核心考点一、炉窑砌筑前工序交接的规定★★★

炉窑的砌筑工程是炉窑骨架结构和有关设备安装完毕后的工序，在砌筑前需要对上道工序进行交接验收，验收合格并签订交接证书后才可以进行砌筑工程的施工。

◆ 交接证书包括以下内容——

（1）炉子中心线和控制标高的测量记录及必要的沉降观测点的测量记录；

（2）隐蔽工程的验收合格证明；

（3）炉体冷却装置、管道和炉壳的试压记录及焊接严密性试验合格证明；

（4）钢结构和炉内轨道等安装位置的主要尺寸复测记录；

（5）动态炉窑或炉子的可动部分试运转合格证明；

（6）炉内托砖板和锚固件等的位置、尺寸及焊接质量的检查合格证明；

（7）上道工序成果的保护要求。

【提示】上述证明书中是没有"炉窑骨架结构和有关设备"的 进场质量验收证明 的。但是，炉窑骨架结构和有关设备是需要进行交接验收的。

◆ 工序交接的主要内容

炉子基础、炉体骨架结构、有关设备安装 的检查。

【考法题型及预测题】

炉窑砌筑前工序交接时，不需提交的证明书是（　　　）。

A. 炉子中心线和控制标高的测量记录　　B. 炉窑出厂或进厂检查验收记录

C. 隐蔽工程验收合格证明　　D. 动态炉的试运转合格证明

【答案】B

【解析】B 选项属于施工前的准备工作，和上道工序无关。

核心考点二、炉窑砌筑的施工程序★★★

1. 动态炉窑砌筑的施工程序

动态炉窑砌筑必须在炉窑单机无负荷试运转合格并验收后方可进行。

起点的选择——从热端向冷端或从低端向高端进行。

选砖——根据①使用位置②工作温度选用不同规格材质的耐火砖。

配砖——根据同类型砖的不同偏差尺寸进行砖的搭配。

2. 静态炉窑的砌筑程序

动态炉窑和静态炉窑砌筑程序基本相同。

◆ 静态炉窑和动态炉窑砌筑程序不同之处在于：

◇ 不必进行无负荷试运行即可进行砌筑 ；

◇ 砌筑顺序必须自下而上进行；

◇ 无论采用哪种砌筑方法，每环砖均可一次完成；

◇ 起拱部位应从两侧向中间砌筑，并需采用拱胎压紧固定，锁砖完成后，拆除拱胎。

【考法题型及预测题】

1. 静态炉窑砌筑起点应该是（　　　）进行。

A. 从热端向冷端　　B. 从冷端向热端

C. 自下而上　　D. 从两侧向中间

2. 静态炉窑砌筑和动态炉窑砌筑程序主要有哪些不同？

【答案】

1. C

2. 答"核心考点二"中小标题 2 下内容即可。

核心考点三、一般炉窑各部位砌体砖缝厚度的施工技术要求

隔热耐火砖通常采用——黏土砖、高铝砖、硅砖。

核心考点四、（耐火砖）底和墙砌筑的技术要求（阅读熟悉）

◇ 砌筑反拱底前，应用样板找准砌筑弧形拱的基面。【2015 年单选】

◇ 斜坡炉底应放线砌筑。

◇ 弧形墙应按样板放线砌筑。

◇ 反拱底应从中心向两侧对称砌筑。

◇ 圆形炉墙应按中心线砌筑。当炉壳的中心线垂直误差和半径误差符合炉内要求时，可以炉壳为导面进行砌筑。

◇ 圆形炉墙不得有三层重缝或三环通缝，上下两层重缝与相邻两环的通缝不得在同一地点。

核心考点五、拱和拱顶砌筑的技术要求

◇ 拱和拱顶必须从两侧拱脚同时向中心对称砌筑。砌筑时，严禁将拱砖的大小头倒置。

◇ 锁砖。锁砖应按拱和拱顶的中心线对称均匀分布。不得使用砍掉厚度 1/3 以上的或砍凿长侧面使大面成楔形的锁砖。

跨度小于 3m 的拱和拱顶，应打入 1 块；

跨度 3~6m，打入 3 块；

跨度大于 6m 时，应打入 5 块。

锁砖应使用木槌，使用铁锤时，应垫以木块。

核心考点六、耐火浇注料施工技术要点

◇ 搅拌好的耐火浇注料，应在 30min 内浇注完成，或根据施工说明要求在规定的时间内浇注完。已初凝的浇注料不得使用。

◇ 耐火浇注料的浇注，应连续进行。在前层浇注料初凝前，应将次层浇注料浇注完毕；

间歇超过初凝时间，应按施工缝要求进行处理。施工缝宜留在同一排锚固砖的中心线上。

核心考点七、耐火喷涂料施工技术要点

1. 喷涂料采用半干法喷涂，涂料加入喷涂机前加水润湿搅拌均匀；

2. 喷涂时不得有干料和流淌；

3. 喷涂方向垂直于喷涂面，喷嘴应螺旋移动；

4. 喷涂分段进行，一次喷到设计厚度；

5. 施工中断时，接槎宜做成直槎；

6. 喷涂完毕后，应及时开设膨胀缝线。【2016 年单选】

核心考点八、冬期施工的技术要点

◆ 砌筑温度的要求

◇ 砌体周围温度不应低于 5℃。

◇ 耐火砖和预制块在砌筑前应预热至 0℃以上。

◇ 耐火泥浆、耐火可塑料、耐火涂料和水泥耐火浇注料等在施工时的温度均不应低于 5℃。

◇ 黏土结合耐火浇注料、水玻璃耐火浇注料、磷酸盐耐火浇注料施工时的温度不宜低于 10℃。

◇ 调制硅酸盐水泥耐火浇注料的水温 不应超过 60℃ 。调制高铝水泥耐火浇注料的水温 不应超过 30℃ 。 水泥不得直接加温 。

◇ 耐火浇注料施工过程中，不得另加促凝剂 。

◆ 冬期施工耐火浇注料的养护

耐火浇注料名称	养护方法	加热温度
水泥耐火浇注料	蓄热法和加热法	加热硅酸盐水泥耐火浇注料的温度不得超过 80℃；加热高铝水泥耐火浇注料的温度不得超过 30℃
黏土浇注料 水玻璃浇注料 磷酸盐水泥浇注料	干热法	水玻璃耐火浇注料的温度不得超过 60℃

【考法题型及预测题】

1. 在 5~10℃ 气温条件下仍可用于施工的耐火材料有（　　　）。

A. 黏土结合耐火浇注料 　　　　B. 水泥耐火浇注料

C. 水玻璃耐火浇注料 　　　　　D. 耐火泥浆

E. 耐火喷涂料

2. 以下符合冬天炉窑施工技术要求的是（　　　）。

A. 水玻璃耐火浇注料，施工环境温度不能低于 5℃

B. 一般水泥浇注料，施工环境温度不能低于 10℃

C. 调制耐火浇注料的水可以加热，高铝水泥耐火浇注料调制水温不应超过 30℃

D. 水泥浇注料养护可以采用干热法

【答案】

1. B、D、E

2. C

【解析】A 选项应该是：水玻璃耐火浇注料，施工环境温度不能低于 10℃；B 选项应该是：一般水泥浇注料，施工环境温度不能低于 5℃；D 选项应该是：水泥浇注料养护可以采用蓄热法和加热法。

【课外知识点】关于蓄热法

冬期施工，对于浇注料的养护，通常是优先考虑蓄热法，在蓄热法条件不满足之下才会考虑其他方法。

蓄热法养护的三个基本要素是混凝土的入模温度、围护层的总传热系数和水泥水化热值；应通过热工计算调整以上三个要素，使混凝土冷却到 0℃ 时，强度能达到临界强度的要求。

核心考点九、烘炉的技术要求

◇ 烘炉在砌筑工程完工后，办理了交接手续，随热工仪表等进行了联合试运转合格后进行。

◇ 先烘烟囱、烟道，后烘炉体。【2020 年单选】

◇ 烘炉应按烘炉曲线进行。

◇ 烘炉期间应仔细观察护炉铁件和内衬的膨胀情况以及拱顶的变化情况；

必要时，可调节拉杆螺母以控制拱顶的上升数值；

在大跨度拱顶的上面，应安装标志，以便检查拱顶的变化情况。

本节模拟强化练习

1. 设备安装前，应根据规范对设备基础的（　　）进行复验验收。

A. 混凝土配合比　　　　　　　　　B. 位置和几何尺寸

C. 混凝土养护　　　　　　　　　　D. 混凝土强度

2. 以下误差形态属于被测实际要素对其理想要素的变动量的误差是（　　）。

A. 平行度　　　　　　　　　　　　B. 垂直度

C. 直线度　　　　　　　　　　　　D. 同轴度

3. 相互啮合的圆柱齿轮副的轴向错位应符合的规定与（　　）有关。

A. 圆柱齿轮的长度　　　　　　　　B. 齿宽

C. 啮合的紧密度　　　　　　　　　D. 圆柱的直径

4. 滑动轴承装配要检查（　　）。

A. 瓦背和轴颈的接触　　　　　　　B. 上下轴瓦中分面的结合情况

C. 轴瓦内孔与轴颈的接触点数　　　D. 轴颈与轴瓦的侧间隙

E. 轴颈与轴瓦的顶间隙

5. 解体设备的装配精度包括运动部件之间的相对运动精度和（　　）。

A. 直线运动精度　　　　　　　　　B. 圆周运动精度

C. 传动精度　　　　　　　　　　　D. 配合精度

E. 接触质量

6. 在汽轮机、干燥机机组的装配定位时，运行中温度高的（　　）的安装位置应低于温度低的。

A. 干燥机　　　　　　　　　　　　B. 发电机

C. 鼓风机　　　　　　　　　　　　D. 电动机

7. 变压器送电试运行时，应进行（　　）空载全压冲击合闸，应无异常情况。

A. 3 次　　　　　　　　　　　　　B. 5 次

C. 12 小时　　　　　　　　　　　　D. 36 小时

8. 耐张杆、分支杆等处的跳线连接，可以采用（　　）。

A. 钳压连接　　　　　　　　　　　B. 液压连接

C. 爆压连接　　　　　　　　　　　D. 线夹连接

9. 电缆线路耐压试验，合格指标是（　　）。

A. 三相泄漏电流最大不对称系数不大于 2

B. 三相泄漏电流最大不对称系数不大于 3

C. 三相泄漏电流最大不对称系数不大于 3.5

D. 三相泄漏电流最大不对称系数不大于 6

10. 电缆线路在进行直流耐压试验的同时，在高压侧测量三相（　　　）。

A. 短路电流　　　　　　　　　　　　B. 空载电流

C. 泄漏电流　　　　　　　　　　　　D. 放电电流

11. 在有爆炸性气体的环境中电气设备接地的要求，不正确的是（　　　）。

A. 所有电气设备都需要接地

B. 10 区内的所有电气设备应采用专门的接地线

C. 接地干线应在不同的方向最多两处与接地体连接

D. 接地装置与建筑物上的避雷针接地装置合并设置

12. GC1 级管道的管子、管件在使用前应采用（　　　）抽样检验，要求检验批是同炉批号、同型号规格、同时到货。

A. 超声波检测　　　　　　　　　　　B. 外表面磁粉检测

C. 涡流探伤　　　　　　　　　　　　D. 射线探伤

13. 管道轴测图应标明的焊接工艺信息不包括（　　　）。

A. 焊缝编号和焊工代号　　　　　　　B. 无损检测焊缝位置

C. 热处理焊缝位置　　　　　　　　　D. 焊接检查记录编号

14. 工作温度为 $-125℃$，设计温度为 $-140℃$ 钢制管道试运行时，一次冷态紧固温度为（　　　）。

A. 0℃　　　　　　　　　　　　　　B. $-70℃$

C. 设计温度　　　　　　　　　　　　D. 工作温度

15. 埋地长输管道下沟后，应进行的管道施工工序不包括（　　　）。

A. 测径　　　　　　　　　　　　　　B. 通球扫线

C. 防腐蚀　　　　　　　　　　　　　D. 试压

16. 确定储罐罐底焊接顺序原则是（　　　）。

A. 先焊短缝后焊长缝的焊接顺序

B. 焊工均匀分布，沿同一方向施焊的顺序

C. 先点焊后正式焊接的原则

D. 采用收缩变形最小的焊接工艺及焊接顺序

17. 储罐组焊，预防焊接变形措施不包括（　　　）。

A. 焊缝要分散，对称布置

B. 底板边缘板对接接头采用等间隙

C. 壁板卷制中要用弧形样板检查边缘的弧度

D. 可以采用反变形措施，补偿焊缝的角向收缩

18. 金属储罐罐底组焊后应采用真空箱法进行严密性试验，试验负压值不得低于（　　　），无渗漏为合格。

A. 0.2MPa　　　　　　　　　　　　B. 0.4MPa

C. 0.6kPa D. 53kPa

19. 球罐热处理过程中要控制的参数包括（　　）。

A. 热处理温度 B. 升降温度

C. 温差 D. 柱脚垂直度

E. 拉杆挠度

20. 球罐的气密性试验，试验压力为（　　）。

A. 球形罐设计压力的 1.5 倍 B. 球形罐工作压力的 1.1 倍

C. 球形罐设计压力 D. 工作压力

21. 螺旋水冷壁安装螺旋角偏差控制在（　　）之内。

A. 0.5° B. 1°

C. 1.5° D. 3°

22. 凝汽器组装完毕后，汽侧应进行（　　）。

A. 压力试验 B. 气密性试验

C. 灌水试验 D. 通气试验

23. 光伏发电设备安装，汇流箱安装的紧后工序是（　　）。

A. 电气设备安装 B. 光伏组件安装

C. 逆变器安装 D. 调试

24. 光伏发电设备安装中，不使用的支架是（　　）。

A. 固定支架 B. 滑动支架

C. 跟踪支架 D. 可调支架

25. 取源阀门与设备或管道的连接，不宜采用（　　）接头。

A. 焊接 B. 螺纹

C. 卡套式 D. 套管焊接

26. 分布式控制系统（DCS）的接地三部分，不包括（　　）。

A. 系统电源地 B. 机柜安全地

C. 信号屏蔽地 D. 基座等电位地

27. 测温元件安装在易受被测物料强烈冲击的位置，应按设计文件规定采取（　　）的措施。

A. 防止变形 B. 防止弯曲

C. 固定 D. 防破坏

28. 工业炉窑砌筑工程工序交接证明书中，合格证明主要包括（　　）。

A. 管道和炉壳的试压记录 B. 管道和炉壳的焊接严密性试验

C. 静态式炉窑试运转 D. 炉体冷却装置试运转

E. 炉子可动部分的试运转

29. 炉窑砌筑时，符合拱和拱顶施工技术要点的是（　　）。

A. 圆形炉墙不得有三层重缝 B. 从中心向两侧拱脚砌筑

C. 跨度大于 6m 时，应打 5 块锁砖 D. 宜用木槌打锁砖

E. 不得使用砍凿长侧面使大面成楔形的锁砖

本节模拟强化练习参考答案

1. B

2. C

【解析】被测实际要素对其理想要素的变动量的误差是形状误差，选项 C 属于形状误差。

3. B；4. B、C、D、E

5. D、E

【解析】看清楚题目，问的是装配精度；选项 A、B、C 属于相对运动精度。

6. A；7. B；8. D；9. A；10. C

11. C

【解析】C 选项错，接地干线应在不同的方向不少于两处与接地体连接。

12. B；13. D

14. B

【解析】这个知识点核心考点剖析没有写到，这里作个补充。

管道试运行时，热态紧固或冷态紧固应符合下列规定：

（1）钢制管道热态紧固、冷态紧固温度应符合规范要求，如工作温度大于 350℃时，一次热态紧固温度为 350℃，二次热态紧固温度为工作温度；如工作温度低于 −70℃时，一次冷态紧固温度为 −70℃，二次冷态紧固温度为工作温度。

（2）热态紧固或冷态紧固应在达到工作温度 2h 后进行。

（3）紧固螺栓时，钢制管道最大内压应根据设计压力确定。当设计压力小于或等于 6.0MPa 时，热态紧固最大内压应为 0.3MPa；当设计压力大于 6.0MPa 时，热态紧固最大内压应为 0.5MPa。冷态紧固应在卸压后进行。

（4）紧固时，应有保护操作人员安全的技术措施。

15. C；16. D；17. B；18. D

19. A、C

【解析】选项 B，不完整，应该是升降温速度。

20. C

【解析】球形罐的气密性试验属于泄露性试验，试验压力为球罐的设计压力。

21. A；22. C；23. C；24. B；25. C；26. D；27. B

28. A、B、E

【解析】在砌筑前需要对上道工序进行交接验收，C 选项，对于静态炉窑的砌筑，砌筑前不需要进行单体试运转，动态炉窑才需要。

D 选项感觉上就别扭，多项选择题一定要注意答题的规则，不明确的知识点不要选。

工序交接证明书应包括下列内容：

（1）炉子中心线和控制标高的测量记录及必要的沉降观测点的测量记录；

（2）隐蔽工程的验收合格证明；

（3）炉体冷却装置、管道和炉壳的试压记录及焊接严密性试验合格证明；

（4）钢结构和炉内轨道等安装位置的主要尺寸复测记录；

（5）动态炉窑或炉子的可动部分试运转合格证明；

（6）炉内托砖板和锚固件等的位置、尺寸及焊接质量的检查合格证明；

（7）上道工序成果的保护要求。

29. C、D、E

【解析】选项 A，不属于拱和拱顶的砌筑要求；选项 B，应从两侧拱脚同时向中心砌筑。

1H414000 建筑机电工程施工技术

2017—2020 年度真题考点分值表

命题点	题型	2020 年	2019 年	2018 年	2017 年
1H414010 建筑管道工程施工技术	单选				
	多选	2	2	2	2
	案例			5＋实操 2	
1H414020 建筑电气工程施工技术	单选				
	多选	3	2	2	2
	案例		5	10	
1H414030 通风与空调工程施工技术	单选				
	多选	4			2
	案例	3	12		12
1H414040 建筑智能化工程施工技术	单选				1
	多选	2	2	2	
	案例		9		
1H414050 电梯工程施工技术	单选	1	1	1	1
	多选				
	案例	1			
1H414060 消防工程施工技术	单选		1	1	
	多选				2
	案例				5

1H414010　建筑管道工程施工技术

建筑管道工程施工技术 $\begin{cases} \text{建筑管道工程的划分与施工程序} \\ \text{建筑管道工程施工技术要求} \end{cases}$

1H414011　建筑管道工程的划分与施工程序

	考　点	2021年可考性提示
建筑管道工程的 划分与施工程序	建筑管道工程的划分	★
	建筑管道工程施工程序	★★

★不大，★★一般，★★★极大

【核心考点剖析】

核心考点、建筑管道工程施工程序

◆ 室内给水管道施工程序与建筑饮用水供应系统施工程序

【注意】框出来的关键词，是施工程序中的不同点。

◇ 室内给水管道施工程序

施工准备→预留、预埋→管道测绘放线→管道元件检验→管道支吊架制作安装→管道加工预制→ 给水设备安装 →管道及配件安装→系统水压试验→防腐绝热→系统清洗、消毒。

◇ 建筑饮用水供应系统施工程序

施工准备→预留、预埋→管道测绘放线→管道元件检验→管道支吊架制作安装→管道预制→ 水处理设备及控制设施安装 →管道及配件安装→系统水压试验→防腐绝热→系统清洗、消毒。

◆ 室内排水工程施工程序与室外排水管网工程施工程序

【注意】两个施工程序中的下划线部分，是这两个施工程序中的不同点。

◇ 室内排水工程施工程序

施工准备→<u>预留、预埋→管道测绘放线</u>→管道元件检验→管道支吊架制作安装→管道预制→管道及配件安装→系统灌水试验→防腐→<u>系统通球试验（2/3，100%）</u>。

◇ 室外排水管网工程施工程序

施工准备→<u>测量放线→管沟、井池开挖</u>→管道元件检验→管道支架制作安装→管道预制→管道安装→系统灌水试验→防腐→<u>系统通水试验→管沟回填</u>。

◆ 室内给水与排水管道施工程序

【注意】两个施工程序中的框线与下划线部分，是这两个施工程序中的不同点。

◇ 室内给水管道施工程序

施工准备→预留、预埋→管道测绘放线→管道元件检验→管道支吊架制作安装→管道加工预制→给水设备安装→管道及配件安装→系统水压试验→防腐绝热→系统清洗、消毒。

◇ 室内排水工程施工程序

施工准备→预留、预埋→管道测绘放线→管道元件检验→管道支吊架制作安装→管道预制→排水泵等设备安装→管道及配件安装→系统灌水试验→防腐→系统通球试验。

1H414012　建筑管道工程施工技术要求

考　点		2021 年可考点提示
建筑管道工程施工技术要求	建筑管道常用的连接方法	★★
	室内给水管道施工技术要求【2018 年案例、2020 年多选】	★★★
	室内排水管道施工技术要求	★★
	室内供暖管道施工技术要求【2013 年、2015 年单选】	★★
	室外给水管网施工技术要求	★
	室外排水管网施工技术要求	★★
	室外供暖管道施工技术要求	★
	建筑饮用水供应工程施工技术要求	★★
	建筑中水及雨水利用工程施工技术要求【2018 年案例、2019 年多选】	★
	高层建筑管道安装的技术措施	★★★
	建筑管道先进适用技术	★★

★不大，★★一般，★★★极大

核心考点剖析

核心考点一、建筑管道常用的连接方法

管道类型	适用的连接方式
铜管	①焊接②专用接头③承插④螺纹卡套压接
明装管道——钢塑复合管，管径小于等于 80mm 镀锌管道	螺纹连接
非镀锌管道、暗装的管道、直径较大的管道	焊接（在高层中运用较多）
直径较大的管道、需要经常拆卸维修的部位	法兰连接，如图 1H414012-3 所示
直径大于或等于 100mm 的管道：如消防水、空调冷热水、给水、雨水等管道等	沟槽式（卡箍）连接，如图 1H414012-1 所示
铝塑复合管	螺纹卡套压接，如图 1H414012-2 所示
不锈钢管道	卡压连接，如图 1H414012-4 所示
PPR 管道	热熔连接
给水排水的铸铁管	承插连接：柔性连接——橡胶密封圈密封；刚性连接——采用石棉水泥或膨胀性填料密封

图 1H414012-1 沟槽（卡箍）连接

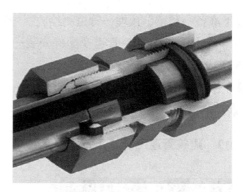

图 1H414012-2 螺纹卡套压接

图 1H414012-3 法兰连接

图 1H414012-4 卡压连接

◆ 关于卡压连接

◇ 不锈钢卡压式管件连接技术取代了螺纹、焊接、胶接等传统给水管道连接技术，具有保护水质卫生、抗腐蚀性强、使用寿命长等特点；【2013年单选】

◇ 施工时将带有特种密封圈的承口管件与管道连接，用专用工具压紧管口而起到密封和紧固作用，施工中具有安装便捷、连接可靠及经济合理等优点。

【考法题型及预测题】

1.（2014年二级真题）高层建筑给水及排水铸铁管的柔性连接应采用（   ）。

A. 石棉水泥密封   B. 橡胶圈密封

C. 铅密封   D. 膨胀性填料密封

2.（2013年真题）具有保护水质卫生、抗腐蚀性强、使用寿命长等特点的高层建筑给水管道的连接件是（   ）。

A. 钢塑复合管件   B. 镀锌螺纹管件

C. 铸铁卡箍式管件   D. 不锈钢卡压式管件

【答案】

1. B；2. D

核心考点二、室内给水管道施工技术要求之管道元件检验

◇ 安装前应认真核对元件的规格型号、材质、外观质量和质量证明文件等。

◇ 管道所用流量计及压力表应进行校验检定，设备及管道上的安全阀整定应由 具备资质的单位进行整定。

◇ 阀门应按规范要求进行 强度和严密性 试验，试验应在每批（同牌号、同型号、同规格）数量中抽查 10%，且不少于一个。【2018年实务操作和案例分析】

◇ 阀门的强度和严密性试验，应符合以下规定：阀门的强度试验压力为 公称压力的 1.5 倍；严密性试验压力为 公称压力的 1.1 倍 【2018年实务操作和案例分析】；试验压力在试验持续时间内应保持不变，且壳体填料及阀瓣密封面无渗漏。

安装在主干管上起切断作用的闭路阀门，应逐个（100%）做强度试验和严密性试验。

◇ 阀门试压的试验持续时间不少于下表规定【2018年实务操作和案例分析】：

公称直径 DN（mm）	最短试验持续时间（s）		
	严密性试验		强度试验
	金属密封	非金属密封	
≤50	15	15	15
65～200	30	15	60
250～450	60	30	180

核心考点三、预留预埋

校核土建图纸与安装图纸的一致性（即图纸会审），现场检查预埋件、预留孔的位置、样式及尺寸，配合土建施工及时做好各种孔洞的预留及预埋管、预埋件的埋设，确保埋设①正确②无遗漏。

【考法题型及预测题】

（实务操作，也适用通风空调的预留预埋）

管道敷设时发现预留孔洞、预埋件有遗漏说明存在哪些问题？

【答】预留孔洞、预埋件有遗漏说明存在以下问题：

（1）与土建结构单位沟通协调存在的问题。

图纸会审交底不清楚。没有校核土建图纸与安装图纸的一致性。

（2）没有进行跟踪协调与复核。

核心考点四、室内给水管道施工技术要求之管道预制

（1）预制加工的管段应进行分组编号，非安装现场预制的管道应考虑运输的方便。

（2）预制阶段应同时进行管道的检验和底漆的涂刷工作。

（注意：需要焊接的管段，焊接部位不刷底漆的，按规范留出）

（3）弯管要求：

冲压弯头曲率应不小于管道外径；

焊接弯头曲率应不小于管道外径的 1.5 倍；

钢管热弯曲率应不小于管道外径的 3.5 倍；

冷弯曲率应不小于管道外径的 4 倍。

核心考点五、室内给水管道施工技术要求之管道及配件安装

	建安室内给水管道安装要点	
管道安装程序要求	一般应本着先排水、后给水；先管井内侧、后管井外侧；先主管、后支管；先上部、后下部；先里、后外的原则进行安装	
	对于不同材质的管道应先安装钢质管道，后安装塑料管道	
	当管道穿过地下室侧墙时应在室内管道安装结束后再进行安装，安装过程应注意成品保护。注意：高层建筑的地下室管道、穿墙出户管道要在结构封顶和初沉后安装	
冷热水管安装位置等要求	冷热水管道上下平行安装时热水管道应在冷水管道上方	
	垂直安装时热水管道在冷水管道左侧	
管道之间安装距离要求	给水引入管与排水排出管的水平净距不得小于 1m	
	室内给水与排水管道平行敷设时，两管间的最小水平净距不得小于 0.5m	
	交叉铺设时，垂直净距不得小于 0.15m；给水管应铺在排水管上面，若给水管必须铺在排水管的下面时，给水管应加套管，其长度不得小于排水管管径的 3 倍	
给水水平管道坡度要求	应有 2‰～5‰ 的坡度坡向泄水装置	

【考法题型及预测题】

1. 建筑管道安装一般应本着（　　　）的原则进行。

A. 先管井外侧，后管井内侧　　　　　B. 先下部后上部

C. 先主管后支管　　　　　　　　　　D. 先排水后给水

E. 先塑料管，后钢质管

2. 以下不符合管道安装要求的是（　　　）。

A. 铸铁管的坡度应高于塑料管的坡度

B. 冷热水管垂直安装时，冷水管应在热水管的左侧

C. 给水引入管与排水排出管的水平净距不得小于 1m

D. 管道先里后外进行安装

【答案】

1. C、D；2. B

【解析】冷热水管垂直安装时，热水管在冷水管的左侧，也即冷水管在热水管的右侧。

核心考点六、室内排水管道施工技术要求

◆ 排水管道及配件安装

	建安管道安装要点	
安装坡道要求	排水管道应严格控制坡度和坡向，当设计未注明安装坡度时，应按相应施工规范执行	
	室内生活污水管道应按铸铁管、塑料管等不同材质及管径设置排水坡度	
	铸铁管的坡度应高于塑料管的坡度	
	室外排水管道的坡度必须符合设计要求，严禁无坡或倒坡	

建安管道安装要点	
排水通气管	排水通气管不得与风道或烟道连接，通气管应高出屋面 300mm，但必须大于最大积雪厚度； 在通气管出口 4m 以内有门、窗时，通气管应高出门、窗顶 600mm 或引向无门、窗一侧； 在经常有人停留的平屋顶上，通气管应高出屋面 2m，并应根据防雷要求设置防雷装置； 屋顶有隔热层应从隔热层板面算起
其他要求	排水塑料管必须按设计要求及位置装设伸缩节。如设计无要求时，伸缩节间距不得大于 4m。高层建筑中明设排水塑料管道应按设计要求设置阻火圈或防火套管
	安装未经消毒处理的医院含菌污水管道，不得与其他排水管道直接连接

◆ 室内排水管道系统灌水试验、通球试验

灌水试验	室内隐蔽或埋地的排水管道在隐蔽前必须做灌水试验
	灌水高度应不低于底层卫生器具的上边缘或底层地面高度灌水到满水 15min，水面下降后再灌满观察 5min，液面不降，管道及接口无渗漏为合格
	灌水高度必须达到每根立管上部的雨水斗，当灌水达到稳定水面后观察 1h，管道无渗漏为合格
通球试验	排水管道主立管及水平干管安装结束后均应做通球试验
	通球球径不小于排水管径的 2/3，通球率必须达到 100%

【考法题型及预测题】

室内生活污水管道应按管道的（　　　）设置排水坡度。

A. 不同材质　　　　　　　　　　B. 不同管径

C. 不同长度　　　　　　　　　　D. 不同高度

E. 不同弯头

【答案】A、B

核心考点七、室内供暖管道施工技术要求之散热器安装要求【按案例掌握】

◇ 散热器进场时，应对其 单位散热量、金属热强度 等性能进行复验；

复验应为见证取样检验。同厂家、同材质的散热器，数量在 500 组及以下时，抽检 2 组；当数量每增加 1000 组时应增加抽检 1 组。

◇ 散热器组对后，以及整组出厂的散热器在安装之前应做水压试验。

试验压力如设计无要求时应为工作压力的 1.5 倍，但不小于 0.6MPa。试验时间为 2～3min，压力不降且不渗不漏。

核心考点八、室外排水管道施工技术要求

◆ 室外排水管道系统灌水、通水试验

灌水试验	管道敷设后隐蔽前必须做灌水试验和通水试验，排水应畅通、无堵塞，管接口无渗漏
	室外排水管网按排水检查井分段试验，试验水头应以 试验段上游管顶加 1m，时间不少于 30min，逐段观察，管接口无渗漏为合格

核心考点九、高层建筑管道安装的技术措施★★★

◇【案例】妥善处理好排水管道的通气、消能问题，保证供排水安全通畅。

十层及十层以上高层建筑卫生间的生活污水立管应设置通气立管。

高层建筑尤其是超高层建筑，应按设计要求设置 乙字弯或在设备层（转换层）设置 水平管 进行消能。

◇ 高层建筑层数多、高度大，给水系统及热水系统中的静水压力大，设计时必须对给水系统和热水系统进行 合理的竖向分区并加设减压设备 。

◇ 高层建筑应考虑管道的防震、降噪措施，保证管道安装牢固、坡度合理，并采取必要的减震隔离或加设柔性连接等措施。

◇ 抗震支吊架组成

其构成由锚固体、加固吊杆、抗震连接构件及抗震斜撑组成。

【建筑管道工程实务操作和案例分析补充知识点】

◆ 熟悉几个图例

名　称	图　例
刚性防水套管	
柔性防水套管	
管道固定支架	
管道滑动支架	
存水弯	
法兰连接	
截止阀	$DN \geqslant 50$　　　$DN < 50$
止回阀	
温度计	
压力表	

1H414020 建筑电气工程施工技术

建筑电气工程施工技术 $\begin{cases} 建筑电气工程的划分与施工程序 \\ 建筑电气工程施工技术要求 \end{cases}$

1H414021 建筑电气工程的划分与施工程序

核 心 考 点 及 可 考 性 提 示

考 点		2021 年可考性提示
建筑电气工程的划分与施工程序	建筑电气工程分部分项工程的划分	★★
	建筑电气工程施工程序	
	变配电工程施工程序【2014 年案例】	★
	供电干线施工程序	★
	电气动力工程的施工程序	★
	电气照明工程施工程序【2014 年案例】	★
	防雷、接地装置的施工程序	★

★不大，★★一般，★★★极大

核心考点、建筑电气工程分部分项的划分

【说明】简单了解，注意表格中划线部分。

建筑电气工程分部分项工程的划分

分部工程	子分部工程	分 项 工 程
建筑电气	室外电气	变压器、箱式变电所安装，成套配电柜、控制柜（台、箱）和配电箱（盘）安装，梯架、托盘和槽盒安装，导管敷设，电缆敷设，管内穿线和槽盒内敷线，电缆头制作、导线连接和线路绝缘测试，普通灯具安装，专用灯具安装，建筑照明通电试运行，接地装置安装
	变配电室	变压器、箱式变电所安装，成套配电柜、控制柜（台、箱）和配电箱（盘）安装，母线槽安装，梯架、托盘和槽盒安装，电缆敷设，电缆头制作、导线连接和线路绝缘测试，接地装置安装，接地干线敷设（变配电室及电气竖井内接地干线敷设）
	供电干线	电气设备试验和试运行，母线槽安装，梯架、托盘和槽盒安装，导管敷设，电缆敷设，管内穿线和槽盒内敷线，电缆头制作、导线连接和线路绝缘测试，接地干线敷设（变配电室及电气竖井内接地干线敷设）
	电气动力	成套配电柜、控制柜（台、箱）和配电箱（盘）安装，<u>电动机、电加热器及电动执行机构检查接线</u>，电气设备试验和试运行，梯架、托盘和槽盒安装，导管敷设，电缆敷设，管内穿线和槽盒内敷线，电缆头制作、导线连接和线路绝缘测试

分部工程	子分部工程	分 项 工 程
建筑电气	电气照明	成套配电柜、控制柜（台、箱）和动力、配电箱（盘）安装，梯架、托盘和槽盒安装，导管敷设，管内穿线和槽盒内敷线，塑料护套线直敷布线，钢索配线，电缆头制作、导线连接和线路绝缘测试，普通灯具安装，专用灯具安装，开关、插座、风扇安装，建筑照明通电试运行
	备用和不间断电源	成套配电柜、控制柜（屏、台）和配电箱（盘）安装，柴油发电机组安装，UPS 及 EPS 安装，母线槽安装，导管敷设，电缆敷设，管内穿线和槽盒内敷线，电缆头制作、导线连接和线路绝缘测试，接地装置安装
	防雷及接地	接地装置安装，接地干线敷设，防雷引下线及接闪器安装，建筑物等电位联结

【关于防雷及接地】

防雷——防雷引下线及接闪器安装；

接地——接地装置安装，接地干线敷设，建筑物等电位联结。

【考法题型及预测题】

1. 下列电气设备中，属于变配电设备的有（　　　）。

A. 高压开关柜 　　　　　　　　　　B. 三相电力变压器

C. 动力控制柜 　　　　　　　　　　D. 柴油发电机组

E. UPS 设备

2. 建筑防雷保护装置由（　　　）组成。

A. 接闪器 　　　　　　　　　　　　B. 接地干线

C. 引下线 　　　　　　　　　　　　D. 均压环

E. 等电位联结

【答案】

1. A、B

【解析】选项 C，为电气动力设备；选项 D、E 为备用电源设备。

2. A、C、D

1H414022　建筑电气工程施工技术要求

核 心 考 点 及 可 考 性 提 示

考　　点			2021 年可考性提示
建筑电气工程施工技术要求	供电干线、室内配电线路施工技术要求	母线槽施工技术要求【2020 年多选】	★★★
		梯架、托盘和槽盒施工技术要求	★
		导管施工技术要求【2017 年单选、2018 年案例】	★★
		室内电缆敷设要求	★
		导管内穿线和槽盒内导线敷设要求	★★

考　点			2021年可考性提示
建筑电气工程施工技术要求	电气照明装置施工技术要求	照明配电箱安装技术要求【2018年案例】	★
		灯具安装技术要求【2018年多选、2019年多选】	★★★
		开关安装技术要求	★
		插座安装技术要求	★★
	建筑防雷与接地施工技术要求	建筑接地工程施工技术要求【2018年、2019年案例】	★
		建筑防雷工程的施工技术要求【2018年案例】	★

★不大，★★一般，★★★极大

【备注】2014、2015、2016、2017年的考题都在本目，但是对应的知识点2018新版教材已删除或更改。

核心考点剖析

核心考点一、母线槽施工技术要求★★★【2020年多选，2021年继续掌握】

● 采用金属吊架固定时，应设有防晃支架。

● 室内配电母线槽的圆钢吊架直径不得小于8mm。

● 室内照明母线槽的圆钢吊架直径不得小于6mm。

● 水平或垂直敷设的母线槽，每节不得少于一个支架。

● 母线槽跨越建筑物变形缝处时，应设置补偿装置。

母线槽直线敷设长度超过80m，每50～60m宜设置伸缩节。

● 母线槽不宜安装在水管的正下方。

● 母线槽连接用部件的防护等级应与母线槽本体的防护等级一致。

● 母线槽连接的接触电阻应小于0.1Ω。

● 母线槽的金属外壳等外露可导电部分应与保护导体可靠连接，每段母线槽的金属外壳间应连接可靠，且母线槽全长与保护导体可靠连接不应少于2处。

● 母线槽通电前检查

（1）母线槽通电运行前应进行检验或试验，高压母线交流工频耐压试验应符合交接试验规定；低压母线绝缘电阻值不应小于0.5MΩ。

（2）检查分接单元插入时，接地触头应先于相线触头接触，且触头连接紧密，退出时，接地触头应后于相线触头脱开。

核心考点二、供电干线金属导管施工要求

【2017年多选选项之一、2018年案例】

◆ 导管进场验收要求

◇ 埋入土壤中的热浸镀锌钢材，其镀锌层厚度不应小于63μm。

◇ 对镀锌质量有异议时，应按批抽样送有资质的试验室检测。【通用】

◆ 支架安装要求

◇ 承力建筑钢结构构件上不得熔焊导管支架，且不得热加工开孔。【通用】

◇ 当导管采用金属吊架固定时，圆钢直径不得小于8mm，并应设置防晃支架。

◇ 在距离盒（箱）、分支处或端部 0.3~0.5m 处应设置固定支架。

◆ 金属导管施工要求

◇ 钢导管不得采用对口熔焊连接。

◇ 镀锌钢导管或壁厚小于或等于 2mm 的钢导管，不得采用套管熔焊连接。

◇ 镀锌钢导管、金属柔性导管不得熔焊连接。

◇ 暗配导管的表面埋设深度与建筑物、构筑物表面的距离不应小于 15mm。

当塑料导管在墙体上剔槽埋设时，应采用强度等级不小于 M10 的水泥砂浆抹面保护。

◇ 导管穿越密闭或防护密闭隔墙时，应设置预埋套管，套管两端伸出墙面的长度宜为 30~50mm，导管穿越密闭穿墙套管的两侧应设置过线盒，并应做好封堵。

◇ 室外埋地敷设的钢导管的壁厚应大于 2mm。

导管的管口不应敞口垂直向上，导管管口应在盒、箱内或导管端部设置防水弯。

导管管口在穿入绝缘导线、电缆后应做密封处理。

◆ 金属导管与保护导体连接要求

◇ 当非镀锌钢导管采用螺纹连接时，连接处的两端应熔焊焊接保护连接导体；熔焊焊接的保护连接导体宜为圆钢，直径不应小于 6mm，其搭接长度应为圆钢直径的 6 倍。

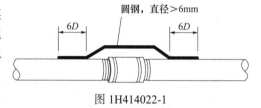

图 1H414022-1

如图 1H414022-1 所示：

◇ 金属导管与金属梯架、托盘连接时，镀锌材质的连接端宜用专用接地卡固定保护连接导体，非镀锌材质的连接处应熔焊焊接保护连接导体。

◆ 柔性导管的使用

◇ 柔性导管的长度在动力工程中不宜大于 0.8m，在照明工程中不宜大于 1.2m。

◇ 柔性导管与刚性导管或电气设备、器具间的连接应采用专用接头。

金属柔性导管不应作为保护导体的接续导体。

核心考点三、SPD 的接线形式实务操作补充知识

图 1H414022-2 中 SPD 的传统接法可能会造成什么问题？应采用哪种接法避免？画出示意图。

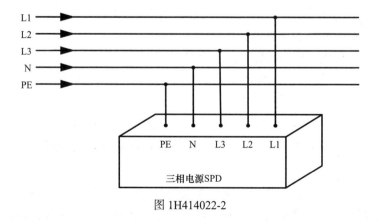

图 1H414022-2

【答案】可能会增加后续设备的电压；并且若发生故障，SPD 因故障或长时间泄流引发接线发热着火。应采用"凯文接线法"，示意图如图 1H414022-3 所示：

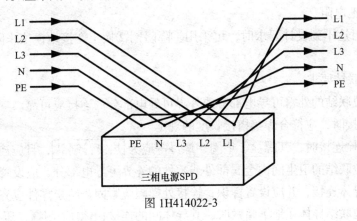

图 1H414022-3

核心考点四、灯具安装要求

◆ 灯具进场验收要求

◇ 灯具内部接线应为铜芯绝缘导线，其截面应与灯具功率相匹配，且不应小于 $0.5mm^2$。

◇ 灯具的绝缘电阻值不应小于 2MΩ，灯具内绝缘导线的绝缘层厚度不应小于 0.6mm。

◆ 灯具固定要求

◇ 灯具固定应牢固可靠，在砌体和混凝土结构上严禁使用木榫、尼龙塞或塑料塞固定。

◇ 质量大于 10kg 的灯具、固定装置及悬吊装置；应按灯具重量的 5 倍恒定均布载荷做强度试验，且持续时间不得少于 15min。

◇ 吸顶或墙面上安装的灯具，其固定螺栓或螺钉不应少于 2 个，灯具应紧贴饰面。

◇ 悬吊式灯具：

· 质量大于 0.5kg 的软线吊灯，灯具的电源线不应受力。

· 质量大于 3kg 的悬吊灯具，固定在螺栓或预埋吊钩上（螺钉不行！），螺栓或预埋吊钩的直径不应小于灯具挂销直径，且不应小于 6mm。

· 灯具与固定装置及灯具连接件之间采用螺纹连接的螺纹啮合扣数不应少于 5 扣。

核心考点五、灯具的接地要求【2018 多选，掌握】

灯具按防触电保护形式分为 I 类、II 类和III类。

（1）I 类灯具的防触电保护不仅依靠基本绝缘，还需把外露可导电部分连接到保护导体上；因此 I 类灯具外路可导电部分 必须采用铜芯软导线与保护导体可靠连接 ，连接处应设置接地标识；铜芯软导线 (接地线) 的截面应与进入灯具的电源线截面相同，导线间的连接应采用导线连接器或缠绕搪锡连接。

（2）II 类灯具的防触电保护不仅依靠基本绝缘，还具有双重绝缘或加强绝缘，因此 II 类灯具外壳 不需要 与保护导体连接。

（3）III类灯具的防触电保护是依靠安全特低电压，电源、电压不超过交流 50V，采用隔离变压器供电。

因此Ⅲ类灯具的外壳 不容许 与保护导体连接。

核心考点六、建筑接地工程

1. 关于接地电阻

当接地电阻达不到设计要求时，可采用①降阻剂②换土③接地模块来降低接地电阻。

【2018 年案例】

2. 等电位联结要求

（1）等电位联结的外露可导电部分或外界可导电部分的连接应可靠。

1）采用焊接时，应符合焊接搭接长度的规定。

2）采用螺栓连接时，其螺栓、垫圈、螺母等应为 热镀锌制品 ，且应连接牢固。

（2）等电位联结的卫生间内金属部件或零件的外界可导电部分，应设置专用接线螺栓与等电位联结导体连接，并应设置标识；连接处螺帽应紧固、防松零件应齐全。

（3）等电位联结导体在地下暗敷时，其导体间的连接 不得 采用螺栓压接。

【实务操作补充】

画出室内明装总等电位联结简易示意图。

【答案】室内明装总等电位联结简易示意图如图 1H414022-4 所示：

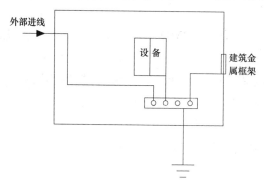

图 1H414022-4　室内明装总等电位联结简易示意图

核心考点七、接闪线和接闪带安装要求

● 接闪线和接闪带安装应平正顺直、无急弯。

● 固定支架高度不宜小于 150mm。

● 每个固定支架应能承受 49N 的垂直拉力。

● 接闪带或接闪网在过建筑物变形缝处的跨接应有补偿措施。
（或用补偿器或弯成 Ω 形跨越）

1H414030　通风与空调工程施工技术

核心考点提纲

通风与空调工程施工技术
- 通风与空调工程的划分与施工程序
- 通风与空调工程施工技术要求
- 净化空调系统施工技术要求

1H414031 通风与空调工程的划分与施工程序

核 心 考 点 及 可 考 性 提 示

	考　点		2021 年可考性提示
通风与空调工程的划分与施工程序	空调系统类别	按空气处理设备的分类	★
		按承担室内空调负荷所用的介质分类	★
		按风管系统工作压力分类	★★
	通风与空调工程的划分		★
	通风与空调工程施工程序	风管及部件制作与安装施工程序	★★
		空调水系统管道安装施工程序	★
		设备安装施工程序	★
		管道防腐绝热施工程序	★
		系统调试施工程序	★★★

★不大，★★一般，★★★极大

核 心 考 点 剖 析

核心考点一、空调系统按风管系统工作压力分类

微压	管内正压 $P \leqslant 125Pa$ 管内负压 $P \geqslant -125Pa$
低压	管内正压 $125Pa < P \leqslant 500Pa$ 管内负压 $-500Pa \leqslant P < -125Pa$
中压	管内正压 $500Pa < P \leqslant 1500Pa$ 管内负压 $-1000Pa \leqslant P < -500Pa$
高压	管内正压 $1500Pa < P \leqslant 2500Pa$ 管内负压 $-2000Pa \leqslant P < -1000Pa$

数轴记忆法

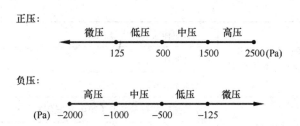

核心考点二、风管漏风量测试施工顺序

风管漏风量抽样方案确定→风管检查→测试仪器仪表检查校准→现场测试→现场数据记录→质量检查。

【考法题型及预测题】

风管漏风量抽样现场测试前有哪些工序内容？

答：风管漏风量抽样现场测试前有风管漏风量抽样方案确定、风管检查、测试仪器仪表检查校准。

核心考点三、系统调试施工程序★★★

◆ 系统调试包括以下调试项目——

风系统调试、水系统调试、设备单机试运行、通风空调系统联合试运转、防排烟系统联合试运转。

◆ 风系统调试程序

风机检查→风管、风阀、风口检查→测试仪器仪表准备→风量测试→风量平衡调整→记录测试数据→质量检查。

◆ 通风空调系统联合试运转顺序

调试前系统检查→通风空调系统的风量、水量测定与调整→空调自动控制系统调试调整→数据记录→质量检查。

◆ 防排烟系统联合试运转顺序

系统检查→机械正压送风系统测试与调整→机械排烟系统测试与调整→联合运转参数的测试与调整→数据记录→质量检查。

【考法题型及预测题】

通风空调系统联合试运转测试的主要内容有哪些？

答：通风空调系统联合试运转测试的主要内容有——

（1）通风空调系统的风量、水量测定与调整；

（2）空调自动控制系统调试调整。

【解析】施工程序，即是程序也是内容。这样的考法也是经常遇到的。

1H414032 通风与空调工程施工技术要求

核 心 考 点 及 可 考 性 提 示

考　　点			2021 年可考性提示
通风与空调工程施工技术要求	风管及部件制作安装施工技术要求	风管制作【2020 年案例】	★★★
		部件制作	★★
		风管系统安装	★★
	水系统管道安装施工技术要求	水管道安装技术要求【2016 年案例】	★★
		水系统阀部件安装技术要求	★★
		水系统强度严密性试验及管道冲洗技术要求	★★
	设备安装施工技术要求【2015 年案例】		★★

考　点	2021 年可考性提示
通风与空调工程施工技术要求	
管道防腐、绝热施工技术要求【2020 年多选】	★
多联机系统施工技术要求	★★
太阳能供暖空调系统施工技术要求	★
系统调试要求	★★
通风与空调节能验收要求	★★

★不大，★★一般，★★★极大

核心考点剖析

核心考点一、风管制作要求 ★★★

◆ 一般规定

◇ 金属风管规格以外径或外边长为准，非金属风管和风道规格以内径或内边长为准。

◇ 镀锌钢板及含有各类复合保护层的钢板应采用 咬口连接或铆接 ，不得采用焊接连接。

◇ 风管的密封应以 板材连接的密封为主 ，也可采用密封胶嵌缝与其他方法。密封胶的性能应符合使用环境的要求， 密封面宜设在风管的正压侧 。

◇ 矩形内斜线和内弧形弯头 应设导流片，以减少风管局部阻力和噪声。

◆ 镀锌钢板制作的风管的加固形式

◇ 风管板材拼接的接缝应错开，不得有十字形接缝。【2020 年案例】

◇ 镀锌钢板风管板材采用咬口连接时，咬口的形式有：单咬口、联合角咬口、转角咬口、按扣式咬口和立咬口。

单咬口、联合角咬口、转角咬口适用于微压、低压、中压及高压系统；

按扣式咬口适用于微压、低压及中压系统。

【结论】高压系统不用按扣式咬口和立咬口。

【2015 年案例】风管咬口形式的选择依据是什么？

【答案】压力。

◇ 矩形风管无法兰连接（又称薄钢板法兰连接、共板法兰连接）连接形式有：S 形插条、C 形插条、立咬口、包边立咬口、薄钢板法兰插条、薄钢板法兰弹簧夹、直角形平插条。其中 S 形插条、直角形平插条适用于微压、低压风管；其他形式适用于微压、低压和中压风管。矩形风管的弯头可采用直角、弧形或内斜线形，宜采用内外同心圆弧。

【结论】

（1）无法兰连接不适合高压系统；

（2）S 形插条、直角形平插条不适用中压以上系统。

◇ 镀锌钢板制作的风管的加固形式有：角钢加固、折角加固、立咬口加固、扁钢内支撑、镀锌螺杆内支撑、钢管内支撑加固。

【课外知识点】关于镀锌螺杆内支撑的要求（见图 1H414032-1)。

内支撑与风管边长相等，螺杆多采用 M10；正负压空调，螺杆用的橡胶垫圈位置不同。

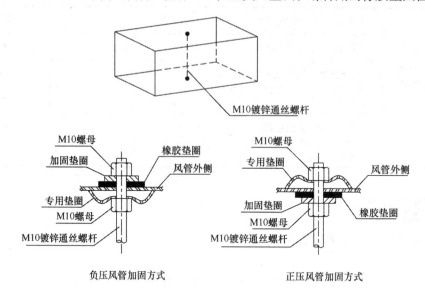

负压风管加固方式　　　　　　正压风管加固方式

图 1H414032-1　镀锌螺杆支撑示意图

【考法题型及预测题】

1. 风管的密封应以（　　　）密封为主。

A. 密封胶嵌缝　　　　　　　　　B. 密封条

C. 板材连接　　　　　　　　　　D. 密封胶条

2. 下列连接方式中，矩形薄钢板法兰风管不应采用的是（　　　）。

A. 弹性插条连接　　　　　　　　B. 弹簧夹连接

C. U 形紧固螺栓连接　　　　　　D. 角钢法兰连接

3. 下列加固形式中，不用于风管的内支撑加固的材料有（　　　）。

A. 角钢　　　　　　　　　　　　B. 扁钢

C. 螺杆　　　　　　　　　　　　D. 钢管

E. 槽钢

【答案】

1. C

2. D

【解析】矩形薄钢板法兰风管也称共板法兰，不需要角钢法兰。

3. A、E

【解析】内支撑加固形式：扁钢内支撑、镀锌螺杆内支撑、钢管内支撑加固。

核心考点二、部件制作

通风与空调系统中的主要部件有：成品风阀、消声器、消声弯头、柔性短管。

◆ 成品风阀

工作压力大于 1000Pa 的调节风阀，生产厂应提供在 1：5 倍工作压力下能自由开关的强度测试合格的证书或试验报告。

◆ 消声器、消声弯头

消声器制作所选用的材料应符合设计的规定，如防火、防潮、防腐和卫生性能等要求，外壳应牢固、严密，填充的消声材料应按规定的密度均匀敷设。

矩形消声弯管平面边长大于 800mm 时，应设置吸声导流片。

消声器内消声材料的织物覆面层应平整，不应有破损，并应顺气流方向进行搭接。

消声器内的织物覆面层应有保护层，保护层应采用不易锈蚀的材料，不得使用普通铁丝网。当使用穿孔板保护层时，穿孔率应大于 20%。

◆ 柔性短管

柔性短管不应为异径连接管；矩形柔性短管与风管连接不得采用抱箍固定的形式；柔性短管与法兰组装宜采用压板铆接连接，铆钉间距宜为 60～80mm。

【实务操作—规范知识点补充】

关于风机与风管的连接，《通风与空调工程施工质量验收规范》GB 50243—2016 第 5.2.7 条为强制性条文，必须严格执行。

防排烟系统作为独立系统时，风机与风管应采用直接连接，不应加设柔性短管。

只有在排烟和排风共用风管系统时，应加柔性短管。

该柔性短管材料为不燃材料，在高温 280℃下持续安全运行 30min 及以上。

核心考点三、风管系统安装施工技术

◆ 一般规定

（1）当风管穿过需要封闭的防火、防爆的墙体或楼板时，必须设置厚度 不小于 1.6mm 的钢制防护套管；风管与防护套管之间，应采用不燃柔性材料封堵严密。

风管穿越建筑物变形缝空间时，应设置柔性短管，风管穿越建筑物变形缝墙体时，应设置钢制套管，风管与套管之间应采用柔性防水材料填充密实。

（2）风管安装必须符合下列规定：

1）风管内严禁其他管线穿越。

2）输送含有易燃、易爆气体或安装在易燃、易爆环境的风管系统必须设置可靠的防静电接地装置。

3）输送含有易燃、易爆气体的风管系统通过生活区或其他辅助生产房间时不得设置接口。

4）室外风管系统的拉索等金属固定件严禁与避雷针或避雷网连接。

（3）风管系统安装完毕后，应按系统类别要求进行施工质量外观检验。合格后，应进行风管系统的严密性检验，漏风量应规范允许的数值。

◆ 金属无法兰连接风管的安装应符合下列规定：

（1）风管连接处应完整，表面应平整。

（2）承插式风管的四周缝隙应一致，不应有折叠状褶皱。内涂的密封胶应完整，外粘的密封胶带应粘贴牢固。

（3）矩形薄钢板法兰风管可采用 弹性插条、弹簧夹或 U 形紧固螺栓 连接（见图

1H414032-3）。连接固定的间隔不应大于 150mm，净化空调系统风管的间隔不应大于 100mm，且分布应均匀。当采用弹簧夹连接时，宜采用正反交叉固定方式，且不应松动。

【薄钢板法兰（TDF、TDC）连接】

◇ 薄钢板"TDF"连体法兰矩形风管——共板法兰（图 1H414032-2）

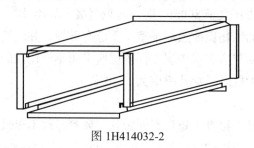

图 1H414032-2

风管与风管的连接，采用弹性插条、弹簧夹或 U 形紧固螺栓连接。

◇ 薄钢板"TDC"组合法兰矩形风管

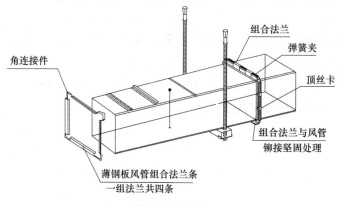

图 1H414032-3

采用专用法兰成型机加工成薄钢板法兰条，并根据风管边长切割，组合成法兰状，再插入已做成的直风管上，经过铆（压）接后成为单节风管。

◆ 复合材料风管安装

◇ 复合材料风管采用金属法兰连接时，应采取防冷桥的措施。

◆ 风管制作安装的检验与试验

1. 风管批量制作前，对风管制作工艺进行检测或检验时，应进行风管强度与严密性试验。试验压力如下所示：

风　　管	试验压力
低压风管	为 1.5 倍的工作压力
中压风管	为 1.2 倍的工作压力，且不低于 750Pa
高压风管	为 1.2 倍的工作压力
排烟、除尘、低温送风及变风量空调系统风管的严密性	应符合中压风管的规定

2. 风管系统安装完成后，应对安装后的主、干风管分段进行严密性试验。严密性检

验，主要检验风管、部件制作加工后的咬口缝、铆接孔、风管的法兰翻边、风管管段之间的连接严密性，检验合格后方能交付下道工序。

核心考点四、水系统阀部件安装技术要求

◆ 阀门的安装

（1）阀门安装前应进行外观检查，工作压力大于 1.0MPa 及在主干管上起到切断作用和系统冷、热水运行转换调节功能的阀门和止回阀，应进行 壳体强度和阀瓣密封性能的 试验，且试验合格。

强度试验压力应为常温条件下公称压力的 1.5 倍，持续时间不应少于 5min，阀门的壳体、填料应无渗漏。严密性试验压力应为公称压力的 1.1 倍，在试验持续的时间内应保持压力不变。

（2）阀门安装的位置、高度、进出口方向应正确，且应便于操作。连接应牢固紧密，启闭应灵活。成排阀门的排列应整齐美观，在同一平面上的允许偏差不应大于 3mm。

（3）安装在保温管道上的手动阀门的手柄不得朝向下。

（4）电动阀门的执行机构应能全程控制阀门的开启与关闭。

◆ 补偿器的安装

（1）补偿器的补偿量和安装位置应符合设计文件的要求，并应根据 设计计算的补偿量 进行预拉伸或预压缩。

（2）波纹管膨胀节或补偿器内套有焊缝的一端，水平管路上应安装在水流的流入端，垂直管路上应安装在上端。

【考法题型及预测题】

符合风管补偿器安装要求的是（　　　）。

A. 补偿器的补偿量和安装位置应符合现场条件的要求

B. 根据验收规范的补偿量进行预拉伸或预压缩

C. 补偿器内套有焊缝的一端，水平管路上应安装在水流的流出端

D. 补偿器内套有焊缝的一端，垂直管路上应安装在上端

【答案】D

核心考点五、水泵安装要求

1. 水泵减振板可采用型钢制作或采用钢筋混凝土浇筑。

2. 整体安装的小型管道水泵目测应水平，不应有偏斜。

3. 减振器与水泵及水泵基础的连接，应牢固平稳、接触紧密。

【实务操作知识点补充】

（1）立式水泵不得采取减振器。

（2）对于空调系统，多台水泵出水支管接入总管过去常采用 T 形连接的形式。

《通风与空调工程施工质量验收规范》GB 50243—2016 第 9.2.2 条要求采用以顺水流斜向插入的形式，且夹角不大于 60°。

如图 1H414032-4 所示：

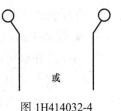

或

图 1H414032-4

核心考点六、风机盘管安装要求

1. 机组安装前宜进行风机 三速试运转及盘管水压试验 。

试验压力应为系统工作压力的 1.5 倍，试验观察时间应为 2min，不渗漏为合格。

2. 机组应设独立支、吊架，固定应牢固，高度与坡度应正确。

3. 风机盘管机组与管道的连接，应采用耐压值≥ 1.5 倍工作压力的金属或非金属柔性连接，连接应牢固。

【课外知识点】风机三速试运转，就是检查风机盘管三速开关动作是否正确。三速开关该空调系统末端控制产品，一般为高、中、低三个挡位的风速，因此而得名三速开关；只能控制风机的通断和风速大小，不能对温度进行精准的调节，也就是不能控制盘管水路。

核心考点七、多联机系统施工要求

◆ 室外机组安装要求

（1）机组应可靠接地，并采取防雷保护措施；

（2）应安装在设计专用平台上，并有采取减振与防止紧固螺栓松动的措施；

（3）通风畅通，不应有短路；运行无异常噪声；多机集中安装时，不影响相邻机组的正常运行。

◆ 制冷剂管道试验要求

（1）制冷剂管道安装完毕，检查合格后，应进行系统管路 吹污、气密性试验、真空试验和充注制冷剂检漏试验 ，技术数据应符合产品技术文件和国家现行标准的有关规定。

（2）制冷系统的吹扫排污应采用压力为 0.5～0.6MPa（表压）的干燥压缩空气或氮气 ，应以白色（布）标识靶检查 5min，目测无污物为合格。

系统吹扫干净后，系统中阀门的阀芯应拆下清洗干净。

◆ 系统调试要求

多联式空调（热泵）机组系统应在 充灌定量制冷剂后 ，进行系统的试运转。

核心考点八、通风与空调工程系统调试要求

◆ 调试准备

（1）通风与空调工程竣工验收的系统调试，应由施工单位负责 ，监理单位监督，设计单位与建设单位参与和配合。

（2）系统调试前应编制 调试方案，并应报送专业监理工程师审核批准 。系统调试应由专业施工和技术人员实施，调试结束后，应提供完整的调试资料和报告。

（3）系统调试所使用的测试仪器应在使用合格检定或校准合格有效期内，精度等级及最小分度值应能满足工程性能测定的要求。

◆ 通风与空调系统调试

包括设备单机试运转及调试、系统非设计满负荷条件下的联合试运转及调试。

◆ 设备单机试运转要求

（1）冷却塔风机与冷却水系统循环试运行 不应小于 2h ，运行应无异常。

（2）制冷机组正常运转不应少于 8h。

（3）风机盘管机组的调速、温控阀的动作应正确，并应与机组运行状态一一对应，中档风量的实测值应符合设计要求。

◆ 系统非设计满负荷条件下的联合试运转及调试内容

（1）监测与控制系统的检验、调整与联动运行。

（2）系统风量的测定和调整（通风机、风口、系统平衡）。

（3）空调水系统的测定和调整。

（4）室内空气参数的测定和调整。

（5）防排烟系统测定和调整。

◆ 防排烟系统测定和调整

防排烟系统测定风量、风压及疏散楼梯间等处的静压差，并调整至符合设计与消防的规定。

◆ 系统非设计满负荷条件下的联合试运转及调试应符合的规定

系　　统	调试结果与设计值的允许偏差	平衡调整后测试
风	总风量 −5%～＋10%	各风口不应大于 15%
水	冷热水不应大于 10%	定流量系统 15%； 变流量系统 10%
制冷机及冷却塔的水流量	不应大于 10%	

核心考点九、通风与空调节能验收要求

（2016 多选，但相关知识点，2018 版教材有调整补充）

◆ 材料、设备的见证取样复试

通风空调工程的绝热材料，要对①导热系数（或热阻）②密度③吸水率等指标进行复试。

检验方式为现场随机抽样送检，核查复验报告；要求同一厂家同材质的绝热材料复验不得少于 2 次。

◆ 风机盘管机组的见证取样要求

风机盘管机组要对供冷量、供热量、风量、水阻力、出口静压、噪声及功率等参数进行复试，检验方法为随机抽样送检，核查复验报告，同厂家的风机盘管机组数量在 500 台及以下时，抽检 2 台；每增加 1000 台时应增加抽检 1 台；同工程项目、同施工单位且同期施工的多个单位工程可合并计算。

1H414033　净化空调系统施工技术要求

核 心 考 点 及 可 考 性 提 示

	考　　点	2021 年可考性提示
净化空调系统施工 技术要求	洁净度等级划分	★
	净化空调系统的施工技术要求【2015 年多选】	★★
	净化空调系统的调试要求【2015 年多选】	★★

★不大，★★一般，★★★极大

核心考点剖析

核心考点一、净化空调系统风管制作材料要求

◇ 宜采用镀锌钢板，且镀锌层厚度不应小于 $100g/m^2$。

◇ 当生产工艺或环境条件要求采用非金属风管时，应采用不燃材料或难燃材料，且表面应光滑、平整、不产尘、不易霉变。

核心考点二、净化空调系统风管的制作要求

◇ 管内不得设有加固框或加固筋。

◇ 咬口缝处所涂密封胶宜在正压侧。

◇ 当空气洁净度等级为 N1～N5 级时，风管法兰的螺栓及铆钉孔的间距不应大于 80mm。

◇ 当空气洁净度等级为 N6～N9 级时，不应大于 120mm。不得采用抽芯铆钉。

◇ 矩形风管不得使用 S 形插条及直角形插条连接。

◇ 边长大于 1000mm 的净化空调系统风管，无相应的加固措施，不得使用薄钢板法兰弹簧夹连接。

◇ 空气洁净度等级为 N1～N5 级净化空调系统的风管，不得采用按扣式咬口连接。

◇ 风管制作完毕后，应清洗。风管清洗达到清洁要求后，应对端部进行密闭封堵，并应存放在清洁的房间。

核心考点三、高效空气过滤器安装要求

◇ 采用液槽密封时，槽架应水平安装，不得有渗漏现象，槽内不应有污物和水分，槽内密封液高度不应超过 2/3 槽深。密封液的熔点宜高于 50℃。

◇ 高效空气过滤器应在洁净室（区）建筑装饰装修和配管工程施工已完成并验收合格，洁净室（区）已进行全面清洁、擦净，净化空调系统已进行擦净和连续试运转 12h 以上才能安装（图 1H414033-1）。高效过滤器应在现场拆开包装，其外层包装不得带入洁净室，但其最内层包装必须在洁净室内方能拆开。

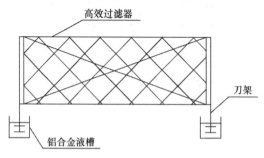

图 1H414033-1 高效过滤器液槽密封安装示意图

◇【高效空气过滤器安装实操】

◇ 洁净室高效过滤器安装注意要点（图 1H414033-2）：

（1）保证气流方向与外框箭头标志方向一致；

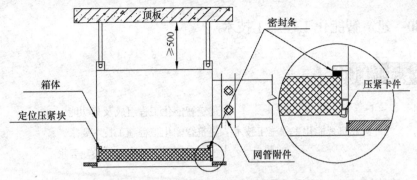

图 1H414033-2　洁净室高效过滤器安装示意图

（2）波纹板组装的高效过滤器在竖向安装时，波纹板必须垂直地面，不得反向；

（3）过滤器与框架的密封，一般采用闭孔海绵橡胶板或氯丁橡胶板，也可以用硅橡胶涂抹密封。

核心考点四、洁净层流罩安装要求

（1）应采用独立的吊杆或支架，并应采取防止晃动的固定措施，且不得利用生产设备或壁板作为支撑。

（2）直接安装在吊顶上的层流罩，应采取减振措施，箱体四周与吊顶板之间应密封（图 1H414033-3）。

（3）洁净层流罩安装的水平度偏差应为 1‰，高度允许偏差应为 1mm。

（4）安装后，应进行不少于 1h 的连续试运转，且运行应正常。

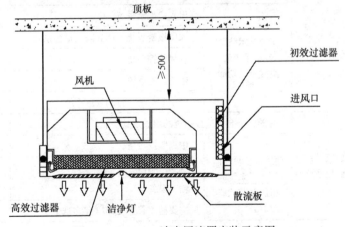

图 1H414033-3　洁净层流罩安装示意图

核心考点五、洁净空调系统调试

◇ 净化空调系统运行前，应在回风、新风的吸入口处和粗、中效过滤器前设置临时无纺布过滤器。

净化空调系统的检测和调整，应在系统正常运行 24h 及以上，达到稳定后进行。工程竣工洁净室（区）洁净度的检测，应在空态或静态下进行。检测时，室内人员不宜多于 3 人，并应穿着与洁净室等级相适应的洁净工作服。

1H414040　建筑智能化工程施工技术

核心考点提纲

建筑智能化工程施工技术 { 建筑智能化工程组成及其功能
建筑智能化工程施工技术要求
建筑智能化工程调试与检测要求

1H414041　建筑智能化工程组成及其功能

核心考点及可考性提示

考　点				2021 年可考性提示
建筑智能化工程组成及其功能	建筑智能化工程的子分部工程划分【2019 年案例】			★
	用户电话交换系统的组成及其功能			★
	有线电视及卫星电视接收系统的组成及其功能			★
	公共广播系统的组成及其功能			★
	综合布线系统的组成及其功能			★
	火灾自动报警系统的组成及其功能			★★
	安全技术防范系统	安全技术防范系统的组成及其功能		★
		安全技术防范各子系统的组成及其功能	出入口控制系统	★
			入侵报警系统（周界防越报警系统）	★
			视频监控系统	★
			电子巡查系统	★
			停车库（场）自动管理系统	★
	建筑设备监控系统	建筑设备自动监控系统的组成及其功能		★
		建筑设备自动监控各子系统的组成及其功能	中央监控设备	★
			现场控制器	★★
			输入设备	★★★
			主要输出装置【2013 年多选】	★★★

★不大，★★一般，★★★极大

核心考点剖析

核心考点一、火灾自动报警系统的组成及其功能

火灾自动报警系统由火灾探测器、输入模块、报警控制器、联动控制器和控制模块等组成。

主要功能为 火灾参数 的检测，火灾信息的处理与自动报警，消防设备联动与协调控制，消防系统的计算机管理等。

核心考点二、建筑设备监控系统

建筑设备监控系统主要由中央工作站计算机、外围设备、现场控制器、输入和输出设备、相应的系统软件和应用软件组成，如图 1H414041 所示。

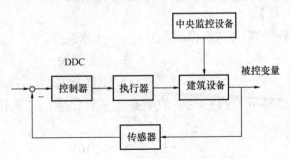

图 1H414041　建筑设备自动控制系统组成

建筑设备自动监控系统的主要功能：对建筑物内冷热源、空调通风、给水排水、变配电、照明、电梯和自动扶梯等设备进行监控及自动化管理。

◆ 现场控制器

现场控制器（直接数字控制器 DDC），能独立进行检测与控制。控制器的接口有模拟量、数字量的输入/输出接口。

现场控制器接口		作　用
数字量输入接口	DI	用来输入各种开关、继电器及接触器开（闭）触点、电动阀门联动触点的开关状态
模拟量输入接口	AI	用来输入被控对象各种连续变化的物理量（包括温度、相对湿度、压力、液位、电流、电压等），由在线检测的传感器及变送器将其转换为相应的电信号后，送入模拟量输入通道进行处理。一般为采用 4～20mA 电流信号或 0～10V 电压信号
数字量输出接口	DO	用来输出控制电磁阀门、继电器、指示灯、声光报警器等开关设备
模拟量输出接口	AO	输出 4～20mA 电流信号或 1～10V 电压信号；用来控制各种直行程或角行程执行机构的动作或各种电动机的转速

【解析】开和关，简单的二进制指令即可，数字量；变化的有动作的，模拟量。

◆ 输入设备★★★

（1）电量传感器有电压、电流、频率、有功功率、功率因数等几种。

（2）非电量传感器有温度、湿度、压力、液位和流量传感器等。非电量传感器：压差开关是随着空气压差引起开关动作的装置。一般压差范围可在 20～4000Pa。压差开关可用于监视过滤网阻力状态的监测。

◆ 主要输出装置★★★

电动执行器控制或调节的对象为装于风管或水管的阀门，可分为驱动或控制水管阀门的电磁阀、电动调节阀和驱动或控制风阀的风阀执行器。

◇ 电动调节阀

由电动执行机构和阀体组成，将电信号转换为阀门的开度；电动执行机构输出方式有直行程、角行程和多转式类型【2013 年多选】，分别同直线移动的调节阀、旋转的蝶阀、多转的调节阀等配合工作。

◇ 电动风阀

由风门驱动器和蝶阀组成，调节风门以达到调节风管的风量和风压；电动风阀技术参数有 ①输出力矩②驱动速度③角度调整范围④驱动信号类型 等。

【考法题型及预测题】

1. 空调设备过滤网的阻力状态检测可用（　　）来监控。

A. 压力开关　　　　　　　　　　　　B. 流量开关

C. 压差开关　　　　　　　　　　　　D. 空气开关

2. 空气质量传感器可检测空气中的烟雾、一氧化碳、二氧化碳等气体含量，以（　　）电压信号输出。

A. 4～20mA　　　　　　　　　　　　B. 4～10V

C. 0～10VDC　　　　　　　　　　　 D. 1～10DVC

3. 电动执行机构的角行程配合（　　）工作。

A. 直线移动的调节阀　　　　　　　　B. 旋转的蝶阀

C. 多转的调节阀　　　　　　　　　　D. 角阀

4. 电动风阀技术参数有哪些？

【答案】

1. C

2. C

【解析】空气质量传感器一般以 0～10VDC 输出或干接点报警信号输出。4～20mA 是电流信号。

3. B

4. 答：电动风阀的技术参数有输出力矩、驱动速度、角度调整范围、驱动信号类型等。

1H414042　建筑智能化工程施工技术要求

核 心 考 点 及 可 考 性 提 示

	考　点		2021 年可考性提示
建筑智能化工程施工技术要求	建筑设备监控工程的施工要求	建筑设备监控工程的实施【2019 年案例】	★★
		建筑设备监控系统产品的选择及检查【2019 年案例、2020 年多选】	★★
		监控设备安装要求	★★★
	安全防范工程施工要求	安全防范工程的实施程序	★★
		安全防范工程的设备安装要求【2014 年多选】	★★
	线缆和光缆施工技术要求	线缆的施工要求	★★
		同轴线缆施工要求	★★
		光缆施工要求【2016 年多选】	★★

★不大，★★一般，★★★极大

核心考点剖析

核心考点一、建筑设备监控工程的实施

1. 建筑设备监控工程的实施程序

建筑设备自动监控需求调研→监控方案设计与评审→工程承包商的确定→设备供应商的确定→施工图深化→工程施工及质量控制→工程检测→管理人员培训→工程验收开通→投入运行。

【提示】施工图深化设计前要确定设备供应商。

2. 建筑设备监控工程实施界面的划分

建筑设备自动监控工程实施界面的确定贯彻于设备选型、系统设计、工程施工、检测验收的全过程中。在工程合同中应明确各供应商的设备、材料的供应范围、接口软件及其费用，避免施工过程中出现扯皮和影响工程进度。

（1）设备、材料采购供应界面的划分

主要是明确建筑设备监控系统与其他机电工程的设备、材料、接口和软件的供应范围。

（2）大型设备接口界面的确定

建筑设备监控系统和大型设备的控制系统都具有相同的通信协议和标准接口，就可以直接进行通信。当设备的控制采用非标准通信协议时，则需要设备供应商提供数据格式，由建筑设备监控系统承包商进行转换。

（3）建筑设备监控工程施工界面的确定

在施工前予以明确，避免在工程出现问题时互相推卸责任的情况。

【考法题型及预测题】

热泵机组的控制采用非标准通信协议时，对其的智能监控，应由（　　）提供热泵机组的数据格式，然后转换到标准通信协议。

A. 监控系统承包商　　　　　　　B. 建筑总承包商

C. 设备供应商　　　　　　　　　D. 监控设备供应商

【答案】C

核心考点二、建筑设备监控系统产品的选择及检查

1. 建筑设备监控系统产品的选择要考虑的因素

（1）产品的品牌和生产地；

（2）应用实践以及供货渠道和供货周期等信息；

（3）产品支持的系统规模及监控距离；

（4）产品的网络性能及标准化程度。

2. 接口技术文件内容【2019年案例、2020年多选】

接口技术文件应包括接口概述、接口框图、接口位置、接口类型与数量、接口通信协议、数据流向和接口责任边界等内容。

3. 进口设备应提供的证明文件

进口设备应提供质量合格证明、检测报告及安装、使用、维护说明书等文件资料（中文译文），还应提供原产地证明和商检证明。

【考法题型及预测题】

（2012年二级案例）选择监控设备产品应考虑哪几个技术因素？

【答案】选择监控设备产品应考虑以下技术因素：（1）产品支持的系统规模及控制距离；（2）产品的网络性能及标准化程度。

核心考点三、监控设备安装要求★★★

监控设备	安 装 要 求
中央监控设备	中央监控设备应在控制室装饰工程完工后进行安装
现场控制器	现场控制器处于监控系统的中间层，向上连接中央监控设备，向下连接各监控点的传感器和执行器
	现场控制器一般安装在弱电竖井内、冷冻机房、高低压配电房等需监控的机电设备附近
主要输入设备	各类传感器的安装位置应装在能正确反映其 检测性能 的位置，并远离有强磁场或剧烈振动的场所，而且便于调试和维护
	风管型传感器安装应在风管保温层完成后进行
	水管型传感器开孔与焊接工作，必须在管道的压力试验、清洗、防腐和保温前进行。 【注意】先焊接的是取源部件，传感器还是在保温层完成后再安装的
	电磁流量计应安装在流量调节阀的上游；流量计的上游应有10倍管径长度的直管段，下游段应有4～5倍管径长度的直管段
	涡轮式流量传感器应水平安装
主要输出设备	电磁阀、电动调节阀安装前，应按说明书规定检查①线圈与阀体间的电阻②进行模拟动作试验③试压试验
	电动风阀控制器安装前，应检查①线圈和阀体间的电阻②供电电压③输入信号等是否符合要求；宜进行④模拟动作检查

【考法题型及预测题】

1. 传感器的安装位置应装在能正确反映其（　　　）的位置，并远离有强磁场或剧烈振动的场所，而且便于调试和维护。

A. 特点
B. 质量
C. 检测性能
D. 功能

2. 风管型传感器安装应在风管（　　　）完成后进行。

A. 调试
B. 测试
C. 防腐
D. 保温层

3. 电动调节阀安装前应按说明书的规定进行（　　　）检查和试验。

A. 线圈和阀体间的电阻
B. 模拟动作试验
C. 供电电压
D. 试压试验
E. 输出信号

【答案】

1. C；2. D

3. A、B、D

【解析】注意区别：电动风阀控制器安装前进行的检查、试验内容：

电动调节阀、电磁阀	线圈和阀体间的电阻、模拟动作试验、试压试验
电动风阀控制器	线圈和阀体间的电阻、模拟动作试验、供电电压、输入信号

核心考点四、探测器安装要求

◇ 探测器的安装，应根据 ①产品的特性②警戒范围要求③环境影响 【2014 年多选】等确定设备的安装点（位置和高度）。探测器底座和支架应固定牢固。

◇ 周界入侵探测器的安装，应保证能在防区形成交叉，避免盲区，并考虑环境的影响。

◇ 探测器导线连接应牢固可靠，外接部分不得外露，并留有适当余量。

【考法题型及预测题】

1. 入侵报警探测器的安装位置和安装高度应根据（　　　）。

A. 产品特性　　　　　　　　　　　B. 警戒范围

C. 环境影响　　　　　　　　　　　D. 尺寸大小

E. 支架底座

2. 住宅小区周界探测器的配置数量要考虑（　　　）的影响。

A. 能否形成交叉　　　　　　　　　B. 噪声

C. 有无盲区　　　　　　　　　　　D. 环境

E. 美观

【答案】

1. A、B、C；2. A、C、D

核心考点五、线缆和光缆的施工要求

<table>
<tr><td colspan="2" align="center">线缆和光缆的施工要求</td></tr>
<tr><td rowspan="5">线缆施工要求</td><td>信号线缆和电力电缆平行或交叉敷设时，其间距不得小于 0.3m；信号线缆与电力电缆交叉敷设时，宜成直角</td></tr>
<tr><td>线缆敷设时，多芯线缆的最小弯曲半径应大于其外径的 6 倍；同轴电缆的最小弯曲半径应大于其外径的 15 倍。
注意：塑料绝缘、橡皮绝缘多芯控制电缆的弯曲半径应大于其外径的 10 倍</td></tr>
<tr><td>当低电压供电时，电源线与信号线、控制线可以同管敷设，否则应分别穿管敷设；线缆在沟内敷设时，应敷设在支架上或线槽内</td></tr>
<tr><td>明敷的信号线缆与具有强磁场、强电场的电气设备之间的净距离，宜大于 1.5m，当采用屏蔽线缆或穿金属保护管或在金属封闭线槽内敷设时，宜大于 0.8m</td></tr>
<tr><td>信号线缆的①屏蔽性能②敷设方式③接头工艺④接地要求等应符合相关标准的规定。</td></tr>
<tr><td rowspan="2">同轴线缆的施工要求</td><td>同轴线缆的衰减、弯曲、屏蔽、防潮等性能应满足设计要求，并符合相应产品标准要求。同轴电缆应一线到位，中间无接头</td></tr>
<tr><td>视频信号传输电缆应满足下列要求：
（1）室外线路，宜选用外导体内径为 9mm 的同轴电缆，采用聚乙烯外套；
（2）室内距离不超过 500m 时，宜选用外导体内径为 7mm 的同轴电缆，且采用防火的聚氯乙烯外套；
（3）终端机房设备间的连接线，距离较短时，宜选用外导体内径为 3mm 或 5mm 且具有密编铜网外导体的同轴电缆；
（4）电梯轿厢的视频同轴电缆应选用电梯专用电缆</td></tr>
</table>

线缆和光缆的施工要求		
光缆的施工要求 【2016 年多选】	光缆长距离传输时宜采用单模光纤，距离较短时宜采用多模光纤	
	光缆的结构及允许的最小弯曲半径、最大抗拉力等机械参数，应满足施工条件的要求	
	光缆敷设前，应对光纤进行检查。光纤应无断点，其衰耗值应符合设计要求。 核对光缆长度，并应根据施工图的敷设长度来选配光缆	
	敷设光缆时，其最小动态弯曲半径应大于光缆外经的 20 倍	

【考法题型及预测题】

1. 关于线缆施工要求的说法，不正确的是（　　　）。

A. 电源线与信号线、控制线可以同管敷设

B. 同轴电缆的最小弯曲半径应大于其外径的 15 倍

C. 信号线缆与电力电缆交叉敷设时，宜成直角

D. 多芯线缆的最小弯曲半径应大于其外径的 6 倍

2. 信号线缆的（　　　）等要求，应符合相关标准的规定。

A. 规格、型号　　　　　　　　　B. 屏蔽性能

C. 敷设方式　　　　　　　　　　D. 接头工艺

E. 接地要求

3. 安全防范系统的接地母线应采用（　　　），接地端子应有接地符号标记。

A. 铝质线　　　　　　　　　　　B. 扁钢

C. 铜质线　　　　　　　　　　　D. 镀锌扁钢

【答案】

1. A

【解析】电源线与信号线、控制线只有在低压供电时才可以同管敷设。

2. B、C、D、E；3. C

1H414043　建筑智能化工程调试与检测要求

核心考点及可考性提示

考　点			2021 年可考性提示
建筑智能化工程 调试与检测要求	建筑智能化系统 调试检测的实施 【2018 年多选】	系统调试条件	★★
		系统检测条件	★★★
		系统检测实施	★★
	建筑智能化工程 调试检测	有线电视及卫星电视接收系统检测	★
		公共广播系统检测【2019 年多选】	★
		综合布线系统检测	★
		安全技术防范系统的调试检测要求	★★
		建筑设备监控系统调试检测要求	★★★

★不大，★★一般，★★★极大

核心考点剖析

核心考点一、建筑智能化系统检测

系统检测应在系统调试试运行合格后进行【2018年多选】；系统检测 由建设单位组织 项目检测小组；公共机构的项目检测小组应由有资质的检测单位组成。

◆ 系统检测前应提交的资料

（1）工程技术文件；

（2）设备材料进场检验记录和设备开箱检验记录；

（3）自检记录；

（4）分项工程质量验收记录；

（5）试运行记录。

◆ 检测记录与签字【2018年多选】

分项工程检测记录、子分部工程检测记录和分部工程检测汇总记录由检测小组填写，检测负责人作出检测结论，监理（建设）单位的监理工程师（项目专业技术负责人）签字确认。

◆ 系统检测结论与处理

（1）主控项目有一项及以上不合格的，系统检测结论应为不合格；

（2）一般项目有两项及以上不合格的，系统检测结论应为不合格；

（3）被集成系统接口检测不合格的，被集成系统和集成系统的系统检测结果均应为不合格；

（4）系统检测不合格时，应限期对不合格项进行整改，并重新检测，直至检测合格。重新检测时抽检应扩大范围。

核心考点二、安全防范系统的调试检测要求

◆ 安全防范综合管理系统的 功能 检测内容

（1）监控图像、报警信息及其他信息记录的质量和保存时间。

（2）与火灾自动报警系统和应急响应系统的联动、报警信号的输出接口。

（3）安全技术防范系统中的各子系统对监控中心控制命令的 响应准确性和实时性 。

核心考点三、建筑设备监控系统调试检测要求 ★★★

◆ 变配电系统调试检测

◇ 电源及主供电回路电流值显示、电压值显示、功率因素测量、电能计量等。

◇ 变压器、高、低压开关运行状况及故障（超温）报警。

◇ 应急发电机组供电电流、电压及频率和储油罐液位监视，故障报警。

◇ 不间断电源工作状态、蓄电池组及充电设备工作状态检测。

◆锅炉机组调试检测项目内容

锅炉出口热水温度、压力、流量、热源系统 功能 检测，热交换系统 功能 检测。

◆冷冻和冷却水系统调试检测项目内容

冷水机组、冷却水泵、冷冻水泵、电动阀门和冷却塔 功能 检测。（功能性检测）

◆通风空调设备系统调试检测

◇ 对风阀的自动调节来控制空调系统的新风量以及送风风量的大小。

◇ 对水阀的自动调节来控制送风温度（回风温度）达到设定值。

◇ 对加湿阀的自动调节来控制送风相对湿度（回风相对湿度）达到设定值。

◇ 对过滤网的压差开关报警信号来判断是否需要清洗或更换过滤网。

◇ 监控风机故障报警及相应的安全联锁控制。

◇ 电气联锁以及防冻联锁控制等。

◆公共照明控制系统调试检测

以 ①光照度②时间 为控制依据对公共照明设备（公共区域和景观）进行监控检测。

◆给水排水系统调试检测项目内容（阅读了解）

给水和中水监控系统应全部检测；排水监控系统应抽检50%，且不得少于5套，总数少于5套时应全部检测。

给水系统、排水系统和中水系统液位、压力参数及水泵运行状态检测；自动调节水泵转速；水泵投运切换；故障报警及保护。

【考法题型及预测题】

1. 应急发电机组调试检测的内容包括（　　　）。

A. 供电电流、电压及频率　　　　　B. 变配电设备运行状况

C. 储油罐液位监视　　　　　　　　D. 蓄电池工作状态检测

E. 故障报警检测

2. 通风空调设备系统检测，对水阀的自动调节来控制（　　　）达到设定值。

A. 送风量　　　　　　　　　　　　B. 送风温度

C. 排风量　　　　　　　　　　　　D. 新风量

3. 以（　　　）为控制依据对公共照明设备进行监控检测。

A. 合同文件　　　　　　　　　　　B. 平均日照度

C. 光照度　　　　　　　　　　　　D. 时间

E. 深化设计

4. 对冷冻和冷却水系统的检测要求主要是进行（　　　）检测。

A. 温度　　　　　　　　　　　　　B. 流量

C. 功能　　　　　　　　　　　　　D. 效率

【答案】

1. A、C、E；2. B；3. C、D；4. C

1H414050　电梯工程施工技术

核 心 考 点 提 纲

电梯工程施工技术 { 电梯的分类与施工程序
电梯工程施工要求

1H414051 电梯的分类与施工程序

考 点		2021年可考性提示
电梯的分类与施工程序	电梯工程的分部分项工程划分	★★★
	电梯的分类和组成	★
	自动扶梯的分类和组成	★★
	电梯施工前应履行的手续【2013年案例】	★★
	电梯安装资料【2018年、2019年单选】	★★
	电梯施工程序	★★
	电梯工程施工中的注意事项	★★
	电梯准用程序【2017年单选】	★★

★不大，★★一般，★★★极大

核心考点剖析

核心考点一、电梯工程的分部分项工程划分

分部工程	子分部工程	分 项 工 程
电梯	电力驱动的曳引式或强制式电梯	设备进场验收，土建交接检验，驱动主机，导轨，门系统，轿厢，对重，安全部件，悬挂装置，随行电缆，补偿装置，电气装置，整机安装验收
	液压电梯	设备进场验收，土建交接检验，液压系统，导轨，门系统，轿厢，对重，安全部件，悬挂装置，随行电缆，电气装置，整机安装验收
	自动扶梯、自动人行道	设备进场验收，土建交接检验，整机安装验收

【考法题型及预测题】

1. 以下分项工程不属于液压电梯子分部分项工程的是（　　）。

A. 随行电缆 　　　　　　　　　B. 补偿装置

C. 悬挂装置 　　　　　　　　　D. 整机安装验收

2. 曳引式电梯设备进场验收合格后，在驱动主机安装前的工序是（　　）。

A. 土建交接检验 　　　　　　　B. 轿厢导轨安装

C. 随行电缆安装 　　　　　　　D. 安全部件安装

【答案】

1. B

【解析】选项B，属于电力驱动曳引式电梯的分项工程。

2. A

【解析】即便记不得知识点。首先排除C、D，余下A、B选项，单就选项B的对错看，应该是导轨→轿厢安装。

核心考点二、自动扶梯的分类和组成

分类	略
组成	略
主要参数	①提升高度 H ②倾斜角度 a ③额定速度 v ④梯级宽度（名义宽度）Z

核心考点三、电梯安装前应履行的手续

电梯属于特种设备，安装前施工单位应向使用地的、直辖市或设区的市的特种设备安全监督管理部门履行书面告知备案的手续。

◆ 书面告知应递交以下材料：

（1）特种设备（电梯）开工告知申请书（一式二份）；

（2）电梯制造商的生产许可证复印件（加盖公章）；

（3）安装单位安装资质证明原件、复印件（加盖公章）；

（4）安装人员特种设备安装资格证原件、复印件（加盖公章）；

（5）安装单位组织机构代码证复印件（加盖公章）；

（6）施工合同；

（7）安装工程组织设计或技术方案；

（8）安装过程监督检验约请书。

◆ 特别需要注意：

◇ 安装单位应当在履行告知后、开始施工前（不包括设备开箱、现场勘测等准备工作），向规定的检验机构申请监督检验。待检验机构审查电梯制造资料完毕，并且获悉检验结论为合格后，方可实施安装。

核心考点四、电梯安装资料

名　称	内　容
电梯制造资料	（1）制造许可证明； （2）电梯整机型式试验合格证书或报告书，包括：门锁装置、限速器、安全钳、缓冲器等； （3）产品质量证明文件； （4）机房或者机器设备间及井道布置图； （5）电气原理图； （6）安装使用维修说明书
安装单位提供安装资料 【2013年案例、2019年单选】	安装许可证和安装告知书，许可证范围能够覆盖所施工电梯的相应参数；审批手续齐全的施工方案；施工现场作业人员持有的特种设备作业证

【考法题型及预测题】

1. 电梯设备中的（　　　）必须与其型式试验证书相符。

A. 选层器　　　　　　　　　　　　　B. 召唤器

202

C. 限速器　　　　　　　　　　　D. 缓冲器

E. 门锁装置

2.（2016年单选）电力驱动的曳引式电梯设备进场验收的随机文件包括（　　　）等。

A. 监督检验证明文件　　　　　　B. 型式试验证书

C. 产品出厂合格证　　　　　　　D. 安装、使用维修说明书

E. 土建布置图

3. 电梯安装单位递交了书面告知备案资料，能否马上进行施工？理由是什么？

【答案】

1. C、D、E；2. B、C、D、E

3. 答：不能马上进行施工。理由是：应该在开工前（设备开箱前）向规定的检验机构申请监督检验。待检验机构审查电梯制造资料完毕，并且获悉检验结论为合格后，方可实施安装。

核心考点五、电梯工程的施工程序

◆ 电力驱动的曳引式或强制式电梯施工程序

设备进场验收→土建交接检验→井道照明及电气安装→井道测量放线→导轨安装→曳引机安装→限速器安装→机房电气装置安装→轿厢、安全钳及导靴安装→轿厢电气安装→缓冲器安装→对重安装→曳引钢丝绳、悬挂装置及补偿装置安装→开门机、轿门和层门安装→层站电气安装→调试→检验及试验→验收。

◆ 液压电梯施工程序

设备进场验收→土建交接检验→样板架安装、放线→导轨安装→千斤顶安装→液压配管→机房内配件安装→轿厢组装→井道内部件安装→调试验收→试运转。

◆ 自动扶梯、自动人行道施工程序

设备进场验收→土建交接检验→扶梯（人行道）桁架吊装就位→轨道安装→扶手带等构配件安装→安全装置安装→机械调整→电气装置安装→调试验收→试运转。

核心考点六、电梯工程施工中的注意事项

◆ 曳引式电梯施工中的注意事项

◇ 电梯安装前，建设单位、监理单位、土建施工单位、电梯安装单位应共同对电梯井道和机房进行检查，对电梯安装条件进行确认。

◇ 机房通向井道的预留孔设置临时盖板。层门的预留门洞设置防护栏杆，防护栏杆一般要设两道，底下一道栏杆距地为500～600mm，上面一道栏杆距地应不小于1200mm。

◇ 通电空载试运行合格后进行负载试运行，并检测各安全装置动作是否正常准确。

◆ 自动扶梯与自动人行道施工中的注意事项

◇ 通电空载试运行合格后进行负载试运行，并检测各安全装置动作是否正常准确。

核心考点七、电梯准用程序

电梯安装单位自检试运行结束后，整理记录，并向制造单位提供，由制造单位负责进行校验和调试。

1H414052 电梯工程施工要求

考 点			2021年可考性提示
电梯工程施工要求	电力驱动的曳引式或强制式电梯安装要求【2018年单选】	设备进场验收【2020年单选】	★
		土建交接验收要求【2013年案例分析应用】【2018年单选选项】	★★★
		驱动主机安装要求	★
		导轨安装要求【2013年案例分析应用】	★★
		门系统安装要求	★
		轿厢系统安装要求	★
		对重平衡系统安装要求	★
		安全部件安装要求	★
		悬挂装置、随行电缆、补偿装置的安装要求【2018年单选选项】	★★
		电气装置安装要求	★
		电梯整机安装要求	★★
	液压电梯施工要求		★
	自动扶梯、自动人行道安装工程质量验收要求	设备进场验收	★★
		土建交接验收	★
		整机安装验收	★★★

★不大，★★一般，★★★极大

核心考点一、（电梯）土建交接验收要求

土建施工单位、安装单位、建设（监理）单位共同对土建工程进行交接验收，是电梯安装工程顺利进行的重要保证。

◇ 机房的电源零线和接地线应分开，机房内接地装置的接地电阻值不应大于4Ω。

◇ 主电源开关应能够切断电梯正常使用情况下最大电流。

◇ 电梯安装之前，所有厅门预留孔必须设有高度不小于1200mm的安全保护围封（安全防护门），并应保证有足够的强度，保护围封下部应有高度不小于100mm的踢脚板，并应采用左右开启方式，不能上下开启。

◇ 当相邻两层门地坎间的距离大于11m时，其间必须设置井道安全门，井道安全门严禁向井道内开启，且必须装有安全门处于关闭时电梯才能运行的电气安全装置（当相邻轿厢间有相互救援用轿厢安全门时除外）。

◇ 井道内应设置永久性电气照明，井道照明电压宜采用 36V 安全电压（注意：施工照明电压应采用 12V 安全电压），井道内照度不得小于 50Lx，井道最高点和最低点 0.5m 内应各装一盏灯，中间灯间距不超过 7m，并分别在机房和底坑设置控制开关。

◇ 轿厢缓冲器支座下的底坑地面应能承受满载轿厢静载 4 倍的作用力。

【考法题型及预测题】

1.（2013 年真题）项目部在机房、井道的检查中，应关注哪几项安全技术措施？

2. 井道照明电压应该是（　　　）。

A. 220V   B. 110V

C. 36V   D. 12V

3. 电梯安装单位在机房验收时，出现（　　　）情形，可以不予以接收。

A. 厅门预留孔护栏高度小于 1200mm   B. 机房内漏水

C. 井道内照明电压为 12V   D. 接地装置的接地电阻经测试为 5Ω

E. 机房内墙壁上无警示标语

【答案】

1. 答：项目部在机房、井道的检查中，应关注以下几点：

（1）层门洞（预留孔）靠井道壁外侧设置坚固的栏杆，栏杆的高度不小于 1.2m，并设置警示标志或告诫性文字，防止人员坠落及向井道内抛掷杂物。

（2）用临时盖板封堵机房预留孔，并在机房内墙壁上设有警示标语，以示盖板不能随便移位，防止顶层有杂物向下跌落。

（3）电梯井道内设脚手架进行施工作业时，脚手架搭设后应经验收合格后方可使用，如脚手架、脚手板是可燃材料构成的，要考虑适当的防火措施。

（4）施工用照明电压为 12V 安全电压。

（5）要有防渗水漏水措施。

（6）井道内作业人员要熟知高空作业的各项规定，并在作业中认真执行。

【解析】关键词：防护栏、照明电压、防渗水漏水、防火措施、高空作业措施。

2. C

3. B、D

【解析】A、C 不属于机房的验收要求；E 选项不是电梯机房验收的必备条件。

核心考点二、导轨安装要求

◇ 预埋件应符合土建布置图要求。

◇ 每列导轨工作面（包括侧面和顶面）与安装基准线每 5m 的允许偏差——

轿厢导轨和设有安全钳的对重（平衡重）导轨不应大于 0.6mm；

不设安全钳的对重（平衡重）导轨不应大于 1.0mm。

◇ 轿厢导轨和设有安全钳的对重（平衡重）导轨工作面接头处不应有连续缝隙，导轨接头处台阶不应大于 0.05mm。

不设安全钳的对重（平衡重）导轨接头处缝隙不应大于 1.0mm，导轨工作面接头处台阶不应大于0.15mm。

核心考点三、悬挂装置、随行电缆、补偿装置的安装要求（阅读了解）

（1）绳头组合必须安全可靠，且每个绳头组合必须安装防螺母松动和脱落的装置。

（2）钢丝绳严禁有死弯，随行电缆严禁有打结和波浪扭曲现象。

（3）当轿厢悬挂在两根钢丝绳或链条上，且其中一根钢丝绳或链条发生异常相对伸长时，为此装设的电气安全开关应动作可靠。

（4）随行电缆在运行中应避免与井道内其他部件干涉。当轿厢完全压在缓冲器上时，随行电缆不得与底坑地面接触。

核心考点四、电梯整机安装要求

◇ 限速器、安全钳、缓冲、门锁装置必须与其型式试验证书相符。

◇ 上、下极限开关必须是安全触点。

在轿厢或对重（如果有）接触缓冲器之前必须动作，且缓冲器完全压缩时，保持动作状态。

对瞬时式安全钳，轿厢应载有均匀分布的额定载重量；对渐进式安全钳，轿厢应载有均匀分布的125%额定载重量。

核心考点五、自动扶梯、人行道整机安装验收要求

◆设备进场验收

◇ 设备技术资料必须提供——

梯级或踏板的型式检验报告复印件，或胶带的断裂强度证明文件复印件；

对公共交通型自动扶梯、自动人行道应有扶手带的断裂强度证书复印件。

◆自动扶梯、自动人行道必须自动停止运行的情况★★★

（1）无控制电压、电路接地的故障、过载。

（2）控制装置在超速和运行方向非操纵逆转下动作；附加制动器动作。

（3）直接驱动梯级、踏板或胶带的部件断裂或过分伸长；驱动装置与转向装置之间的距离缩短。

（4）梯级、踏板或胶带进入梳齿板处有异物夹住，且产生损坏梯级、踏板或胶带支撑结构；梯级或踏板下陷。

（5）无中间出口的连续安装的多台自动扶梯、自动人行道中的一台停止运行。

（6）扶手带入口保护装置动作。

上述第2种至第6种情况下的开关断开的动作必须通过安全电路来完成。

◆ 应测量不同回路导线之间、导线对地的绝缘电阻

（1）导体之间和导体对地之间的绝缘电阻应大于$1000\Omega/V$。

（2）动力电路和电气安全装置电路不得小于$0.5M\Omega$。

（3）其他电路（控制、照明、信号等）不得小于$0.25M\Omega$。

◆ 自动扶梯、自动人行道应进行空载制动试验，制停距离应符合标准规范的要求。

【考法题型及预测题】

1. 在下列（　　）情况下电梯必须停止运行。

A. 电路接地故障　　　　　　　　B. 踏板上有垃圾

C. 非操控逆转下动作　　　　　　D. 无控制电压

E. 胶带断裂

2. 在下列（　　　）情况下，自动扶梯、自动人行道应自动停止运行，其他通过安全触点或安全电路来完成。

A. 电路接地故障　　　　　　　　B. 梯级或踏板下陷

C. 非操控逆转下动作　　　　　　D. 无控制电压

E. 胶带断裂

【答案】

1. A、C、D、E

2. A、D

【解析】只有这三种情况①无控制电压②电路接地故障③过载，其他情况要靠安全电路来完成停止运行。

1H414060　消防工程施工技术

核心考点提纲

消防工程施工技术 ⎰ 消防系统分类及其功能
　　　　　　　　　⎨ 消防工程施工程序及技术要求
　　　　　　　　　⎱ 消防工程验收的规定与程序

1H414061　消防系统分类及其功能

核心考点及可考性提示

考　点			2021年可考性提示
消防系统分类及其功能	火灾自动报警及消防联动控制系统的组成及功能	火灾自动报警系统的基本模式	★
		火灾自动报警及消防联动系统的组成及功能	★
	灭火系统的类别及功能	水灭火系统【2016年单选】	★★
		气体灭火系统【2019年单选】	★★
		泡沫灭火系统	★★
		干粉灭火系统	★
	防排烟系统组成及功能		★
	工业项目的消防系统功能		★★

★不大，★★一般，★★★极大

核心考点一、灭火系统的类别

灭火系统的类别	水灭火系统	自动喷水灭火系统	闭式喷水灭火系统	湿式系统
				干式系统
				干湿式系统
				预作用系统
			开式系统（雨林系统）	
			水喷雾灭火系统	
			自动喷水－泡沫联用系统	
		消火栓灭火系统		
		消防水炮灭火系统		
		高压细水雾灭火系统		
	气体灭火系统	七氟丙烷灭火系统		
		二氧化碳灭火系统		
	泡沫灭火系统	根据发泡性能不同分为低倍数、中倍数、高倍数泡沫灭火系统三类		
	干粉灭火系统			

核心考点二、水灭火系统

◆ 闭式喷水灭火系统

闭式喷水灭火系统	工 作 压 力
湿式系统	报警装置最大工作压力为 1.2MPa
干式系统	最大工作压力不超过 1.2MPa
干湿式系统	干湿式两用报警装置最大工作压力不超过 1.6MPa
预作用系统	在预作用阀门之后的管道内充有压气体时，压力不宜超过 0.03MPa

◆ 开式系统（雨淋系统）

发生火灾时，由火灾探测系统自动开启雨淋阀，也可人工开启雨淋阀，由雨淋阀控制其配水管道上所有的开式喷头同时喷水，可以在瞬间喷出大量的水覆盖火区，达到灭火目的。通常用于燃烧猛烈、蔓延迅速的某些严重危险级场所。

水喷雾灭火系统与高压细水雾灭火系统的主要区别：

	水喷雾灭火系统	高压细水雾灭火系统
1. 系统组成不同	……	……
2. 灭火机理不同	表面冷却、窒息、稀释、冲击乳化和覆盖	吸收热量（冷却）、降低氧深度（窒息）、阻隔辐射热
3. 性能不同	灭火和防护冷却	控火和灭火，用水比一般水喷雾少，灭火效果比水喷雾更好

	水喷雾灭火系统	高压细水雾灭火系统
4. 水雾雾滴直径不同	0.2～2mm 甚至更小的细小水雾滴	雾粒直径为 10～100μm
5. 适用场所不同	高层民用建筑内的可燃油浸电力变压器、充可燃油的高压电容器和多油开关室等房间	A类、B类、C类和电气类火灾

核心考点三、消防水泵

消防水泵应设有备用泵，且流量和扬程不应小于消防泵房内的最大一台工作泵的流量和扬程；应设有两条吸水管，当其中一条检修或损坏时，其余的吸水管应仍能通过 100% 的用水总量；保证水箱的水用完之前（5～10min），消防泵在 5min 内启动供水。

【题型】消防水泵应具备什么要求？

核心考点四、气体灭火系统和泡沫灭火系统

1. 气体灭火系统主要包括：管道安装、系统组件安装（喷头、选择阀、储存装置）、二氧化碳称重检验装置等。【2019 年单选】

2. 泡沫灭火系统包括：管道安装、阀门安装、法兰安装及泡沫发生器、混合储存装置安装等工程。

3. 泡沫灭火系统适用于对甲、乙、丙类液体可能泄漏场所的初期保护，对初期火灾也能扑救。一般 不适合于 深度超过 25mm 厚的水溶性甲、乙、丙类液体。

核心考点五、工业项目的消防系统功能

1. 根据工业建筑 贮存的物料性质、生产操作条件、火灾危险性、建筑物体积 等因素，设置不同的消防设施和灭火系统。例如：

工业	场合	消防设施与灭火系统
火力发电厂	容量为 ≥90MV·A 的油浸变压器	火灾自动报警系统、水喷雾灭火系统或其他灭火系统
	点火油罐区	低倍数泡沫灭火系统
	燃气轮发电机组（包括燃气轮机、齿轮箱、发电机和控制间）	全淹没气体灭火系统，并应设置火灾自动报警系统
钢铁企业	单台容量≥40MV·A 非总降压变电所的油浸变压器	应设置火灾自动报警系统，以及水喷雾、细水雾和气体灭火系统
	储存锌粉、碳化钙、低亚硫酸钠等遇水燃烧物品的仓库	不得设置室内外消防给水
石油	石油天然气油罐区	应设置灭火系统和消防冷却水系统，且灭火系统宜为低倍数泡沫灭火系统
	石油储备库的油罐	应设置固定式低倍数泡沫灭火系统、固定式消防冷却水系统和火灾自动报警系统

2. 工业项目很多建有消防站，站内消防车的类型和数量与企业的火灾危险性相适应，以满足扑救控制初起火灾的需要。如火电厂单台发电机组容量为 300MW 及以上的，应设

置企业消防站，站内应不少于 2 辆消防车，其中一辆为水罐或泡沫消防车，另一辆可为干粉或干粉泡沫联用车。

【考法题型及预测题】

1. 适用于火灾蔓延速度快、闭式喷头不能有效覆盖起火范围等高危场所火灾的水灭火系统是（　　）。

A. 干式系统　　　　　　　　　　B. 雨淋系统

C. 水幕系统　　　　　　　　　　D. 水喷雾系统

2. 类似于二氧化碳等气体灭火系统的是（　　）。

A. 预作用灭火系统　　　　　　　B. 水喷雾灭火系统

C. 高压细水雾灭火系统　　　　　D. 水－泡沫联用系统

3. 石油天然气油罐区的灭火系统宜为（　　）。

A. 消防冷却水系统　　　　　　　B. 低倍数泡沫灭火系统

C. 干粉灭火系统　　　　　　　　D. 水喷雾灭火系统

【答案】

1. B

【解析】湿式系统和干式系统是闭式喷头，排除 A；选项 C，几乎没有灭火作用；选项 D，适用于电气火灾；最适合题意的是选项 B；

2. C；3. B

1H414062　消防工程施工程序及技术要求

核心考点及可考性提示

考　　点			2021 年可考性提示
消防工程施工程序及技术要求	消防工程施工程序【2014 年、2020 年单选】		★★
	消防工程施工技术要求	火灾自动报警及消防联动设备的施工要求	★★
		水灭火系统施工要求【2015 年单选、2017 年多选、2018 年多选】	★★
		气体灭火系统安装要求	★
		泡沫灭火系统安装要求	★
		干粉灭火系统安装要求	★
		防排烟系统安装要求【2016 年案例】	★★

★不大，★★一般，★★★极大

核心考点剖析

核心考点一、消防工程施工程序与安装要求

◆ 真题回顾（以题代点）

【2020年真题】消防灭火系统施工中，不需要管道冲洗的是（　　　）。

A. 消火栓灭火系统　　　　　　B. 泡沫灭火系统

C. 水炮灭火系统　　　　　　　D. 高压细水雾灭火系统

【答案与解析】B。水灭火系统，水管均需要冲洗，干粉灭火系统、泡沫灭火系统、气体灭火系统的安装程序中无管道冲洗工序。

◆ 自动喷水灭火系统施工程序与要求

◇ 施工程序

施工准备→干管安装→报警阀安装→立管安装→分层干、支管安装→喷洒头支管安装→管道试压→管道冲洗→减压装置安装→报警阀配件及其他组件安装→喷洒头安装→系统通水调试。【2018年单选】

【说明】报警阀的安装，只是阀门的安装；报警阀配件及其他组件安装这个工序才形成报警阀组。

◇ 安装要求

自动喷水灭火系统的管道横向安装宜设2‰～5‰的坡度，且应坡向排水管；当局部区域难以利用排水管将水排净时，应采取相应的排水措施。

自动喷水灭火系统的调试应包括【按案例掌握】——水源测试；消防水泵调试；稳压泵调试；报警阀（报警阀组）调试；排水设施调试；联动试验。

◆ 消防水泵（或稳压泵）的施工程序与安装要求

◇ 施工程序

施工准备→基础施工→泵体安装→吸水管路安装→压水管路安装→单机调试。

◇ 消防水泵施工要求【2017年多选、2018年案例；2021年继续按案例掌握】

水泵的出口管上应安装止回阀、控制阀和压力表，或安装控制阀、多功能水泵控制阀和压力表；系统的总出水管上还应安装压力表和泄压阀。

【实务操作注意】

1. 泵与管道的连接，要采用顶平偏心异径管；如图1H414062所示。

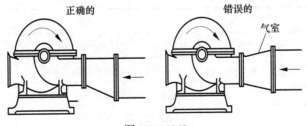

正确的　　　　　　　错误的　　　气室

图1H414062

2. 立式水泵不能采用弹簧减振装置。

核心考点二、喷头的安装要求【2015年单选】

闭式喷头应在安装前进行密封性能试验，喷头安装应在系统试压、冲洗合格后进行，并且粗装修阶段也不安装，要在精装修阶段安装。

安装时不得对喷头进行拆装、改动，并严禁给喷头附加任何装饰性涂层。喷头安装应使用专用扳手，严禁利用喷头的框架施拧；喷头的框架、溅水盘产生变形或释放原件损伤时，应采用规格、型号相同的喷头更换。

核心考点三、高压细水雾灭火系统施工要求

喷头安装应在管道试压、吹扫合格后进行。

喷头与管道的连接宜采用端面密封或O型圈密封，不应采用聚四氟乙烯、麻丝、粘结剂等密封材料。

核心考点四、防排烟系统安装要求

◇ 排烟风管采用镀锌钢板时，板材最小厚度设计无要求时可按《建筑防烟排烟系统技术标准》GB 51251—2017 的要求选定。

◇ 防排烟系统的制作材料必须为不燃材料；其耐火极限时间应符合设计要求。

◇ 防排烟风道、事故通风风道应采用抗震支吊架。

◇ 薄钢板法兰风管应采用螺栓连接（也就是说，不能采用插条连接）。

◇ 防火阀、排烟阀（口）的安装方向、位置应正确。防火分区隔墙两侧的防火阀，距墙表面应不大于200mm。防火阀设独立支吊架【2016年案例】。预埋套管不得有瘪陷。

◇ 防排烟风机应设在混凝土或钢架基础上，且不应设置减振装置；若排烟系统与通风空调系统共用且需要设置减振装置时，不应使用橡胶减振装置。

◇ 防排烟与通风空调共用，风机与风管的连接宜采用法兰连接，或采用不燃材料的柔性短管连接。当风机仅用于防烟、排烟时，不得采用柔性连接（GB的强制规定）。

◇ 风管系统安装完成后，应进行严密性检验；防排烟风管的允许漏风量应按中压系统风管确定。

1H414063 消防工程验收的规定与程序

核心考点及可考性提示

考点			2021年可考性提示
消防工程验收的规定与程序	消防工程验收的规定【2011年单选、2013年案例应用】		★★★
	特殊建设工程消防验收所需资料及条件	特殊建设工程消防验收所需资料	★
		特殊建设工程消防验收的条件	★
	特殊建设工程消防验收的组织及程序	消防工程验收的组织形式	★★
		消防工程验收程序	★★
		消防验收的时限	★
		施工过程中的消防验收	★★
	其他建设工程的消防验收备案与抽查		★

★不大，★★一般，★★★极大

核心考点剖析

核心考点一、消防工程验收的规定 ★★★

住房和城乡建设主管部门对建设工程实施消防设计审查、消防验收、备案以及备案抽查管理。具有下列情形之一的特殊建设工程，建设单位应当向住房和城乡建设主管部门申请消防设计审查和消防验收。

序号	必须进行消防设计审核和消防验收的特殊建设工程
1	建筑总面积大于 2 万 m^2 的体育场馆、会堂，公共展览馆、博物馆的展示厅
2	建筑总面积大于 1.5 万 m^2 的民用机场航站楼、客运车站候车室、客运码头候船厅
3	建筑总面积大于 1 万 m^2 的宾馆、饭店、商场、市场
4	建筑总面积大于 2500m^2 的影剧院，公共图书馆的阅览室，营业性室内健身、休闲场馆，医院的门诊楼，大学的教学楼、图书馆、食堂，劳动密集型企业的生产加工车间，寺庙、教堂
5	建筑总面积大于 1000m^2 的托儿所、幼儿园的儿童用房，儿童游乐厅等室内儿童活动场所，养老院、福利院，医院、疗养院的病房楼，中小学校的教学楼、图书馆、食堂，学校的集体宿舍，劳动密集型企业的员工集体宿舍
6	建筑总面积大于 500m^2 的歌舞厅、录像厅、放映厅、卡拉 OK 厅、夜总会、游艺厅、桑拿浴室、网吧、酒吧，具有娱乐功能的餐馆、茶馆、咖啡厅
7	国家工程建设消防技术标注规定的一类高层住宅建筑
8	城市轨道交通、隧道工程，大型发电、变配电工程
9	生产、储存、装卸易燃易爆危险物品的工厂、仓库和专用车站、码头；易燃易爆气体和液体的充装站、供应站、调压站
10	国家机关办公楼、电力调度楼、电信楼、邮政楼、防灾指挥调度楼、广播电视楼、档案楼
11	单体建筑面积大于 4 万 m^2 或者建筑高度超过 50m 的公共建筑

除上述以外的其他建设工程，实行消防验收备案、抽查管理制度。

除上述以外的其他建设工程，建设单位应当在工程竣工验收合格之日起 7 个工作日内，向住房和城乡建设主管部门消防验收备案，消防验收备案机关进行抽查。

【考法题型及预测题】

以下建设工程，需要进行消防设计审核的有（　　　　）。

A. 建筑总面积为 1000m^2 的私人档案馆　　B. 建筑总面积为 500m^2 的网吧

C. 防灾指挥调度楼　　　　　　　　　　　　D. 5000m^2 的商场

E. 液氧充装站

【答案】B、C、E

【解析】A 选项，既不在范围内也不在规模内，无须申报消防设计审核。D 选项，在范围内，但是达不到规模的无须申报。

核心考点二、消防工程验收程序

验收程序通常为验收受理、现场检查、现场验收、结论评定和工程移交等阶段。

◆ 验收受理

由建设单位向公安消防部门提出申请，要求对竣工工程进行消防验收，并提供有关书面资料，资料要真实有效，符合申报要求。

◆ 现场检查

现场检查主要是核查 工程实体 是否符合经审核批准的消防设计，内容包括房屋建筑的类别或生产装置的性质、各类消防设施的配备、建筑物总平面布置及建筑物内部平面布置、安全疏散通道和消防车通道的布置等。

◆ 现场验收

公安消防部门安排用符合规定的工具、设备和仪表，依据国家工程建设消防技术标准对已安装的消防工程实行现场测试，并将测试的结果形成记录，并经参加现场验收的建设单位人员签字确认。

◆ 结论评定

现场检查、现场验收结束后，依据消防验收有关评定规则，对检查验收过程中形成的记录进行综合评定，得出验收结论，并形成《建筑工程消防验收意见书》。

◆ 工程移交

工程移交包括 ①工程资料移交②工程实体移交 。

核心考点三、施工过程中的消防验收

验收程序通常为验收受理、现场评定和出具验收意见等阶段。

◇ 现场评定

消防设计审查验收主管部门受理消防验收申请后，对特殊建设工程进行现场评定。

现场评定包括——

（1）对建筑物防（灭）火设施的外观进行现场抽样查看。

（2）通过专业仪器设备对涉及距离、高度、宽度、长度、面积、厚度等可测量的指标进行现场抽样测量。

（3）对消防设施的功能进行抽样测试、联调联试消防设施的系统功能等内容。

本节模拟强化练习

1. 建筑饮用水供应系统施工程序中，管道加工预制后的工序是（   ）。

A. 管道及配件安装   B. 给水设备安装

C. 水处理设备及控制设施安装   D. 系统水压试验

2. 下述管道连接方法选择妥当的是（   ）。

A. 明装的 DN80 钢塑复合管熔焊连接   B. 埋地的 DN300 管道采用法兰或卡箍

C. DN22 的铜管宜采用对口焊接   D. 铝塑复合管一般采用沟槽连接

E. 给水铸铁管承插柔性连接时须采用橡胶圈密封补偿

3. 高层建筑管道工程采取防震降噪的保证措施有（   ）。

A. 水泵与基础间按要求加设橡胶垫隔离 B. 给水系统中加设减压设备

C. 管道与动设备的连接采用柔性连接   D. 管道增设支吊架

E. 减少给水系统管道的连接件

4. 下列灯具中，需要与保护导体连接的有（　　　）。

A. 离地 5m 的Ⅰ类灯具　　　　　　　B. 采用 36V 供电的灯具

C. 地下一层的Ⅱ类灯具　　　　　　　D. 等电位联结的灯具

E. 采取电气隔离的灯具

5. 当接地电阻达不到设计要求时，可采用（　　　）来降低接地电阻。

A. 降阻剂　　　　　　　　　　　　　B. 换土

C. 接地模块　　　　　　　　　　　　D. 接地极

E. 等电位联结

6. 符合风管制作一般规定的是（　　　）。

A. 非金属风管规格以外径或外边长为准

B. 各类复合保护层的钢板应采用咬口连接或铆接

C. 密封胶的性能应符合风管压力等级的要求

D. 防火风管的固定材料、密封垫料等必须为不燃材料

E. 矩形风管边长大于 630mm，应采取固定措施

7. 1500Pa 的薄钢板风管，其连接不宜采用（　　　）。

A. S 型插条　　　　　　　　　　　　B. C 型插条

C. 立咬口　　　　　　　　　　　　　D. 直角形平插条

E. 薄钢板法兰插条

8. 下列加固形式中，不用于风管的内支撑加固的材料有（　　　）。

A. 角钢　　　　　　　　　　　　　　B. 扁钢

C. 螺杆　　　　　　　　　　　　　　D. 钢管

E. 槽钢

9. 关于通风与空调系统进行试运行与调试的说法，正确的有（　　　）。

A. 设备单机试运转前进行口头安全技术交底

B. 风机盘管中档风量的实测值应符合设计要求

C. 制冷机组正常运转应不少于 2h

D. 系统总风量实测值与设计风量的偏差允许值不应大于 10%

E. 空调冷（热）水总流量测试结果与设计流量的偏差不应大于 10%

10. 【实务操作】下图中多联机空调机组的室内机安装图有哪些问题？

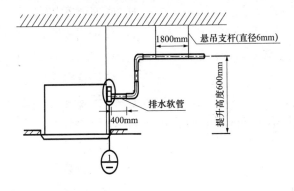

放大图:

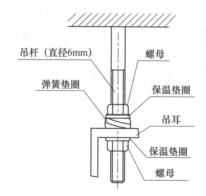

11. 以下系统，不属于安全技术防范系统的是（　　）。

A. 出入口控制系统　　　　　　　　B. 电子巡查系统

C. 停车库（场）管理系统　　　　　D. 火灾自动报警系统

12. 智能化工程中现场控制器（直接数字控制器DDC）是（　　）对电磁阀进行控制。

A. AI　　　　　　　　　　　　　　B. AO

C. DI　　　　　　　　　　　　　　D. DO

13. 电动风阀输出方式是（　　）类型。

A. 直行程　　　　　　　　　　　　B. 角行程

C. 多转式　　　　　　　　　　　　D. 先导式

14. 空调设备的监控系统中，符合安装要求的是（　　）。

A. 风管型的传感器安装应在风管保温层完成后进行

B. 水管型传感器开孔在压力试验前、吹扫防腐保温前进行

C. 铂温度传感器接线电阻小于3Ω

D. 电磁流量计应安装在流量调节阀的下游

E. 涡轮式流量传感器应水平安装

15. 以下智能化工程检测项目不属于建筑设备监控系统调试检测的是（　　）。

A. 加湿阀的调试　　　　　　　　　B. 摄像机监控图像的质量和保存事件检测

C. 过滤网压差开关报警信号检测　　D. 能耗监测系统检测

16. 曳引式电梯施工程序中，导轨安装的紧后工序是（　　）。

A. 缓冲器安装　　　　　　　　　　B. 限速器安装

C. 曳引机安装　　　　　　　　　　D. 安全钳安装

17 建筑电梯通电空载试运行合格后，还应监测动作是否准确的是（　　）。

A. 层门开启　　　　　　　　　　　B. 停层感应

C. 安全装置　　　　　　　　　　　D. 制停距离

18. 以下分项工程不属于液压电梯子分部分项工程的是（　　）。

A. 随行电缆　　　　　　　　　　　B. 补偿装置

C. 悬挂装置　　　　　　　　　　　D. 整机安装验收

19. 开式系统发生火灾时，控制所有的喷头同时喷水，可以在瞬间喷出大量的水覆盖火区，达到灭火目的的装置是（   ）。

A. 火灾探测器　　　　　　　　B. 开式洒水喷头

C. 雨淋阀　　　　　　　　　　D. 选择阀

20. 类似于二氧化碳等气体灭火系统的是（   ）。

A. 预作用灭火系统　　　　　　B. 水喷雾灭火系统

C. 高压细水雾灭火系统　　　　D. 水－泡沫联用系统

21. 下列设备安装时，不可以采用橡胶减振装置的是（   ）。

A. 冷水机组　　　　　　　　　B. 排风兼排烟的风机

C. 给水泵　　　　　　　　　　D. 屋面冷却塔

22. 自动扶梯、自动人行道子分部工程的分项工程不包括（   ）。

A. 设备进场验收　　　　　　　B. 土建交接检验

C. 整机安装验收　　　　　　　D. 监督检验

本节模拟强化练习参考答案

1. C

2. C、E

【解析】选项 A 错，钢塑复合管宜采用螺纹连接；选项 B 错，埋地的法兰和卡箍都会锈蚀，应采用焊接；选项 D 错，铝塑复合管一般采用螺纹卡套压接。

3. A、C

【解析】选项 B 是解决静水压力大的措施。选项 D、E 与防震降噪没有直接因果关系。

4. A、D

【解析】Ⅱ类灯具不需要与保护导体连接；Ⅲ类灯具不得与保护导体连接；选项 B 属于安全特低电压，选项 E，双重保护，B、E 选项均属于Ⅲ类；选项 C 属于Ⅱ类。

5. A、B、C

6. B、D

【解析】选项 A 错，金属风管规格以外径或外边长为准，非金属风管以内径或内边长为准；选项 C 错，密封胶的性能应符合使用环境的要求；选项 E 精准的表述是"应采取加固措施"，再则，固定是安装，题目是制作。

7. A、D

【解析】1500Pa，为中压系统；S 型插条、直角形平插条不适用中压及以上系统。

8. A、E

【解析】内支撑加固形式：扁钢内支撑、镀锌螺杆内支撑、钢管内支撑加固。

9. B、E

【解析】选项 A 错，应有书面交底资料；选项 C 错，制冷机组正常运转应不少于 8h；选项 D 错，与设计风量的偏差允许值允许偏差为 −5%～＋10%。

10. 图中多联机空调机组的室内安装图有以下问题：

二根悬吊杆的距离 1.8m，太长，不宜大于 1.5m；

排水管未设坡度（应设 1/100 的坡度）；

排水升程管（提升管）600mm 太高，不宜超过 550mm；

排水升程管（提升管）弯管处没有设固定；

排水软管 400mm 过长，宜为 150～250mm，不宜超过 300mm；

吊耳上方的弹簧垫圈和保温垫圈位置错；

吊耳下面的螺母只设了一个，应设两个；

吊杆（直径 6mm）错，应不小于 8mm。

【解析】正确的示意图如下所示：

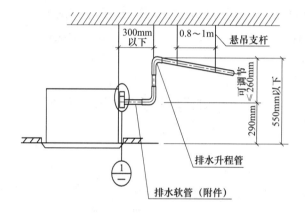

放大图：

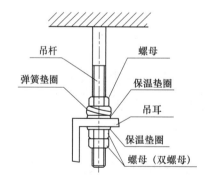

11. D

12. D

【解析】电磁阀，控制阀门的开和关——数字量，电磁阀——输出设备。数字 D，模拟 A；输入 I，输出 O。

13. B

【解析】电动风阀由风门驱动器和蝶阀组成，蝶阀的输出方式为角行程。

14. A、B、E

【解析】选项 C 错，铂温度传感器接线电阻应小于 1Ω，镍是 3Ω；选项 D 错，电磁流量计应安装在流量调节阀的上游。

15. B

【解析】选项 B，属于安全防范系统监测内容；设备监控管"水、电、照明、空调、锅炉、电梯"等。

16. C

17. C

【解析】空载试运行合格后要进行负荷试运行，并监测各安全装置动作是否正常准确。选项 D 是干扰项；制停距离是空载试运行时应符合规范的要求，不符合则试运行不合格。

18. B

【解析】选项 B，属于电力驱动曳引式电梯的分项工程。

19. C

【解析】发生火灾时，由火灾探测系统自动开启雨淋阀，也可人工开启雨淋阀，由雨淋阀控制其配水管道上所有的开式喷头同时喷水，可以在瞬间喷出大量的水覆盖火区，达到灭火目的。

20. C

21. B

【解析】防排烟风机应设在混凝土或钢架基础上，且不应设置减振装置；若排烟系统与通风空调系统共用且需要设置减振装置时，不应使用橡胶减振装置。

22. D

【解析】自动扶梯、自动人行道安装由 3 个分项工程组成——①设备进场验收②土建交接检验③整机安装验收。

1H420000 机电工程项目施工管理

2017—2020 年度真题考点分值表

命题点	2020 年	2019 年	2018 年	2017 年
1H420010 机电工程项目管理的 程序及任务		案例 6 分		
1H420020 机电工程施工招标投标管理				多选 2 分
1H420030 机电工程施工合同管理		多选 2 分	单选 1 分 实操 6 分	单选 1 分 案例 6 分
1H420040 机电工程设备采购管理	单选 1 分	单选 1 分	多选 2 分 案例 4 分	多选 4 分 案例 5 分
1H420050 机电工程施工组织设计	单选 1 分 案例 5 分	单选 1 分	多选 2 分	多选 2 分
1H420060 机电工程施工资源管理	案例 3 分	案例 12 分	多选 2 分 案例 7 分 实操 2 分	
1H420070 机电工程施工协调管理	案例 8 分		实操 5 分	单选 1 分
1H420080 机电工程施工进度管理	案例 12 分	案例 5 分		案例 20 分
1H420090 机电工程施工成本管理		单选 1 分	案例 10 分	
1H420100 机电工程施工预结算				
1H420110 机电工程施工现场 职业健康安全与环境管理	单选 1 分 案例 9 分			单选 1 分 案例 4 分
1H420120 机电工程施工质量管理	单选 1 分 案例 17 分	单选 1 分 案例 8 分	案例 4 分	案例 10 分

命题点	2020 年	2019 年	2018 年	2017 年
1H420130 机电工程试运行管理	单选 1 分 案例 3 分	单选 1 分 案例 3 分	多选 2 分	案例 9 分
1H420140 机电工程竣工验收管理	单选 1 分			
1H420150 机电工程保修与回访管理		单选 1 分	案例 2 分	单选 1 分 案例 4 分
合计	选择 6 分 案例 57 分	选择 8 分 案例 34 分	选择 9 分 案例 40 分	选择 12 分 案例 58 分

【提示】本章节以往考题类型为实务操作和案例分析题，与教材第 1、3 章节知识点案例题型共 120 分；共五大题，1~3 题每题 20 分，4~5 题每题 30 分。从 2016 年起也有选择题了。第 2 章的分值，历年最低。这是因为案例部分的新题型"实操"趋于现场的施工技术，2018 年有 34 分教材上没有原文可"背抄"。

◆ 考题涵盖内容

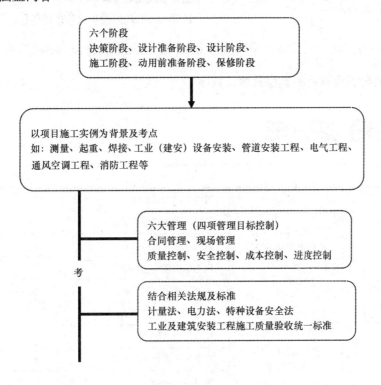

1H420010 机电工程项目管理的程序及任务

项目管理的核心任务是：目标控制，包括进度目标、质量目标、费用目标、安全目标，其管理贯穿于项目建设全过程（见图 1H420010）。

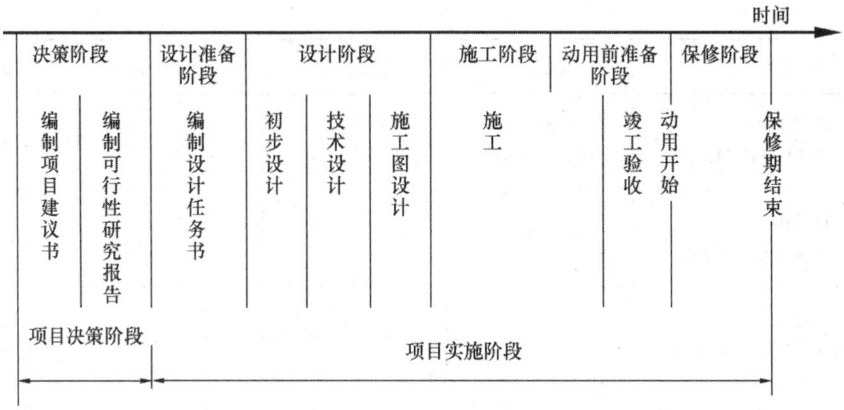

图 1H420010　建设工程项目的实施阶段

核 心 考 点 提 纲

机电工程项目管理的程序及任务 {
机电工程项目的类型及建设程序
设计阶段项目管理的任务
采购阶段项目管理的任务
施工阶段项目管理的任务
试运行及验收阶段项目管理的任务
}

【提示】本目内容在后续章节中均有展开阐述，请注意将相关内容结合在一起复习。

1H420011　机电工程项目的类型及建设程序

核 心 考 点 及 可 考 性 提 示

考　　点			2021 年可考性提示
机电工程项目的类型及建设程序	机电工程建设项目的类型	机电工程项目范围	★
		机电工程建设项目组成	★
		机电工程建设项目专业组成	★
		机电工程建设项目分类	★★
		机电工程关联的行业	★
		机电工程项目的特点	★
	机电工程项目的建设程序	项目可行性研究	★
		机电工程项目承包模式	★★
		项目实施阶段	★★
	机电工程建造师执业工程的关联行业和工程范围		★
	机电工程项目的特点		★

★不大，★★一般，★★★极大

222

核心考点一、建设项目性质分类

新建——原来没有的；

扩建——规模扩大；

改建——设备升级；

复建——按原样重建；

迁建——换个地方重建（迁出地——迁建；迁入地没有此项目——新建）。

核心考点二、机电工程项目承包模式

机电工程项目承包模式	特 点 简 要
BT：建设－转让	BOT 的一种变化模式，交钥匙工程。 因为不是标准意义的 BOT，所以并不多见
TOT；转让－经营－转让	在特许期 BOT 一开始就有收入
TBT；转让－建设－转让	TOT＋BOT，以 BOT 为主。 已建项目和待建项目打包处理的融资模式
BOT；建设－经营－转让	是上述三种模式的基础
DB	DB 与 EPC 的区别： 二者的唯一本质区别是风险分配方式不同。
EPC（设计、采购、施工总承包）	DB 是把风险在发包人和承包人之间的均衡分配，责权利对等；EPC 是把大多数风险不均衡地分配给承包人，但要付出高额费用

附：管理咨询和管理承包的唯一本质区别：是否包含风险。

管理咨询，不管理施工方；管理承包，承担损失风险，和施工方建立合同关系，可以将全部施工任务分包。

【相关知识点】关于 BOT、BT、TOT、TBT 的再说明

BOT（Build-Operate-Transfer），直译为"建设－经营－转让"。BOT 是以政府和私人机构（中标人）之间达成协议为前提，由政府向私人机构（中标人）颁布特许，允许其在一定时期内筹集资金建设某一基础设施并管理和经营该设施及获得相应的收益，协议的经营时间期满后，将该设施及管理、经营权无偿移交给政府。

BT 投资是 BOT 的一种变换形式。BT 模式中投资人没有产权和经营管理权。

TOT 的另一种注解：政府与私人机构（中标人）签订特许经营协议后，把已经投运的某基础设施项目转让给私人机构（中标人）经营，一次性地从私人机构（中标人）手中融得一笔资金，用于新的建设项目。特许经营期满后，该私人机构再把设施无偿转让给政府。在 TOT 模式中，只涉及经营权转让，因为没有建设风险，比较容易使双方达成协议。而且不会造成国有资产的流失。

核心考点三、项目实施阶段的主要工作

1. 实施阶段的主要工作包括：

（1）勘察设计；（2）建设准备；（3）项目施工；（4）竣工验收投入使用。

2. 建设工程文件是在工程建设过程中形成的各种形式的信息记录，包括工程准备阶段文件、监理文件、施工文件、竣工图和竣工验收文件。

【题型练习】

以下文件资料属于建设工程文件的是（　　　）。

A. 工程建设验收规范　　　　　　　B. 初步设计

C. 招标文件　　　　　　　　　　　D. 施工组织设计纲要

E. 工程质量保修书

【答案】B、C、D、E

【解析】选项 A 不是工程建设过程中形成的文件。

1H420012　设计阶段项目管理的任务

核 心 考 点 及 可 考 性 提 示

考　　　点		2021 年可考性提示
设计阶段 项目管理的任务	机电工程项目初步设计阶段的管理任务	★★
	机电工程项目施工图设计阶段的管理任务	★★
	机电工程项目施工阶段设计和变更的管理任务	★★
	机电工程项目设计回访阶段的管理任务	★★

★不大，★★一般，★★★极大

核 心 考 点 剖 析

核心考点、设计阶段项目管理的任务

各阶段	管　理　任　务
初步设计阶段	……
施工图设计阶段	实施的设计计划、实施的设计方案、主要工艺布置、房屋结构布置；还有设计质量、设计概算、设计进度。 　组织供应商向设计单位提供设备的技术资料；取得规划许可证；施工图设计文件向有关行政管理部门备案
施工阶段	由业主或受委托的总承包单位负责组织交底工作 　……项目竣工验收活动
设计回访阶段	……

【考法题型及预测题】

以下属于施工图设计阶段项目管理的任务是（　　　）。

A. 四新应用的试验研究　　　　　　B. 协调原料供应

C. 取得规划许可证　　　　　　　　D. 项目竣工验收活动

【答案】C

【解析】选项 A、B 属于初步设计阶段管理任务；选项 D 属于施工阶段管理任务。

1H420013　采购阶段项目管理的任务

核心考点及可考性提示

考　　点			2021 年可考性提示
采购阶段 项目管理的任务 （阅读了解）	机电工程项目采购的类型	按采购内容分的类型【2016 年单选】	★★
		按采购方式分的类型	★★
	机电工程项目采购阶段项目管理的任务		★
	货物采购策划与采购计划【2014 年案例】		★
	采购合同的管理	材料采购合同的管理【2011 年案例】	★★
		设备采购合同的管理	★★

★不大，★★一般，★★★极大

核心考点剖析

核心考点一、机电工程项目采购的类型

按采购内容可分为工程采购、货物采购与服务采购三种类型。

机电工程项目采购类型	
工程采购	通过招标或其他商定的方式选择工程承包单位，即选定合格的承包商承担项目工程施工任务
货物采购	机电项目需要投入的货物； 货物采购应包括与之有关的服务，如运输、保险、安装、调试、培训、初期维修等
服务采购 【2016 年单选】	决策阶段：项目投资前期准备工作的咨询服务，如可行性研究，项目评估
	设计、招标投标阶段：工程设计和招标文件编制服务
	施工阶段：项目管理、施工监理等执行性服务
	其他：技术援助和培训等服务

核心考点二、机电工程项目采购方式

◆ 机电工程项目采购按采购方式分为招标采购、直接采购和询价采购 3 种类型。

◆ 关于"招标采购的范畴与规模"知识点详见教材"机电工程施工招标投标管理"。

◆直接采购方式的适用范围（认真阅读）

直接采购方式适用于所需货物或设备仅有唯一来源、为使采购的部件与原有设备配套而新增购的货物、负责工艺设计者为保证达到工艺性能或质量要求而提出的特定供货商提供的货物、特殊条件下（如抢修）为了避免时间延误而造成花费更多资金的货物、无法进行质量和价格等比较的货物采购。

核心考点三、采购合同的履行环节

◆ 材料采购合同的履行环节包括：产品的交付、交货检验的依据、产品数量的验收、

产品的质量检验、采购合同的变更等。

◆ 设备采购合同履行的环节包括：到货检验、损害、缺陷、缺少的处理、监造监理、施工安装服务、试运行服务等。

1H420014 施工阶段项目管理的任务

核心考点及可考性提示

考　点		2021 年可考性提示
施工阶段项目管理的任务	施工进度管理	★★
	施工成本管理	★★
	施工质量管理	★★
	施工安全管理	★★★
	绿色建造与环境管理	★
	信息与知识管理【2019 年案例】	★

★不大，★★一般，★★★极大

【题型练习】

1. 施工成本目标管理的要点有哪些？

【答案】施工成本目标管理的要点有：在不同的阶段形成不同的<u>施工成本计划</u>，进行<u>施工成本控制</u>、<u>分析成本偏差</u>，进行<u>趋势预测</u>，及时<u>采取有效措施预防和纠偏措施</u>，来保证成本目标的实现。

2. 进度计划的实施应建立什么机制？理由是？

【答案】<u>进度计划的实施应建立</u>跟踪、监督、检查、报告机制。理由是：以利于有效纠正计划执行中的偏差。

3. 总承包单位要运用（　　　　）手段，正确测量实物工作量使各分包单位认真执行进度计划。

A. 检查机制　　　　　　　　　　　B. 监督机制

C. 工程进度款支付数量　　　　　　D. 审核制度

【答案】C

4. 按承建的机电工程特点，分析影响质量的主要因素有哪些？

【答案】影响质量的主要因素有：人、料、机、法、环。

人	作业人员要持证上岗的必须保持证书在有效期内。 坚持先培训后上岗，先交底后作业的原则。 尤其要对特殊工种和特种设备作业人员进行认真监控
料	工程设备和材料要认真进行进场检验，确保其符合性，并做好符合其要求的仓储保管工作

机	进场的施工机械及机具要保持完好状态，其工作性能和精度能满足作业的需要，尤其是检测用的仪器仪表要检定合格，并处在有效期内
法	施工工艺文件或作业指导书要经审核批准，批准后应严格执行，不得擅自修改，新材料、新工艺的应用要先试验后使用，可建议采用样板示范方法
环	有些作业对风、雨、雪、温度、湿度、尘、沙等环境条件的限制明确，达不到要求会明显影响作业后的实体质量，因而要采取适合的防护措施

【提示】本答案还可以回答质量目标从哪些方面进行预控。

5. 发生安全事故时如何处理？

【答案】当发生安全事故时，按合同约定和相关法规规定，保护现场、启动应急预案，积极抢救，防止次生事故；及时报告、组织或参与事故调查、事故分析和处理。

1H420015 试运行及验收阶段项目管理的任务

核心考点及可考性提示

考　点		2021 年可考性提示
试运行及验收阶段项目管理的任务	试运行准备	★★
	试运行实施	★

★不大，★★一般，★★★极大

核心考点剖析

核心考点、试运行准备

试运行准备工作	
技术准备（掌握）	（1）确认可以试运行的条件； （2）编制试运行总体计划和进度计划； （3）制订试运行技术方案； （4）确定试运行合格评价标准
组织准备（阅读了解）	（1）组建试运行领导指挥机构，明确指挥分工； （2）组织试运行岗位作业队伍，实行上岗前培训； （3）在作业前进行技术交底和安全防范交底。 必要时制订试运行管理制度
物资准备（阅读了解）	编制试运行物资需要量计划和费用使用计划。 物资需要量计划应含燃料动力物资、投产用原料和消耗性材料需要量，还应包括检测用工具和仪器仪表需要量计划

1H420020 机电工程施工招标投标管理

核 心 考 点 提 纲

$$机电工程施工招标投标管理\begin{cases} 施工招标投标管理要求 \\ 施工招标条件与程序 \\ 施工投标条件与程序 \end{cases}$$

【学习要求】复习《建设工程法规及相关知识》建设工程招标投标制度。

1H420021 施工招标投标管理要求

核 心 考 点 及 可 考 性 提 示

考 点			2021 年可考性提示
施工招标投标管理要求 （阅读了解）	招标方式	公开招标【2015 年案例】	★★
		邀请招标	★★
	招标投标项目的分类		★★
	开标与评标管理要求		★★

★不大，★★一般，★★★极大

核 心 考 点 剖 析

核心考点一、邀请招标

国有资金占控股或者主导地位的依法必须进行招标的项目，应当公开招标；但有下列情形之一的，可以邀请招标：

（1）技术复杂、有特殊要求或者受自然环境限制，只有少量潜在投标人可供选择。

（2）采用公开招标方式的费用占项目合同金额的比例过大。

（3）国务院发展计划部门确定的国家重点项目和省、自治区、直辖市人民政府确定的地方重点项目不适宜公开招标的，经国务院发展计划部门或者省、自治区、直辖市人民政府批准，可以进行邀请招标。

此外，涉及国家安全、国家秘密或者抢险救灾，不宜公开招标的，也可以采用邀请招标。

【考法题型及预测题】

【背景资料】（2019 年二级真题案例四）某超高层项目，建筑面积约 18 万 m²，高度 260m，考虑到超高层施工垂直降效严重的问题，建设单位（国企）将核心筒中 4 个主要管井内立管的安装，由常规施工方法改为模块化的装配式建造方法，具有一定的技术复杂性，建设单位还要求 F1～F7 层的商业部分提前投入运营，需要提前组织消防验收。经建设单位同意，施工总承包单位将核心筒管井的机电工程公开招标。

【问题】该机电工程可否采用邀请招标方式？说明理由。

【答案】该机电工程不能采用邀请招标方式。

理由是：超高层建筑管道工程模块化安装属于建筑管道先进适用技术，也是国家的推广技术。该工程虽然有一定的技术复杂性但是有工厂化和计算机三维技术能有效地解决。不符合可采取邀请招标的方式的规定。

核心考点二、资格预审内容

资格预审内容包括（后审内容基本和预审相同），基本资格审查和专业资格审查。

专业资格审查是资格审查的重点，主要内容包括：【2015年案例】

（1）施工经历；

（2）人员状况，包括承担本项目所配备的管理人员和主要人员的名单和简历；

（3）施工方案，包括履行合同任务而配备的施工装备等；

（4）财务状况，包括申请人的资产负债表、现金流量表等。

核心考点三、招标投标分类

招标投标分类	
设计采购施工／交钥匙总承包（EPC）	承包商承担全部设计、设备及材料采购、土建及安装施工、试运转、试生产直至达产达标。这种承包形式，业主省心、省力、省资源投入，建设期间承担的风险较小，而承包商的风险则较大，但相应利润空间也较大。这是国际项目采用最多的承包模式，目前国内建材行业也普遍采用这一承包模式。【注意】除了交钥匙工程范围，其他总承包施工范围不包括联动试运行
设计和采购总承包（EP）	承包商承担工程的设计、设备采购（大部分业主把材料采购另行委托）及现场安装的技术指导，并承担投产运行后设计和设备质量的责任
设计施工总承包（DB）	承包商承担工程的设计及土建安装施工，并承担投产运行后设计指标的实现及施工质量的责任
采购及施工总承包	承包商承担设备及材料采购、土建安装施工至无负荷试运转，并承担投料运行后设备质量及施工质量的责任
施工总承包（GC）	承包商承担土建及安装施工直至无负荷试运转结束。承包商除承担工程范围的内容和风险外，还应对投料运行后因施工质量而出现的问题负责。这种承包模式国内已普遍采用
机电设备安装工程总承包	承包商只承担工程建设项目的机电设备安装工程，对投料运行后因安装质量出现的问题负责。这种承包模式目前国内相当普遍
专业工程承包模式	机电工程中分各个专业进行承包的方式。工程分包大多采用这种模式。如机械设备安装工程承包、电气设备及自动化仪表安装工程承包、工业或建筑给水排水工程承包、防腐保温工程承包、筑炉工程承包、采暖通风工程承包、钢结构及非标准件制作安装工程承包等，甚至更细化的专业承包。承包商仅对自己承包的专业工程施工质量负责

核心考点四、开标与评标管理要求

1. 开标

◇《中华人民共和国招标投标法实施条例》进一步规定，招标人应当按照招标文件规定的时间、地点开标。

◇ 投标人少于3个的，不得开标；招标人应当重新招标。

2. 评标委员会的组成【2017年多选】

评标委员会一般由招标人代表和技术、经济等方面的专家组成，其成员人数为 5 人以上单数。其中技术、经济等方面的专家不得少于成员总数的 2/3。专家由招标人及从国家、省、直辖市人民政府提供的专家名册中随机抽取，特殊招标项目可由招标人直接确定。

3. 评标完成后，评标委员会应当向招标人提交书面评标报告和中标候选人名单。中标候选人应当不超过 3 个，并标明排序。

【说明】新《招标投标法》，已不要求标明排序。

1H420022　施工招标条件与程序

核 心 考 点 及 可 考 性 提 示

考　　点			2021 年可考性提示
施工招标条件与程序	招标应具备的条件（阅读了解）【2016 年多选】		★★
	招标文件编制的内容		★
	招标过程与程序	发布招标公告及资格预审公告	★
		资格预审【详见 1H420031】	★
		其他程序和要求	★
		废标及其确认（阅读了解）	★★

★不大，★★一般，★★★极大

核 心 考 点 剖 析

核心考点一、招标应具备的条件

机电工程项目的招标，应当满足法律规定的前提条件，方能进行。

1. 项目应履行审批手续并获批准。

2. 有相应的资金或资金来源已落实，并在招标文件中如实载明。

3. 招标人已经依法成立。

4. 初步设计及概算已履行审批手续，并已获批准。

5. 招标范围、招标方式和招标组织形式等应履行核准手续，并已获核准。

6. 有招标所需的设计图纸及技术资料等。

【考法题型及预测题】

机电工程项目招标应具备的条件包括项目应履行审批手续并获批准、（　　　）等。

A. 已落实资金

B. 招标人依法成立

C. 初步设计及概算已履行审批手续，并已获批准

D. 招标范围、招标方式和招标组织形式等应履行核准手续

E. 有施工深化设计图纸及技术资料等

【答案】B、C

【解析】选项 A、E，没有这么高的要求；选项 D，缺少已获核准。

核心考点二、不予受理、废标及其确认

1. 不予受理（弃标）

以下情形，招标人对投标人的投标不予受理。

（1）逾期送达；

（2）未送达指定地点；

（3）未密封。

【提示】本知识点详见《建设工程法规及相关知识》相关内容。

2. 废标的 7 个情形

有下列情形之一的，评标委员会应当否决其投标：

（1）投标文件没有对招标文件的实质性要求和条件做出响应；

（2）投标文件中部分需要经投标单位盖章和单位负责人签字的而未按要求完成及投标文件未按要求密封；

（3）弄虚作假、串通投标及行贿等违法行为；

（4）低于成本的报价或高于招标文件设定的最高投标限价；

（5）投标联合体没有提交共同投标协议；

（6）投标人不符合国家或者招标文件规定的资格条件；

（7）同一投标人提交两个以上不同的投标文件或者投标报价（但招标文件要求提交备选投标的除外）。

【关于低于成本价】

（摘自新《招标投标法》征求意见稿）

投标人不得以低于成本的报价可能影响合同履行的异常低价竞争。发现投标人的报价为异常低价，有可能影响合同履行的，应当要求投标人在合理期限内做澄清或者说明，并提供必要的证明材料。不能说明其报价合理性，导致合同履行风险过高的，应当否决其投标。

【关于联合体投标相关知识点补充】

联合体各方应当签订共同投标协议，明确阅读各方拟承担的工作和责任，并将共同投标协议连同投标文件一并提交投标人。《招标投标法》规定：两个以上法人或其他组织可以组成一个联合体，以一个投标人身份共同投标。联合体各方均应当具备承担招标项目的相应能力；国家有关规定或者招标文件对投标人资格条件有规定的，联合体各方均应当具备规定的相应资格条件。资格预审后联合体增减、更换成员的，其投标无效。联合体各方在同一招标项目中以自己名义单独投标或者参加其他联合体投标的，相关投标均无效。

【考法题型及预测题】

下列情况中，招标投标时不应作为废标处理的是（　　　）。

A. 投标报价低于成本未作说明

B. 投标书提出的工期比招标书文件的工期晚 15 天

C. 投标单位投标后又在截止投标时间 5 分钟前突然降价

D. 投标文件的编制格式与招标文件要求不一致

【答案】C

1H420023　施工投标条件与程序

考　点			2021 年可考性提示
施工投标条件与程序 （阅读了解）	投标条件		★
	投标程序	研究招标文件	★
		认真进行调查研究及调查重点	★
		认真复核工程量	★★
	投标策略	技术标的策略	★★
		商务报价的策略	★
	编制投标书要点	技术标	★
		商务标	★
	电子招标投标方法【2016 年单选】		★★

★不大，★★一般，★★★极大

核 心 考 点 剖 析

核心考点一、阅读了解投标文件包括的内容

《〈标准施工招标资格预审文件〉和〈标准施工招标文件〉暂行规定》中进一步明确，投标文件应包括下列内容：

（1）投标函及投标函附录；

（2）法定代表人身份证明或附有法定代表人身份证明的授权委托书；

（3）联合体协议书；

（4）投标保证金；

（5）已标价工程量清单；

（6）施工组织设计；

（7）项目管理机构；

（8）拟分包项目情况表；

（9）资格审查资料；

（10）投标人须知前附表规定的其他材料。但是，投标人须知前附表规定不接受联合体投标的，或投标人没有组成联合体的，投标文件不包括联合体协议书。

【提示】本知识点详见《建设工程法规及相关知识》。

核心考点二、认真复核工程量

【学习要求】同时复习"合同计价形式"相关知识点。

◆ 工程量误差的调整

【题型练习】

1. 按工程量清单进行报价，合同计价形式为综合单价法。当投标人发现工程量有误差，应如何处理？理由是什么？

【答案】当投标人发现工程量清单有明显误差的，应该在招标答疑会上提出，获得招标人书面同意后，方能修改调整。理由1：因为，工程量清单的分部分项工程量清单，投标人是不得随意进行修改的。理由2：若不进行调整，会给投标人带来经济损失。

2. 按工程量清单进行报价，合同计价形式为固定总价合同。当投标人发现工程量有误差，应如何处理？理由是什么？

【答案】当投标人发现工程量有误差，没有必要在答疑会上提出，因为招标人对你的疑问回复会传递到所有参加投标的单位。合同计价方式为固定总价合同，个别单价的误差对投标评价影响不大，投标人可以采取调整该项目的单价进行处理。

◆采用固定总价合同的条件分析

要采用固定总价合同包干需符合下列条件：

◇ 工程量较小、工期短、估计施工过程中环境因素变化小，工作条件稳定并合理；

◇ 工程设计详细、图纸完整清楚、工程量和工程范围明确；

◇ 工程结构（技术）简单、风险小；

◇ 投标期相对宽裕，承包商有充足的时间考察现场和市场，复核工程量，分析招标文件等；

◇ 招标文件中的合同条款比较清晰，双方的权利和责任明确等。

反之，不符合上述条件之一，即不适用固定总价合同。

核心考点三、技术标的编制策略

技术标的主要内容是施工组织设计，如何在技术标中体现投标人的优势，对是否中标有着重要的意义。

回顾项目的管理目标任务有：进度、质量、费用、安全等，而所有这些目标的实现取决于团队的能力、装备的实力。

所以应重点展现自己单位在以下几方面的优势：

（1）业绩信誉：有类似工程的经历；

（2）施工装备的优势、技术水平和力量的优势、施工组织设计（重要的施工方案）；

（3）突出工期目标，在满足业主工期要求时，提出适当缩短工期的目标和具体措施；

（4）强调质量控制的优势，提出优于业主提出的质量目标及实现目标的具体措施；

（5）向业主提出一些有利于降低工程造价、缩短工期、保证质量的合理化建议及一些优惠条件。

【考法题型及预测题】

1. 在投标策略上自身优势要重点突出哪些方面？

2. （考试用书案例 1H420020-1 第 3 问）编制技术标的施工技术方案时，哪些内容对招标人员最具有吸引力？

【答案】

1. 在投标策略上自身优势要重点突出业绩信誉、施工装备、技术水平和力量、施工组织等。

2. 在编制施工技术方案时，应在技术、工期、质量、安全保证等方面有创新思路，以利于降低成本，为顺利完成工期项目，提出一些合理化建议，这些对招标人及评委都是很有吸引力的。

核心考点四、电子招标投标方法

【考法题型及预测题】

电子招标投标系统根据功能的不同分为哪几个平台？

【答案】电子招标投标系统根据功能的不同分为交易平台、公共服务平台和行政监督平台。

1H420030　机电工程施工合同管理

关于示范合同文本的法律地位（摘自《建设工程法规及相关知识》）

◇《中华人民共和国合同法》规定，当事人可以参照各类合同的示范文本订立合同。

◇ 合同示范文本对当事人订立合同起参考作用，但不要求当事人必须采用合同示范文本，即合同的成立与生效同当事人是否采用合同示范文本无直接关系。

◇ 合同示范文本具有引导性、参考性，但无法律强制性，为非强制性使用文本。

核 心 考 点 提 纲

$$
机电工程施工合同管理 \begin{cases} 施工合同履约及风险防范 \\ 总包与分包合同的实施 \\ 合同的变更与终止 \\ 施工索赔的类型与实施 \end{cases}
$$

【学习要求】复习《建设工程法规及相关知识》建设工程承包制度。

1H420031　施工合同履约及风险防范

核 心 考 点 及 可 考 性 提 示

考　　点		2021 年可考性提示
施工合同履约及风险防范	施工承包合同、专业分包合同【2011 年案例】	★★
	机电工程项目分包合同范围	★★
	合同风险主要表现形式及防范	★★
	国际机电工程项目合同风险防范措施【2019 年多选】	★★★

★不大，★★一般，★★★极大

核 心 考 点 剖 析

核心考点一、机电工程项目分包合同范围

【学习要求】重点掌握分包的法律程序要求。

1. 关于总承包单位的资质

◇ 我国对工程总承包不设立专门的资质。

◇ 凡具有工程勘察、设计或施工总承包资质的企业，均可依法从事资质许可范围内相应等级的建设工程总承包业务。

◇ 但是，<u>承接施工总承包业务的，必须是取得施工总承包资质的企业</u>。

【注解】摘自《建设工程法规及相关知识》中"总承包企业的资质管理"。

2. 分包工程的范围

《中华人民共和国建筑法》规定，建筑工程总承包单位可以将承包工程中的部分工程发包给具有相应资质条件的分包单位。禁止承包单位将其承包的全部建筑工程转包给他人，禁止承包单位将其承包的全部建筑工程肢解以后以分包的名义分别转包给他人。施工总承包的，建筑工程主体结构的施工必须由总承包单位自行完成。（摘自《建设工程法规及相关知识》）

【注解】总承包单位承包工程后可以全部自行完成，也可以将其中的部分工程分包给其他承包单位完成，但依法只能分包部分工程，并且是非主体、非关键性工作；如果是施工总承包，其主体结构的施工则须由总承包单位自行完成。这主要是防止以分包为名而发生转包行为。（摘自《建设工程法规及相关知识》）

3. 工程分包的法律法规要求

◆《中华人民共和国建筑法》规定，禁止分包单位将其承包的工程再分包。《中华人民共和国招标投标法》也规定，接受分包的人不得再次分包。

◆ 总承包单位如果要将所承包的工程再分包给他人，应当依法告知建设单位并取得认可。这种认可应当依法通过两种方式：

（1）在总承包合同中规定分包的内容；

（2）在总承包合同中没有规定分包内容的，应当事先征得建设单位的同意。

需要说明的是，分包工程须经建设单位认可，并不等于建设单位可以直接指定分包人。《房屋建筑和市政基础设施工程施工分包管理办法》中明确规定，"建设单位不得直接指定分包工程承包人"。对于建设单位推荐的分包单位，总承包单位有权作出拒绝或者采用的选择。（摘自《建设工程法规及相关知识》）

【题型练习】背景中的分包是否符合要求？

【解析】这类题要从以下几个方面进行分析解答：

（1）分包项目是否属于主体工程

【注意】在建筑安装工程中总包单位通常是建筑工程施工总承包单位，其主体工程为结构工程，不得分包；在工业安装工程中总承包单位通常是机电工程总承包单位，主体工程为主要的关键的工业设备安装工程，土建的主体结构工程可以进行分包。

（2）分包单位有没有再进行转包（不含劳务分包）

【注意】分包工程发包人将工程分包后，未在施工现场设立项目管理机构和派驻相应人员，并未对该工程的施工活动进行组织管理的，视同转包行为。

（3）分包单位是否具有相应的资质

包括相应的企业资质等级和相应的技术资格。

【提示】这里要特别注意考试时，背景资料中注意分包的工程项目是否属于特种设备安装，如果是，那么分包单位应该具备特种设备安装资质。例如，锅炉、压力管道、压力容器、起重、电梯等技术资格。

（4）分包的许可是否符合规定

总包进行专业工程的分包，应事先征得建设单位的同意。

【注意】电梯工程分包除了要征得建设单位同意，也要征得电梯制造厂商的同意。

核心考点二、专业工程分包合同

1. 关于连带责任

《中华人民共和国建筑法》规定，建筑工程总承包单位按照总承包合同的约定对建设单位负责；分包单位按照分包合同的约定对总承包单位负责。总承包单位和分包单位就分包工程对建设单位承担连带责任。

【注解】总承包单位与分包单位就分包工程承担连带责任，就是当分包工程发生了质量责任或者违约责任时，建设单位可以向总承包单位请求赔偿，也可以向分包单位请求赔偿，在总承包单位或分包单位进行赔偿后方有权依据分包合同对于不属于自己责任的赔偿向另一方进行追偿。（摘自《建设工程法规及相关知识》）

2. 总承包单位的责任（主要工作）

（1）向分包人提供与分包工程相关的各种证件、批件和各种相关资料，向分包人提供具备施工条件的施工场地；

（2）组织分包人参加发包人组织的图纸会审，向分包人进行设计图纸交底；

（3）提供本合同专用条款中约定的设备和设施，并承担因此发生的费用；

（4）随时为分包人提供确保分包工程施工所要求的施工场地和通道等，满足施工运输的需要，保证施工期间的畅通；

（5）负责整个施工场地的管理工作，协调分包人与同一施工场地的其他分包人之间的交叉配合，确保分包人按照经批准的施工组织设计进行施工。

3. 分包单位的责任

【学习要求】（1）重点掌握处理案例分析背景中的分包与总包、建设单位、监理单位的关系。（2）同时复习教材 1H420042 条中的"工程分包的履行与管理"。

【课外知识点】

（1）除合同条款另有约定，分包人应履行并承担总包合同中与分包工程有关的承包人的所有义务与责任，同时应避免因分包人自身行为或疏漏造成承包人违反总包合同中约定的承包人义务的情况发生。

（2）未经承包人允许，分包人不得以任何理由与发包人或工程师发生直接工作联系，分包人不得直接致函发包人或工程师，也不得直接接受发包人或工程师的指令。如分包人与发包人或工程师发生直接工作联系，将被视为违约，并承担违约责任。分包，不发生向外的有关施工活动的任何联络和传递，即使对作业质量、作业安全有关的向外联络，亦需经总承包方同意。

【提示】同时复习教材 1H420083 条中的"总包对分包的协调管理"。

（3）分包人须服从承包人转发的发包人或工程师与分包工程有关的指令。

【题型练习】

（2011 年真题案例五第 2 问）A、B 专业公司进场后，安装公司项目部应做哪些工作？（分包进场后，总包项目部应做哪些工作？）

【答案】A、B 专业公司进场后，安装公司项目应主要进行以下工作：

（1）提供与分包合同相关的各种证件；

（2）提供施工条件：如合同约定的设备、设施；施工场地、通道；

（3）进行组织协调工作，如与建设单位、监理单位、其他分包单位之间的协调；

（4）组织 A、B 公司参加建设方组织的图纸会审；向 A、B 公司进行图纸交底；

（5）审核批准 A、B 公司的组织设计（或专项施工方案）；

（6）进行全过程的目标（进度、质量、安全）管理、进度款支付管理。

核心考点三、国际机电工程项目合同风险防范措施★★★

1. 项目所处的环境风险

风险	风险举例
政治风险	如政局动荡、战争、汇兑限制、政府违约
市场和收益风险	如业主资金链发生问题而出现停付或延付工程款
财经风险	如利率、汇率、外汇兑换率、外汇可兑换性
法律风险	如法律、法规的更改和变化
不可抗力风险	如超出所能预料的范围或程度的自然灾害

2. 项目实施中自身风险防范措施

风险【2019 年多选】	风险举例（阅读）与防范措施（熟记）
建设风险	项目建设期间工程费用超支、工期延误、工程质量不合格、安全管理薄弱等。 防范措施：通过招标竞争选择有资信、有实力的承包商。在特许经营期的设计上，完工风险采用东道国政府和项目公司共同承担
营运风险	（主要指 BOT、BOOT、ROT 等涉及运营环节的项目） 在整个营运期间承包商能力影响项目投资效益的风险。 防范措施：运行维护委托专业化运行单位承包，降低运行故障及运行技术风险
技术风险	指设计、设备、施工所采用的标准、规范。 防范措施：委托专业化监造单位在过程中严格控制施工质量和设备制造质量，关键技术采用国内成熟的设计、设备、施工技术
管理风险	指项目在建设、运营过程中有因管理不善而导致亏损的风险。 防范措施：提高项目融资风险管理水平，提高项目精细化管理能力

【题型练习】

1.（通过习题掌握知识点）施工合同文本包括（　　）。

A. 协议书   B. 通用条款

C. 专用条款   D. 中标通知书

E. 工程量清单

2.（通过习题掌握知识点）承包人要更换项目经理的，应提前（　　）天通知发包人及监理工程师。

A. 2   B. 7

C. 14   D. 28

3. 国际工程项目，以下属于政治风险的是（　　）。

A. 东道主未提供担保   B. 战争

C. 外汇可兑换性   D. 采用的标准、规范不同的风险

【答案】

1. A、B、C

【解析】选项 D、E 属于合同文件。

2. C；3. B

1H420032　总包与分包合同的实施

核心考点及可考性提示

考　　点		2021 年可考性提示
总包与分包合同的实施	合同分析	★
	合同交底	★
	合同控制	★
	工程分包单位的管理【2013年案例、2018年单选】	★★

★不大，★★一般，★★★极大

核心考点剖析

核心考点、工程分包单位的管理

【学习要求】（1）重点掌握总包对分包的全过程管理。（2）同时复习教材 1H420031 条中"专业工程分包合同"。

【知识点】

1. 总包对分包的全过程管理

回顾上一目中"连带责任"的知识点，总包单位除了应加强自行完成工程部分的管理外，还有责任要强化对分包单位分包工程的监管。

总承包方对分包方及分包工程施工，应从施工准备、进场施工、工序交验、竣工验

收、工程保修以及技术、质量、安全、进度、工程款支付、工程资料等进行全过程的管理。

总承包方或其主管部门应及时检查、审核分包方提交的分包工程施工组织设计、施工技术方案、质量保证体系和质量保证措施、安全保证体系及措施、施工进度计划、施工进度统计报表、工程款支付申请、隐蔽工程验收报告、竣工交验报告等文件资料，提出审核意见并批复。

2. 分包在没有获得总包许可下不得直接和建设单位、监理单位等发生直接关系

分包方对开工、关键工序交验、竣工验收等过程经自行检验合格后，均应事先通知总承包方组织预验收，认可后再由总承包方代表通知业主组织检查验收。

【题型练习】

1.（2013年二级真题）A 施工单位对 B 分包单位的管理还应包括哪些内容？

【答案】A 施工单位为总包单位。A 公司对 B 分包单位的管理包括：从施工准备、进场施工、工序交接、竣工验收、工程保修以及技术、质量、安全、进度、工程款支付等进行全过程的管理。

2. 签订分包合同后，如何保证分包合同和总承包合同的履行？

【答案】签订分包合同后，若分包合同与总承包合同发生抵触时，应以总承包合同为准，分包合同不能解除总承包单位任何义务与责任。分包单位的任何违约或疏忽，均会被业主视为违约行为。因此，总承包单位必须重视并指派专人负责对分包方的管理，保证分包合同和总承包合同的履行。

1H420033 合同的变更与终止

核心考点及可考性提示

考　点		2021年可考性提示
合同的变更与终止	合同变更的分类与成立条件	★
	合同的终止与解除	★

★不大，★★一般，★★★极大

【学习要求】通读一遍教材即可。

1H420034 施工索赔的类型与实施

核心考点及可考性提示

考　点			2021年可考性提示
施工索赔的应用（阅读了解）	索赔的起因与分类	索赔的起因	★★
		索赔的分类	★
	承包人向发包人提起的索赔	承包商可以提起索赔的事件	★★
		索赔成立的前提条件	★★

考 点		2021 年可考性提示
施工索赔的应用 （阅读了解）	施工索赔的几个关键环节	★
	施工索赔注意的事项	★

★不大，★★一般，★★★极大

核心考点剖析

核心考点一、索赔的起因

◇ 合同对方违约，不履行或未能正确履行合同义务与责任。

◇ 合同错误，如合同条文不全、错误、矛盾等，设计图纸、技术规范错误等。

◇ 合同变更。

◇ 工程环境变化，包括法律、物价和自然条件的变化等，例如，挖基坑挖出文物、暗河，则延误的工期可索赔、经济损失可索赔。

◇ 不可抗力因素，如恶劣气候条件、地震、洪水、疫情、战争状态等。

【注解】关于不可抗力的索赔需要注意的问题：（1）恶劣气候条件指不可预见的恶劣气候条件；例如，上海 8 月的季节性雷暴雨，可预见；但是特大暴雨、几十年不遇则不可预见；又如，可预见的暴雨，但是市政管网堵塞而引起工地受淹则不可预见。（2）不可抗力的索赔，按建设工程惯例，可以索赔工期的损失，费用损失不可索赔（由损失方各自承担）。（3）如果合同是按示范合同文本要求签订的，人工的窝工费用是可以进行索赔的。

核心考点二、索赔成立的条件

对于索赔的事件是否可以进行索赔，应该 同时具备 以下三个前提条件：

（1）造成索赔的事件，不是由索赔方造成的；

（2）与合同对照，造成了实际的损失（工期、费用）；

（3）索赔按合同规定的程序和时间提交索赔意向通知和索赔报告。

【注意】涉及工期索赔的，要注意索赔事件是在关键线路上还是非关键线路上。只有超过了总时差且和合同对照有实际工期损失的才可以进行索赔。

核心考点三、承包商可以提起索赔的事件

（1）发包人违反合同，给承包人造成时间、费用的损失。

（2）因工程变更（含设计变更、发包人提出的工程变更、监理工程师提出的工程变更，以及承包人提出并经监理工程师批准的变更）造成的时间、费用损失。

【注意】承包人需按图施工，未经批准的变更造成的时间、费用损失不得进行索赔。

（3）由于监理工程师对合同文件的歧义解释、技术资料不确切，或由于不可抗力导致施工条件的改变，造成了时间、费用的增加。

【注意】因不可抗力造成的时间、费用的增加，时间可以进行索赔，费用按建设工程惯例不可以进行索赔。

（4）发包人提出提前完成项目或缩短工期而造成承包人的费用增加。

（5）发包人延误支付期限造成承包人的损失。

（6）对合同规定以外的项目进行检验，且检验合格，或非承包人的原因导致项目缺陷的修复所发生的损失或费用。

（7）非承包人的原因导致工程暂时停工，例如，一周内停电超过 8 小时。

【注意】通常不能得到索赔。

核心考点四、索赔依据

索赔依据有：

◇ 合同文件是索赔的最主要依据；

◇ 订立合同所依据的或在专用条款内约定适用法律、法规、标准、规范；

◇ 工程建设惯例。

1H420040　机电工程设备采购管理

核 心 考 点 提 纲

$$
机电工程设备采购管理\begin{cases} 工程设备采购工作程序 \\ 工程设备采购询价与评审 \\ 工程设备监造大纲与监造工作要求 \\ 工程设备检验要求 \end{cases}
$$

1H420041　工程设备采购工作程序

核 心 考 点 及 可 考 性 提 示

考　　点			2021 年可考性提示
工程设备采购工作程序	工程设备采购工作的阶段划分	准备阶段【2014 年案例】	★
		实施阶段【2019 年单选】	★
		收尾阶段	★
	工程设备采购工作的要求		★
	设备采购文件组成	设备采购技术文件	★
		设备采购商务文件	★
		向潜在供货商发出设备采购商务文件	★
	设备采购文件编制要求		★

　★不大，★★一般，★★★极大

1H420042　工程设备采购询价与评审

核 心 考 点 及 可 考 性 提 示

考　点		2021 年可考性提示
工程设备采购询价与评审	设备询价工作程序	★
	选择合格供货厂商	★★
	设备采购评审【2016 年案例】	★★

★不大，★★一般，★★★极大

核 心 考 点 剖 析

核心考点一、选择合格供货商

审查潜在供货商，在自己单位合格的供货商"长名单"中对拟定的本次供货商"短名单"重点审查——

（1）供货商的地理位置；

（2）装备能力；

（3）生产任务安排与项目的进度协调；

（4）供货商的信誉。

核心考点二、设备采购评审

采购评审项目【2017 年案例】	技术评审	商务评审	综合评审【2016 年案例】
组织人	项目设计经理	采购工程师或费控工程师	采购经理
评审人员	相关资质的专家		

1H420043　工程设备监造大纲与监造工作要求

核 心 考 点 及 可 考 性 提 示

考　点			2021 年可考性提示
工程设备监造大纲与监造工作要求	编制设备监造大纲	设备监造大纲编制依据	★
		设备监造大纲的内容	★
	设备监造的要求	监造人员的要求	★
		设备监造审查的内容【2017 年多选】	★
		审核质量保证体系的文件	★

考　点			2021年可考性提示
工程设备监造大纲与监造工作要求	监督点的设置	停工待检（H）点设置【2018年多选】	★★
		现场见证（W）点设置	★★
		文件见证（R）点设置	★★
	监造工作要求【2018年案例】		★

★不大，★★一般，★★★极大

核心考点剖析

核心考点、监督点设置

监督点	内　容
停工待检点 H 【2018年多选】	（1）针对设备安全或性能最重要的相关检验、试验而设置。 （2）重要工序节点、隐蔽工程、关键的试验验收点或不可重复试验验收点。 （3）验证作业人员上岗条件要求的质量与符合性
现场见证点 W	（1）针对设备安全或性能重要的相关检验、试验而设置。 （2）监督人员在现场进行作业监视。 监督人员未到现场，可转入文件见证点
文件见证点 R	（1）……合格证明书或质保书。 （2）设备制造相应的工序和试验已处于可控状态

【考法题型及预测题】

（2018年真题）设备采购监造时，停工待检点应包括（　　　）。

A. 重要工序节点　　　　　　　　B. 隐蔽工程

C. 设备性能重要的相关检验　　　D. 不可重复试验的验收点

E. 关键试验的验收点

【答案】A、B、D、E

【解析】选项C，属于现场见证点；设备性能最重要的相关检验——才属于停工待检点。

1H420044　工程设备检验要求

核心考点及可考性提示

考　点		2021年可考性提示
工程设备检验要求	设备检验的主要依据【2009年案例】	★★
	设备验收内容【2016年、2020年单选】	★★
	设备施工现场验收要求【2009年案例】	★★

★不大，★★一般，★★★极大

核心考点一、设备验收的主要依据

1. 设备采购合同；

2. 设备相关的技术文件、标准；

3. 监造大纲。

核心考点二、设备施工现场验收内容

设备验收内容主要包括：（1）核对验证；（2）外观检查；（3）运转调试检验；（4）技术资料验收。

运转调试检验——按 制造商的书面规范 逐项进行。

核心考点三、设备施工现场验收组织和单位

1. 由建设单位组织设备施工现场验收。

2. 参加验收人员——由建设单位、监理单位、设备供货厂商、施工方有关代表参加。（甲供设备、分包安装、设备验收时、总包要派代表参加）

1H420050 机电工程施工组织设计

核 心 考 点 提 纲

$$
\text{机电工程施工组织设计} \begin{cases} \text{施工组织设计的编制要求} \\ \text{施工方案的编制要求} \\ \text{施工总平面布置} \\ \text{施工组织设计的实施} \end{cases}
$$

1H420051 施工组织设计的编制要求

核 心 考 点 及 可 考 性 提 示

考　　点		2021 年可考性提示
施工组织设计的编制要求	施工组织设计的类型	★★
	施工组织设计的编制原则	★
	施工组织设计的编制依据【2019 年、2020 年单选，2020 年案例】	★
	施工组织设计编制内容	★★

★不大，★★一般，★★★极大

核 心 考 点 剖 析

核心考点一、施工组织设计类型

按编制对象分类可分为——

施工组织总设计、单位工程施工组织设计和专项工程施工组织设计以及临时用电施工组织设计。

核心考点二、施工组织设计编制内容

两种考法，其一，考编制内容补缺。其二，考其中一项的具体内容。

◆ 施工组织设计编制内容——

工程概况、编制依据、施工部署、施工进度计划、施工准备与资源配置计划、主要施工方法、主要施工管理措施。

◇ 施工准备与资源配置计划

施工准备包括技术准备、现场准备和资金准备；资源配置计划包括劳动力配置计划和物资配置计划。

1H420052 施工方案的编制要求

核心考点及可考性提示

考 点		2021年可考性提示
施工方案的编制要求	施工方案的类型 → 专业工程施工方案	★
	施工方案的类型 → 安全专项施工方案	★★
	施工方案的编制原则	★★
	施工方案的编制依据	★
	施工方案的编制内容及要点【2016年单选】	★★
	危大工程专项施工方案的主要内容	★★★
	机电安装工程中涉及的超危大工程范围【见起重技术考点】	★★★
	施工方案优化【2018年多选】	★★

★不大，★★一般，★★★极大

核心考点剖析

核心考点一、安全专项施工方案

【学习要求】

同时复习《建设工程法规及相关知识》中"编制安全专项施工方案"的内容。

《建设工程安全生产管理条例》规定，对下列达到一定规模的危险性较大的分部分项工程编制专项施工方案，并附具安全验算结果，经施工单位技术负责人、总监理工程师签字后实施，由专职安全生产管理人员进行现场监督：（1）基坑支护与降水工程；（2）土方开挖工程；（3）模板工程；（4）起重吊装工程；（5）脚手架工程；（6）拆除、爆破工程；

（7）国务院建设行政主管部门或者其他有关部门规定的其他危险性较大的工程。对以上所列工程中涉及深基坑、地下暗挖工程、高大模板工程的专项施工方案，施工单位还应当组织专家进行论证、审查。

【注解】所谓危险性较大的分部分项工程，是指建筑工程在施工过程中存在的、可能导致作业人员群死群伤或造成重大不良社会影响的分部分项工程。危险性较大的分部分项工程安全专项施工方案，是指施工单位在编制施工组织（总）设计的基础上，针对危险性较大的分部分项工程单独编制的安全技术措施文件。（摘自《建设工程法规及相关知识》）

◆施工方案类型

按施工方案所指导的内容分为：

施工方案类型	概念描述
专业工程施工方案	是以组织专业工程（含多专业配合工程）实施为目的，用于指导专业工程施工全过程各项施工活动需要而编制的工程施工方案
安全专项施工方案	按《建设工程安全生产管理条例》及相关安全生产法律法规中所规定的危险性较大的专项工程以及按照专项规范规定和特殊作业需要而编制的工程施工方案

【考法】案例背景资料中的建设工程需要编制哪些安全专项施工方案？

【答题点】

（1）××设备（构筑物）吊装安全专项施工方案（见起重技术相关知识点）；

（2）起重机械安装、拆卸的安全专项施工方案；

（3）"特殊施工环境的"，如密闭空间作业安全专项施工方案；

（4）"四新工程"安全专项施工方案等。

1. 专项工程施工方案的编制者

实行施工总承包的，应由施工总承包单位组织编制。其中，起重机械安装拆卸工程、深基坑工程、附着式升降脚手架等专业工程实行分包的，其专项工程施工方案可由专业承包单位组织编制。

【注解】其实，你只要理解这个概念即可："活由谁做，方案就由谁来编制"，总包方要进行审核。

2. 专项施工方案的审批、实施

（1）专项工程施工方案。应由施工单位技术部门组织本单位施工技术、安全、质量等部门的专业技术人员进行审核。经审核合格的，由施工单位技术负责人签字。实行施工总承包的，专项工程施工方案应由总承包单位技术负责人及相关专业承包单位技术负责人签字。【2007年、2011年、2015年都考过方案的审批】

（2）不需专家论证的专项工程施工方案。经施工单位审核合格后报监理单位，由项目总监理工程师审核签字后实施。

（3）对于超过一定规模的危险性较大的专项工程。施工单位应组织专家对专项工程施工方案进行论证。实行施工总承包的，由施工总承包单位组织召开专家论证会。

（4）专家论证后的实施要求：【2013年考过】

1）施工单位应根据论证报告修改完善专项工程施工方案，并经施工单位技术负责人、项目总监理工程师、建设单位项目负责人签字后，方可实施。【2015 年考过】

2）实现施工总承包的，应当由施工总承包单位、相关专业承包单位技术负责人签字。

◇ 专家论证后的实施要求

1）专项施工方案经论证需修改后通过的，施工单位应当根据论证报告修改完善后重新履行审批程序。

2）专项施工方案经论证不通过的，施工单位修改后应当重新组织专家论证。

◇ 机电安装工程中涉及的超危大工程范围：

1）采用非常规起重设备、方法，且单件起吊重量在 100kN 及以上的起重吊装工程。

2）起重量 300kN 及以上，或搭设总高度 200m 及以上，或搭设基础标高在 200m 及以上的起重机械安装和拆卸工程。

3）跨度 36m 及以上的钢结构安装工程。

4）重量 1000kN 及以上的大型结构整体顶升、平移、转体等施工工艺。

【说明】其审批程序和起重技术的危大工程、超危大工程范围的方案审批程序知识点是一致的。

核心考点二、施工方案的编制原则

施工方案应有针对性和可行性，能突出重点和难点，并制定出可行的施工方法和保障措施；方案能满足工程的质量、安全、环境保护、工期要求，降低施工费用。

【题型练习】

施工方案的编制应符合哪些要求？

【答案】施工方案的编制要起到指导施工作业的要求，有针对性，突出重点和难点，技术（施工方法）应可行；方案应能满足工程的质量、安全、环境保护、工期和降低施工费用的要求，并且有相应的保障措施。

核心考点三、施工方案编制的依据

施工方案编制依据包括——

与工程有关的法律法规及标准规范、施工合同、施工组织设计、设计技术文件、供货方技术文件、施工现场条件、同类型工程项目施工经验等。

核心考点四、施工方案编制的内容

工程概况、编制依据、施工安排、施工进度计划、施工准备与资源配置计划、施工方法及工艺要求、质量保证措施、环境及安全保证措施等基本内容。

核心考点五、施工方法要明确哪些主要内容

【题型练习】

1.（2011 年真题案例五第 3 问）方案中的施工方法应明确哪些主要内容？

【答案】施工方案中的施工方法要明确：工序操作要点、机具选择、检查方法和要求；明确有针对性的技术要求和质量标准。

2. 质量保证措施主要包括哪些内容？

【答案】质量保证措施包括制定工序控制点、明确工序质量控制方法等。

核心考点六、危大工程专项施工方案的主要内容★★★

危险性较大的分部分项工程专项施工方案的主要内容包括——

工程概况、编制依据、施工计划、施工工艺技术、施工安全保证措施、施工管理和作业人员配备和分工、验收要求、应急处置措施、计算书及相关图纸九个方面的内容。

◇ 施工方案、危大工程专项施工方案中安全保证措施内容

施工方案	危大工程专项施工方案
施工安全保证措施内容	
危险源和环境因素的识别； 相应的预防与控制措施	组织保障措施、技术措施、检测监控措施等

核心考点七、施工方案优化的方法与意义

1. 施工方案优化的方法

对施工方案进行技术经济评价是选择最优施工方案的重要环节之一。施工方案经济评价的常用方法是综合评价法。综合评价法公式为：

$$E_j = \sum_{i=1}^{n} (A \times B)$$

式中　E_j——评价值；

　　　n——评价要素；

　　　A——方案满足程度（%）；

　　　B——权值（%）。

用上述公式计算出最大的方案评价值 E_{jmax} 就是被选择的方案。

2. 方案优化的意义

通过方案的优化，选出 工期短、质量好、材料省、劳动力安排合理、工程成本低 的方案。

3. 施工方案的技术经济比较【2018年多选】

施工方案的技术经济比较内容		
1. 技术的先进性比较	（1）比较各方案的技术先进水平	
	（2）比较各方案的技术创新程度	
	（3）比较各方案的技术效率	吊装技术中的起吊吨位、每吊时间间隔、吊装直径范围、起吊高度等
		焊接技术中能否适应的母材、焊接速度、熔敷效率、适应的焊接位置等
		无损检测技术中的单片、多片射线探伤等
		测量技术中平面、空间、自动记录、绘图等
	（4）比较各方案的创新技术点数	
	（5）比较各方案实施的安全性	
2. 经济合理性比较		
3. 重要性比较（如：推广应用价值、社会效益）		

1H420053　施工总平面布置

考　点		2021 年可考性提示
施工总平面布置	施工总平面图布置原则	★
	施工总平面图布置的依据	★
	施工总平面布置的主要内容	★
	施工总平面图管理【2018 年案例】	★

★不大，★★一般，★★★极大

1H420054　施工组织设计的实施

考　点		2021 年可考性提示
施工组织设计的实施	施工组织设计的审核和批准	★
	施工组织设计交底	★★★
	施工方案交底	★★★
	施工组织设计的执行	★

★不大，★★一般，★★★极大

核心考点一、施工组织设计、施工方案、技术交底内容★★★

	交底双方与交底内容
施工组织设计交底	工程开工前，编制人员向施工管理人员进行施工组织设计交底。 交底内容：工程特点、难点、主要施工工艺及施工方法、进度安排、组织机构设置与分工及质量、安全技术措施等
施工方案交底	工程施工前，编制人员向施工作业人员做施工方案的技术交底。 交底内容：该工程的施工程序和顺序；施工工艺、操作方法和要领；质量控制、安全措施等
技术交底	施工工艺和方法、技术要求、质量要求、安全要求及其他要求

核心考点二、施工组织设计的实施（阅读了解）

施工组织设计一经批准，未经批准不得擅自修改。

对于施工组织设计的重大变更，须履行原审批手续。

重大变更包括——

（1）工程设计有重大修改；

（2）有关法律、法规、规范和标准实施、修订和废止；

（3）主要施工方法的重大调整；

（4）主要施工资源配置的重大调整；

（5）施工环境的重大改变等。

1H420060　机电工程施工资源管理

核心考点提纲

机电工程施工资源管理
{
人力资源管理要求
工程材料管理要求
工程设备管理要求
施工机械管理要求
施工技术与信息化管理要求
资金使用管理要求
}

1H420061　人力资源管理要求

核心考点及可考性提示

考　点			2021 年可考性提示
人力资源管理要求	人力资源需求预测		★
	人力资源配置	项目部主要人员配备【2020 年案例】	★
		特种作业人员和特殊员工配置要求【2016年单选、2018 年案例】	★★
	员工的培训与激励		★
	劳动管理		★

★不大，★★一般，★★★极大

核心考点剖析

核心考点一、机电工程常见的特种作业人员、特种设备作业人员

管理要求：持证上岗；专业要符合要求；资格有效期要符合要求；离岗超过 6 个月，上岗前重新进行考核。

【题型练习】

1. 具有压力容器手工电弧焊合格证的焊工，为什么不能从事管道氩弧焊焊接工作？

【答案】手工电弧焊和氩弧焊是不同的焊接工艺方法；即，焊工的上岗不具备专业有效性，属于无证作业。

2. 具有钢结构手工电弧焊合格证的焊工，为什么不能从事球罐手工电弧焊的焊接工作？

【答案】虽然焊接工艺方法相同，但是前者需要的是特种作业的焊工资格证书，后者需要的是特种设备焊工的资格证书。

核心考点二、无损检测人员

无损检测人员	工 作 内 容
Ⅰ级（初级）	无损检测操作，记录检测数据，整理检测资料
Ⅱ级（中级）	编制一般的无损检测程序、按检测工艺独立进行检测操作、评定检测结果、签发检测报告
Ⅲ级（高级）	根据标准编制检测工艺、审核和签发检测报告、解释检测结果、仲裁Ⅱ级人员对检测结论的技术争议

核心考点三、劳动管理

劳动管理的主要对象是——劳动力。

对劳动力的管理关键在于——合理安排、正确使用（如，提高效率、调动劳动力的积极性）。

1H420062　工程材料管理要求

核 心 考 点 及 可 考 性 提 示

考　点		2021 年可考性提示
工程材料管理要求	材料管理责任制和计划要求		★★★
	材料采购要求 【提示】参见教材 1H420041 条	材料采购管理要求	★
		采购的供应商选择要求	★
	材料进场验收要求和库存管理要求	材料进场验收要求【2013、2019 年案例】	★★
		材料库存管理要求	★★
	材料领发、使用和回收要求	材料领发要求	★★
		材料使用、回收要求	★★
		材料搬运要求	★★
	危险物资的管理要求（阅读了解）		★
	材料管理方法		★★

★不大，★★一般，★★★极大

核 心 考 点 剖 析

核心考点一、材料计划编制依据 ★★★

材料计划编制依据内容包括——

①施工图纸；②整体施工进度安排；③安装施工预算定额。

核心考点二、材料进场验收要求和库存管理要求

1. 材料的进场验收要求

【提示】设备、材料的进场验收要求有其共性也有区别，一起学习有利于知识点的掌握。

	材料的进场验收要求	设备的进场验收要求
进场验收要求	按验收标准、规定进行验收	
	查文件：产品的合格证、生产的许可证、检验检测报告	
	查外观：外观、规格、型号、数量	
	复检的材料应有取样送检报告	查零配件、专用工具、安装技术指导书是否齐全
	不合格的，应拒收	
	合格的，贴好标识，入库保管	
	做好验收记录、办理验收手续、参加验收的各方人员（业主、监理、供货厂商和施工方）签字确认。（要获得监理工程师的签证，施工中，材料只有获得工程师的签字才能用于工程）	

（1）成套配电柜的开箱验收（1H413021）（阅读了解）

◇ 包装及密封应良好。

◇ 设备和部件的型号、规格、柜体几何尺寸应符合设计要求。

◇ 备件的供应范围和数量应符合合同要求。

◇ 柜内电器及元部件、绝缘瓷瓶齐全，无损伤和裂纹等缺陷。

◇ 接地线应符合有关技术要求。

◇ 技术文件应齐全。

◇ 所有的电器设备和元件均应有合格证。

◇ 关键或贵重部件应有产品制造许可证的复印件，其证号应清晰。

◇ 检查确认后记录。

（2）变压器的开箱验收（1H413022）（阅读了解）

◇ 开箱后，按照设备清单、施工图纸及设备技术文件核对变压器规格型号应与设计相符，附件与备件齐全无损坏。

◇ 变压器外观检查无机械损伤及变形，油漆完好、无锈蚀。

◇ 油箱密封应良好，带油运输的变压器，油枕油位应正常，油液应无渗漏。

◇ 绝缘瓷件及环氧树脂铸件无损伤、缺陷及裂纹。

2. 材料验收不合格的处理

不合格的材料严禁用于工程。项目部验收人员应该拒收，或者作出让步处理，降级使用。验收现场不能及时处理的不合格品，应贴明显的标识，单独存放，不得和合格品混存。

3. 材料库存管理要求

（1）专人管理；（2）建立台账；（3）标识清楚；（4）安全防护；（5）分类存放；（6）定期盘点。

【题型练习】

（2013年真题案例二第3问）事件二中，施工单位对建设单位供应的H型钢放宽验收要求的做法是否正确？说明理由。施工单位对这批H型钢还应做出哪些检验工作？

【答案】施工单位对建设单位供应的 H 型钢放宽验收要求的做法不正确。理由是：因为进场材料均要按照材料检验程序和内容进行检查，业主所购材料也不能例外或放宽要求，也必须同样按工程材料的验收、仓储、发放等管理的要求进行。

施工单位对这批 H 型钢还应做出以下检验工作：

（1）进行书面资料检查：查产品合格证、生产许可证、检验检测报告；

（2）进行外观检查：查数量、规格、型号、外观；

（3）进行取样送检：按验收计划，需要对材质进行复检的，应取样送检。

核心考点三、材料的领发要求

1. 建立领发料台账；

2. 限额领料；

3. 定额发料；

4. 超限额用料经签发批准。

核心考点四、材料使用与回收的要点

材料使用与回收的要点是：

（1）统一管理；

（2）合理用料；

（3）防止丢失；

（4）工完料清，及时办理退料手续；

（5）预料回收，在限额领料单中扣除。

核心考点五、材料管理方法

◆ 价值工程应用

价值工程用于材料管理，目的是要寻求降低材料成本，是提高应用材料价值的主要途径。如材料功能不变，降低其成本，工程项目中使用 岩棉板代替聚苯板 即是如此。

1H420063　工程设备管理要求

核 心 考 点 及 可 考 性 提 示

考　点			2021 年可考性提示
工程设备管理要求	大件工程设备运输管理要求	大件设备运输路径选择	★
		大件工程设备运输的要求	★★
		大件设备运输方案技术经济比较	★
	设备的卸车与搬运管理		★
	设备验收管理		★★
	设备出入库及仓储管理		★
	设备的可追溯性管理		★

★不大，★★一般，★★★极大

核心考点一、大件工程设备运输的要求

【题型练习】

1. 变压器的二次搬运应如何进行？

【答案】变压器的二次搬运应按下列要求进行：

（1）搬运时最好采用吊车，距离较短时用卷扬机配合道木作业。

（2）变压器吊装时，索具必须检查合格。

（3）变压器顶盖上部的吊环仅作吊芯检查用，严禁用此吊环吊装整台变压器。

（4）变压器搬运时，用木箱或纸箱将高低压绝缘瓷瓶罩住进行保护。

（5）变压器搬运过程中，不应有严重冲击或振动情况，运输倾斜角不得超过15°。

2. 大件设备场内运输作业应如何进行？

【答案】道路两侧（原排水沟）用大石块填充并盖厚钢板加固；在作业区内均铺设厚钢板增加承载力；沿途其他施工用的障碍物要尽数拆除和搬离；车辆停靠指定位置后，考虑顶升、平移、拖运等作业工作。

核心考点二、设备验收管理

设备验收组织人——建设单位；

特种设备应重点检查——随附的安全技术文件、资料，产品铭牌、安全警示标志及说明书。

1H420064　施工机械管理要求

核心考点及可考性提示

考　　　点			2021年可考性提示
施工机械管理要求	施工机械管理的一般要求		★★
	大型施工机械管理要求	机械技术管理要求	★
		施工现场施工机械设备管理要求	★★
		机械设备操作人员要求	★★
	施工机械使用相关制度	"三定"制度	★★
		使用保养制度	★
		操作制度	★
		安全操作的规程	★
	遵守大型起重机械操作的规定		★

★不大，★★一般，★★★极大

核心考点剖析

核心考点一、施工机械选择的方法

1. 应用综合评分法

综合考虑机械设备的主要特性进行评分选择。

2. 单位工程量成本比较法

根据机械设备所耗费用进行比较选择。

3. 界限使用判断法

单位工程量成本受使用时间的制约，若计算出两种机械单位工程量成本相等时的使用时间，并根据该时间进行选择，则会更简单，也更可靠。

4. 等值成本法

如机械设备在项目中使用时间较长，且涉及购置费用，则在选择机械设备时往往涉及机械设备原值、资金时间价值等问题，这时可采用等值成本法进行选择。

等值成本法又称折算费用法，是通过计算折旧费用进行比较，选择费用低者。

简单归纳：

所属的选择方法	含义关键词
应用综合评分法	主要特性
单位工程量成本比较法	所耗费用
界限使用判断法	使用时间
等值成本法	折旧、折算

核心考点二、施工现场施工机械设备管理要求

（1）进入现场的施工机械应进行安装验收，保持性能、状态完好，做到资料齐全、准确。属于特种设备的应履行报检程序。

（2）强化现场施工机械设备的平衡、调动，合理组织机械设备使用、保养、维修。提高机械设备的使用效率和完好率，降低项目的机械使用成本。

（3）执行重要施工机械设备专机专人负责制、机长负责制和操作人员持证上岗制。

（4）严格执行施工机械设备操作规程与保养规程，制止违章指挥、违章作业，防止机械设备带病运转和超负荷运转。及时上报施工机械设备事故，参与进行事故的分析和处理。

（5）严格实行专业人员进行的定期保养和监测修理制度。

【题型练习】

进场安装的起重机械应达到什么要求？

【答案】进场安装的起重机械，安装后应进行验收，验收合格向当地特种设备监督管理部门履行报检，监督检验合格后方能使用。安装好的起重机械应保持性能、状态完好，做到资料齐全、准确。做好保养维护。

核心考点三、施工机械设备操作人员要求

（1）严格按照操作规程作业，搞好设备日常维护，保证机械设备安全运行。

（2）特种作业严格执行持证上岗制度并审查证件的有效性和作业范围。

（3）逐步达到本级别"四懂三会"（四懂：懂性能、懂原理、懂结构、懂用途；三会：会操作、会保养、会排除故障）的要求。

（4）做好机械设备运行记录，填写项目真实、齐全、准确。

核心考点四、施工机械使用的"三定"制度

"三定"制度指定人、定机、定岗位责任。是人机固定原则的具体表现。是保证机械合理使用、精心维护的关键环节。

1H420065　施工技术与信息化管理要求

核 心 考 点 及 可 考 性 提 示

考　点		2021 年可考性提示
施工技术与信息化管理要求	施工技术管理的基本工作要求【2018 年案例】	★
	施工图纸会审管理	★
	施工技术交底管理【2019 年案例】	★
	设计变更管理【2015 年案例】	★★★
	技术检验管理	★
	工程建设工法	★
	机电工程新技术与信息化管理要求【2018 年多选】【2019 年案例】	★★
	施工科技情报与施工技术档案管理	★

★不大，★★一般，★★★极大

核 心 考 点 剖 析

核心考点一、设计变更审批手续

	同　意　人
小型设计变更	现场设计、建设（监理）单位代表签字同意后生效
一般设计变更	设计单位签发设计变更通知书 监理会签
重大设计变更	设计单位修改设计图纸并出具设计变更通知书，还应附有工程预算变更单，<u>经建设、监理、施工单位会签后生效</u>

核心考点二、机电工程新技术

◆ 金属矩形风管预制安装技术

金属矩形风管薄钢板法兰连接技术适用于通风空调系统中工作压力小于等于 1500Pa 的系统、风管边长尺寸小于等于 2000mm 的薄钢板法兰矩形风管的制作与安装。

◆ 金属圆形螺旋风管制安技术

可用于送风、排风、空调风及防排烟系统；

用于送风、排风系统时，采用承插式芯管连接；

用于空调送回风系统时，采用双层螺旋保温风管，内芯管外抱箍连接；

用于防排烟系统时，采用法兰连接。

◆ 导线连接器应用技术

通过螺纹、弹簧片，以及螺旋钢丝等机械方式，对导线施加稳定可靠的接触力。

能确保导线连接所必需的 电气连续、机械强度、保护措施 ，以及 检测维护 4 项基本要求。适用于额定电压交流 1kV 及以下、直流 1.5kV 及以下建筑电气细导线（6mm² 及以下的铜导线）的连接。

【考法题型及预测题】

1. 机电工程通风与空调系统采用金属圆形螺旋风管用于防排烟系统时，其连接应采用（　　　）。

A. 承插式芯管连接　　　　　　　B. 抱箍连接

C. 法兰连接　　　　　　　　　　D. 插条连接

【答案】C

2. 用导线连接器须确保导线连接的哪些基本要求？

【答案】用导线连接器须确保导线连接所必需的电气连续、机械强度、保护措施，以及检测维护 4 项基本要求。

核心考点三、信息技术应用平台

当前信息技术应用相对比较成熟的平台有：项目管理系统（PMS）、协同办公系统、二维码以及基于 BIM 成本管控平台等。

1H420066　资金使用管理要求

核 心 考 点 及 可 考 性 提 示

考　　点		2021 年可考性提示
资金使用管理要求	资金使用管理要求	★
	资金使用的控制	★★
	项目资金使用管理的组织形式	★

★不大，★★一般，★★★极大

核 心 考 点 剖 析

核心考点、资金使用的控制

资金使用的控制应从以下几方面进行：

（1）储备金控制；

（2）生产资金控制；

（3）结算资金控制；

（4）资金使用考核。

资金使用考核指标：

1）资金周转率；2）资金产值率；3）资金利润率。

1H420070　机电工程施工协调管理

$$机电工程施工协调管理 \begin{cases} 施工现场内部协调管理 \\ 施工现场外部协调管理 \end{cases}$$

1H420071　施工现场内部协调管理

核 心 考 点 及 可 考 性 提 示

考　点			2021年可考性提示
施工现场内部协调管理	内部协调管理内容	内部协调管理的范围	★
		内部协调管理的分类【2016年、2020年案例】	★
	内部协调管理的形式和措施	协调的管理形式	★
		协调管理的措施	★★
	项目部对工程分承包单位协调管理内容	协调管理范围	★
		协调管理原则	★
		协调管理的重点	★
	协调管理的形式		★

★不大，★★一般，★★★极大

【注解】关于"内部""外部"的简单理解：称为"内部"的，就是自己单位的。包括决策层、管理层和执行层，也包括分包单位。其他单位划为"外部"。

核 心 考 点 剖 析

核心考点一、项目部对分包单位协调管理的范围

1. 总包对分包管理的全过程内容

2. 承包合同中界定范围

核心考点二、机电工程项目内部协调管理的措施

措施是使协调管理取得实效的保证，主要有：① 组织措施；② 制度措施；③ 教育措施；④ 经济措施。

核心考点三、项目部对分包商协调管理的内容（阅读熟悉）

1. 对分包方的协调管理

【题型练习】总包对分包单位协调管理的重点有哪些？

【答案】总包对分包商的协调管理的重点主要体现在：施工进度计划安排、甲供物资分配、质量安全制度制定、资金使用调拨、临时设施布置、竣工验收考核、竣工结算编制和工程资料移交等。还有重大质量事故和重大工程安全事故的处理。

【解析】在合同管理章节我们学习过，总承包单位对分包的责任义务，也可以用来回答这个问题。

2. 对劳务分承包方的协调管理

【题型练习】总包对劳务分包单位协调管理的重点有哪些？

【答案】协调管理的重点有：作业计划的安排、作业面的调整、施工物资的供给、质量管理制度和安全管理制度的执行、劳务费用的支付、分项工程的验收及其资料的形成和生活设施的安排。

1H420072 施工现场外部协调管理

核心考点及可考性提示

考　　点			2021 年可考性提示
施工现场外部协调管理	机电工程项目部与施工单位有合同契约关系的单位间协调	协调单位	★
		协调要点	★
	机电工程项目部与施工单位有治谈协商记录的单位间协调	协调单位	★
		协调要点	★
施工现场外部协调管理实施	机电工程项目部对施工行为监督检查单位的协调	协调单位	★
		协调内容	★
	机电工程项目部与人员驻地生活直接相关的单位或个人的协调	单位或个人的协调	★
		协调要点	★

★不大，★★一般，★★★极大

【学习要求】本条的学习，认真通读一遍教材，即可掌握知识点。

1H420080 机电工程施工进度管理

核心考点提纲

机电工程施工进度管理
- 施工进度计划类型与编制
- 施工进度控制措施
- 施工进度计划调整
- 工程费用-进度偏差分析与控制

1H420081　施工进度计划类型与编制

核心考点及可考性提示

考　　点		2021 年可考性提示
施工进度计划类型与编制	机电工程项目施工进度的类型	★★
	机电工程项目施工进度表示方法【2019 年案例】	★★
	施工总进度计划表达形式的选择	★★
	机电工程进度计划编制的注意要点【2010 年案例】	★★

★不大，★★一般，★★★极大

核心考点剖析

核心考点一、机电工程项目施工进度的类型（阅读了解）

进度计划的类型划分	进度计划名称
按工程项目分类	总进度计划、单位工程进度计划、分部分项工程施工进度计划
按施工时间长短分类	年度、季度、月度、旬或周施工进度计划
按机电工程专业分类	如通风空调、管道、电气、设备安装工程等施工进度计划

核心考点二、施工进度计划表达形式的选择

◆ 机电工程项目施工进度表示方法有横道图、网络图、流水作业图表等。

◆ 常用的有横道图和网络图两种。

◆ 按项目划分，进度计划的表达方式选择：

进度计划	通常的表达方式选择	理　　由
施工总进度计划	横道图	施工总进度计划节点大，划分也较粗，相互的制约关系和衔接的逻辑关系比较清楚。此外，总进度计划给领导看，需要直观。综合下来用横道图表达比较合适
单位工程进度计划	网络图	专业多、作业面交叉多、工作逻辑关系复杂、需要协调的单位多、可变因素多，所以用网络图表达
分部工程进度计划	网络图	
分项工程进度计划	横道图	作业工序简单明确、相互的制约依赖关系和衔接的逻辑关系比较清楚，用横道图表示为宜
作业进度计划	横道图	

【总结】简单的用横道图表达；复杂的用网络图表达。

核心考点三、机电工程进度计划编制的注意要点（阅读了解）

【题型练习】

（2010 年真题案例三第 2 问）泛光照明施工进度计划的编制应考虑哪些因素？

【答案】泛光照明施工进度计划的编制应考虑以下因素：

（1）合同的进度要求，工期定额和工程项目的实际工期。

（2）建筑工程和机电工程的施工进度。

（3）泛光照明工程项目的施工顺序。

（4）项目工程量。

（5）各工程项目的持续时间。

（6）各工程的开工竣工时间和相互搭接关系。包括：① 保证重点，兼顾一般，优化安排工程量和工程进度；② 满足连续均衡施工要求；③ 留出些后备工程作平衡调剂之用；④ 全面考虑各种不利因素的影响；⑤ 争取业主和当地政府的支持等因素。

（7）资源的配置情况。

核心考点四、关于横道图和网络图的画法

【提示】横道图和网络图几乎是每年都考（隔年交叉考）。通常和合同管理组合在一起考。横道图，要求会看，以往没有考过让你画横道图；网络图是必须要求会画的。希望各位考生在课堂学习时认真掌握画图技巧，并且注意画图时间，5分钟内要完成。

1H420082　施工进度控制措施

核 心 考 点 及 可 考 性 提 示

考　点		2021 年可考性提示
施工进度控制措施	施工进度计划的落实	★★
	影响机电工程施工进度的因素【2012、2016 年案例】	★★★
	机电工程施工进度控制的主要措施	★

★不大，★★一般，★★★极大

【题型练习】

1. 简述施工进度计划落实的步骤。

【答案】施工进度计划落实的步骤为：

（1）工程进度总目标分解；

（2）分解落实计划；

（3）跟踪、检查进度；

（4）采取纠偏措施。

2. 分析案例背景哪些因素影响了施工计划的进度？

【解析】答题要点：

（1）设备材料进场时间、验收的质量的因素；

（2）上道工序的完成时间及质量的因素；

（3）工程变更情况的因素；

（4）各单位（包括建设单位、建立单位）、各专业的配合情况的因素；

（5）进度款的结算情况的因素；

（6）协调能力的因素；

（7）施工环境的影响的因素。

1H420083　施工进度计划调整

核心考点及可考性提示

考　点		2021 年可考性提示
施工进度计划调整	施工进度偏差产生的原因	★
	机电工程施工进度偏差的分析	★★
	施工进度计划调整方法【2007 年案例】	★★★
	施工进度计划调整的内容和步骤【2020 年案例】	★★★

★不大，★★一般，★★★极大

核心考点剖析

核心考点一、机电工程施工进度偏差的分析

要求会分析"施工进度延误对后续工作和总工期的影响"。

进度延误情形	分析结果	是否需要调整
小于自由时差	不影响紧后工作最早开始的时间，也不影响计划工期	不需要调整
大于自由时差，但是小于总时差	影响紧后工作最早开始时间，但不影响紧后工作最迟必须开始时间，也不影响计划工期	不需要进行调整
大于总时差	影响紧后工作最早开始时间，也影响紧后工作最迟必须开始时间，也影响计划工期	需要进行调整

【注解】关键线路上，某工序的总时差是最小的（计算时通常从零起算，则总时差都为零），那么关键线路上任何延误都是大于其总时差的；总时差一定是大于或者等于自由时差的。

【提示】注意和索赔条件的知识点一起考。① 与合同相比造成了实际损失的，才可以进行索赔；② 索赔的原因不是自己造成的；③ 索赔时效。

核心考点二、施工进度计划调整的方法★★★

在进度的实施过程中，前一阶段的进度延误，影响了原定的进度计划，则需要进行调整，这是我们在前一条中已经复习掌握过的。

要在还没有进行的后续工作上要进行"赶工"才能达到原进度计划的目标。通常进度计划的调整方法有：

（1）改变某些工作间的衔接关系

若检查的实际施工进度产生偏差影响总工期，在工作之间的衔接关系允许改变的条件下，改变关键线路和超过计划工期的非关键线路的有关工作之间的衔接关系，缩短工期。

（2）缩短某些工作的持续时间

不改变工作之间的衔接关系，缩短某些工作的持续时间，使施工进度加快，保证实现计划工期。这种方法实际上就是网络计划优化中的工期优化方法和工期与成本优化方法。

（3）改变作业方式

如连续作业改为平行作业。

【注意】进度计划的调整，应该在关键线路上进行调整，调整时要特别注意调整后，原来的非关键线路是否会转变为关键线路。

【题型练习】

1. 直接考知识点原文。

2. 考画进度计划调整后的网络图。

核心考点三、进度计划调整的内容和步骤★★★

1. 进度计划调整的内容包括：施工内容、工程量、起止时间、持续时间、工作关系、资源供应等。

2. 调整的原则。调整的对象必须是关键工作，并且该工作有压缩的潜力，同时与其他可压缩的工作相比赶工费是最低的。【2020年案例】

【注意】进度计划的调整，应该在关键线路上进行调整，调整时要特别注意调整后原来的非关键线路持续时间是否会超过赶工后的关键线路。

【题型练习】见本辅导书模拟预测题相关练习。

1H420084　工程费用-进度偏差分析与控制

核 心 考 点 及 可 考 性 提 示

考　　点		2021 年可考性提示
工程费用－进度 偏差分析与控制	赢得值法的三个基本参数	高频考点
	赢得值法的四个评价指标	
	偏差分析方法	
	项目费用-进度控制方法	
	机电工程项目费用-进度综合控制	★★

★不大，★★一般，★★★极大

核心考点剖析

核心考点一、赢得值法的四个评价指标

四个评价指标	计算公式	分 析
费用偏差 CV	已完工程预算费用－已完工程实际费用 $CV = BCWP - ACWP$	＝0，按计划
		＞0，节省
		＜0，超支
进度偏差 SV	已完工程预算费用－计划工程预算费用 $SV = BCWP - BCWS$	＝0，按计划
		＞0，提前
		＜0，延误
费用绩效指数 CPI	已完工程预算费用／已完工程实际费用 $CPI = BCWP/ACWP$	＝1，按计划
		＞1，节省
		＜1，超支
进度绩效指数 SPI	已完工程预算费用／计划工程预算费用 $SPI = BCWP/BCWS$	＝1，按计划
		＞1，提前
		＜1，延误

核心考点二、赢得值的评价指标应用

费用偏差 CV 和进度偏差 SV 反映的是绝对偏差，仅适合于对同一项目做偏差分析。

费用绩效指数 CPI 和进度绩效指数 SPI 反映的是相对偏差，费用绩效指数 CPI 和进度绩效指数 SPI 在同一项目和不同项目的偏差分析均可采用。

核心考点三、曲线法（S 曲线）分析偏差与控制措施

赢得值法评价曲线法，横坐标表示时间，纵坐标则表示费用。

1. 分析偏差（见图 1H420084）

分析：

$BCWP > BCWS > ACWP$

$BCWP > BCWS$（已完工作预算费用＞计划工作预算费用）

$BCWP > ACWP$（已完工作预算费用＞已完工作实际费用）

三条曲线靠的比较近，这是比较满意的状况，说明进度只快了一点点，费用节省了一点点。但是，如果偏离太多（如图中虚线），进度快了很多，费用又节省了很多，也是不正常的。

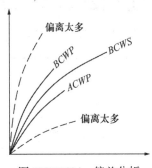

图 1H420084　偏差分析

2. 控制措施

三条线可以有六种情形，其偏差分析与控制措施如下表所示：

图　形	三参数关系	分　析	措　　施
ACWP BCWS BCWP	$ACWP > BCWS > BCWP$ $SV < 0$；$CV < 0$	效率低 进度较慢 投入超前	用工作效率高的人员更换一批工作效率低的人员
BCWP BCWS ACWP	$BCWP > BCWS > ACWP$ $SV > 0$；$CV > 0$	效率高 进度较快 投入延后	若偏离不大，维持现状
BCWP ACWP BCWS	$BCWP > ACWP > BCWS$ $SV > 0$；$CV > 0$	效率较 高进度快 投入延后	抽出部分人员，放慢进度
ACWP BCWP BCWS	$ACWP > BCWP > BCWS$ $SV > 0$；$CV < 0$	效率较低 进度较快 投入超前	抽出部分人员，增加少量骨干人员
BCWS ACWP BCWP	$BCWS > ACWP > BCWP$ $SV < 0$；$CV < 0$	效率较低 进度慢 投入超前	增加高效人员投入
BCWS BCWP ACWP	$BCWS > BCWP > ACWP$ $SV < 0$；$CV > 0$	效率较高 进度较慢 投入延后	迅速增加人员投入

1H420090　机电工程施工成本管理

核心考点提纲

机电工程施工成本管理
- 施工成本计划编制
- 施工成本计划实施
- 施工成本计划分析
- 施工成本控制措施

【课外知识点】

根据《企业会计准则第 15 号——建造合同》，工程成本包括从建造合同签订开始至合同完成止所发生的、与执行合同有关的直接费用和间接费用。

直接费用是指为完成合同所发生的、可以直接计入合同成本核算对象的各项费用支出。直接费用包括：（1）耗用的材料费用；（2）耗用的人工费用；（3）耗用的机械使用费；（4）其他直接费用，指其他可以直接计入合同成本的费用。（摘自《建设工程经济》）

1H420091 施工成本计划编制

核心考点及可考性提示

考 点		2021 年可考性提示
施工成本计划编制	项目施工成本计划的编制依据	★★
	项目施工成本计划的编制原则和程序	★
	项目施工成本计划的内容	★
	项目成本计划编制的方法【2018 年案例】	★★

★不大，★★一般，★★★极大

核心考点剖析

核心考点一、目标成本降低率

项目目标成本＝预计结算收入－税金－项目目标利润

目标成本降低额＝项目的预算成本－项目的目标成本

目标成本降低率＝（目标成本降低额／项目的预算成本）×100%

【题型练习】

1. 计算目标成本降低率。

【答案】略。

2. 项目目标成本降低率和（   ）有关。

A. 预计结算收入   B. 项目目标成本

C. 税金   D. 项目目标利润

E. 项目预算成本

【答案】B、E

【解析】选项 A、C、D 都是属于选项 B 的内容，不能 5 个都选。

核心考点二、计划成本降低额计算

计划成本降低额＝（计划成本降低额／工程项目预算成本）×100%

如果背景资料给了变动成本总额、固定成本总额，则：工程项目预算成本＝变动成本总额＋固定成本总额。

1H420092 施工成本计划实施

考　　点			2021 年可考性提示
施工成本计划实施	建设工程成本控制	项目成本动态控制	★
		项目成本控制的依据	★
		项目成本控制的要求	★
	成本计划实施的步骤		★★

★不大，★★一般，★★★极大

核 心 考 点 剖 析

核心考点、成本计划实施的步骤

◆ 工程项目施工成本计划实施的步骤为：

成本预测→成本计划→成本控制→成本核算→成本分析→成本考核。

● 项目成本预测是项目成本计划的依据。

● 成本计划是进行成本控制的主要依据。

◆ 项目 成本核算 是承包企业成本管理的基础工作，它所提供的各种信息，是成本预测、成本计划、成本控制和成本考核等的依据。

1H420093 施工成本计划分析

核 心 考 点 及 可 考 性 提 示

考　　点			2021 年可考性提示
施工成本计划分析	成本分析的基本方法	比较法	★
		因素分析法	★
		差额分析法	★
		比率法	★
	综合成本分析法	分部分项工程成本分析	★
		月（季）成本分析	★
		年成本分析	★
		竣工成本分析	★
	项目专项成本的分析方法		★

★不大，★★一般，★★★极大

【学习要求】熟悉上述考点表格。

1H420094　施工成本控制措施

核 心 考 点 及 可 考 性 提 示

考　　点			2021 年可考性提示
施工成本控制措施	施工成本控制原则		★
	各阶段项目成本控制要点	施工准备阶段项目成本控制要点	★
		施工阶段项目成本控制要点	★
		竣工交付使用及保修阶段项目成本控制要点	★
	项目成本控制的方法		★★
	施工成本控制的措施		★★★

★不大，★★一般，★★★极大

核 心 考 点 剖 析

核心考点一、项目施工成本控制的方法

项目成本的控制方法主要有以目标成本控制成本支出；用工期－成本同步的方法控制成本。在施工项目成本控制中，按施工图预算，实行"以收定支"，或者"量入为出"，是最有效的方法之一。

核心考点二、施工成本控制措施★★★

项目成本控制的内容包括项目决策成本控制、投标费用控制、设计成本控制和施工成本控制等内容。施工成本控制主要从：①人工费用；②材料费用；③机械使用费；④管理费用等方面进行控制。

1. 人工费（用工成本）的控制及控制措施

原则上采取招标投标办法，主要通过总量控制、单价控制、定额控制和工资含量控制。具体措施有：

（1）严密劳动组织，合理安排生产工人进出厂时间；

（2）严密劳动定额管理，实行计件工资制；

（3）加强技术培训，强化生产工人技术素质，提高劳动生产率。

2. 工程设备成本控制措施

加强工程设备管理，控制设备采购成本、运输成本、设备质量成本。

3. 材料成本控制措施

材料采购方面从量和价两个方面控制。尤其是项目含材料费的工程如非标准设备的制作安装。材料使用方面，从材料消耗数量控制，采用限额领料和有效控制现场施工耗料。

4. 施工机械成本的控制措施。

（1）优化施工方案；

（2）严格控制租赁施工机械；

（3）提高施工机械的利用率和完好率。

5. 其他直接费的控制措施。以收定支，严格控制。

6. 间接费用的控制措施。尽量减少管理人员的比重，一人多岗；各种费用支出要用指标控制。

【题型练习】

1. 材料的成本控制如何进行？

【答案】材料的成本应从量和价上进行控制。

采购时按采购计划控制采购数量，多厂商报价选择合理的供货价格；使用过程中，按使用计划和限额领料单发放和领用，并控制材料的损耗；做好材料的保管与多余材料的回收，回收的余料要有相应的标识，并在限额领料单中扣除。

2. 成本降低率计算［2018 年案例］。

【答案】成本降低率＝（计划成本－实际成本）／计划成本。

1H420100　机电工程施工预结算

核心考点提纲

机电工程施工预结算 {
施工图预算及安装定额的应用
工程量清单的组成与应用
工程进度款的支付规定
竣工结算的应用
}

【说明】本目近十年没有考过。

1H420101　施工图预算及安装定额的应用

核心考点及可考性提示

考　点		2021 年可考性提示
施工图预算及安装定额的应用	施工图预算的作用	★
	施工图预算的编制方法　工料单价法	★
	施工图预算的编制方法　综合单价法	★
	安装工程预算定额　定额的特性	★
	安装工程预算定额　安装工程预算定额的编制依据	★
	安装工程预算定额　安装工程预算定额的作用	★

★不大，★★一般，★★★极大

1H420102 工程量清单的组成与应用

考　点		2021 年可考性提示
工程量清单的组成与应用	工程量清单的组成	★★
	工程量清单综合单价的构成	★★
	工程量清单计价的工程价款调整原则	★★

★不大，★★一般，★★★极大

核心考点剖析

核心考点一、工程量清单的组成（阅读了解）

工程量清单的组成	
分部分项工程量清单	注意：这部分投标人不得随意调整
措施项目清单	措施项目为非实体性项目，是为完成工程项目施工，发生于该工程施工前和施工过程中技术、生活、文明、安全等方面的非工程实体项目。 措施项目一览表中分为 组织措施项目 和 技术措施项目
其他项目清单	（1）暂列金额； （2）暂估价，包括材料（工程设备）暂估价和专业工程暂估价； （3）计日工； （4）总承包服务费。 分为招标人和投标人两部分，招标人填写的包括暂列金额、暂估价； 投标人填写的包括总承包服务费、零星工作项目费等
规费清单	（1）工程排污费； （2）社会保障费（养老保险费、失业保险费、医疗保险费、生育保险费、工伤保险费）； （3）住房公积金
税金项目清单	增值税，建安工程增值税为税前造价合计减去进项税额后按规定税率 11% 计取

核心考点二、工程量清单综合单价的构成

分部分项工程费、单价措施项目费和其他项目费均采用综合单价计价，综合单价由完成规定计量单位工程量清单项目所需的人工费、材料费、机械使用费、管理费、利润等费用组成，并考虑一定的风险费。

核心考点三、工程量清单计价中涉及合同价款调整应遵循的规定

【提示】有可考性，如果您备考时间很紧建议放弃。

1. 工程量变更的价格调整

因工程变更引起已标价工程量清单项目或其工程数量发生变化，应按下列规定调整：

（1）已标价工程量清单中有适用于变更工程项目的，应采用该项目的单价。

（2）已标价工程量清单中没有适用但有类似于变更工程项目的，可在合理范围内参照类似项目的单价。

（3）已标价工程量清单中没有适用也没有类似于变更工程项目的，应由承包人根据变更工程资料、计量规则和计价办法、工程造价管理机构发布的信息价格和承包人报价浮动提出变更工程项目的单价，并应报发包人确认后调整，承包人报价浮动率可按下列公式计算：

$$承包人报价浮动率 L =（1-中标价／招标控制价）\times 100\%$$

（4）已标价工程量清单中没有适用也没有类似于变更工程项目，且工程造价管理机构发布的信息价格缺价的，应由承包人根据变更工程资料、计量规则、计价办法和通过市场调查等取得有合法依据的市场价格提出变更工程项目的单价，并应报发包人确认后调整。

2. 非承包人原因工程量大幅度变化的工程价款调整原则

对任一招标工程量清单项目，当出现因施工条件变化、编制人计算疏忽或工程变更等非承包人原因导致工程量发生变化，且工程量偏差超过 ±15% 时，为避免较高的单价在工程量大幅度增加时对发包人不公平和较低的单价在工程量大幅度减少时对承包人不公平，该项目单价应按合同规定进行调整，合同没有约定的，可按下列原则执行。

（1）招标控制单价的 115% 为上限调整价，招标控制单价按投标总价对招标控制总价的下浮比例下浮后的 85% 为下限调整价。

（2）当工程量增加 15% 以上，且标价清单单价高于上限调整价时，增加部分的工程量综合单价应按上限调整价执行。

$$S = Q_{招标} \times（1+15\%）\times P_{标价} +［Q_{最终} - Q_{招标} \times（1 + 15\%）］\times P_{上限}$$

（3）当工程量减少 15% 以上，且标价清单单价低于下限调整价时，减少后剩余的工程量综合单价应按下限调整价执行。

（4）当工程量增加 15% 以上，但标价清单单价低于上限调整价；或当工程量减少 15% 以上，但标价清单单价高于下限调整价，综合单价不予调整。

【注解】量多价也高，超过部分按上限价；量少价也低，执行下限价；量多价不高和量少价不低，综合单价不变。

3. 措施项目费调整原则

工程变更引起施工方案改变并使措施项目发生变化时，承包人应将拟实施的方案提交发包人确认，并详细说明措施项目的变化情况。

措施项目费用按下列原则调整：

（1）安全文明施工费应根据实际发生变化的措施项目按建设行政主管部门的规定计取。

（2）单价措施项目费，应根据实际发生变化的措施项目按照上述第 1 条进行调整。

（3）按系数或单一总价方式计价的措施项目费，应随工程量增减相应调增减。

如果承包人未事先将拟实施的方案提交发包人确认，则视为工程变更不引起措施项目费的调整或承包人放弃调整措施项目费的权利。

1H420103　工程进度款的支付规定

核 心 考 点 及 可 考 性 提 示

考　　点		2021 年可考性提示
工程进度款的支付规定	预付款相关规定	★
	安全文明施工费相关规定	★★★
	进度款相关规定	★★

★不大，★★一般，★★★极大

核 心 考 点 剖 析

核心考点一、安全文明施工费相关规定★★★

◆ 安全文明施工费的支付

发包人应在 工程开工的 28 天内预付 不低于当年施工进度计划的安全文明施工费总额的 60%，其余部分应按照提前安排的原则进行分解，并与进度款同期支付。

◆ 安全文明施工费逾期未支付的责任

发包人没有按时支付安全文明施工费的，承包人可以催告发包人支付，发包人在付款期满的 7 天内仍未支付的，若发生安全事故，发包人应承担相应责任。

核心考点二、进度款相关规定

发包人和承包人应按照合同约定的时间、程序和方法，根据工程计量结果，办理期中价款结算，支付进度款。

◆ 进度款支付申请内容

（1）累计已完成的合同价款。

（2）累计已实际支付的合同价款。

（3）本周期合计完成的合同价款：本周期已完成的单价项目金额；本周期应支付的总价项目金额；本周期已完成的计日工价款；本周期应支付的安全文明施工费；本周期应增加的金额。

（4）本周期合计应扣减的金额：本周期应扣回的预付款；本周期应扣减的金额。

（5）本周期实际应支付的合同价款。

在考试应用中，特别要注意背景给的合同约定条件；预付款怎么扣回，什么时候起扣；质量保证金怎么扣？应付多少，应扣多少不要漏项。请关注本教材相关的模考练习题。

1H420104 竣工结算的应用

核 心 考 点 及 可 考 性 提 示

考 点		2021 年可考性提示
竣工结算的应用	竣工结算编制原则	★
	竣工结算程序	★
	结算价款支付	★

★不大，★★一般，★★★极大

【本条复习要求】通读一遍教材，了解即可。

【题型练习】

详见考试用书【案例 1H420100-1】，要求会做第 2、3、4、5 问；【案例 1H420100-3】要求阅读看懂。

1H420110　机电工程施工现场职业健康安全与环境管理

核 心 考 点 提 纲

机电工程施工现场职业健康安全与环境管理
- 风险管理策划
- 应急预案的分类与实施
- 职业健康和安全实施要求
- 绿色施工实施要求
- 文明施工实施要求

1H420111　风险管理策划

核 心 考 点 及 可 考 性 提 示

考 点			2021 年可考性提示
风险管理策划	风险管理	风险	★
		生产安全事故风险管理	★
	风险管理策划	风险识别	★
		风险分析	★
		风险评价	★
	风险等级和处理	风险等级	★
		风险处理过程	★

★不大，★★一般，★★★极大

1H420112　应急预案的分类与实施

核心考点及可考性提示

考　点			2021 年可考性提示
应急预案的分类与实施	应急救援系统		★
	应急预案	分类	★
		生产安全事故应急救援预案	★
		应急预案实施【2020 年单选】	★★

★不大，★★一般，★★★极大

核心考点剖析

核心考点一、应急预案演练

应 急 预 案	应急预案演练计划
综合应急预案	每年至少组织一次
专项应急预案	
现场处置方案	每半年至少组织一次

施工单位、人员密集场所经营单位应当至少每半年组织一次生产安全事故应急演练。【2020 年单选】

核心考点二、应急预案评估

演练后要进行评估，确定是否需要修改预案；建筑施工企业应当每三年进行一次应急预案评估。

1H420113　职业健康和安全实施要求

核心考点及可考性提示

考　点			2021 年可考性提示
职业健康和安全实施要求	施工现场职业健康	法规相关规定	★
		职业病分类和职业病危害因素分类【2020 年案例】	★★
	施工现场安全生产	法规相关规定	★
		项目部安全生产管理的职责及制度	★★
	施工现场职业健康安全	职业健康安全	★
		危险源	★
		事件和事故	★
		企业安全生产管理	★★★

274

考 点			2021年可考性提示
职业健康和安全实施要求	安全事故	职业病危害事故	★
		生产安全事故	★★
		事故隐患	★
		安全事故直接经济损失	★
	施工现场环境管理	法规相关规定	★
		施工现场环境管理要求	★★

★不大，★★一般，★★★极大

核心考点剖析

核心考点一、机电工程安装职业健康要求

◇ 建筑行业机电工程安装职业病危害因素（阅读熟悉）

工种	主要职业病危害因素	可能引起的法定的职业病	主要防护措施
机械设备安装工	噪声、高温、高处作业	噪声聋、中暑	护耳器、热辐射防护服
电气设备安装工	噪声、高温、高处作业、工频磁场、工频电场	噪声聋、中暑	护耳器、热辐射（工频电磁场）防护服、
管工	噪声、高温、粉尘、高处作业	噪声聋、中暑、尘肺	护耳器、热辐射防护服、防尘口罩
电焊工【2020年案例】	电焊烟尘、锰及其化合物、一氧化碳、氮氧化物、臭氧、紫外线、红外线、高温、高处作业	电焊工尘肺、金属烟热、化学物中毒、电光性眼（皮）炎、中暑	防尘防毒口罩、护目镜、防护面罩、热辐射防护服

核心考点二、项目经理部安全生产管理的职责及制度

◇ 安全员配置要求

专职安全员的人数配备要求		
按工程合同	1亿元以上	不少于3人
	5000万~1亿	不少于2人
	5000万以下	不少于1人
按分包单位施工人员人数	200人以上	不少于本单位总人数5%
	50~200人	2名
	50人以下	1名
作业班组	设兼职安全监督员	

◇ 项目经理是项目安全生产第一责任人，对项目的安全生产工作负全面责任。

◇ 施工现场专职安全生产管理人员职责：

（1）负责施工现场安全生产巡视督查，并做好记录；

（2）发现现场存在安全隐患时，应及时向项目安全部门和项目经理报告；

（3）对违章指挥、违章操作的，应立即制止。

核心考点三、企业安全生产管理

◆ 风险估计矩阵

伤害发生的概率	伤害的严重程度			
	灾难性的	严重的	中等的	轻微的
非常可能	高	高	高	
可能	高	高	中	
不太可能	中	中	底	可忽略
几乎不可能	低	低	可忽略	可忽略

【题型练习】

危险源发生伤害的概率为"不可能"，但其发生伤害后的严重程度为"严重的"，两者交集其危险源的（　　　）。

A. 风险高　　　　　　　　　　B. 风险中

C. 风险低　　　　　　　　　　D. 可忽略

【答案】B

◆ 危险性较大的分部分项工程

◇ "危大工程"。例如——

施工现场临时用电；基坑支护与降水工程；土方开挖工程；模板工程；起重吊装工程；脚手架工程；拆除、爆破工程；其他。

◇ "危大工程"应编制专项施工方案，超过一定规模的"危大工程"专项施工方案应经过专家论证会通过。其管理要求同本书 1H412023 中吊装方案的管理。

◆ 职业健康安全检查

◇ 安全检查内容

主要分为安全管理检查和现场安全检查两部分。

◇ 安全检查的重点是：

（1）违章指挥；

（2）违章作业；

（3）直接作业环节的安全保证措施。

◇ 对检查中发现的问题和隐患，应定责任、定人、定时、定措施整改，并跟踪复查，实现闭环管理。

核心考点四、生产安全事故

◆ 事故等级划分

一般	较大	重大	特别重大

	一般	较大	重大
死亡：	3人	10人	30人
重伤：	10人	50人	100人
直接经济损失：	1000万	5000万	1亿

（往高一级靠）

核心考点五、施工现场环境管理要求

◆施工现场环境管理要求

1. 识别影响施工现场环境管理体系相关的内、外部问题；

2. 确定的内、外部问题可能给组织或环境管理体系带来的风险和机遇；

3. 施工现场环境管理禁令。

◇ 容器试压风险与措施

风险——

（1）非知情人员误入试压危险区域有被伤害风险；

（2）试压介质为水时，随意排放水会造成土壤污染；

（3）试压介质为空气时，泄压噪声影响人身健康。

措施——容器试压应设置警戒线、警示牌、警戒值班人员；试压介质为空气时，泄压管口应配置消声器。

1H420114 绿色施工实施要求

核 心 考 点 及 可 考 性 提 示

考　　点			2021 年可考性提示
绿色施工实施要求	绿色施工原则		★★
	绿色施工要点	绿色施工管理	★
		环境保护技术要点【2016 年案例（土壤）】	★★
		节材与材料资源利用技术要点	★
		节水与水资源利用要点	★
		节能与能源利用的技术要点	★
		节地与施工用地保护的技术要点	★
	绿色施工评价【2017 年案例】	评价框架体系	★★
		评价组织、程序与资料	★★
	发展绿色施工的"四新技术"		★

★不大，★★一般，★★★极大

核心考点剖析

核心考点一、绿色施工原则之"四节一环保"

节能、节材、节水、节地、环境保护。

核心考点二、绿色施工要点之"环境保护技术要点"

绿色施工总体上由绿色施工管理、环境保护、节材与材料资源利用、节水与水资源利用、节能与能源利用、节地与施工用地保护六个方面组成。【2015年案例】

1. 扬尘控制

（1）作业会造成扬尘的（如：土方作业、爆破作业、建筑物拆卸、机械拆卸等），施工前应做好扬尘控制计划。

（2）道路应进行硬化处理。

（3）土方作业阶段，作业区目测扬尘高度不得小于1.5m；结构施工、安装装饰装修阶段，作业区目测扬尘高度不得小于0.5m；非作业区，目测应无扬尘。

（4）易产生扬尘的材料，堆放要有覆盖措施，粉末状材料应封闭存放。

（5）管道等除锈喷砂作业应在封闭场所作业。

（6）运送建筑废弃物出场要注意：

① 首先要获得接收单位同意；

② 采取全封闭措施，防止扬尘和掉渣；

③ 场门口设置洗车设施，保持开出的车辆清洁，防止扬尘。

2. 噪声与振动控制

（1）在施工场界对噪声进行实时监测与控制，现场噪声排放不得超过国家标准《建筑施工场界环境噪声排放标准》GB 12523—2011的规定。

建筑施工场界环境噪声排放限值

时间段	噪声限值	说 明
昼间（6：00～22：00）	70dB（A）	（A）指频率加权特性为A
夜间	55dB（A）	夜间噪声最大声级超过限值的幅度不得高于15dB（A）

（2）尽量使用低噪声、低振动的机具，采取隔声与隔振措施。【2014年案例】

3. 建筑垃圾控制

（1）制订建筑垃圾减量化计划。

（2）加强建筑垃圾的回收再利用，力争建筑垃圾的再利用和回收率达到30%。碎石类、土石方类建筑垃圾应用作地基和路基回填材料。

（3）施工现场生活区应设置封闭式垃圾容器，施工场地生活垃圾实行分类并袋装化，及时清运。

核心考点三、绿色施工评价指标与评价组织（2017年案例，继续掌握）

1. 绿色施工评价指标按其重要性和难易程度可分为以下三类：控制项、一般项、优选项。

2. 评价组织

（1）单位工程绿色施工评价应由建设单位组织，项目部和监理单位参加。

（2）单位工程施工阶段评价应由监理单位组织，建设单位和项目部参加。

（3）单位工程施工批次评价应由施工单位组织，建设单位和监理单位参加。

（4）项目部应组织绿色施工的随机检查，并对目标的完成情况进行评估。

1H420115　文明施工实施要求

核心考点及可考性提示

考　　点			2021 年可考性提示
文明施工实施要求	文明施工管理的组织、职责与内容		★
	现场文明施工的目标		★
	现场文明施工管理的基本要求	施工阶段的文明施工要求	★
		工程施工阶段文明施工要求	★★
		竣工验收阶段的文明施工要求	★
	现场文明施工过程指导和监测		★

★不大，★★一般，★★★极大

核心考点剖析

核心考点、工程施工阶段文明施工要求

◆ 作业安全要求（阅读了解）：

（1）安全帽、安全带以及特殊工种个人防护用品佩戴符合要求。

（2）楼梯口、电梯井口、预留洞口、通道口防护符合要求。

（3）脚手架搭设牢固、合理，所用材质符合要求；防护棚搭设符合要求。

（4）设备、材料放置安全合理，施工现场无违章作业。

◆ 临时用电要求（阅读了解）

（1）施工区、生活区、办公区的配电线路架设和照明设备、灯具的安装、使用应符合规范要求；特殊施工部位的用电线路按规范要求采取特殊安全防护措施。

（2）配电箱和开关箱选型、配置合理，安装符合规定，箱体整洁、牢固。配电箱要三级配电。总配电箱、分配电箱、开关箱。

（3）电动机具电源线压接牢固，绝缘完好；电焊机一、二次线防护齐全，焊把线双线到位，无破损。

（4）临时用电有方案和管理制度，值班电工个人防护整齐，持证上岗；值班、检测、维修记录齐全。

1H420120 机电工程施工质量管理

1H420121 施工质量控制的策划

核 心 考 点 及 可 考 性 提 示

考 点		2021 年可考性提示
施工质量控制的策划	施工质量管理策划	基本要求	★
		项目质量计划	★★
	施工质量管理策划的分工及职责	施工企业	★
		项目部	★
	施工质量管理策划的方法和主要内容	施工质量管理策划的方法	★
		施工质量管理策划的主要内容	★
	施工质量管理策划的实施	实施的准备	★
		过程控制	★

★不大，★★一般，★★★极大

核 心 考 点 剖 析

核心考点、质量活动

【题型练习】

项目质量计划活动应清晰需要明确哪些内容？

【答案】质量活动清晰，应明确：要做什么；需要什么资源；由谁负责；何时完成；如何评价结果。

1H420122　施工质量影响因素的预控

	考 点		2021 年可考性提示
施工质量影响因素的预控	施工质量影响因素的控制内容	施工单位质量行为的控制内容	★
		施工质量影响因素的预控内容	★★
		施工过程质量预控内容【2019 年案例】	★★
	施工质量影响因素预控的方法	施工前对质量影响因素的预控方法【2016 年案例】	★
		施工中对质量影响因素的预控方法	★
	质量预控方案	质量控制方案的编制	★
		质量预控方案的内容【2019 年案例】	★★

★不大，★★一般，★★★极大

　　质量预控通过对未发生的质量问题事先采取措施，体现了"以预防为主"的质量管理思想，质量预控不仅仅是单指施工前就实施预控，而是在不合格品产生之前对工序进行控制的过程。

核心考点剖析

核心考点一、按质量影响因素进行质量控制策划

　　影响工程质量的主要因素包括人、机、料、法、环、测这几个方面。

质量影响因素		控制内容（措施）
人	管理人员	项目管理岗位设置和人员的学历、年龄、专业、职称、岗位证书、工作经验等
	施工人员	人员数量、专业、技术等级、岗位证书、操作经验、身体、心理和生理条件、培训教育计划和技能考核确认等
料	原材料半成品	材料需求计划控制、供应商考察控制、采购合同控制、进货检验控制、材料复验试验控制、材料报验或送检、材料标识控制、材料代用控制、材料储存及保管环境控制、材料出库领用控制、退库材料控制等
	设备	设备选型控制、供应商考察评价、设备采购合同控制、设备监造、设备验收、设备调试控制等
机	施工机械	机械设备需求计划控制、设备维护保养控制、工装设备控制、施工工具控制等
	测量器具	制订测量设备使用（需求）计划；设备在有效期内，满足检测需求；专人保管使用；对设备的状态进行有效标识，防止混用错用
法	施工组织方法	施工组织设计、项目划分、施工进度计划、分包工程控制、施工总平面布置控制等
	施工技术方法	施工方案、专题措施、技术交底、作业指导书、设计文件控制、技术复核、新技术应用、竣工控制等

质量影响因素		控制内容（措施）
法	质量检验方法	对施工质量检验方法的控制。包括：施工质量标准控制、产品防护控制、检验试验控制、质量控制点、隐蔽工程控制、见证点控制、关键工程特殊过程控制、产品标识与追溯控制、不合格品控制、纠正预防措施控制、质量记录控制、质量验收控制、质量保修控制
环	施工管理环境	质量保证体系、组织机构及岗位设置、质量管理制度等
	施工作业环境	施工现场水电供应、现场照明、道路交通、施工工作面、施工顺序、周围环境等影响质量的内容
	现场自然环境	天气气候、地下水位、地质结构、扬尘及大气污染物等

【提示】上表要认真掌握，要保证质量，就要从影响质量的因素上去进行控制，反之，出了质量问题，找原因，也是要从影响的因素上去找，这个知识点很有用。

核心考点二、质量计划实施控制

【题型练习】质量计划的实施应确保哪些要求？

【答案】质量计划的实施应确保以下几个方面的要求：

（1）实施过程的各种输入；

（2）实施过程控制点的设置；

（3）实施过程的输出；

（4）各个实施过程之间的接口。

核心考点三、质量预控方案

质量预控方案一般包括：工序（过程）名称、可能出现的质量问题、提出的质量预控措施三部分内容。【2019 年案例】

质量预控方案的表达形式有文字表达形式、表格表达形式、预控图表达形式等。

1. 文字表达形式（以合金钢管道焊接裂纹质量预控方案为例）

（1）预控方案名称：合金钢管道焊接裂纹质量预控方案。

（2）可能出现的质量问题：焊接裂纹。

（3）制定的预控措施：

① 检查焊接人员的合格项目；建立焊接指令卡，明确焊工可以施焊的部位、材质和焊接方法；

② 施焊前进行焊接工艺评定，编制焊接工艺卡并进行交底；

③ 检查焊材质量，控制焊材发放，防止材料错用；对焊材进行烘干，配备焊条保温桶；

④ 检查设备完好情况；

⑤ 焊前预热，焊后进行缓冷或热处理；

⑥ 控制焊接电流、电压。

2. 表格表达形式（以管道焊接过程质量控制为例）

可能出现的质量问题	质量预控措施
裂纹★★★	控制焊材发放，防止错用；进行焊前预热、采取焊后缓冷或热处理
夹渣★★★	严格按工艺卡施焊；控制清根质量；保持现场清洁；采取防风沙措施；确保设备完好

可能出现的质量问题	质量预控措施
气孔【2016年案例】	按规定进行焊材烘干；配备焊条保温桶；采取防风措施；控制氩气纯度；焊接前进行预热
未焊透	检查坡口质量；控制组对间隙；控制焊接电流电压；对电焊机仪表进行检定
未熔合	组对后由技术人员检查对口错边量；对管子壁厚不一致进行过渡处理
外观成型差	控制设备故障；按工艺卡控制电流电压；控制焊接层数；控制持证项目

3. 预控图表达形式

用框图来表达质量预控方案的方法，在预控图中按照分部或分项工程，列出从施工准备到竣工验收的全部过程，然后对应每一个过程分别在左右侧列出与过程有关的技术工作和质量控制措施框图。该方法更适用于对某一分部或分项工程的质量预控。

【题型练习】

（2009年真题案例五第1问）雨季施工为什么易发生焊接质量问题？焊接前应采取哪些措施？

【答案】雨季空气湿度大，焊条易受潮、焊缝积水或锈蚀。

措施：焊条烘干，焊条保温（如保温桶），焊件局部干燥、防风防雨措施（如防风雨棚等），焊缝除锈或清理。

1H420123　施工质量检验的类型及规定

核心考点及可考性提示

	考　点		2021年可考性提示
施工质量检验的类型及规定	施工质量检验的分类	按质量检验的目的划分	★
		按施工阶段划分	★★
	施工质量检验的依据和内容	施工质量检验的依据	★
		施工质量检验的内容	★
	施工质量三检制【高频考点】		★★★
	施工质量检验	材料质量检验	★
		工序质量检验【2020年单选】	★★
	不合格品管理	不合格品	★
		不合格品处置方法【2019年单选】	★★
	施工质量验收	质量验收	★
		分项、分部、单位工程的质量验收	★
		隐蔽工程质量验收【2018年、2020年案例】	★
		工程专项验收	★★
	质量监督检验	工程质量监督管理	★
		特种设备监督检验	★★

★不大，★★一般，★★★极大

核心考点剖析

核心考点一、施工质量检验的分类

1. 按质量检验的目的划分

施工过程质量检验、质量验收检验、质量监督检验。

2. 按施工阶段划分

进货检验	（略）
过程检验	施工期间各方所进行的检验，包括质量控制点检验、隐蔽工程检验、关键特殊过程检验、过程试验、检验批和分部分项验收等
最终检验	即竣工验收阶段的质量检验，包括单位工程验收、联动试车、质量监督检查核定等

【题型练习】

以下检验内容不属于施工过程检验内容的是（　　　）。

A. 隐蔽工程检验　　　　　　　　　B. 关键特殊过程检验

C. 单机试运行　　　　　　　　　　D. 单位工程验收

【答案】D

核心考点二、施工质量"三检制"

自检、互检、专检。

◇ 互检含义——是对自检的复核和确认。

指同组施工人员之间对所完成的作业或分项工程进行互相检查；

或是本班组的质量检查员的抽检；

或是下道作业对上道作业的交接检验。

◇ "三检制"的实施程序

工程施工工序完工后，由施工作业队（或作业班组）的负责人组织质量"自检"，自检合格后，报请项目部，组织上下道工序"互检"，互检合格后由现场施工员报请质量检查人员进行"专检"。

"自检"记录由施工现场负责人填写并保存；

"互检"记录由领工员负责填写（要求上下道工序施工负责人签字确认）并保存；

"专检"记录由各相关质量检查人员负责填写。

核心考点三、施工质量检验【2020年单选】

1. 材料质量检验

对材料质量的检验包括：

（1）材料实体质量检验；（2）质量证明文件检查；（3）试验复验等。

2. 工序质量检验

◇ 机电工程工序质量检查的基本方法包括：（1）感官检验法（目测）；（2）实测检验法；（3）试验检验法。

◇ 机电工程工序质量检查的手段

观感质量检验，其手段可概括为"看、摸、敲、照"四个字。

实测检验，其手段可概括为"靠、量、吊、套"四个字。

核心考点四、不合格品处置

1. 不合格品处置程序★★★

（1）当发现不合格品时，应及时停止该工序的施工作业或停止材料使用，并进行标识隔离；

（2）已经发出的材料应及时追回；

（3）属于业主提供的设备材料应及时通知业主和监理；

（4）对于不合格的原材料，应联系供货单位提出更换或退货要求；

（5）已经形成半成品或制成品的过程产品，应组织相关人员进行评审，提出处置措施；

（6）实施处置措施。

【题型练习】问背景资料中对不合格品的处置有何不妥？

【解析】答题注意以下几点：

对验收时检查出的不合格品，有无进行标识与隔离，有无进行记录和报告；

施工中发现的，有无立即停止施工，有无进行记录和报告；其他的根据背景给的资料应该比较容易判断。

2. 不合格品的处置方法

（1）返修处理；

（2）返工处理；

（3）不作处理【2019年单选】——经检测鉴定虽达不到设计要求，但经原设计单位核算，仍能满足结构安全和使用功能的，也可不作专门处理；

（4）降级使用（限制使用）；

（5）报废处理。

【题型练习】

1. 问背景资料中的不合格品应如何处置。

2. 问背景资料中对不合格品处置方式是否妥当。

【解析】

第1问答题要点：

（1）对不合格品按不合格品的处置程序进行处理；

（2）对不合格品可以采取返修、返工、不作处理、降级使用、报废等处置方法。

第2问答题要点：

如果是焊接质量不合格，采取返修，注意焊缝缺陷是裂纹、夹渣、气孔、未焊透等，不宜返修，应该铲掉焊缝，进行返工。

如果是已采取了不作处理的处置方法，那么注意是否满足"经原设计单位核算，仍能满足结构安全和使用功能的"。

核心考点五、工程专项验收内容

工程专项验收主要包括：消防验收、环境保护验收、工程档案验收、建筑防雷验收、

<u>建筑节能专项验收</u>、<u>安全验收</u>、<u>规划验收</u>等。

1H420124　施工质量统计的分析方法及应用

核心考点及可考性提示

考点			2021 年可考性提示
施工质量统计分析方法的应用	质量数据分类	按质量特性值的性质分类	★
		按抽取样本的次数分类	★
	质量数据收集方法	全数检验法	★
		抽样检验法	★★
	质量统计分析方法的应用	统计调查表法	★
		分层法	★
		排列图法【2015年、2016年、2020年案例】	★★★
		因果分析图法【2009 年案例】	★★★

★不大，★★一般，★★★极大

核心考点剖析

核心考点一、抽样检验法（阅读了解）

抽样检验法又分为：简单随机抽样法、系统抽样法、分层抽样法和整群抽样法。

适用于：破坏性检验、数量众多的产品检验、对流程性材料的检验和对检验批的检验。

核心考点二、质量统计分析方法——排列图法

【题型练习】分析背景资料中的不合格项目，哪些是主要因素、哪些是次要因素，并画出排列图。

【解析】答题步骤及要点

（1）将检查项目的不合格点数从大到小进行排序。

（2）算出总不合格点数（频数），然后算每个检查项目的不合格点占总数的百分率，即频率。

（3）算累计频率。

（4）结论判断是按累计频率划分：

主要因素 A 类（0～80%）

次要因素 B 类（80%～90%）

一般因素 C 类（90%～100%）

（5）画横轴和两个数轴：

然后再在图上标出相应的数据，请参考考试用书图 1H420124-1。

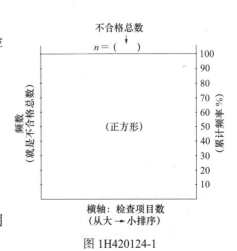

图 1H420124-1

核心考点三、因果分析图法★★★

因果图也称鱼刺图、树枝图，是把影响产品质量的诸多因素间的因果关系清楚地表现出来，便于采取纠正措施，进行质量改进的一种分析方法。

【注意】每个问题一张鱼刺图，对这个质量问题，从"人、料、机、环、法、测"这六个方面去分析造成质量问题的可能原因，并且要体现出三层，如图1H420124-2所示。

【说明】图中标注的是可以用于答题的素材。

【题型】质量问题找原因。

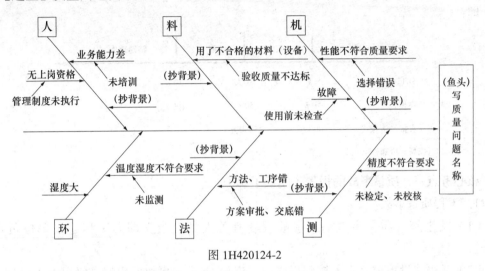

图 1H420124-2

1H420125 施工质量问题和事故的划分及处理

核心考点及可考性提示

考 点			2021年可考性提示
施工质量问题和事故的划分及处理	质量问题和事故的划分	质量问题	★
		质量事故【2011年案例】	★★
	质量事故的调查处理	质量事故报告制度【2020年案例】	★★
		施工质量事故调查【2020年案例】	★
		施工质量事故的处理	★
	施工质量问题的调查处理		★

★不大，★★一般，★★★极大

核心考点剖析

核心考点一、质量问题与质量事故的界定（阅读了解）

● 由于建设、勘察、设计、施工、监理等单位违反工程质量有关法律法规和工程建设标准，使工程产生结构安全、重要使用功能等方面的质量缺陷，造成人身伤亡或者重大经济损失的事故。

● 因施工质量不合格，需要经过返工、返修或报废处理，不影响工程结构安全及重要使用功能，未造成人员死亡或重伤，社会影响不大，且直接经济损失在 100 万元以下的应视为质量问题。

核心考点二、质量事故的等级划分

工程质量事故基本等同安全事故划分的 4 个等级，不同之处为一般质量事故规定了直接经济损失下限 100 万。

即：

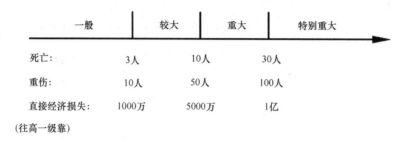

	一般	较大	重大	特别重大
死亡：	3人	10人	30人	
重伤：	10人	50人	100人	
直接经济损失：	1000万	5000万	1亿	

（往高一级靠）

核心考点三、质量事故的报告（阅读了解）

1. 工程质量事故

（1）发生施工质量事故后，事故现场有关人员应当立即向<u>工程建设单位负责人</u>报告。

（2）<u>工程建设单位负责人接到报告后，应于 1h 内向事故发生地县级以上人民政府住房和城乡建设主管部门及有关部门报告。情况紧急时，事故现场有关人员可直接向事故发生地县级以上人民政府住房和城乡建设主管部门报告。</u>

2. 特种设备事故

（略）

1H420130　机电工程试运行管理

核 心 考 点 提 纲

机电工程试运行管理
- 试运行的组织和应具备的条件
- 单体试运行要求与实施
- 联动试运行的条件与要求
- 负荷试运行的条件与要求

【学习要求】注意同时复习教材 1H420015 条中的"试运行及验收阶段项目管理的任务"。

1H420131　试运行的组织和应具备的条件

考　点		2021 年可考性提示
试运行的 组织和应具备的条件	试运行组织【2009、2014、2016 年案例】	★★
	试运行前应具备的条件【2010 年案例】	★
	试运行前应完成的主要工作	★★

★不大，★★一般，★★★极大

核心考点剖析

核心考点一、（化工厂）试运行阶段及里程碑

阶段	施工阶段		试车阶段		试运行阶段	
子阶段	施工安装	预试车	冷试车	热试车	运行调试	性能考核
里程碑	安装就位	机械竣工及中间交接	工艺介质引入及开车	生产出产品	具备考核条件	性能考核完成

【题型练习】

以下化工厂试运行里程碑，属于试运行阶段的是（　　　）。

A. 机械竣工及中间交接　　　　　　B. 生产出产品

C. 工艺介质引入及开车　　　　　　D. 性能考核完成

【答案】D

核心考点二、试运行前应完成的主要工作

1. 施工质量验收合格

（1）设备及其附属装置安装及内部处理的全部工作已完成，并经有关单位检查确认。

（2）管道系统。管道系统安装及检验试验的全部工作已完成，并经有关单位检查确认。

（3）电气系统。总变电站、变配电所、电动机受电及空载运行的全部工作已完成，供、配电系统正常运行，工作照明、事故照明和局部照明投用，并经有关单位检查确认。

（4）控制系统、自动控制系统调节器有关参数的计算和预置的全部工作已完成，设计文件和规范规定的安装调试的全部工作已完成，经有关部门检查确认。

2. 施工过程技术资料齐全

【提示】在施工程序找错中要特别注意这个知识点的应用。在试运行前，管道系统、电气系统、仪表控制系统应完成，如果没完成就是错误的。

1H420132　单体试运行要求与实施

考　点		2021 年可考性提示
单体试运行要求与实施	单体试运行的主要范围及目的	★★
	单体试运行前必须具备的条件【2006 年案例】	★★
	常用机电设备单体试运行及规定【2017 年案例、2018 年多选、2019 年单选、2020 年单选】	★★
	单体试运行要求	★★
	中间交接	★★

★不大，★★一般，★★★极大

核 心 考 点 剖 析

核心考点一、单体试运行的主要范围及目的

◆ 单体试运行的目的（与联动试运行目的一起对比学习）

试运行目的	
单体试运行目的	联动试运行目的
主要考核单台设备的机械性能；检验设备的制造、安装质量和设备性能等是否符合规范和设计要求	主要考核联动机组或整条生产线的电气联锁；检验设备全部性能和制造、安装质量是否符合规范和设计要求

核心考点二、单体试运行前必须具备的条件

1. 单机试车责任已明确；
2. 有关分项工程验收合格；
3. 施工过程资料齐全；
4. 资源条件已满足。

在资源条件中特别要注意：

◇ 试运行方案编制完成还必须是已经批准和按批准的试运行方案进行了交底；

◇ 试运行组织已经建立；

◇ 操作人员不仅进行了培训，也进行了考核，真正熟悉了试运行方案和操作规程。

核心考点三、泵的试运转（阅读了解）

泵在额定工况下连续试运转时间如下表所示：

泵的轴功率（kW）	＜50	50～100	100～400	＞400
连续试运转时间（min）	30	60	90	120

离心泵试运行时，机械密封的泄漏量不应大于 5mL/h，高压锅炉给水泵机械密封的泄漏量不应大于 10mL/h。

填料密封的泄漏量不应大于下表的规定，且温升应正常，泵的振动值符合规定。

设计流量（m³/h）	≤50	>50~100	>100~300	>300~1000	>1000
泄漏量（mL/min）	15	20	30	40	60

【2017年真题】离心水泵单体试运行应主要检测哪些项目？

答：离心泵单体试运行应主要检测的项目包括：机械密封的泄漏量、填料密封的泄漏量、温升、泵的振动值。（希望通过这个题型，学会如何去学习知识点）

【题型练习】

1. 离心泵单机试运行应检测的项目包括（　　　）等。

A. 轴功率
B. 机械密封的泄漏量
C. 填料密封的泄漏量
D. 温升速度
E. 泵的抗震值

2. 离心式给水泵在试运转后，不需要做的工作是（　　　）。

A. 关闭泵的入口阀门
B. 关闭附属系统阀门
C. 用清水冲洗离心泵
D. 放净泵内积存液体

【答案】

1. B、C

2. C

【解析】离心泵试运转后，应关闭泵的入口阀门，待泵冷却后再依次关闭附属系统的阀门；输送易结晶、凝固、沉淀等介质的泵，停泵后应防止堵塞，并及时用清水或其他介质冲洗泵和管道；放净泵内积存的液体。题目是给水泵，水不是易结晶、凝固、沉淀的介质，不需要冲洗。

核心考点四、起重机的试运转（阅读了解）

电动葫芦、梁式起重机、桥式起重机、门式起重机和悬臂式起重机安装工程施工完毕，应连续进行空载、静载、动载试运转，合格后应办理工程验收手续。

当条件限制不能连续进行静载、动载试运转时，空载试运转符合要求后，亦可办理工程验收手续。

核心考点五、输送设备试运行

（1）空负荷试运转（略）。

（2）负荷试运转要求（选择题掌握）：

数台输送机联合试运转时，应按物料输送反方向顺序启动设备；

负荷应按随机技术文件规定的程序和方法逐渐增加，直到额定负荷为止；

额定负荷下连续运转时间不应少于 1h，且不应少于 1 个工作循环；

各运动部分的运行应平稳，无晃动和异常现象；

润滑油温和轴承温度不应超过随机技术文件的规定；

安全联锁保护装置和操作及控制系统应灵敏、正确、可靠；

停车前应先停止加料，且应待输送机卸料口无物料卸出后停车；

当数台输送机联合运转时，其停车顺序应与启动顺序方向相反。

核心考点六、关于中间交接

◆ 中间交接验收组织（阅读了解）

（1）承包单位应根据设计文件及有关国家标准规范的要求组织自检自改，在自查合格的基础上，向业主提出中间交接申请。

（2）监理单位组织专业监理工程师对工程进行全面检查，核实是否达到中间交接条件；经检查达到中间交接条件后，总监理工程师在中间交接申请书上签字。

……

（7）业主施工管理部门组织施工、监理、设计及项目其他职能部门召开中间交接会议，并分别在中间交接书上签字。

◆ 中间交接的内容

（1）按设计内容对工程实物量的核实交接。

（2）工程质量的初评资料及有关调试记录的交审与验证。

（3）安装专用工具和剩余随机备件、材料的交接。

（4）工程尾项清理及完成时间的确认。

（5）随机技术资料的交接。

◆ 中间交接后的保管

中间交接后的单项或装置应由业主或承担试车的合同主体负责保管、使用、维护，但不应解除施工方的施工责任，遗留的施工问题仍由施工方解决，并应按期限完成。

1H420133　联动试运行的条件与要求

核 心 考 点 及 可 考 性 提 示

考　　点		2021 年可考性提示
联动试运行的 条件与要求	联动试运行的主要范围及目的【见上一条的核心考点一】	★★
	联动试运行前必须具备的条件	★
	联动试运行应符合的规定和标准	★★

★不大，★★一般，★★★极大

核 心 考 点 剖 析

核心考点一、"三查四定"

中间交接要求"三查四定"的问题整改消缺完毕，遗留的尾项已处理完。

三查：查设计漏项、未完工程、工程质量隐患。

四定：对查出的问题定任务、定人员、定时间、定措施。

核心考点二、联动试运行应达到的标准

1. 试运行系统应按设计要求全面投运，首尾衔接稳定，连续运行并达到规定时间。

2. 参加试运行的人员应掌握开车、停车、事故处理和调整工艺条件的技术。

3. 在联动试运行后，参加试运行的有关单位、部门对联动试运行结果进行分析并评定合格后，填写联动试运行合格证书。

1H420134 负荷试运行的条件与要求

核心考点及可考性提示

考　点		2021年可考性提示
负荷试运行的条件与要求	负荷试运行前必须具备的条件【2016年、2020年案例】	★
	负荷试运行要求【2011年案例】【2016年案例】	★
	工程竣工验收	★
	工程移交	★

★不大，★★一般，★★★极大

核心考点剖析

1H420140 机电工程竣工验收管理

核心考点提纲

机电工程竣工验收管理 { 竣工验收的分类和依据 / 竣工验收的组织与程序 / 竣工验收的要求与实施

1H420141 竣工验收的分类和依据

核心考点及可考性提示

考　点		2021年可考性提示
竣工验收的分类和依据	竣工验收工程范围	★
	竣工验收的分类	★★
	竣工验收的依据【2015年案例】	★★

★不大，★★一般，★★★极大

核心考点一、竣工验收的分类

竣工验收分类方式	分　类	说　　　明
按照工程规模、性质和被验收的对象划分	施工项目竣工验收	是动用验收。是指建设单位在建设项目批准的设计文件规定的内容全部建成后，向使用单位（国有资金建设的项目向国家）交工的过程 指承包人按施工合同完成全部任务，经检验合格，由发包人组织验收的过程。 施工项目竣工验收是建设项目竣工验收的第一阶段，可称为初步验收或交工验收；施工项目竣工验收可按施工单位自检的竣工预验和正式验收的阶段进行
按建设项目达到竣工验收条件的验收方式划分	项目中间验收 单项工程竣工验收 全部工程竣工验收	规模较小、施工内容简单的工程，也可一次进行全部项目的竣工验收。全部工程的竣工验收又分为验收准备、预验收和正式验收三个阶段

【注解】

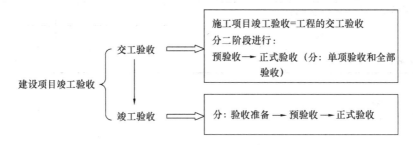

核心考点二、竣工验收的依据

竣工验收依据文件的组成：一类是指导建设管理行为的依据，即法律、法规、标准、规范以及具有指南作用的参考资料；另一类是工程建设中形成的依据，其足以证实工程实体形成过程和工程实体性能特征的工程资料。

1H420142　竣工验收的组织与程序

	考　　　点		2021年可考性提示
竣工验收的组织与程序	竣工验收的组织	建设项目竣工验收组织	★
		施工项目竣工验收的组织	★
	竣工验收的程序	建设项目竣工验收程序	★
		施工项目竣工验收程序【2020年单选】	★
	竣工验收遗留问题的处理		★
	竣工资料的移交		★

★不大，★★一般，★★★极大

1H420143　竣工验收的要求与实施

核心考点及可考性提示

考　点		2021 年可考性提示
竣工验收的 要求与实施	竣工验收的条件	★
	竣工验收前需完成的验收项目	★★
	竣工验收的管理	★
	竣工验收的实施	★
	建设工程竣工验收备案管理	★★

★不大，★★一般，★★★极大

核心考点剖析

核心考点一、竣工验收前需完成的验收项目

竣工验收前需完成的验收项目	
1. 交工验收	交工验收的条件： （1）建设单位已按工程合同完成工程结算的审核，并签署结算文件； （2）设计单位已完成竣工图； （3）施工单位按国家标准或行业标准的规定向建设单位移交工程建设交工技术文件； （4）施工单位出具工程质量保修书； （5）工程监理单位按要求向建设单位移交监理文件
2. 专项验收	
3. 生产考核	
4. 竣工决算与项目审计	
5. 档案验收	

核心考点二、专项验收一般规定

（1）建设工程项目的消防设施、安全设施及环境保护设施应与主体工程同时设计、同时施工、同时投入生产和使用。

（2）建设单位应向政府有关行政主管部门申请建设工程项目的专项验收。

（3）消防验收应在建设工程项目投入试生产前完成。

（4）安全设施验收及环境保护验收应在建设工程项目试生产阶段完成。

核心考点三、建设工程竣工验收备案管理（阅读了解）

建设单位应当在工程竣工验收合格之日起 15 天内，向工程所在地的县级以上地方人民政府建设主管部门（备案机关）备案。

建设单位办理竣工备案应当提交以下文件：

（1）工程竣工验收备案表。

（2）工程竣工验收报告，应当包括工程报建日期，施工许可证号，施工图设计文件审查意见，勘察、设计、施工、工程监理等单位分别签署的质量合格文件及验收人员签署的竣工验收原始文件。

（3）法律、行政法规应当由规划、环保等部门出具的认可文件或者准许使用文件。

（4）法律规定应当由公安消防部门出具的对大型的人员密集场所和其他特殊建设工程验收合格的证明文件。

（5）施工单位签署的工程质量保修书。

（6）法律法规规定的必须提供的其他文件。

1H420150 机电工程保修与回访管理

核心考点提纲

$$机电工程保修与回访管理 \begin{cases} 工程保修的职责与程序 \\ 工程回访计划与实施 \end{cases}$$

1H420151 工程保修的职责与程序

核心考点及可考性提示

考　点		2021年可考性提示
工程保修的职责与程序	工程保修的职责	★★
	工程保修的责任范围【2013年案例】	★★
	工程保修期限【2013、2017、2019年单选、2018年案例】	★★
	工程保修证书	★
	工程保修程序	★

★不大，★★一般，★★★极大

核心考点剖析

核心考点一、工程保修的职责（阅读理解）

工程保修是建设工程项目在办理竣工验收手续后，在规定的保修期限内，由勘察、设计、施工、材料等原因所造成的质量缺陷，应当由施工承包单位负责维修、返工或更换，由责任单位负责赔偿损失。

核心考点二、工程保修的责任范围

按照《建设工程质量管理条例》的规定，建设工程在保修范围和保修期限内发生质量问题时，施工单位应当履行保修义务，并对造成的损失承担赔偿责任。发生保修事件，施工单位应及时进行处置。

（1）质量问题确实是由于施工单位的施工责任或施工质量不良造成的，施工单位负责修理并承担修理费用。

（2）质量问题是由双方的责任造成的，应协商解决，商定各自的经济责任，由施工单位负责修理。

（3）质量问题是由于建设单位提供的设备、材料等质量不良造成的，应由建设单位承担修理费用，施工单位协助修理。

（4）质量问题发生是因建设单位（用户）责任，修理费用或者重建费用由建设单位（用户）负担。

（5）涉外工程的修理按合同规定执行，经济责任按以上原则处理。

核心考点三、工程保修期限

保修期限通常是在合同中约定的，但是，如果施工合同约定的保修期限低于国家最低要求的，施工单位应该按建设工程在正常使用条件下的最低保修期限履行保修义务。

根据《建设工程质量管理条例》的规定，建设工程在正常使用条件下的最低保修期限为：

（1）建设工程的保修期自竣工验收合格之日起计算。

（2）电气管线、给水排水管道、设备安装工程保修期为 2 年。

（3）供热和供冷系统为 2 个供暖期、供冷期。

（4）其他项目的保修期由发包方与承包方约定。

【提示】工程的供热和供冷系统的保修期是 2 个周期，周期的概念是从开始投运到停止投运为一个周期。

核心考点四、建筑工程五方责任主体项目负责人质量终身责任（阅读）

参与新建、扩建、改建的建筑工程的建设单位项目负责人、勘察单位项目负责人、设计单位项目负责人、施工单位项目经理、监理单位总监理工程师等，按照国家法律法规和有关规定，在工程设计使用年限内对工程质量承担相应责任，称为建筑工程五方责任主体项目负责人质量终身责任。

1H420152 工程回访计划与实施

核 心 考 点 及 可 考 性 提 示

	考 点	2021 年可考性提示
工程回访计划与实施	工程回访计划的编制	★
	工程回访计划的内容	★★

★不大，★★一般，★★★极大

核心考点剖析

核心考点、工程回访计划的内容

1. 工程回访工作计划内容

主管回访保修业务的部门；回访保修的执行单位；回访的对象（发包人或使用人）；回访工程名称；回访时间安排和主要内容；回访工程的保修期限。

2. 工程回访方式的"季节性回访"和"技术性回访"内容

◆ 季节性回访

◇ 冬季回访：如冬季回访锅炉房及供暖系统运行情况。

◇ 夏季回访：如夏季回访通风空调制冷系统运行情况。

◆ 技术性回访内容

主要了解在工程施工过程中所采用的新材料、新技术、新工艺、新设备等的技术性能和使用后的效果，发现问题及时加以补救和解决。

1H430000　机电工程项目施工相关法规与标准

1H431000　机电工程项目施工相关法规

2017—2020 年度真题考点分值表

命题点	题型	2020 年	2019 年	2018 年	2017 年
1H431010 计量的法律规定	单选	1	1		
	多选				
	案例			2	
1H431020 建设用电及施工的法律规定	单选	1	1	1	1
	多选				
	案例				
1H431030 特种设备的法律规定	单选	1	1	1	1
	多选				
	案例	4			3

1H431010　计量的法律规定

核心考点提纲

$$
\text{计量的法律规定}
\begin{cases}
\text{计量器具的使用管理规定} \\
\text{计量检定的相关规定}
\end{cases}
$$

1H431011　计量器具的使用管理规定

核心考点及可考性提示

考　　点		2021 年可考性提示
计量器具的 使用管理规定	计量器具、计量基准器具和计量标准器具	★★
	计量器具的使用管理要求【2018 年案例、2019 年单选】	★

★不大，★★一般，★★★极大

核心考点、计量器具

1. 计量基准器具

国家计量基准器具，用以复现和保存计量单位量值，经国务院计量行政部门批准作为统一全国量值最高依据的计量器具。【2014 年单选】

◆ 计量基准的量值

计量基准的量值应当与国际上的量值保持一致。

国务院计量行政部门有权废除技术水平落后或者工作状况不适应需要的计量基准。

2. 计量标准器具

准确度低于计量基准的、用于检定其他计量标准或工作计量器具的计量器具。

3. 工作计量器具

企业、事业单位进行计量工作时应用的计量器具。

【考法题型及预测题】

用以复现和保存计量单位量值的计量器具属于（　　　）。

A. 工作计量器具　　　　　　　　B. 计量标准器具

C. 计量基准器具　　　　　　　　D. 标准计量器具

【答案】C

1H431012　计量检定的相关规定

考　　　点			2021 年可考性提示
计量检定的相关规定	计量检定	计量检定的分类	按检定的目的和性质分类【2014 年、2015 年单选】 ★★★
			按检定的必要程序和依法管理形式分类【2018 年案例应用】 ★★
		计量检定要求	★★
		依法实施计量检定	依法检定【2013 年单选】 ★
			日常管理【2010 年单选、2011 年多选、2020 年单选】 ★★★
	计量监督		★

★不大，★★一般，★★★极大

核心考点一、首次检定、后续检定、使用中检定、周期检定、仲裁检定（阅读熟悉）

（1）首次检定：对未曾检定过的新计量器具进行的第一次检定。多数计量器具首次检定后还应进行后续检定，也有某些强制检定的工作计量器具如竹木直尺，只作首次强制检定，失准报废。

（2）后续检定：计量器具首次检定后的检定，包括强制性周期检定、修理后检定、有效期内的检定。

（3）使用中检定：控制计量器具使用状态的检定。

（4）周期检定：按规定的时间间隔和程序进行的后续检定。

（5）仲裁检定：以裁决为目的的计量检定、测试活动。

核心考点二、强制检定范围与计量检定要求

◇ 强制检定范围——

社会公用计量标准器具；部门和企业、事业单位使用的最高计量标准器具；用于贸易结算、安全防护、医疗卫生、环境监测等方面的 列入 计量器具强制检定目录的工作计量器具。

如：

用于贸易结算	水表 $DN15\sim DN50$
	燃气表 G1.6～G16
	热能表 $DN15\sim DN50$
	电能表
	电力测量用互感器
用于安全防护	指示类压力表、显示类压力表
	压力变送器、压力传感器
用于环境监测	声级计

【说明】不是所有的用于贸易结算、安全防护、医疗卫生、环境监测等方面的计量器具都是强制检定范畴的。

◇ 计量检定工作不受行政区划和部门管辖的限制。

施工单位的计量检定工作遵循"经济合理、就地就近"的原则。

核心考点三、计量器具的管理★★★

按检定性质，项目部的计量器具分为 A、B、C 三类，计量员在计量器具的台账上以加盖 A、B、C 印章形式标明类别。

◆A 类计量器具的范围：

◇ 公司最高计量标准和计量标准器具；

◇ 用于贸易结算、安全防护、医疗卫生和环境监测方面 并列入 强制检定工作计量器具范围的计量器具；

◇ 生产工艺过程中和质量检测中关键参数用的计量器具；

◇ 进出厂物料核算用的计量器具；

◇ 精密测试中准确度高或使用频繁 而量值可靠性差 的计量器具。

例如，本单位最高计量标准器具：一级平晶、水平仪检具、千分表检具等；列入国家强制检定目录的工作计量器具的兆欧表、接地电阻测量仪等。

【说明】不是所有的 A 类计量器具都属于强制检定范畴，也有属于非强制检定范畴的。

◆ B 类计量器具的范围：

◇ 安全防护、医疗卫生和环境监测方面，但未列入强制检定工作计量器具范围的计量器具；

◇ 生产工艺过程中 非关键 参数用的计量器具；

◇ 产品质量的一般参数检测用计量器具；

◇ 二、三级能源计量用计量器具；

◇ 企业内部物料管理用计量器具。

例如，卡尺可测量轴及孔的直径，塞尺可测量不同深度缝隙的大小，百分表在设备安装找正时可用来测量设备的端面圆跳动和径向圆跳动，还有焊接检验尺、5m 以上卷尺、温度计、压力表、万用表等。

◆ C 类计量器具的范围：

◇ 低值易耗的、非强制检定的计量器具；

◇ 一般工具用计量器具；

◇ 在使用过程中对计量数据无精确要求的计量器具；

◇ 国家计量行政部门允许一次性检定的计量器具。

例如：钢直尺、木尺、样板等。

【考法题型及预测题】

1.（   ）是用于统一量值的，用以复现和保存计量单位量值的。

A. 计量器具　　　　　　　　　　B. 计量基准器具

C. 计量标准器具　　　　　　　　D. 工作计量器具

2.（   ）属于施工单位 A 类工作计量器具。

A. 千分表检具　　　　　　　　　B. 百分表

C. 焊接检验尺　　　　　　　　　D. 接地电阻测量仪

3. 以下计量器具不属于 A 类计量器具的是（   ）。

A. 生产工艺过程中关键参数用的计量器具

B. 进出厂物料核算用计量器具

C. 使用频繁而量值可靠性差的计量器具

D. 产品质量的一般参数检测用计量器具

【答案】

1. B

【解析】国家计量基准器具，用以复现和保存计量单位量值；计量标准器具，用于检定其他计量标准或工作计量器具的计量器具。

2. D

【解析】选项 A，计量标准器具；选项 B、C，为 B 类计量器具。

3. D

1H431020 建设用电及施工的法律规定

建设用电及施工的法律规定 $\begin{cases} 工程建设用电规定 \\ 电力设施保护区内施工作业的规定 \end{cases}$

1H431021 工程建设用电规定

核 心 考 点 及 可 考 性 提 示

考 点			2021 年可考性提示
工程建设 用电规定	工程建设用电 的一般规定	用电申请基本规定【2016年案例，2017、2018年单选】	★★★
		供电协议内容的规定	★
	工程建设临时用电 的相关规定	临时用电的准用程序	★
		临时用电的施工组织设计编制【2016年单选、2019年 单选】	★
		临时用电工程的检查验收	★★
	工程建设用电 计量的规定	用电计量装置	★
		计量装置的安装	★★
		临时用电计量装置安装与计量要求	★★
	施工用电 的安全规定	施工单位安全用电行为规定	★
		施工单位安全用电事故报告规定【2014年单选】	★★
		中止施工用电的规定	★

★不大，★★一般，★★★极大

核 心 考 点 剖 析

核心考点一、工程建设用电办理手续

◇ 申请新装用电、临时用电、增加用电容量、变更用电（如：临时更换大容量变压器、工程临时全面停工暂时不用电等）和终止用电，应当依照规定的程序办理手续。【2016年案例，2017年、2018年单选】

◇ 新建受电工程项目在 立项 阶段，用户应与供电企业联系，就工程供电的可能性、用电容量和供电条件等达成意向性协议，方可定址，确定项目。

◇ 用户申请用电时，应向供电企业提供用电工程项目批准的文件及有关的用电资料，其包括：用电地点、电力用途、用电性质、用电设备清单、用电负荷、保安电力、用电规划等，并依照供电企业规定的格式如实填写用电申请书及办理所需手续。

◇ 总承包合同约定，工程项目的用电申请由承建单位负责或者仅是施工临时用电由承建单位负责申请，则施工总承包单位需携带建设项目用电设计规划或施工用电设计规划，到工程所在地管辖的供电部门，依法按程序、制度和收费标准办理用电申请手续。

◇ 用户办理申请用电手续时要签订协议或合同，规定供电和用电双方的权利和义务，用户有保护供电设施不受危害，确保用电安全的义务，同时还应明确双方 维护检修 的界限。

◇ 承包单位如果仅申请施工临时用电，那么，施工临时用电结束或施工用电转入建设项目电力设施供电，则总承包单位应及时向供电部门办理终止用电手续。

◇ 工程项目地处偏僻，虽用电申请已受理，但自电网引入的线路施工和通电尚需一段时间，而工程又急需开工，则总承包单位通常是用自备电源（如柴油发电机组）先行解决用电问题。此时， 总承包单位要告知供电部门并征得同意。同时要妥善采取安全技术措施，防止自备电源误入市政电网。 【2016 年案例】

【考法题型及预测题】

1. 简述总承包单位使用自备电源供电时应注意的事项。

2.（2009 年真题）为防止工程项目施工使用的自备电源误入市政电网，施工单位在使用前要告知（　　）并征得同意。

A. 供电部门   B. 电力行政管理部门

C. 建设单位   D. 安全监督部门

【答案】

1. 答：使用前告知供电部门并获得同意；同时应采取安全技术措施，防止自备电源误入市政电网。

2. A

核心考点二、临时用电的施工组织设计编制（阅读了解）

◆ 一般情况下， 临时用电设备少于 5 台且总容量小于 50kW ，可以不编制临时用电施工组织设计，但是需要编制①安全用电技术措施②电气防火措施。【2016 年单选】

◇ 供用电施工方案或施工组织设计应经审核、批准后再实施。

在进行临时用电工程时，要注意，用电设备的采购应该在临时用电施工组织设计（或施工方案）获得批准后再进行，以免设备不符合临时用电工程的需求。

◆临时用电施工组织设计主要内容应包括：工程概况、编制依据、用电施工管理组织机构、配电装置安装、防雷接地安装、线路敷设等施工内容的技术要求、安全用电及防火措施。

核心考点三、临时用电工程的检查验收

◆ 临时用电工程必须由持证电工施工。

◆ 临时用电工程安装完毕后，由安全部门组织检查验收。临时用电工程应定期检查。施工现场每月一次，基层公司每季度一次。基层公司检查时，应复测接地电阻值，对不安全因素，必须及时处理，并应履行复查验收手续。

◆ 临时用电安全技术档案应由主管现场的电气技术人员建立与管理，其中的"电工维修记录"可指定电工代管，并于临时用电工程拆除后统一归档。

【考法题型及预测题】

（2010 年真题）施工现场临时用电工程的定期检查应复测（   ）。

A. 对地绝缘值　　　　　　　　　　　B. 接地电流值

C. 对地放电值　　　　　　　　　　　D. 接地电阻值

【答案】D

核心考点四、计量装置的安装

◆ 供电企业在新装、换装及现场校验后应对用电计量装置加封，并请用户在工作凭证上签章。

◆ 高压用户的成套设备中装有自备电能表及附件时，经供电企业检验合格、加封并移交供电企业维护管理的，可作为计费电能表。

◆ 对 10kV 及以下电压供电的用户，应配置专用的电能计量柜（箱）。

对 30kV 及以上电压供电的用户，应有专用的电流互感器二次线圈和专用的电压互感器二次连接线，并不得与保护、测量回路共用。

电压互感器专用回路的电压降不得超过允许值。超过允许值时，应予以改造或采取必要的技术措施予以更正。

◆ 用电计量装置原则上应装在供电设施的产权分界处。

如产权分界处不适宜装表的，对专线供电的高压用户，可在供电变压器出口装表计量；对公用线路供电的高压用户，可在用户受电装置的低压侧计量。

当用电计量装置不安装在产权分界处时，线路与变压器损耗的有功与无功电量均须由产权所有者负担。在计算用户基本电费（按最大需量计收时）、电度电费及功率因数调整电费时，应将上述损耗电量计算在内。

◆ 临时用电的用户，只要有条件就应安装用电计量装置。

核心考点五、临时用电的计量

◆ 临时用电的用户，对不具备安装条件的，可按其用电容量、使用时间、规定的电价计收电费。

◆ 临时用电用户未装用电计量装置的，供电企业应根据其用电容量，按双方约定的每日使用时数和使用期限预收全部电费。用电终止时，如实际使用时间不足约定期限二分之一的，可退还预收电费的二分之一；超过约定期限二分之一的，预收电费不退；到约定期限时，则终止供电。

核心考点六、施工单位安全用电事故报告的规定

人身触电死亡；导致电力系统停电；专线掉闸或全厂停电；电气火灾；重要或大型电气设备损坏；停电期间向电力系统倒送电。

【注意】（1）人身触电重伤，不是向电力管理部门报告；【2014 年单选】

（2）部分停电，不是全厂停电的，无须报告。

1H431022 电力设施保护区内施工作业的规定

考 点			2021年可考性提示
电力设施保护区内施工作业的规定		电力设施	★
	电力设施的保护范围	发电厂、变电站（所）设施的保护范围	★
		电力设施的保护范围	★
	电力设施保护区【2012年、2013年单选】	架空电力线路保护区【2020年单选】	★★
		电力电缆保护区	★★
	电力设施保护区应遵守的规定	架空电力线路的保护区应遵守的规定【2015年单选】	★★
		电力电缆线路保护区内应遵守的规定	★
		电力设施保护区内安全施工前规定	★

★不大，★★一般，★★★极大

核心考点剖析

核心考点一、电力设施范畴定义

电力设施是指一切发电、变电、送电和供电有关设施的总称。

核心考点二、电力设施保护区

电力设施的保护区主要是指电力线路的保护区【2013年单选】。

电力线路保护区又分为架空电力线路保护区和电力电缆线路保护区两种。

在电力设施保护区内施工，施工方案编制完成后，<u>施工方案需经电力管理部门的批准</u>。

◆ 施工现场架空线路与道路等设施的最小距离

设 施	距 离	架空线电压等级	
		≤1kV	≤10kV
与施工现场道路	距道路边沿最小水平距离	0.5m	1.0m
	距路面最小垂直距离	6.0m	7.0m
与在建工程（含脚手架）	最小水平距离	7.0m	8.0m
与临时建（构）筑物	最小水平距离	1.0m	2.0m

◆ 架空电力线路保护区【2012年单选】

根据各地区的不同情况，对不同电压等级下的导线边缘延伸距离做出了以下四种规定（特殊情况下，例如在厂矿、城镇等人口比较密集的地区，架空电力线路保护区域可略小于下述规定）：

架空电力线路保护区	
1～10kV	导线边缘向外侧延伸 5m
35～110kV	导线边缘向外侧延伸 10m
154～330kV	导线边缘向外侧延伸 15m
500kV	导线边缘向外侧延伸 20m

同时要满足：各级电压导线边缘延伸的距离，不应当小于该导线边线在最大计算弧垂及最大计算风偏后的水平距离，以及风偏后导线边线距建筑物的安全距离之和。该规定的目的是防止导线因风力影响与建筑相碰而造成电力线路短路，发生停电事故。

◆ 电力电缆线路保护区

电力电缆线路保护区	
地下电缆	线路两侧各 0.75m
海底电缆	线路两侧各 2 海里（港内为两侧各 100m）
江河电缆	不小于线路两侧各 100m（中、小河流一般不小于各 50m）

【考法题型及预测题】

1.（2013 年真题）《中华人民共和国电力法》中的电力设施保护区主要是指（　　　）。

A. 发电厂保护区　　　　　　　　　B. 电力电缆线路保护区

C. 变电站保护区　　　　　　　　　D. 换流站保护区

2.（2012 年真题）35kV 架空电力线缆保护区范围是导线边缘向外侧延伸的距离为（　　　）。

A. 3m　　　　　　　　　　　　　　B. 5m

C. 10m　　　　　　　　　　　　　　D. 15m

3. 某施工项目部要在 220kV 的超高压电力线路区域进行施工作业，经测算该线路的最大风偏的水平距离为 0.5m，风偏后距施工建筑物的安全距离为 15m，则导线边缘延伸的距离应为（　　　）。

A. 15m　　　　　　　　　　　　　　B. 15.5m

C. 20m　　　　　　　　　　　　　　D. 20.5m

【答案】

1. B；2. C

3. B

【解析】各级电压导线边缘延伸的距离，不应当小于该导线边线在最大计算弧垂及最大计算风偏后的水平距离，以及风偏后导线边线距建筑物的安全距离之和。

核心考点三、架空电力线路的保护区应遵守的规定

◆ 关于取土范围的规定【2015 年单选】

各电压等级的杆塔周围禁止取土的范围		其他规定
35kV	4m	（1）要预留通道；
110～220kV	5m	（2）挖土坡度不得大于 45°
330～500kV	8m	

◆ 关于打桩的规定

打桩或钻探机具的高度，以及打桩或钻探机具一旦倾倒是否会危及架空电力线路、杆塔及其拉线的距离，一般不得小于打桩或钻探机具高度的 1.5 倍。

1H431030　特种设备的法律规定

核心考点提纲

特种设备的法律规定 ｛特种设备的范围与分类
特种设备制造、安装、改造的许可制度
特种设备的监督检验

1H431031　特种设备的范围与分类

核心考点及可考性提示

考　点			2021 年可考性提示
特种设备的范围与分类	特种设备的范围		★
	特种设备的目录管理	法律责任	★
		特种设备目录【2019 年单选】	★★

★不大，★★一般，★★★极大

核心考点剖析

核心考点一、机电工程压力管道分类及品种

分　类	品　种
长输管道 GA	输油管道、输气管道
公用管道 GB	燃气管道、热力管道
工业管道 GC	工艺管道、动力管道、制冷管道

◇ 长输管道系统范围

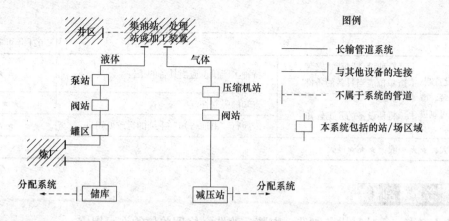

【题型练习】

长输气体管道从产地到使用单位主要有哪些系统？

【答案】

有长输（气体）管道系统、压缩机站、阀站、减压站。

【注意】分配系统不属于长输管道系统。

核心考点二、起重机械

起重机械，是指用于垂直升降或者垂直升降并水平移动重物的机电设备。额定起重量大于或者等于0.5t的升降机；额定起重量大于或者等于3t（或额定起重力矩大于或者等于40t·m的塔式起重机，或生产率大于或者等于300t/h的装卸桥），且提升高度大于或者等于2m的起重机；层数大于或者等于2层的机械式停车设备。

【题型练习】

以下（　　）机械不属于特种设备范畴的起重机械。

A. 电动葫芦桥式起重机

B. 双层机械式停车设备

C. 额定起重量为0.2t的升降机

D. 铁路起重机

【答案】C

【解析】≥0.5t的才算；注意选项B，如果是单层的也不算。

1H431032　特种设备制造、安装、改造的许可制度

核心考点及可考性提示

考　点			2021年可考性提示
特种设备制造、安装、改造的许可制度	特种设备生产的许可制度	特种设备生产许可制度强制性	★
		特种设备制造、安装、改造、修理单位的许可规定【2014年单选，2015年案例，2020年单选、案例】	★★

考　　点			2021年可考性提示
特种设备制造、安装、改造的许可制度	特种设备制造、安装、改造单位应当具备的条件	特种生产单位应当具备的条件	★★
	特种设备的开工告知	告知的强制性规定	★★★
		未履行"书面告知"手续的行政处罚	★★

★不大，★★一般，★★★极大

核 心 考 点 剖 析

核心考点一、特种设备制造、安装、改造、修理单位的许可规定

《特种设备安全法》规定："特种设备生产单位应当经负责特种设备安全监督管理的部门许可，方可从事生产活动。"【2020年案例】

（一）锅炉制造、安装许可

◇ 锅炉安装许可划分

安装许可级别	锅炉安装许可范围
1级许可	不限
2级许可	额定出口压力≤2.5MPa的锅炉
3级许可	额定出口压力≤1.6MPa的整（组）装锅炉以及现场安装、组装铸铁锅炉
注	各安装许可级别只能从事许可证范围内的锅炉安装工作
	已获得锅炉制造许可的锅炉制造企业可以安装本企业制造的整（组）装出厂的锅炉，无须另取许可证

（二）压力容器制造、安装许可

1. 压力容器制造许可【2020年单选】

压力容器划分为A、B、C、D这4个制造许可级别，其中A、D级别许可范围见下表。

级　　别		压力容器制造许可范围	证书颁发
A	A1	超高压容器、高压容器	国家质检总局颁发
	A2	第三类低、中压容器	
	A3	球形储罐现场组焊或球壳板制造	
	A4	非金属压力容器	
	A5	医用氧舱	
D	D1	第一类压力容器	由制造企业所在地的省级质量技术监督部门颁发
	D2	第二类低、中压容器【2014年单选】	
注		持证企业制造用于境内的压力容器，不得超出《制造许可证》所批准的产品范围	
		A1级或A2级压力容器制造许可证的企业可制造D级压力容器	

2. 压力容器安装许可【2018年单选】

压力容器的安装指压力容器整体就位和整体移位安装,现场组焊不属于安装范畴。

级　别	许可范围	证书颁发
1级许可资格	不限	国家质检总局颁发
GC1级压力管道安装许可		
2级(含2级)以上锅炉安装资格		单位所在地的省、自治区、直辖市的质量技术监督部门(即特种设备安全监督管理部门,下同)
除1级许可资格	按许可范围	单位所在地的省级质量技术监督部门审批
注	取得压力容器制造(含现场组焊)许可资格的单位,可以从事相应制造许可范围内的压力容器安装工作	

3. 压力容器现场组焊

现场组焊的压力容器,即需在现场完成最后环焊缝焊接工作的压力容器和整体需在现场组焊的压力容器,不属于压力容器安装许可范围。压力容器的现场组焊,应由取得相应制造级别许可的单位承担。例如,仅现场进行环焊的压力容器安装以及球形储罐的现场组焊,应由取得 A3 级制造级别的单位承担(A3 级注明仅限球壳板压制和仅限封头制造者除外)。【2015年案例】

(三)压力管道制造安装许可

◇ 制造许可

申请压力管道元件许可级别"A(A1、A2、A3)、AX级"由国家质检总局审批,B(B1、B2)级由国家质检总局委托制造单位所在地省级质量技术监督部门审批。制造单位申请项目同时含有 A 级项目和 B 级项目时,由国家质检总局统一审批。

◇ 安装许可

许可项目中,GA1 甲级可以覆盖 GA1 乙级、GA2 级,GA1 乙级可以覆盖 GA2 级,GC1 级可以覆盖 GC2、GC3 级,GC2 级可以覆盖 GC3 级。

◇ 维修改造许可

管道维抢修单位应取得相应级别的《特种设备安装改造维修许可证》,以及管道运营方认可的其他许可证。

管道的重大维修应当由有资格的安装单位进行施工。使用单位和安装单位在施工前应当制订重大维修方案,并应当经过使用单位技术负责人批准。对于 GC1 级管道采用焊接方法更换管段与阀门时,安装单位应当在施工前,将拟进行的维修情况书面告知管道使用登记机关,并且向监督检验机构申请监督检验后,方可进行重大维修施工。

【考法题型及预测题】

1.(2014年真题)分段到货的第二类中压容器的现场组焊,需具备的资格证书有( )。

A.《特种设备安装改造维修许可证》1级

B. D1 级压力容器制造许可

C. D2 级压力容器制造许可

D. GC1 级压力管道制造许可

2. 压力容器现场组焊可以由获得（　　）资质的单位进行。

A. 1 级安装许可

B. GC1 级压力管道安装许可

C. 该压力容器制造单位

D. A1 级制造许可

E. 2 级锅炉安装许可

3. 取得 GC1 级压力管道安装许可资格的单位可以安装（　　）。

A. 工艺管道

B. 压力容器

C. 动力管道

D. 长输油气管道

E. 制冷管道

【答案】

1. C

【解析】首先，现场组焊属于制造许可；其次第二类中压容器属于 D2 级别的许可范围。

2. C、D

【解析】现场组焊不属于安装范畴，所以 A、B、E 选项安装许可单位不得进行。

3. A、B、C、E

核心考点二、特种设备生产单位应当具备的条件

【注解】此处的"生产单位"含义包括：制造、安装、维修、改造等活动。

特种设备生产单位应当具备的条件：

（1）有与生产相适应的专业技术人员；

（2）有与生产相适应的设备、设施和工作场所；

（3）有健全的质量保证、安全管理和岗位责任等制度。

核心考点三、特种设备开工告知

《特种设备安全法》规定，特种设备安装、改造、修理的施工单位应当在施工前将拟进行的特种设备安装、改造、修理情况书面告知直辖市或者设区的市级人民政府负责特种设备安全监督管理的部门。

◇ 特种设备安装改造维修告知

（1）告知性质：告知不属于行政许可。

（2）告知方式主要包括：送达、邮寄、传真、电子邮件或网上告知。

施工单位应填写《特种设备安装改造维修告知单》。

◇ 未履行"书面告知"手续的行政处罚

违反《特种设备安全法》规定，特种设备安装、改造、修理的施工单位在施工前未书面告知负责特种设备安全监督管理的部门即行施工的，责令限期改正；逾期未改正的，处 1 万元以上 10 万元以下罚款。

1H431033　特种设备的监督检验

核心考点及可考性提示

考　点			2021 年可考性提示
特种设备的监督检验	法规要求	《特种设备安全法》的要求	★
		《特种设备安全监察条例》的要求	★
		检验检测机构资质认定评审准则的规定	★
	监督检验规则	《锅炉监督检验规则》的规定	★
		《固定式压力容器安全技术监察规程》的规定	★
		压力管道监督检验规则	★
		起重机械的监督检验	★★
		电梯的监督检验	★
	特种设备的检验检测机构和人员	特种设备检验检测机构和人员的要求	★
		特种设备检验检测机构和人员的工作要求	★

★不大，★★一般，★★★极大

核心考点剖析

核心考点、起重机械的定期检验与首检

◇ 首检起重机械类型

（1）桥式起重机；

（2）流动式起重机；

（3）缆索式起重机；

（4）桅杆式起重机；

（5）门式起重机。

◇ 定期检验周期

（1）塔式起重机、升降机、流动式起重机每年 1 次。

（2）轻小型起重设备、桥式起重机、门式起重机、门座起重机、缆索起重机、桅杆起重机、铁路起重机、旋臂式起重机、机械式停车设备每两年 1 次。

（3）吊运熔融金属和炽热金属的起重机每年 1 次。

1H432000　机电工程项目施工相关标准

2017—2020 年度真题考点分值表

命题点	题型	2020 年	2019 年	2018 年	2017 年
1H432010 工业安装工程施工 质量验收统一要求	单选		1	1	1
	多选				
	案例	1		实操 4	
1H432020 建筑安装工程施工 质量验收统一要求	单选	1	1		1
	多选			2	
	案例	2	5	6	

【工业、建安工程划分示意框图】

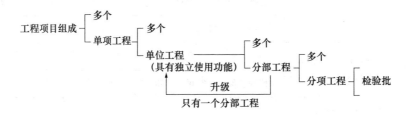

1H432010　工业安装工程施工质量验收统一要求

核 心 考 点 提 纲

工业安装工程施工质量验收统一要求 $\begin{cases} 工业安装工程施工质量验收项目的划分 \\ 工业安装工程分部分项工程质量验收要求 \\ 工业安装工程单位工程质量验收要求 \end{cases}$

1H432011　工业安装工程施工质量验收项目的划分

核 心 考 点 及 可 考 性 提 示

考　点			2021 年可考性提示
工业安装工程 施工质量验收 项目的划分	工业安装工程的划分	土建工程【2021 新增内容】	★★
		钢结构工程【2021 新增内容】	★
		设备工程	★
		管道工程	★
		电气工程	★

考　点			2021年可考性提示
工业安装工程施工质量验收项目的划分	工业安装工程的划分	自动化仪表工程	★
		防腐蚀工程	★
		绝热工程	★
		炉窑砌筑工程	★
	安装工程质量验收划分【2017年单选】	质量验收划分	★★
		分项工程的划分【2014年多选】	★
		分部（子分部）工程的划分【2018年案例应用】	★
		单位工程的划分【2015年案例】	★
		工业安装工程分项、分部、单位工程划分与各专业验收规范之间的关系	★

★不大，★★一般，★★★极大

核心考点剖析

核心考点一、土建工程（阅读理解）

◆ 子单位工程

工业建设工程（单位工程）中的建（构）筑物可划分为该单位工程的子单位工程。

具有独立使用功能的工业建筑如办公楼、综合楼等为单位工程

子单位工程中又包含了分部工程、子分部工程。

◆ 分部工程、子分部工程

分部工程的划分应按设备基础类别、建（构）筑物部位或专业确定。如，设备基础工程。

分部工程中又包含了分项工程。

◆ 分项工程

◇ 分项工程可由一个或若干个检验批组成，分项工程可按设备基础、施工工艺、主要工种、材料进行划分。较大型的设备基础可划分为分部或子分部工程。

◇ 设备基础是指单独一台设备的基础，每个分项工程中含有若干个检验批。

◆ 检验批

检验批可根据施工质量控制和专业验收需要，按设备基础、楼层、施工段或变形缝进行划分。

【说明】项目划分，执行的规范标准有《建筑工程施工质量验收统一标准》GB 50300—2013 和《工业安装工程施工质量验收统一标准》GB/T 50252—2018。

按《工业安装工程施工质量验收统一标准》GB/T 50252—2018 划分，土建工程不属于分部工程；

按《建筑工程施工质量验收统一标准》GB 50300—2013划分，土建工程可划分为单位工程或分部工程。

核心考点二、工业工程质量验收划分

◆ 工程质量验收划分

按《工业安装工程施工质量验收统一标准》GB/T 50252—2018工业安装工程施工质量验收应划分为单位工程、分部工程和分项工程。

其中<u>土建工程、钢结构工程、防腐蚀工程、绝热工程和炉窑砌筑工程</u>可根据相应标准划分检验批。【那么，通常的设备安装、管道安装、电气安装、自动化仪表安装不划分检验批】

◆ 划分原则

划分	划 分 原 则
单位工程	按工业厂房、车间（工号）或区域进行划分；较大的单位工程可划分为若干个子单位工程。 该原则便于施工质量管理，易于对某一生产装置的总体质量做出客观的综合评价
分部工程	根据工业安装工程的特点，按专业划分为设备、管道、电气装置、自动化仪表、防腐蚀、绝热、工业炉砌筑七个分部工程
分项工程	按台（套）、机组、类别、材质、用途、介质、系统、工序等进行划分，并应符合各专业分项工程的划分规定

◇ 工业管道工程中，按管道工作介质划分时，氧气管道、煤气管道是易燃、易爆危险介质的管道，这类管道安装视为主要分项工程。

核心考点三、七个分部工程的分项工程划分原则

工业安装的七个分部工程	分项工程划分的原则
设备安装工程	按设备的台（套）机组划分
管道安装工程	按管道介质、级别或材质进行划分
电气安装工程	按电气设备、电气线路进行划分
自动化仪表安装工程	按仪表类别和安装试验工序划分
设备及管道防腐工程	按设备的台（套）或采用的防腐蚀材料或衬里的种类进行划分。金属基层处理可单独构成分项工程
设备及管道绝热工程	<u>设备绝热应以相同工作介质按台（套）进行划分；管道绝热应按相同的工作介质进行划分</u>
工业炉窑砌筑工程 按炉的座（台）进行划分	按工业炉的结构组成或区段进行划分。 ◇ 当工业炉砌筑工程量小于100m³时，可将一座（台）炉作为一个分项工程，也可将两个或两个以上的部位或区段合并为一个分项工程。 ◇ 当工业炉砌筑工程量小于500m³时，工业炉砌筑工程可作为一个分部工程，与其他工业安装工程一并作为一个单位工程

1H432012　工业安装工程分部分项工程质量验收要求

核心考点及可考性提示

	考　点	2021 年可考性提示
工业安装工程 分部分项工程质量验收要求	工业安装工程施工质量验收的基本规定	★
	工业安装工程的施工质量验收组织	★★★
	分项工程质量验收【2016 年单选】	★★
	分部工程质量验收	★

★不大，★★一般，★★★极大

核心考点剖析

核心考点一、工业安装工程的施工质量验收组织

项目划分	施工单位内部评审组织人	工程验评组织人	验收参加单位
检验批	项目专业质检员	建设单位专业工程师、专业监理工程师	施工单位、总包单位项目专业工程师
分项工程	专业技术负责人	建设单位专业技术负责人、监理工程师	施工单位、总包单位专业技术质量负责人
分部工程	项目经理、项目质量技术负责人	建设单位项目技术负责人、总监理工程师	监理、设计、施工等单位质量技术负责人
单位工程	施工单位项目负责人	建设单位项目负责人	监理、设计、施工单位项目负责人及质量技术负责人

核心考点二、分项工程质量验收

◆ 分项工程质量验收是工业安装工程质量验收中最基本、最基础的项目。

◆ 分项工程应在施工单位自检的基础上，由建设单位专业技术负责人（监理工程师）组织施工单位专业技术质量负责人进行验收。【2016 年单选】

1. 分项工程质量验收内容

分项工程质量验收内容	概　念	检验内容
主控项目 （同建安工程）	对安全、卫生、环境保护和公众利益，以及对工程质量起决定性作用的检验项目。对于主控项目规定的要求是必须达到的。如果达不到主控项目规定的质量指标或降低要求，就相当于降低该工程项目的性能指标，导致严重影响工程的安全性能	重要材料、构件及配件、成品及半成品、设备性能及附件的材质、技术性能等；结构的强度、刚度和稳定性等检验数据、工程性能检测。 如：管道的焊接材质、压力试验； 风管系统的测定； 电梯的安全保护及试运行等 【2012、2014 年多选】

分项工程质量验收内容	概　念	检验内容
一般项目 【2019年单选】	指除主控项目以外的检验项目。其规定的要求也是应该达到的，只不过对影响安全和使用功能的少数条文可以适当放宽一些要求。这些项目在验收时，绝大多数抽查的处（件），其质量指标都必须达到要求	
观感质量	采用观察、触摸或简单的方式进行。尽管检查结果并不要求给出"合格"或"不合格"的结论，但其综合给出的质量评价应是"好"或"差"。对于"差"的检查点应通过返修处理等补救	

【说明】2014年多选题考了建筑安装工程的主控项目内容，知识点概念和工业安装工程主控项目内容类似。

2. 分项工程质量验收合格的规定

◆ 分项工程质量验收合格的规定：分项工程所含的检验项目均应符合合格质量的规定；分项工程的质量控制资料应齐全。

◆ 分项工程质量验收分为"合格"或"不合格"两个等级。

3. 分项工程质量验收记录填写

◆ 分项工程质量验收记录应由施工单位质量检验员填写。

◆ 验收结论由建设（监理）单位填写。

◆ 填写的主要内容包括：

◇ 检验项目；

◇ 施工单位检验结果；

◇ 建设（监理）单位验收结论。

◆ 记录表签字人为：

◇ 施工单位专业技术质量负责人；

◇ 建设单位专业技术负责人；

◇ 监理工程师。

【考法题型及预测题】

1.（2012年真题）下列建筑安装工程检验批项目，属于主控项目的检验内容是（　　　）。

A. 管道焊口外露油麻　　　　　　B. 管道压力试验

C. 风管系统的测定　　　　　　　D. 电梯保护装置

E. 卫生洁具的灵活性

2.（2014年真题）建筑安装工程检验批主控项目有（　　　）。

A. 对卫生、环境保护有较大影响的检验项目

B. 确定该检验批主要性能的项目

C. 无法定量采用定性的项目

D. 管道的压力试验

E. 保证安全和使用功能的重要检验项目

【答案】

1. B、C、D；2. A、B、D、E

1H432013　工业安装工程单位工程质量验收要求

核心考点及可考性提示

考　点		2021年可考性提示
工业安装工程单位工程质量验收要求	单位（子单位）工程质量验收的程序	★
	施工质量验收划分的应用	★
	承包单位项目部相关部门在验收过程中的质量责任	★
	总包单位、分包单位及建设单位的相互关系【实操应用，知识点见1H420030机电工程施工合同管理】	★
	单位（子单位）工程质量验收合格的规定	★★
	单位（子单位）工程控制资料检查记录	★★
	验收评定为"不合格"时，工程处理办法	★★

★不大，★★一般，★★★极大

核心考点剖析

核心考点一、工业安装工程施工质量合格的规定

工业安装工程施工质量合格的规定			
单位（子单位）工程	所含的分部工程	质量应全部合格	单位（子单位）质量控制资料齐全
分部（子分部）工程	所含的分项工程	质量应全部合格	分部（子分部）质量控制资料齐全
分项工程	所含的检验项目	均应符合合格质量的规定	分项工程质量控制资料齐全

核心考点二、质量验收记录表的填写签字规定

项目划分	检查记录填写者	验收结论（填写）	记录表签字人
单位（子单位）工程	施工单位	建设（监理）单位	建设单位项目负责人 监理单位总监理工程师 施工单位及项目负责人 设计单位项目负责人
分部（子分部）工程	施工单位	建设（监理）单位	建设单位项目负责人 建设单位项目技术负责人 总监理工程师 施工单位项目负责人 施工单位项目技术负责人 设计单位项目负责人 【2015年多选】
分项工程	施工单位质量检验员	建设（监理）单位	建设单位专业技术负责人 施工单位专业技术质量负责人 监理工程师

【说明】以上考点把单位工程、分部工程、分项工程的内容集结在一个表格中，便于考生复习。

核心考点三、单位（子单位）工程控制资料检查记录

单位（子单位）工程质量控制资料检查记录表中的资料名称和份数应由施工单位填写。检查意见和检查人由建设（监理）单位填写。结论应由参加双方共同商定，建设单位填写。

记录表签字人：施工单位项目负责人；建设单位项目负责人（总监理工程师）。

◆ 填写的主要内容：图纸会审、设计变更、协商记录、材料合格证及检验试验报告、施工记录、施工试验记录、观测记录、检测报告、隐蔽工程验收记录、试运转记录、质量事故处理记录、中间交接记录、竣工图、分部分项工程质量验收记录。检查意见为"合格"或"不合格"。

【注解】本处的"工程控制资料"指的是质量控制资料，所以不包括"安全、进度、成本"等资料。

【考法题型及预测题】

1. 单位工程质量控制验收记录填写的主要内容包括（   ）等。

A. 图纸会审、设计变更和协商记录　　　B. 材料合格证及检验试验报告

C. 隐蔽工程记录、试运转记录　　　　　D. 质量施工处理记录

E. 安全事故隐患处理记录

2. 工业安装工程分部工程质量验收记录的检查评定结论应由（   ）填写。

A. 施工单位　　　　　　　　　　　　　B. 设计单位

C. 建设单位　　　　　　　　　　　　　D. 质监单位

【答案】

1. A、B、C、D；2. A

核心考点四、工业安装工程质量验收评定为"不合格"时，工程处理的办法

一般情况下，不合格的检验项目应通过对工序质量的过程控制，及时发现和返工处理达到合格要求。

◇ 对于难以返工又难以确定的质量部位，由有资质的检测单位检测鉴定，其结论可以作为质量验收的依据。

◇ 经有资质的检测单位检测鉴定达到设计要求，应判定为验收通过。

◇ 经有资质的检测单位检测鉴定达不到设计要求，但经原设计单位核算认可能够满足结构安全和使用功能的检验项目，可判定为验收通过。

◇ 经返修或加固处理的分项、分部工程，虽然改变外形尺寸但仍能满足安全使用要求，可按技术方案和协商文件进行验收。

◇ 通过返修或加固处理仍不能满足安全使用要求的分部工程、单位（子单位）工程，严禁判定为验收通过。

【考法题型及预测题】

质量验收不合格，但返工费用大，经加固处理能满足主要功能安全使用的，但确实影响了次要功能的，可以（   ）。

A. 降级处理　　　　　　　　　　　　　B. 不予验收

C. 判定为验收通过　　　　　　　　D. 按技术处理方案和协商文件进行

【答案】D

1H432020　建筑安装工程施工质量验收统一要求

核 心 考 点 提 纲

$$
\text{建筑安装工程施工质量验收统一要求}
\begin{cases}
\text{建筑安装工程施工质量验收项目的划分} \\
\text{建筑安装工程分部分项工程质量验收要求} \\
\text{建筑安装工程单位工程质量验收要求}
\end{cases}
$$

1H432021　建筑安装工程施工质量验收项目的划分

核 心 考 点 及 可 考 性 提 示

考　　点		2021 年可考性提示
建筑安装工程施工质量验收项目的划分	质量验收的组织和要求　验收组织【见工业部分】	★
	建筑安装工程质量验收要求	★★★
	建筑安装工程质量验收依据	★
	建筑安装工程质量验收的程序	★
	建筑工程质量验收的划分原则【2013 年单选】	★★
	建筑安装工程质量验收的划分	★★

★不大，★★一般，★★★极大

核 心 考 点 剖 析

核心考点一、建筑安装工程质量验收要求★★★

1. 建筑安装工程施工质量应符合《建筑工程施工质量验收统一标准》GB 50300—2013 和相关专业验收规范的规定。

2. 建筑安装工程应符合勘察、设计文件的要求。

3. 参加工程施工质量验收的各方人员应具备规定的资格。

4. 工程质量的验收均应在施工单位自行检查评定合格的基础上进行。

5. 隐蔽工程在隐蔽前，施工单位应通知监理（建设）单位进行验收，并应形成验收文件，验收合格方可继续施工。

6. 对涉及节能、环境保护和主要使用功能的试件、设备及材料，应按规定进行见证取样检测。

7. 检验批的质量应按主控项目和一般项目验收。

8. 对涉及节能、环境保护和使用功能的重要分部工程应在验收前按规定进行抽样检验。

9. 承担见证取样检测的单位应具有相应资质。

10. 工程的观感质量应由验收人员通过现场检查，并应共同确认。

【说明】请特别注意第6、8、10条。

【考法题型及预测题】

1. 建筑安装单位工程质量验收时，对涉及节能、环境保护和使用功能的重要分部工程，应进行（　　　）。

　　A. 检验资料的复查　　　　　　　B. 见证抽样

　　C. 抽样检验　　　　　　　　　　D. 全面检测

2. 建筑安装单位工程质量验收时，对涉及节能、环境保护和主要使用功能的试件、设备及材料，应按规定进行（　　　）。

　　A. 检验资料的复查　　　　　　　B. 见证抽样

　　C. 抽样检验　　　　　　　　　　D. 全面检测

【答案】

1. C；2. B

核心考点二、建筑工程质量验收的划分原则

建筑工程质量验收应划分为单位（子单位）工程、分部（子分部）工程、分项工程和检验批。在施工前施工单位应会同监理单位（建设单位）根据《建筑工程施工质量验收统一标准》的要求自行商议确定分部工程、分项工程和检验批，并据此收集整理施工技术资料和验收。

◆ 单位工程划分的原则是：

具备独立施工条件并能形成独立使用功能的建筑物及构筑物为一个单位工程；对于规模较大的单位工程可将其中能形成独立使用功能的部分定义为一个子单位工程。

◆ 分部工程划分的原则是：【2013年单选】

按专业性质、建筑物部位来确定。

当分部工程较大或较复杂时，可按材料种类、施工特点、施工程序、专业系统及类别等划分成为若干个子分部工程。如建筑给水、排水及采暖分部工程中，按专业系统分为室内给水系统、室内排水系统、室内热水供应系统等十个子分部工程。

◆ 分项工程的划分：

分项工程是分部工程的组成部分，应按主要工种、材料、施工工艺、设备类别等进行划分。如建筑给水、排水及采暖分部工程中室内采暖系统子分部的分项工程是按施工工艺来划分的。

◆ 检验批：

分项工程可由一个或若干个检验批组成，检验批可根据施工及质量控制和专业验收需要按楼层、施工段、变形缝等进行划分。分项工程划分检验批进行验收有助于及时纠正施工中出现的质量问题，确保工程质量，也符合施工实际需要。

安装工程一般按一个设计系统或设备组别划分为一个检验批。

【考法题型及预测题】

1. (2013年真题) 建筑安装工程分部工程划分的原则是（　　）。

A. 按主要工种、材料来确定　　　B. 按设备类别来确定

C. 按专业性质、建筑部位来确定　D. 按施工工艺来确定

2. (2014年二级真题) 建筑安装工程的分项工程可按（　　）划分。

A. 专业性质　　　　　　　　　　B. 施工工艺

C. 施工程序　　　　　　　　　　D. 建筑部位

【答案】

1. C；2. B

核心考点三、建筑安装工程质量验收的划分

建筑安装工程按专业性质划分为建筑给水、排水及供暖工程，建筑电气工程，通风与空调工程，电梯工程，智能建筑工程，建筑节能工程六个分部工程。

【考法题型及预测题】

建筑安装工程按专业性质划分的分部工程包括（　　）等。

A. 建筑电气工程　　　　　　　　B. 通风与空调工程

C. 电梯工程　　　　　　　　　　D. 消防工程

E. 智能建筑工程

【答案】A、B、C、E

1H432022　建筑安装工程分部分项工程质量验收要求

核心考点及可考性提示

考　点			2021年可考性提示
建筑安装工程分部分项工程质量验收要求	检验批质量验收要求	检验批验收的工作程序	★
		检验批质量验收评定合格标准 【主控项目、一般项目的定义同工业安装工程】 【2014年多选，2019年、2020年单选】	★
	分项工程质量验收要求	验收工作程序	★
		质量验收评定合格标准	★
	分部（子分部）工程质量验收要求	分部（子分部）工程质量验收评定合格的标准【2018年案例】考点内容详见1H432023	★★
		质量验评的工作程序	★
		质量验收记录	★

★不大，★★一般，★★★极大

1H432023　建筑安装工程单位工程质量验收要求

考　点		2021 年可考性提示
建筑安装工程单位工程质量验收要求	单位（子单位）工程验评的工作程序	★
	单位（子单位）工程质量验收评定合格的标准【2014 年案例】	★★★
	单位（子单位）工程质量验收记录【2015 年多选】	★
	单位（子单位）工程控制资料检查记录【同 1H432013】	★★
	施工单位相关主体的质量责任	★
	建筑安装工程质量验收评定为"不合格"时处理的办法【同 1H432013】	★★

★不大，★★一般，★★★极大

核心考点剖析

核心考点、分部（子分部）工程、单位（子单位）工程质量验收评定合格的标准

1. 合格标准

分部（子分部）工程质量验收评定合格的标准【2014 年案例】	单位（子单位）工程质量验收评定合格的标准
（1）分部（子分部）工程所含分项工程质量均应验收合格； （2）质量控制资料应完整； （3）有关安全、节能、环境保护和主要使用功能的抽样检验结果应符合相应规定； （4）观感质量验收应符合要求	（1）单位（子单位）工程所含分部（子分部）工程质量均应验收合格； （2）质量控制资料应完整，所含分部工程有关安全及功能的检测资料应完整； （3）主要功能项目的抽检结果应符合相关专业质量验收规范的规定； （4）观感质量验收应符合要求

2. 其他需要注意的考点原文

◇ 主要使用功能的抽查目的是综合检验工程质量能否保证工程的功能，满足使用要求。这项抽查检测多数还是复查性的和验收性的。

◇ 观感质量验收是否符合要求，由参加验收的各方人员共同进行，最后共同确定是否通过验收。

【考法题型及预测题】

1. 涉及结构安全的试块、试件及有关材料，应按规定进行（　　）。

A. 现场检查验收　　　　　　　　B. 抽样检查试验

C. 见证取样检测　　　　　　　　D. 合格证件复核

2. 主要功能项目的抽查检测一般属于（　　　）性质的检测。

A. 复查性

B. 见证性

C. 旁证性

D. 偶然性

E. 验收性

【答案】

1. C；2. A、E

近年真题篇

2020年度全国一级建造师执业资格考试试卷

一、单项选择题（共20题，每题1分。每题的备选项中，只有1个最符合题意）

1. 无卤低烟阻燃电缆在消防灭火时的缺点是（　　）。
   A. 发出有毒烟雾
   B. 产生烟尘较多
   C. 腐蚀性能较高
   D. 绝缘电阻下降

2. 下列考核指标中，与锅炉可靠性无关的是（　　）。
   A. 运行可用率
   B. 容量系数
   C. 锅炉热效率
   D. 出力系数

3. 长输管线的中心定位主点不包括（　　）。
   A. 管线的起点
   B. 管线的中点
   C. 管线转折点
   D. 管线的终点

4. 发电机安装程序中，发电机穿转子的紧后工序是（　　）。
   A. 端盖及轴承调整安装
   B. 氢冷器安装
   C. 定子及转子水压试验
   D. 励磁机安装

5. 下列自动化仪表工程的试验内容中，必须全数检验的是（　　）。
   A. 单台仪表校准和试验
   B. 仪表电源设备的试验
   C. 综合控制系统的试验
   D. 回路试验和系统试验

6. 在潮湿环境中，不锈钢接触碳素钢会产生（　　）。
   A. 化学腐蚀
   B. 电化学腐蚀
   C. 晶间腐蚀
   D. 铬离子污染

7. 关于管道防潮层采用玻璃纤维布复合胶泥涂抹施工的做法，正确的是（　　）。
   A. 环向和纵向缝应对接粘贴密实
   B. 玻璃纤维布不应用平铺法
   C. 第一层胶泥干燥后贴玻璃丝布
   D. 玻璃纤维布表面需涂胶泥

8. 工业炉窑烘炉前应完成的工作是（　　）。
   A. 对炉体预加热
   B. 烘干烟道和烟囱
   C. 烘干物料通道
   D. 烘干送风管道

9. 电梯设备进场验收的随机文件中不包括（　　）。
   A. 电梯安装方案
   B. 设备装箱单
   C. 电气原理图
   D. 土建布置图

10. 消防灭火系统施工中，不需要管道冲洗的是（　　）。
    A. 消火栓灭火系统
    B. 泡沫灭火系统
    C. 水炮灭火系统
    D. 高压细水雾灭火系统

11. 工程设备验收时，核对验证内容不包括（   ）。

A. 核对设备型号规格
B. 核对设备供货商
C. 检查设备的完整性
D. 复核关键原材料质量

12. 下列施工组织设计编制依据中，属于工程文件的是（   ）。

A. 投标书
B. 标准规范
C. 工程合同
D. 会议纪要

13. 关于施工单位应急预案演练的说法，错误的是（   ）。

A. 每年至少组织一次综合应急预案演练
B. 每年至少组织一次专项应急预案演练
C. 每半年至少组织一次现场处置方案演练
D. 每年至少组织一次安全事故应急预案演练

14. 机电工程工序质量检查的基本方法不包括（   ）。

A. 试验检验法
B. 实测检验法
C. 抽样检验法
D. 感官检验法

15. 压缩机空负荷试运行后，做法错误的是（   ）。

A. 停机后立刻打开曲轴箱检查
B. 排除气路及气罐中的剩余压力
C. 清洗油过滤器和更换润滑油
D. 排除气缸及管路中的冷凝液体

16. 下列计量器具中，应纳入企业最高计量标准器具管理的是（   ）。

A. 温度计
B. 兆欧表
C. 压力表
D. 万用表

17. 110kV 高压电力线路的水平安全距离为 10m，当该线路最大风偏水平距离为 0.5m 时，则导线边缘延伸的水平安全距离应为（   ）。

A. 9m
B. 9.5m
C. 10m
D. 10.5m

18. 取得 A2 级压力容器制造许可的单位可制造（   ）。

A. 第一类压力容器
B. 高压容器
C. 超高压容器
D. 球形储罐

19. 下列分项工程质量验收中，属于一般项目的是（   ）。

A. 风管系统测定
B. 阀门压力试验
C. 灯具垂直偏差
D. 管道焊接材料

20. 工业建设项目正式竣工验收会议的主要任务不包括（   ）。

A. 编制竣工决算
B. 查验工程质量
C. 审查生产准备
D. 核定遗留尾工

二、多项选择题（共 10 题，每题 2 分。每题的备选项中，有 2 个或 2 个以上符合题意，至少有 1 个错项。错选，本题不得分；少选，所选的每个选项得 0.5 分）

21. 吊装作业中，平衡梁的主要作用有（   ）。

A. 保持被吊物的平衡状态
B. 平衡或分配吊点的载荷

C. 强制改变吊索受力方向　　　　　　D. 减小悬挂吊索钩头受力

E. 调整吊索与设备间距离

22. 钨极手工氩弧焊与其他焊接方法相比较的优点有（　　　）。

A. 适用焊接位置多　　　　　　　　　B. 焊接熔池易控制

C. 热影响区比较小　　　　　　　　　D. 焊接线能量较小

E. 受风力影响最小

23. 机械设备润滑的主要作用有（　　　）。

A. 降低温度　　　　　　　　　　　　B. 减少摩擦

C. 减少振动　　　　　　　　　　　　D. 提高精度

E. 延长寿命

24. 下列接闪器的试验内容中，金属氧化物接闪器应试验的内容有（　　　）。

A. 测量工频放电电压　　　　　　　　B. 测量持续电流

C. 测量交流电导电流　　　　　　　　D. 测量泄漏电流

E. 测量工频参考电压

25. 关于管道法兰螺栓安装及紧固的说法，正确的有（　　　）。

A. 法兰连接螺栓应对称紧固　　　　　B. 法兰接头歪斜可强紧螺栓消除

C. 法兰连接螺栓长度应一致　　　　　D. 法兰连接螺栓安装方向应一致

E. 热态紧固应在室温下进行

26. 关于高强度螺栓连接紧固的说法，正确的有（　　　）。

A. 紧固用的扭矩扳手在使用前应校正

B. 高强度螺栓安装的穿入方向应一致

C. 高强度螺栓的拧紧宜在 24h 内完成

D. 施拧宜由螺栓群一侧向另一侧拧紧

E. 高强度螺栓的拧紧应一次完成终拧

27. 关于建筑室内给水管道支吊架安装的说法，正确的有（　　　）。

A. 滑动支架的滑托与滑槽应有 3～5mm 间隙

B. 无热伸长管道的金属管道吊架应垂直安装

C. 有热伸长管道的吊架应向热膨胀方向偏移

D. 6m 高楼层的金属立管管卡每层不少于 2 个

E. 塑料管道与金属支架之间应加衬非金属垫

28. 关于建筑电气工程母线槽安装的说法，正确的有（　　　）。

A. 绝缘测试应在母线槽安装前后分别进行

B. 照明母线槽的垂直偏差不应大于 10mm

C. 母线槽接口穿越楼板处应设置补偿装置

D. 母线槽连接部件应与本体防护等级一致

E. 母线槽连接处的接触电阻应小于 0.1Ω

29. 关于空调风管及管道绝热施工要求的说法，正确的有（　　　）。

A. 风管的绝热层可以采用橡塑绝热材料

B. 制冷管道的绝热应在防腐处理前进行

C. 水平管道的纵向缝应位于管道的侧面

D. 风管及管道的绝热防潮层应封闭良好

E. 多重绝热层施工的层间拼接缝应一致

30. 建筑智能化工程中的接口技术文件内容包括（　　）。

A. 通信协议　　　　　　　　　B. 责任边界

C. 数据流向　　　　　　　　　D. 结果评判

E. 链路搭接

三、实务操作和案例分析题（共 5 题，（一）、（二）、（三）题各 20 分，（四）、（五）题各 30 分）

（一）

【背景资料】

某安装公司承包大型制药厂的机电安装工程，工程内容：设备、管道和通风空调等工程安装。安装公司对施工组织设计的前期实施，进行了监督检查：施工方案齐全，临时设施通过验收，施工人员按计划进场，技术交底满足施工要求，但材料采购因资金问题影响了施工进度。

不锈钢管道系统安装后，施工人员用洁净水（氯离子含量小于 25ppm）对管道系统进行试压时（见下图），监理工程师认为压力试验条件不符合规范规定，要求整改。

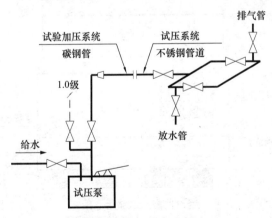

管道系统水压试验示意图

由于现场条件限制，有部分工艺管道系统无法进行水压试验，经设计和建设单位同意，允许安装公司对管道环向对接焊缝和组成件连接焊缝采用 100% 无损检测，代替现场水压试验，检测后设计单位对工艺管道系统进行了分析，符合质量要求。

检查金属风管制作质量时，监理工程师对少量风管的板材拼接有十字形接缝提出整改要求。安装公司进行了返修和加固，风管加固后外形尺寸改变但仍能满足安全使用要求，验收合格。

【问题】

1. 安装公司在施工准备和资源配置计划中哪几项完成得较好？哪几项需要改进？

2. 图中的水压试验有哪些不符合规范规定？写出正确的做法。

3. 背景中的工艺管道系统的焊缝应采用哪几种检测方法？设计单位对工艺管道系统应如何分析？

4. 监理工程师提出整改要求是否正确？说明理由。加固后的风管可按什么文件进行验收？

（二）

【背景资料】

A公司总承包2×660MW火力发电厂1号机组的建筑安装工程，工程包括：锅炉、汽轮发电机、水处理、脱硫系统等。A公司将水泵、管道安装分包给B公司施工。

B公司在凝结水泵初步找正后，即进行管道连接，因出口管道与设备不同心，无法正常对口，便用手拉葫芦强制调整管道，被A公司制止。B公司整改后，并在联轴节上架设仪表监视设备位移，保证管道与水泵的安装质量。

锅炉补给水管道设计为埋地敷设，施工完毕自检合格后，以书面形式通知监理申请隐蔽工程验收。第二天进行土方回填时，被监理工程师制止。

在未采取任何技术措施的情况下，A公司对凝汽器汽侧进行了灌水试验（见下图），无泄漏，但造成部分弹簧支座因过载而损坏。返修后，进行汽轮机组轴系对轮中心找正工作，经初找、复找验收合格。

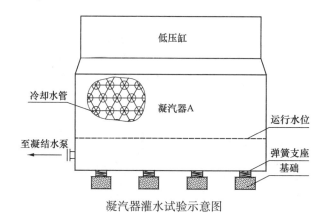

凝汽器灌水试验示意图

主体工程、辅助工程和公用设施按设计文件要求建成，单位工程验收合格后，建设单位及时向政府有关部门申请项目的专项验收，并提供备案申报表、施工许可文件复印件及规定的相关材料等，项目通过专项验收。

【问题】

1. A公司为什么制止凝结水管道连接？B公司应如何进行整改？在联轴节上应架设哪种仪表监视设备位移？

2. 说明监理工程师制止土方回填的理由。隐蔽工程验收通知内容有哪些？

3．写出凝汽器灌水试验前后的注意事项。灌水水位应高出哪个部件？轴系中心复找工作应在凝汽器什么状态下进行？

4．建设工程项目投入试生产前和试生产阶段应完成哪些专项验收？

（三）

【背景资料】

某生物新材料项目由 A 公司总承包，A 公司项目部经理在策划组织机构时，根据项目大小和具体情况配置了项目部技术人员，满足了技术管理要求。

项目中的料仓盛装的浆糊流体介质温度约 42℃，料仓外壁保温材料为半硬质岩棉制品。料仓由 A、B、C、D 四块不锈钢壁板组焊而成，尺寸和安装位置如下图所示。在门吊架横梁上挂设 4 只手拉葫芦，通过卸扣、钢丝绳吊索与料仓壁板上吊耳（材质为 Q235）连接成吊装系统。料仓的吊装顺序为：A、C → B、D；料仓的四块不锈钢壁板的焊接方法为焊条手工电弧焊。

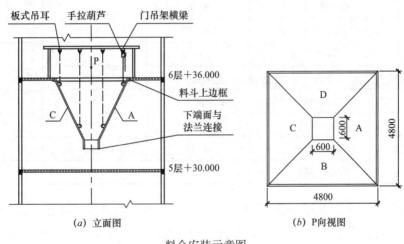

料仓安装示意图

设计要求：料仓正方形出料口连接法兰安装水平度允许偏差 ≤ 1mm，对角线长度允许偏差 ≤ 2mm，中心位置允许偏差 ≤ 1.5mm。

料仓工程质量检查时，质量员提出吊耳与料仓壁板为异种钢焊接，违反"禁止不锈钢与碳素钢接触"的规定。项目部对料仓临时吊耳进行了标识和记录，根据质量问题的性质和严重程度编制并提交了质量问题调查报告，及时返修后，质量验收合格。

【问题】

1．项目经理根据项目大小和具体情况如何配备技术人员？保温材料到达施工现场应检查哪些质量证明文件？

2．分析图中存在哪些安全事故危险源？不锈钢壁板组对焊接作业过程中存在哪些职业健康危害因素？

3．料仓出料口端平面标高基准点和纵横中心线的测量应分别使用哪种测量仪器？

4．项目部编制的吊耳质量问题调查报告应及时提交给哪些单位？

（四）

【背景资料】

A 公司承包某商务园区电气工程，工程内容：10/0.4kV 变电所、供电线路、室内电气等。主要设备（三相电力变压器、开关柜等）由建设单位采购，设备已运抵施工现场。其他设备、材料由 A 公司采购，A 公司依据施工图和资源配置计划编制了 10/0.4kV 变电所安装工作的逻辑关系及持续时间（见下表）。

10/0.4kV 变电所安装工作的逻辑关系及持续时间

代号	工作内容	紧前工作	持续时间（d）	可压缩时间（d）
A	基础框架安装	—	10	3
B	接地干线安装	—	10	2
C	桥架安装	A	8	3
D	变压器安装	A、B	10	2
E	开关柜、配电柜安装	A、B	15	3
F	电缆敷设	C、D、E	8	2
G	母线安装	D、E	11	2
H	二次线路敷设	E	4	1
I	试验、调整	F、G、H	20	3
J	计量仪表安装	G、H	2	—
K	试运行验收	I、J	2	—

A 公司将 3000m 电缆排管施工分包给 B 公司，预算单价为 130 元/m，工期 30 天。B 公司签订合同后的第 15 天结束前，A 公司检查电缆排管施工进度，B 公司只完成电缆排管 1000m，但支付给 B 公司的工程进度款累计已达 200000 元，A 公司对 B 公司提出了警告，要求加快进度。

A 公司对 B 公司进行施工质量管理协调，编制的质量检验计划与电缆排管施工进度计划一致。A 公司检查电缆型号规格、绝缘电阻和绝缘试验均符合要求，在电缆排管检查合格后，按施工图进行电缆敷设，供电线路按设计要求完成。

变电所设备安装后，变压器及高压电器进行了交接试验，在额定电压下对变压器进行冲击合闸试验 3 次，每次间隔时间为 3min，无异常现象，A 公司认为交接试验合格，被监理工程师提出异议，要求重新冲击合闸试验。

建设单位要求变电所单独验收，给商务园区供电。A 公司整理变电所工程验收资料，在试运行验收中，有一台变压器运行噪声较大，经有关部门检验分析及 A 公司提供的施工文件证明，不属于安装质量问题，后经变压器厂家调整处理通过验收。

【问题】

1. 按上表计算变电所安装的计划工期。如果每项工作都按上表压缩天数，其工期能压缩到多少天?

2. 计算电缆排管施工的费用绩效指数 *CPI* 和进度绩效指数 *SPI*。判断 B 公司电缆排管施工进度是提前还是落后?

3. 电缆排管施工中的质量管理协调有哪些同步性作用? 10kV 电力电缆应做哪些试验?

4. 变压器高、低压绕组的绝缘电阻测量应分别用多少伏的兆欧表? 监理工程师为什么提出异议? 写出正确的冲击合闸试验要求。

5. 变电所工程是否可以单独验收? 试运行验收中发生的问题,A 公司可提供哪些施工文件来证明不是安装质量问题?

(五)

【背景资料】

某施工单位承接一处理 500kt/a 多金属矿综合回收技术改造项目。该项目的熔炼厂房内设计有 1 台冶金桥式起重机(额定起重量 50t/15t,跨度 19m),方案采用直立单桅杆吊装系统进行设备就位安装。

工程中的氧气输送管道设计压力为 0.8MPa,材质为 20 号钢、304 不锈钢、321 不锈钢;规格主要有 $\phi377$、$\phi325$、$\phi159$、$\phi108$、$\phi89$、$\phi76$,制氧站到地上管网及底吹炉、阳极炉、鼓风机房界区内工艺管道共约 1500m。

施工单位编制了施工组织设计和各项施工方案,经审批通过。在氧气管道安装合格、具备压力试验条件后,对管道系统进行强度试验。用氮气作为试验介质,先缓慢升压到设计压力的 50%,经检查无异常,以 10% 试验压力逐级升压,每次升压后稳压 3min,直至试验压力。稳压 10min 降至设计压力,检查管道无泄漏。

为了保证富氧底吹炉内衬砌筑质量,施工单位对砌筑过程中的质量问题进行了现场调查,并统计出质量问题(见下表)。针对质量问题分别用因果图分析,经确认找出了主要原因。

富氧底吹炉砌筑质量问题统计表

序号	质量问题	频数(点)	累计频数(点)	频率(%)	累计频率(%)
1	错牙	44	44	47.3	47.3
2	三角缝	31	75	33.3	80.6
3	圆周砌体的圆弧度超差	8	83	8.6	89.2
4	端墙砌体的平整度超差	5	88	5.4	94.6
5	炉膛砌体的线尺寸超差	2	90	2.2	96.8
6	膨胀缝宽度超差	1	91	1.0	97.8
7	其他	2	93	2.2	100.0
8	合计	93			

【问题】

1. 本工程的哪个设备安装应编制危大工程专项施工方案？该专项方案编制后必须经过哪个步骤才能实施？

2. 施工单位承接本项目应具备哪些特种设备的施工许可？

3. 影响富氧底吹炉砌筑的主要质量问题有哪几个？累计频率是多少？找到质量问题的主要原因之后要做什么工作？

4. 直立单桅杆吊装系统由哪几部分组成？卷扬机走绳、桅杆缆风绳和起重机捆绑绳的安全系数分别应不小于多少？

5. 氧气管道的酸洗钝化有哪些工序内容？计算氧气管道采用氮气的试验压力。

参考答案及解析

一、单项选择题

1. D

2. C

【解析】锅炉可靠性一般用五项指标考核：

（1）运行可用率；（2）等效可用率；（3）容量系数；（4）强迫停运率；（5）出力系数。

3. B；4. C

5. D

【解析】考自动化仪表工作的施工程序中的调试工作。仪表回路试验和系统试验必须全部检验。

6. B

【解析】考金属腐蚀机理的概念。教材中没有原文，其原理是，两种金属在溶液中形成回路，发生氧化还原反应，导致活泼金属发生反应被腐蚀。

7. D

【解析】选项 A 错，环向和纵向缝应粘贴密实，采用搭接的方式，不是对接。选项 B 错，粘贴的方式，可采用螺旋形缠绕法或平铺法。选项 C 的正确要求为，待第一层胶泥干燥后，应在玻璃纤维布表面再涂抹第二层胶泥，所以选项 C 错，选项 D 正确。

8. B

9. A

【解析】选项 A，属于安装单位的安装资料。

10. B

【解析】选项 A、C、D 为水灭火系统，施工程序中都有管道冲洗。

11. C

【解析】选项 C 属于外观检查的内容。

12. D

【解析】选项 A、B、C 和工程文件都是施工组织设计编制依据，且为并列的关系。工程文件，如施工图纸、技术协议、主要设备材料清单、主要设备技术文件、新产品工艺性试验资料、会议记录。也就是说，工程文件都是工程建设过程中形成的文件。

13. D

【解析】应急预案演练计划，每年至少组织一次综合应急预案演练或者专项应急预案演练，每半年至少组织一次现场处置方案演练。所以选项 A、B、C 对。选项 D 错，施工单位、人员密集场所经营单位应当至少每半年组织一次生产安全事故应急预案演练。

14. C

15. A

【解析】需要检查曲轴箱时，应在停机 15min 后再打开曲轴箱。

16. B

【解析】题目出的不太严谨。选项 A、C、D 为 B 类计量器具，非强制检定范畴；选项 B，强制检定范畴。

17. D

【解析】110kV，外侧水平延伸距离为 10m，加最大风偏距离 0.5m，故选项 D 正确。

18. 无正确选项。

19. D

【解析】排除法做题，选项 A、B、C 为主控项目。

20. A

【解析】正式竣工验收会议的主要任务包括审核竣工决算与审计文件。故选项 A，编制竣工决算是应在正式竣工验收会议前进行的。

二、多项选择题

21. A、B、C、E

【解析】平衡梁的作用能减少设备起吊时所承受的水平压力，避免损坏设备。选项 D 为垂直拉力，所以选项 D 不属于平衡梁的作用。

22. A、B、C、D

【解析】选项 E 错，钨极氩弧焊，微风都可能破坏气体对焊接区的保护。

23. A、B、E

24. B、D、E

【解析】（变电站）FS 型阀式接闪器的试验：（1）测绝缘电阻；（2）测泄漏电流；（3）测工频放电电压。

（发电厂发电机）金属氧化物接闪器的试验：（1）测绝缘电阻；（2）测泄漏电流；（3）测持续电流；（4）测工频参考电压或直流参考电压。

25. A、C、D

【解析】选项 B 错，法兰接头歪斜不得强紧螺栓消除。如工作温度大于 350℃ 时，一次热态紧固温度为 350℃，二次热态紧固温度为工作温度；热态紧固或冷态紧固应在达到工作温度 2h 后进行。所以选项 E 错。

26. A、B、C

【解析】选项 D 错，施宁从螺栓群中央顺序向外拧紧。选项 E 错，拧紧分初拧和终拧。

27. A、B、D、E

【解析】选项 C 错，有热伸长管道的吊架应向热膨胀反方向偏移。

28. A、B、D、E

【解析】选项 C 错，母线槽接口不应设置在穿越楼板处。

29. A、C、D

【解析】选项 B 错，先防腐后绝热；选项 E 错，拼接缝应错开。

30. A、B、C

【解析】选项 D、E 为接口测试文件。

三、实务操作和案例分析题

（一）

答1：安装公司在施工准备和资源配置计划中以下几项完成得较好：安装公司对施工组织设计的前期实施，进行了监督检查；施工方案齐全；临时设施通过验收；施工人员按计划进场；技术交底满足施工要求。说明该公司在施工准备和资源配置计划中，人力资源、施工机具、施工技术资源完成得较好。材料采购因资金问题影响了施工进度；故，需要改进的是设备和材料、施工资金等。

【解析】施工准备包括场地、水电等施工条件准备、物资准备、技术准备；施工资源分为人力资源、施工机具、施工技术资源、设备和材料、施工资金等。

答2：图中不符合规范之处及正确做法如下：

（1）压力表1块错，安装的压力表不得少于两块。应在加压系统的第一个阀门后（始端）和系统最高点（排气阀处、末端）各装1块压力表。

（2）加压系统的碳钢管与系统的不锈钢管道直接连接不符合要求。碳钢管与不锈钢管道应采用不锈钢法兰或过渡接头连接。

（3）给水管路上的阀，应该为止回阀。

答3：（1）背景中工艺管道系统的焊缝应采用以下几种检测方法：射线检测、超声检测、磁粉检测、渗透检测、目视检测。

（2）设计单位对工艺管道系统应进行管道系统的柔性分析。

【题后话】题目问的是"设计单位对工艺管道系统应如何分析？"

问法不妥，应该是——设计单位对工艺管道系统进行什么分析？

关于"管道柔性"——管道柔性是反映管道变形难易程度的概念。它表示管道通过自身变形吸收热胀、冷缩和其他位移的能力。

答4：（1）监理工程师提出整改要求正确。因为相关规范要求风管板材拼接的接缝应错开，不得有十字形接缝。

（2）风管经过加固后，虽然改变外形尺寸但仍能满足安全及使用功能要求，可按技术处理方案和协商文件的要求予以验收。

（二）

答1：A公司制止凝结水管道连接是因为（抄背景即可）：B公司在凝结水泵初步找正后，即进行管道连接，不符合施工程序和相应的要求且在连接时使用手拉葫芦强制对口，不符合规范要求，B公司应进行如下整改：

（1）在凝结水泵安装定位并紧固地脚螺栓后再进行管道连接，且应不应力配管，连接时不应使设备承受附加外力。

（2）出口管与设备不同心，说明有位移存在；管道与泵连接前，应在自由状态下检验管道与设备的同心度。最终连接时，应监视泵的位移。

在联轴节上应架设百分表监视设备（凝结水泵）位移。

答2：监理工程师制止土方回填的理由：

土方回填前没有进行隐蔽工程的验收；监理没有旁站见证。

隐蔽工程验收应提前48h以书面形式通知，没有回复应在48h后进行隐蔽。

通知内容包括隐蔽验收的内容、隐蔽方式、验收时间和地点等。

答3：（1）凝汽器灌水试验前后的注意事项：就位在弹簧支座上的凝汽器，灌水试验前应加临时支撑。灌水试验完成后应及时把水放净。

（2）灌水高度应充满整个冷却管的汽侧空间并高出顶部冷却管100mm。

（3）轴系中心复找应在凝汽器灌水至运行重量的状态下进行。

答4：在建设工程项目投入试生产前完成消防验收；在建设工程项目试生产阶段完成安全设施验收及环境保护验收。

（三）

答1：（1）项目经理应根据项目大小和具体情况，按分部、分项工程和专业配备技术人员。

（2）到达施工现场的保温材料，必须检查以下质量证明文件：出厂合格证书（或化验、物性试验记录）。

答2：（1）图中存在以下安全事故危险源：

1）物理性危险源，如无防护栏，存在高空坠落、机械伤害、物体打击。

2）化学性危险源，如吸入有害烟雾等。

（2）不锈钢壁板组对焊接作业过程中存在的职业健康危害因素有：1）焊接烟尘；2）户外紫外线、高温；3）化学物；4）焊接红外线；5）高空作业。

答3：料仓出料口端平面标高基准应使用水准仪测量；纵横中心线应使用经纬仪测量。

答4：项目部编制的吊耳质量问题调查报告应及时提交给以下单位：本单位管理部门，监理单位，建设单位。

（四）

答1：（1）变电所安装计划工期为58d，有两条关键线路：A（B）、D、E、G、I、K，10＋15＋11＋20＋2＝58d。

（2）如果每项工作都按表压缩天数，变电所安装最多可以压缩到48d。B、D、E、G、I、K为关键工作，8＋12＋9＋17＋2＝48d。

【解析】

画出进度计划网络图，如下所示：

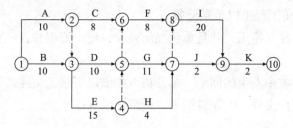

计划工期，$10 + 15 + 11 + 20 + 2 = 58d$

有两条关键线路；按可压缩的条件全部压缩后，工期为48d。

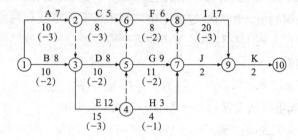

B、D、E、G、I、K为关键工作，$8 + 12 + 9 + 17 + 2 = 48d$。

答2：3000m工程量，工期30d，每天100m。

已完工程预算费用 $BCWP = 1000 \times 130 = 130000$

计划工程预算费用 $BCWS = (15 \times 100) \times 130 = 195000$

已完工作实际费用 $ACWP = 200000$

费用绩效指数 $CPI = BCWP/ACWP = 130000/200000 = 0.65$ 小于1，费用超支；

进度绩效指数 $SPI = BCWP/BCWS = 130000/195000 = 0.67$ 小于1，进度延迟。

答3：（1）电缆排管施工中的质量管理协调，有以下同步性作用：质量检查或验收记录的形成与施工实体进度形成的同步性。

（2）10kV电力电缆应做以下试验：交流耐压和直流泄漏试验。

【解析】知识点：1H420071中与施工质量管理的协调。质量管理协调主要作用于质量检查、检验计划编制与施工进度计划要求的一致性，作用于质量检查或验收记录的形成与施工实体进度形成的同步性，作用于不同专业施工工序交接间的及时性，作用于发生质量问题后处理的各专业间作业人员的协同性。

知识点：1H413023中电缆本体敷设要求。6kV以上的电缆，应做交流耐压和直流泄漏试验；1kV以下的电缆用兆欧表测试绝缘电阻，并做好记录。

答4：（1）用2500V摇表测量各相高压绕组对外壳的绝缘电阻值，用500V摇表测低压各相绕组对外壳的绝缘电阻值。

（2）监理工程师提出异议是因为冲击合闸试验不符合相关要求。

变电所设备安装后，变压器及高压电器进行了交接试验，在额定电压下对变电器进行冲击合闸验收3次，每次间隔时间3min，无异常现象。——做法错误。

正确的冲击合闸试验要求为：在额定电压下对变电器进行冲击合闸试验5次，每次间隔时间宜为5min，应无异常现象。

答 5：（1）变电所工程可以单独验收。

理由：该工程可独立使用，并且单独提前验收，便于管理并且可减少临时用电设施的成本。

（2）对试运行验收中发生的问题，A 公司可提供以下施工文件来证明不是安装质量问题——工程合同、设计文件、安装说明书、施工记录等。

（五）

答 1：（1）桥式起重机的安装应该编制危大工程专项施工方案。

（2）该专项方案编制后，应当通过施工单位技术负责人审核和总监理工程师审核，再由施工单位（如有总包，则由总包单位）组织召开专家论证，对专项施工方案进行论证后并获得通过，才能实施。

答 2：施工单位承接本项目应具备特种设备的施工许可包括：压力管道安装许可（氧气管道安装许可）；起重机械安装许可（桥式起重机安装许可、桅杆式起重机安装许可）。

答 3：（1）影响高氧底吹炉砌筑的主要质量问题有：错牙、三角缝。

（2）累计频率是 80.6%

（3）找到质量问题的主要原因之后要做以下工作：1）进行质量问题评审处置；2）制定纠正措施（制定对策）；3）组织实施；4）检查验收；5）提交整改结果。

答 4：直立单桅杆吊装系统由桅杆、缆风系统、提升系统、托排滚杠系统、牵引溜尾系统等部分组成。

卷扬机走绳的安全系数应不小于 5；

桅杆缆风绳的安全系数应不小于 3.5；

起重机捆绑绳的安全系数应不小于 6。

答 5：（1）氧气管道的酸洗钝化的工序包括脱脂去油、酸洗、水洗、钝化、水洗、无油压缩空气吹干。

（2）氧气管道采用氮气进行试验，试验压力 $= 0.8 \times 1.15 = 0.92MPa$。

2019年度全国一级建造师执业资格考试试卷

一、单项选择题（共20题，每题1分。每题的备选项中，只有1个最符合题意）

1. 下列管材中，属于金属层状复合材料的是（　　）。

A. 镍基合金钢管　　　　　　　　　B. 衬不锈钢复合钢管

C. 钢塑复合钢管　　　　　　　　　D. 衬聚四氟乙烯钢管

2. 关于互感器性能的说法，错误的是（　　）。

A. 将大电流变换成小电流　　　　　B. 将仪表与高压隔离

C. 使测量仪表实现标准化　　　　　D. 可以直接测量电能

3. 关于工程测量的说法，错误的是（　　）。

A. 通常机电工程的测量精度高于建筑工程

B. 机电工程的测量贯穿于工程施工全过程

C. 必须对建设单位提供的基准点进行复测

D. 工程测量工序与工程施工工序密切相关

4. 锅炉钢结构组件吊装时，与吊点选择无关的是（　　）。

A. 组件的结构强度和刚度　　　　　B. 吊装机具的起升高度

C. 起重机索具的安全要求　　　　　D. 锅炉钢结构开口方式

5. 关于自动化仪表取源部件的安装要求，正确的是（　　）。

A. 合金钢管道上取源部件的开孔采用气割加工

B. 取源部件安装后应与管道同时进行压力试验

C. 绝热管道上安装的取源部件不应露出绝热层

D. 取源阀门与管道的连接应采用卡套式接头

6. 钢制管道内衬氯丁胶乳水泥砂浆属于（　　）的防腐蚀措施。

A. 介质处理　　　　　　　　　　　B. 添加缓蚀剂

C. 覆盖层　　　　　　　　　　　　D. 电化学保护

7. 关于管道保温结构的说法，正确的是（　　）。

A. 保温结构与保冷结构相同　　　　B. 任何环境下均无需防潮层

C. 各层功能与保冷结构不同　　　　D. 与保冷结构热流方向相反

8. 施工阶段项目成本控制的要点是（　　）。

A. 落实成本计划　　　　　　　　　B. 编制成本计划

C. 成本计划分解　　　　　　　　　D. 成本分析考核

9. 下列资料中，不属于电梯制造厂提供的是（　　）。

A. 机房及井道布置图　　　　　　　B. 型式试验合格证书

C. 产品质量证明文件　　　　　　　　D. 电梯安装验收规范

10. 下列设备中，属于气体灭火系统的是（　　　）。

A. 储存装置　　　　　　　　　　　　B. 过滤装置

C. 发生装置　　　　　　　　　　　　D. 混合装置

11. 机电工程设备采购实施阶段，采办小组的主要工作不包括（　　　）。

A. 报价与评审　　　　　　　　　　　B. 接收请购文件

C. 催交与检验　　　　　　　　　　　D. 编制采购计划

12. 下列施工组织设计编制的依据文件中，不属于工程文件的是（　　　）。

A. 施工图纸　　　　　　　　　　　　B. 标准规范

C. 技术协议　　　　　　　　　　　　D. 会议纪要

13. 关于机电安装工程最低保修期规定的说法，正确的是（　　　）。

A. 保修期自竣工验收合格之日起计算　B. 设备安装工程的保修期为 3 年

C. 供热工程的保修期应为 1 个供暖期　D. 给水排水管道工程保修期为 5 年

14. 工程质量没有达到设计要求，但经原设计单位核算认可能够满足安全和使用功能的可（　　　）。

A. 返修处理　　　　　　　　　　　　B. 不作处理

C. 降级使用　　　　　　　　　　　　D. 返工处理

15. 离心式给水泵在试运转后，不需要做的工作是（　　　）。

A. 关闭泵的入口阀门　　　　　　　　B. 关闭附属系统阀门

C. 用清水冲洗离心泵　　　　　　　　D. 放净泵内积存液体

16. 关于计量器具使用管理规定的说法，正确的是（　　　）。

A. 计量器具的测量误差大于被测对象的误差

B. 检测器具应采取相同的防护措施混合存放

C. 封存的计量器具办理启用手续后不需检定

D. 对检定标识不清的计量器具应视为不合格

17. 临时用电施工组织设计的主要内容不包括（　　　）。

A. 电费的结算方式　　　　　　　　　B. 电源的进线位置

C. 配电箱安装位置　　　　　　　　　D. 电气接线系统图

18. 产地储存库与使用单位之间的油气管道属于（　　　）。

A. 动力管道　　　　　　　　　　　　B. 工业管道

C. 公用管道　　　　　　　　　　　　D. 长输管道

19. 自动化仪表安装工程中，主控室的仪表分部工程不包括（　　　）。

A. 取源部件安装　　　　　　　　　　B. 仪表线路安装

C. 电源设备安装　　　　　　　　　　D. 仪表盘柜安装

20. 下列项目中，属于建筑安装工程一般项目的是（　　　）。

A. 保证主要使用功能要求的检验项目　B. 保证工程安全、节能和环保的项目

C. 因无法定量而采取定性检验的项目　D. 确定该检验批主要性能的检验项目

二、多项选择题（共10题，每题2分。每题的备选项中，有2个或2个以上符合题意，至少有1个错项。错选，本题不得分；少选，所选的每个选项得0.5分）

21. 设备吊装工艺设计中，吊装参数表主要包括（　　）。
   A. 设备规格尺寸
   B. 设备重心位置
   C. 设备就位标高
   D. 设备吊装重量
   E. 设备运输线路

22. 下列参数中，影响焊条电弧焊线能量大小的有（　　）。
   A. 焊机功率
   B. 焊接电流
   C. 电弧电压
   D. 焊接速度
   E. 焊条直径

23. 机械设备联轴器装配时，需测量的项目有（　　）。
   A. 两轴心径向位移
   B. 外径光洁度
   C. 联轴器外径圆度
   D. 两轴线倾斜
   E. 联轴器端面间隙

24. 关于油浸式变压器二次搬运就位的说法，正确的有（　　）。
   A. 变压器可用滚杠及卷扬机拖运的运输方式
   B. 顶盖沿气体继电器气流方向有 0.5% 的坡度
   C. 就位后应将滚轮用能拆卸的制动装置固定
   D. 二次搬运时的变压器倾斜角不得超过 15°
   E. 可使用变压器的顶盖上部吊环吊装变压器

25. 不锈钢工艺管道的水冲洗实施要点中，正确的有（　　）。
   A. 水中氯离子含量不超过 25ppm
   B. 水冲洗的流速不得低于 1.5m/s
   C. 排放管在排水时不得形成负压
   D. 排放管内径小于被冲洗管的 60%
   E. 冲洗压力应大于管道设计压力

26. 关于高强度螺栓连接的说法，正确的有（　　）。
   A. 螺栓连接前应进行摩擦面抗滑移系数复验
   B. 不能自由穿入螺栓的螺栓孔可用气割扩孔
   C. 高强度螺栓初拧和终拧后要做好颜色标记
   D. 高强度螺栓终拧后的螺栓露出螺母 2～3 扣
   E. 扭剪型高强度螺栓的拧紧应采用扭矩法

27. 关于中水系统管道安装的说法，正确的有（　　）。
   A. 给水管道应采用耐腐蚀的管材
   B. 中水管道外壁应涂浅绿色标志
   C. 中水给水管道应装设取水水嘴
   D. 管道不宜暗敷于墙体和楼板内
   E. 绿化浇洒宜采用地下式给水栓

28. 关于灯具现场检查要求的说法，正确的有（　　）。
   A. Ⅰ类灯具外壳有专用的 PE 端子
   B. 消防应急灯具有认证标志
   C. 灯具内部接线为铜芯绝缘导线
   D. 灯具绝缘电阻不小于 0.5MΩ

E. 导线绝缘层厚度不小于 0.6mm

29. 国际机电工程项目合同风险防范措施中，属于自身风险防范的有（　　）。

A. 技术风险防范　　　　　　　　　B. 管理风险防范

C. 财经风险防范　　　　　　　　　D. 法律风险防范

E. 营运风险防范

30. 在公共广播系统检测时，应重点关注的检测参数有（　　）。

A. 声场不均匀度　　　　　　　　　B. 漏出声衰减

C. 播放警示信号　　　　　　　　　D. 设备信噪比

E. 语声响应时间

三、实务操作和案例分析题（共 5 题，（一）、（二）、（三）题各 20 分，（四）、（五）题各 30 分）

（一）

【背景资料】

某安装公司承接一大型商场的空调工程，工程内容有：空调风管、空调供回水、开式冷却水等系统的钢制管道与设备施工，管材及配件由安装公司采购。设备有：离心式双工况冷水机组 2 台，螺杆式基载冷水机组 2 台，24 台内融冰钢制蓄冰盘管，146 台组合式新风机组，均由建设单位采购。

项目部进场后，编制了空调工程的施工技术方案，主要包括施工工艺与方法、质量技术要求和安全要求等。方案的重点是隐蔽工程施工、冷水机组吊装、空调水管的法兰焊接、空调管道的安装及试压、空调机组调试与试运行等操作要点。

质检员在巡视中发现空调供水管的施工质量（见下图）不符合规范要求，通知施工作业人员整改。

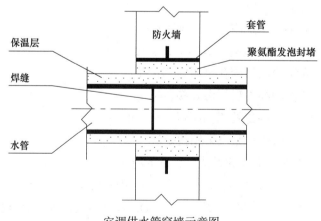

空调供水管穿墙示意图

空调供水管及开式冷却水系统施工完成后，项目部进行了强度和严密性试验，施工图中注明空调供水管的工作压力为 1.3MPa，开式冷却水系统工作压力为 0.9MPa。

在试验过程中，发现空调供水管个别法兰连接处和焊缝处有渗漏现象，施工人员及时返修后，重新试验未发现渗漏。

【问题】

1. 空调工程的施工技术方案编制后应如何组织实施交底？重要项目的技术交底文件应由哪个施工管理人员审批？

2. 图中存在的错误有哪些？如何整改？

3. 计算空调供水管和冷却水管的试验压力。试验压力最低不应小于多少 MPa？

4. 试验过程中，管道出现渗漏时严禁哪些操作？

（二）

【背景资料】

A 公司以施工总承包方式承接了某医疗中心机电工程项目，工程内容有：给水、排水、消防、电气、通风空调等设备材料采购、安装及调试工作。A 公司经建设单位同意，将自动喷水灭火系统（包括消防水泵、稳压泵、报警阀、配水管道、水源和排水设施等）的安装、调试分包给 B 公司。

为了提高施工效率，A 公司采用 BIM 四维（4D）模拟施工技术，并与施工组织方案结合，按进度计划完成了各项安装工作。

在自动喷水灭火系统调试阶段，B 公司组织了相关人员进行了消防水泵、稳压泵和报警阀的调试，完成后交付 A 公司进行系统联动试验。但 A 公司认为 B 公司还有部分调试工作未完成；自动喷水灭火系统末端试水装置（见下图）的出水方式和排水立管不符合规范规定。B 公司对末端试水装置进行了返工，并完成相关的调试工作后，交付 A 公司完成联动试验等各项工作，系统各项性能指标均符合设计及相关规范要求，工程质量验收合格。

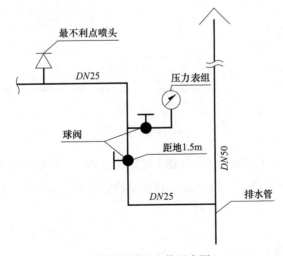

末端试水装置安装示意图

【问题】

1. A 公司采用 BIM 四维（4D）模拟施工的主要作用有哪些？

2. 末端试水装置（上图）的出水方式、排水立管存在哪些质量问题？末端试水装置漏装哪个管件？

3. B 公司还有哪些调试工作未完成？

4. 联动试验除 A 公司外，还应有哪些单位参加？

（三）

【背景资料】

某工业安装工程项目，工程内容有：工艺管道、设备、电气及自动化仪表安装调试。工程的循环水泵为离心泵，二用一备。泵的吸入和排出管路上均设置了独立、牢固的支架。泵的吸入口和排出口均设置了变径管，变径管长度为管径差的 6 倍。泵的水平吸入管向泵的吸入口方向倾斜，斜度为 8‰，泵的吸入口前直管段长度为泵吸入口直径的 5 倍，水泵扬程为 80m。

在安装质量检查时，发现水泵的吸入及排出管路上存在管件错用、漏装和安装位置错误等质量问题（见下图），不符合规范要求，监理工程师要求项目部进行整改。随后上级公司对项目质量检查时发现，项目部未编制水泵安装质量预控方案。

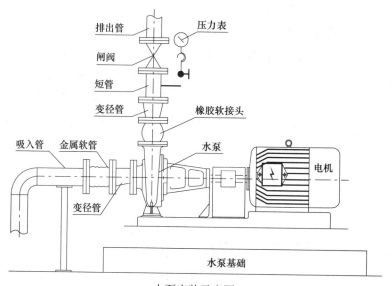

水泵安装示意图

工程的工艺管道设计材质为 12CrMo（铬钼合金钢）。在材料采购时，施工地附近钢材市场无现货，只有 15CrMo 材质钢管，且规格符合设计要求，由于工期紧张，项目部采取了材料代用。

【问题】

1. 指出图中管件安装的质量问题。应怎样纠正？

2. 水泵安装质量预控方案包括哪几方面内容？

3. 写出工艺管道材料代用时需要办理的手续。

4. 15CrMo 钢管的进场验收有哪些要求？

（四）

【背景资料】

某安装公司承接一商业中心的建筑智能化工程的施工。工程内容包括：建筑设备监控系统、安全技术防范系统，公共广播系统、防雷与接地和机房工程。

安装公司项目部进场后，了解商业中心建筑的基本情况、建筑设备安装位置、控制方式和技术要求等，依据监控产品进行深化设计。再依据商业中心工程的施工总进度计划，编制了建筑智能化工程施工进度计划（见下表）；该进度计划在报安装公司审批时被否定，要求重新编制。

建筑智能化工程施工进度计划

序号	工作内容	5月			6月			7月			8月			9月		
		1	11	21	1	11	21	1	11	21	1	11	21	1	11	21
1	建筑设备监控系统施工	━	━	━	━	━	━	━	━	━						
2	安全技术防范系统施工			━	━	━	━	━	━	━						
3	公共广播系统施工					━	━	━	━							
4	机房工程施工						━	━	━	━						
5	系统检测										━					
6	系统试运行调试												━	━		
7	验收移交															━

项目部根据施工图纸和施工进度编制了设备、材料供应计划。在材料送达施工现场时，施工人员按验收工作的规定，对设备、材料进行验收，还对重要的监控器件进行复检，均符合设计要求。

项目部依据工程技术文件和智能建筑工程质量验收规范，编制建筑智能化系统检测方案，该检测方案经建设单位批准后实施，分项工程、子分部工程的检测结果均符合规范规定，检测记录的填写及签字确认符合要求。

在工程的质量验收中，发现机房和弱电井的接地干线搭接不符合施工质量验收规范要求，监理工程师对40×4镀锌扁钢的焊接搭接（见下图）提出整改要求，项目部返工后，通过验收。

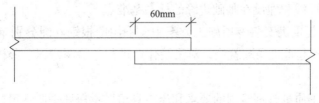

40×4镀锌扁钢焊接搭接示意图

【问题】

1. 写出建筑设备监控系统深化设计的紧前工序。深化设计应具有哪些基本的要求？

2. 项目部编制的施工进度计划为什么被安装公司否定？这种表示方式的施工进度计划有哪些欠缺？

3. 材料进场验收及复检有哪些要求？验收工作应按哪些规定进行？

4. 绘出正确的扁钢焊接搭接示意图。扁钢与扁钢搭接至少几面施焊？

5. 本工程系统检测合格后，需填写几个子分部工程检测记录？检测记录应由谁来做出检测结论和签字确认？

（五）

【背景资料】

某项目建设单位与A公司签订了氢气压缩机厂房建筑及机电工程施工总承包合同，工程内容包括：设备及钢结构厂房基础、配电室建筑施工，厂房钢结构制造、安装，一台20t通用桥式起重机安装，一台活塞式氢气压缩机及配套设备、氢气管道和自动化仪表控制装置安装等。经建设单位同意，A公司将设备及钢结构厂房基础、配电室建筑施工分包给B公司。

钢结构厂房、桥式起重机、压缩机及进出口配管如下图所示。

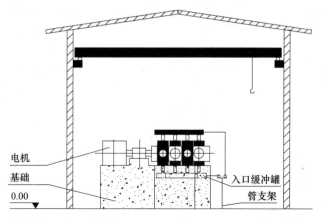

钢结构厂房、桥式起重机、压缩机及进出口配管示意图

A公司编制的压缩机及工艺管道施工程序：压缩机临时就位→□→压缩机固定与灌浆→□→管道焊接→……→□→氢气管道吹洗→□→中间交接。

B公司首先完成压缩机基础施工，与A公司办理中间交接时，共同复核了标注在中心标板上的安装基准线和埋设在基础边缘的标高基准点。

A公司编制的起重机安装专项施工方案中，采用两根钢丝绳分别单股捆扎起重机大梁，用单台50t汽车起重机吊装就位，对吊装作业进行危险源辨识，分析其危险因素，制定了预防控制措施。

A公司依据施工质量管理策划的要求和压力管道质量保证手册规定，对焊接过程的六个质量控制环节（焊工、焊接材料、焊接工艺评定、焊接工艺、焊接作业、焊接返修）设置质量控制点，对质量控制实施有效的管理。

电动机试运行前，A公司与监理单位、建设单位对电动机绕组绝缘电阻、电源开关、启动设备和控制装置等进行检查，结果符合要求。

【问题】

1. 依据 A 公司编制的施工程序，分别写出压缩机固定与灌浆、氢气管道吹洗的紧前和紧后工序。

2. 标注的安装基准线包括哪两个中心线？测试安装标高基准线一般采用哪种测量仪器？

3. 在焊接材料的质量控制环节中，应设置哪些控制点？

4. A 公司编制的起重机安装专项施工方案中，吊索钢丝绳断脱和汽车起重机侧翻的控制措施有哪些？

5. 电动机试运行前，对电动机安装和保护接地的检查项目还有哪些？

参考答案及解析

一、单项选择题

1. B

【解析】金属层状复合材料的分类，包括：铁钢、铝钢、铜钢、钛不锈钢、镍不锈钢、不锈钢碳钢等复合材料。

【解题逻辑】没有复习到，这题也可以做对的。首先题目问的是"金属"，排除 C、D 选项；其次问的是"层状复合"显然在 A、B 选项中优选 B。

2. D

【解析】互感器具有将电网高电压、大电流变换成低电压、小电流；与测量仪表配合，可以测量电能；使测量仪表实现标准化和小型化；将人员和仪表与高电压、大电流隔离等性能。

3. C（本题有争议）

【解析】用排除法做题。选项 A、B、D 是完全正确的。故选项 C 判定为错误。

选项 C，不是很严密，建设单位提供的永久基准点是依据，不需要进行复核；但是临时布设的是需要进行复测的，测量的核心就是"检核"。

A 正确，精度要求高，相比土建的建筑物，机电工程测量的精度误差要求要精确得多。

B 正确，工程测量贯穿于整个施工过程中。从基础划线、标高测量到设备安装的全过程，都需要进行工程测量，以使其各部分的尺寸、位置符合设计要求。

D 正确，工程测量工序与工程施工工序密切相关。某项工序还没有开工，就不能进行该项的工程测量。

4. D

【解析】此题考查锅炉钢结构组件吊装起吊节点的选定。即根据组件的结构、强度、刚度，机具起吊高度，起重索具安全要求等选定。

5. B

【解析】选项 A 错误；合金钢管道上开孔时，应采用机械加工的方法。

选项 C 错误；当设备及管道有绝热层时，安装的取源部件应露出绝热层外。

选项 D 错误；取源阀门与设备或管道的连接不宜采用卡套式接头。

6. C

【解析】此题考查设备及管道防腐蚀措施。氯丁胶乳水泥砂浆属于衬里，而衬里属于覆盖层。

7. D

【解析】可以用排除法做题。选项 A 错误，保温结构的组成与保冷结构不同，保温结构通常只有防腐层、保温层及保护层三层组成。选项 B、C 错误，在潮湿环境或埋地状况下需增设防潮层，各层的功能与保冷结构各层的功能相同。

8. A

【解析】施工阶段项目成本的控制要点：

（1）对分解的成本计划进行落实。

（2）记录、整理、核算实际发生的费用，计算实际成本。

（3）进行成本差异分析，采取有效的纠偏措施，充分注意不利差异产生的原因，以防对后续作业成本产生不利影响或因质量低劣而造成返工现象。

（4）注意工程变更，关注不可预计的外部条件对成本控制的影响。

9. D

【解析】本题用正常思维都可以做对。

10. A

【解析】气体灭火系统是指由气体作为灭火剂的灭火系统。气体灭火系统主要包括：管道安装、系统组件安装（喷头、选择阀、储存装置）、二氧化碳称重检验装置等。

11. D

【解析】选项 D 属于准备阶段内容。实施阶段：采办小组的主要工作包括接收请购文件、确定合格供应商、招标或询价、报价评审或评标定标、召开供应商协调会、签订合同、调整采购计划、催交、检验、包装及运输等。

12. B

【解析】工程文件是在工程建设过程中形成的，用这个概念去判断选项是非常容易的。标准规范不管工程做不做，它都存在。

工程文件包括：施工图纸、技术协议、主要设备材料清单、主要设备技术文件、新产品工艺性试验资料、会议纪要等。

13. A

【解析】根据《建设工程质量管理条例》的规定，建设工程中安装工程在正常使用条件下的最低保修期限为：

（1）建设工程的保修期自竣工验收合格之日起计算。选项 A 正确。

（2）电气管线、给水排水管道、设备安装工程保修期为 2 年。选项 B、D 错误。

（3）供热和供冷系统为 2 个供暖期、供冷期。选项 C 错误。

（4）其他项目的保修期由发包单位与承包单位约定。

14. B

【解析】最适合题意的选项是 B。不作处理：某些工程质量虽不符合规定的要求，但经过分析、论证、法定检测单位鉴定和设计等有关部门认可，对工程或结构使用及安全影响不大、经后续工序可以弥补的；或经检测鉴定虽达不到设计要求，但经原设计单位核算，仍能满足结构安全和使用功能的，也可不作专门处理。

15. C

【解析】离心泵试运转后，应关闭泵的入口阀门，待泵冷却后再依次关闭附属系统的阀门；输送易结晶、凝固、沉淀等介质的泵，停泵后应防止堵塞，并及时用清水或其他介质冲洗泵和管道；放净泵内积存的液体。题目是给水泵，水不是易结晶、凝固、沉淀的介质，不需要冲洗。

16. D

【解析】选项 A 错误；检测器具的测量极限误差必须小于或等于被测对象所能允许的测量极限误差。

选项 B 错误；封存的计量器具重新启用时，必须经检定合格后，方可使用。

选项 C 错误；检测器具应分类存放、标识清楚，针对不同要求采取相应的防护措施。

17. A

【解析】临时用电施工组织设计主要内容应包括：现场勘察；确定电源进线、变电所、配电室、总配电箱、分配电箱等的位置及线路走向；进行负荷计算；选择变压器容量、导线截面积和电器的类型、规格；绘制电气平面图、立面图和接线系统图；配电装置安装、防雷接地安装、线路敷设等施工内容的技术要求；建立用电施工管理组织机构；制定安全用电技术措施和电气防火措施。

18. D

19. A

【解析】主控制室的仪表分部工程可划分为：盘柜安装、电源设备安装、仪表线路安装、接地、系统硬件和软件试验等分项工程。取源部件是现场仪表设备。

20. C

【解析】一般项目：

（1）一般项目指主控项目以外的检验项目，属于检验批的检验内容。

（2）一般项目包括的主要内容有：允许有一定偏差的项目，最多不超过20%的检查点可以超过允许偏差值，但不能超过允许值的150%。对不能确定偏差而又允许出现一定缺陷的项目。

（3）一些无法定量而采取定性的项目。如管道接口项目，无外露油麻等；卫生器具给水配件安装项目，接口严密、启闭部分灵活等。

二、多项选择题

21. A、B、C、D

【解析】最保险的选项为 A、D。选项 B、C 也可以选。本题也可以通过流动式起重机选择步骤来做题（知识点套用）。

吊装方案的主要内容中的吊装参数表，主要包括：设备规格尺寸、金属总重量、吊装总重量、重心标高、吊点方位及标高等。若采用分段吊装，应注明设备分段尺寸、分段重量。

22. B、C、D

【解析】考查焊接线能量。对有冲击力韧性要求的焊缝，施焊时应测量焊接线能量并记录。与焊接线能量有直接关系的因素包括：焊接电流、电弧电压和焊接速度。线能量的大小与焊接电流、电压成正比，与焊接速度成反比。

23. A、D、E

【解析】联轴器装配要求：联轴器装配时，需要测量两轴心径向位移、两轴线倾斜和端面间隙。

24. A、C、D

【解析】选项 B 错误，变压器基础的轨道应水平，轨距与轮距应配合，装有气体继电器的变压器顶盖，沿气体继电器的气流方向有 1.0%～1.5% 的升高坡度。

选项 E 错误，变压器吊装时，索具必须检查合格，钢丝绳必须挂在油箱的吊钩上，变压器顶盖上部的吊环仅作吊芯检查用，严禁用此吊环吊装整台变压器。

25. A、B、C

【解析】选项 D 错误，水冲洗排放管的截面积不应小于被冲洗管截面积的 60%，排水时不得形成负压。选项 E 错误，冲洗压力不得超过管道的设计压力。

26. A、C、D

【解析】高强度螺栓连接的要求：

（1）应按规定分别进行高强度螺栓连接摩擦面的抗滑移系数试验和复验；

（2）高强度大六角头螺栓连接副施拧可采用扭矩法或转角法；

（3）螺栓不能自由穿入时可采用铰刀或锉刀修整螺栓孔，不得采用气割扩孔；

（4）高强度螺栓连接副初拧（复拧）后应对螺母涂刷颜色标记；

（5）高强度螺栓连接副终拧后，螺栓丝扣外露应为 2～3 扣。

27. A、B、D、E

【解析】选项 C 错误，中水给水管道不得装设取水水嘴。

28. A、B、C、E

【解析】选项 A 正确，I 类灯具的外露可导电部分应具有专用的 PE 端子。

选项 B 正确，消防应急灯具应获得消防产品型式试验合格评定，且具有认证标志。

选项 C 正确，灯具内部接线应为铜芯绝缘导线，其截面应与灯具功率相匹配，且不应小于 $0.5mm^2$。

选项 D 错误，选项 E 正确，灯具的绝缘电阻值不应小于 2MΩ，灯具内绝缘导线的绝缘层厚度不应小于 0.6mm。

29. A、B、E

【解析】项目实施中自身风险防范措施：建设风险防范、营运风险防范、技术风险防范、管理风险防范。

30. A、B、D

【解析】检测公共广播系统的声场不均匀度、漏出声衰减及系统设备信噪比符合设计要求。

三、实务操作和案例分析题

（一）

答1：空调工程的施工技术方案编制后应按如下组织实施交底：

（1）施工技术交底应有层次、有重点、有针对性；

（2）开工前、作业前，并贯穿施工全过程；

（3）由编制人员向施工人员进行交底；

（4）交底形式宜采用书面交底，交底人和被交底人应签字确认；

（5）交底资料应妥善保管。

对于重要项目的技术交底文件，应由项目技术负责人审核或批准，交底时技术负责人应到位。

答2：图中错误点及整改如下：

（1）套管内有焊缝；

整改：返工处理，该处管段重新安排，通过套管处应无焊缝。

（2）套管设置错误；

整改：管道穿墙体，应设置钢制套管；管道穿过防火分区时，应采用不燃材料进行防火封堵；保温管道与套管四周的缝隙，应使用不燃绝热材料填塞紧密。

答3：空调供水管的工作压力为1.3MPa，大于1MPa，应为工作压力＋0.5MPa；

所以，空调供水管的试验压力：最低不应小于1.3＋0.5＝1.8MPa；

开式冷却水系统工作压力为0.9MPa，小于1MPa，应为1.5倍工作压力，最低不低于0.6MPa；

所以，开式冷却水的试验压力应为1.5×0.9＝1.35MPa。

答4：试验中发现有渗漏现象时，应立即停止试验，严禁带压处理。

（二）

答1：通过四维（4D）施工模拟与施工组织方案的结合，可以直观地体现施工的界面、顺序，从而使总承包与各专业施工之间的施工协调变得清晰明了，避免施工延期；能够使设备材料进场、劳动力配置等各项工作的安排变得更为有效、经济；设备吊装方案及一些重要的施工步骤，可以用四维模拟的方式很明确地向业主、审批方展示出来。

（备注：没有看过这部分内容，可以用BIM的优点来答）

四维（4D）模拟施工的作用有：

（1）实现深化设计优化，多专业有效协调；

（2）实现现场平面布置合理、高效，现场布置优化；

（3）进度优化，实现对项目进度的控制。

答2：（1）末端试水装置的出水方式不妥，末端出水装置的出水，应采用孔口出流的方式排入排水管道；并且排水管应往下，而不是朝上。

（2）试水排水立管质量问题为：管道直径按规范要求应该为75mm。

（3）末端试水装置漏装以下管件：少试水接头、少排水漏斗。

解析：本题可以说超纲，也可以说是考查现场实务操作。

消防末端试水，正确的示意图如下所示：

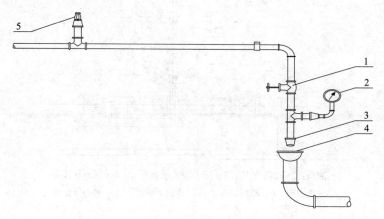

1—截止阀；2—压力表；3—试水接头；4—排水漏斗；5—最不利点处喷头

末端试水装置组成：试水阀、压力表、试水接头组成；末端试水装置的出水，应采用孔口出流的方式排入排水管道。

答3：B公司未完成的调试工作还包括：配水管道安装后的试验、水源测试、排水设施调试以及无负荷的自动喷水灭火系统调试。

解析：抄背景即可。

答4：联动试运行除A公司外，还应有专业承包单位（B分包单位）、建设单位、监理单位参加。

（三）

答1：图中错误之处有：

（1）吸入管的竖直和水平管的转弯，应采用曲率为90°的弯头，不应是管道直接弯制。

（2）吸入管水平直管段过长，宜短。

（3）出水（压水）管路，出水侧同心异径管安装在橡胶软接头下游侧不妥，应安装在上游侧。

（4）吸水管路、压水管路的软管应同材质；并且宜采用金属软管。

（5）出水（压水）管路，没有设止回阀，止回阀安装在闸阀的上游侧。

（6）出水（压水）管路上的压力表没有设表弯。

（7）图中没有显示出泵的水平吸入管向泵的吸入口方向倾斜。

解析：各管件及仪表原件的正确安装方式如下所示：

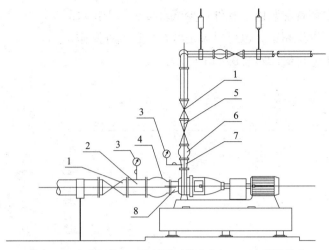

1—闸阀；2—钢制短管；3—压力表（带表弯）；4—钢制软接头；
5—止回阀；6—橡胶软接头；7—同心异径管；8—偏心异径管

答2：水泵安装的质量预控方案有：

（1）工序名称：水泵安装；

（2）水泵安装过程中可能出现的质量问题；

（3）提出水泵安装的质量预控措施。

答3：材料代用应履行相应的审批程序；应由项目专业工程师提出材料代用申请单，经项目部技术管理部门审签后，报监理和建设单位审核，经设计单位同意后，由设计单位签发材料代用的变更单经建设单位会签后生效。施工完成后材料代用单要及时归档并作为工程交接验收的技术资料。

解析：材料属于施工资源之一，变更属于施工方案的变更，按施工方案变更程序写，或按设计变更程序写都能得到相应分值的。

答4：（1）应取得制造许可的制造厂的产品质量证明文件。

（2）使用前核对管道元件及材料的材质、规格、型号、数量和标识、进行外观质量和几何尺寸的检查验收。

（3）取样送检，检测单位采用光谱分析或其他方法对材质进行复查，施工单位复核检测报告。

（四）

答1：建筑设备监控系统深化设计的紧前工序为设备供应商的确定。

深化设计应具有以下基本要求：

（1）自动监控系统的深化设计应具有开放结构，协议和接口都应标准化。

（2）施工深化中还应做好与建筑给水排水、电气、通风空调、防排烟、防火卷帘和电梯等设备的接口确认，做好与建筑装修效果的配合工作。

答2：项目部编制的建筑智能化工程施工进度计划被安装公司否定的原因是：

施工程序安排有错误，系统检测应在系统试运行调试之后进行。

该进度计划表达方式为横道图，横道图施工进度计划的缺点是不能反映工作所具有的机动时间，不能反映影响工期的关键工作和关键线路，也就无法反映整个施工过程的关键所在，因而不便于施工进度控制人员抓住主要矛盾，不利于施工进度的动态控制，利用横道图计划控制施工进度有较大的局限性。

答3：（1）材料进场验收及复检有以下要求：在材料进场时必须根据进料计划、送料凭证、质量保证书或产品合格证，进行材料的数量和质量验收；要求复验的材料应有取样送检证明报告。

（2）验收工作按质量验收标准、规定进行。验收工作按质量验收规范和计量检测规定进行。

答4：搭接方式示意图：

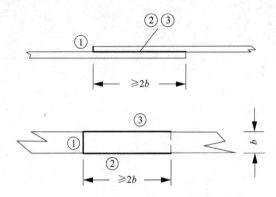

扁钢与扁钢搭接不应小于扁钢宽度的2倍，且应至少三面施焊。

答5：（1）需要填写四个子分部工程检测记录（抄背景进度计划）：建筑设备监控系统，安全技术防范系统，公共广播系统，机房工程。

（2）由检测负责人做出检测结论，监理单位的监理工程师、建设单位项目专业技术负责人签字确认。

（五）

答1：压缩机固定与灌浆紧前工序：压缩机安装精度调整与检测；

压缩机固定与灌浆紧后工序：压缩机装配；

氢气管道吹洗紧前工序：仪表安装→压力试验；

氢气管道吹洗紧后工序：防腐保温→调试与试运转。

答2：标注的安装基准线包括纵、横两个中心线。

测试安装标高基准线一般采用经纬仪和全站仪。

答3：在焊接材料的质量控制环节中，应设置以下控制点：（1）焊材的采购；（2）验收及复检；（3）保管；（4）烘干及恒温存放；（5）发放与回收。

答4：公司编制的起重机吊装专项方案中，预防吊装钢丝绳断脱的控制措施：选择钢丝绳考虑钢丝绳的强度极限、规格、直径、安全系数。使用前进行检查验收，对有棱角的设备可能造成钢丝绳的损坏，应有防护措施。

预防汽车起重机会翻车的控制措施：严格机械检查、打好支腿并用道木和钢板垫实和加固，确保支腿稳定。

答 5：电动机试运行前，对电动机的安装和保护接地还需要检查：

（1）检查电动机安装是否牢固，地脚螺栓是否全部拧紧。

（2）电动机的保护接地线必须连接可靠，接地线（铜芯）的截面不小于 $4mm^2$，有防松弹簧垫圈。

经典案例选

经典案例一
（2018年一级案例一）

【背景资料】

某项目管道工程，内容有：建筑生活给水排水系统、消防水系统和空调水系统的施工。某分包单位承接该任务后，编制了施工方案、施工进度计划（见表1-1中细实线）、劳动力计划（见表1-2）和材料采购计划等；施工进度计划在审批时被否定，原因是生活给水与排水系统的先后顺序违反了施工原则，分包单位调整了该顺序（见表1-1中粗实线）。

施工中，采购的第一批阀门（见表1-3）按计划到达施工现场，施工人员对阀门开箱检查，按规范要求进行了强度和严密性试验，主干管上起切断作用的 $DN400$、$DN300$ 阀门和其他规格的阀门抽查均无渗漏，验收合格。

在水泵施工质量验收时，监理人员指出水泵进水管接头和压力表接管的安装存在质量问题（见下图），要求施工人员返工，返工后质量验收合格。

建筑生活给水排水系统、消防水系统和空调水系统安装后，分包单位在单机及联动试运行中，及时与其他各专业工程施工人员配合协调，完成联动试运行，工程质量验收合格。

建筑生活给水、排水、消防和空调水系统施工进度计划表　　　表1-1

施工内容	施工人员	3月	4月	5月	6月	7月	8月	9月	10月
生活给水系统施工	40人								
排水系统施工	20人								
消防水系统施工	20人								
空调水系统施工	30人								
机房设备施工	30人								
单机、联动试运行	40人								
竣工验收	30人								

建筑生活给水、排水、消防和空调水系统施工劳动力计划表　　　表1-2

月　份	3月	4月	5月	6月	7月	8月	9月	10月
施工人员	40人	80人	140人		100人	60人	40人	30人

阀门规格数量　　　　　　　　　　　　　　　　　　　表 1-3

名称	公称压力	DN400	DN300	DN250	DN200	DN150	DN125	DN100
闸阀	1.6MPa	4	8	16	24			
球阀	1.6MPa					38	62	84
碟阀	1.6MPa			16	26	12		
合计		4	8	32	50	50	62	84

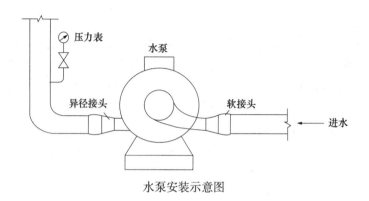

水泵安装示意图

【问题】

1. 劳动力计划调整后，3 月份和 7 月份的施工人员分别是多少？劳动力优化配置的依据有哪些？

2. 第一批进场阀门按规范要求最少应抽查多少个阀门进行强度试验？其中 DN300 闸阀的强度试验压力应为多少 MPa？最短试验持续时间是多少？

3. 水泵（上图）运行时会产生哪些不良后果？绘出合格的返工部分示意图。

4. 本工程在联动试运行中需要与哪些专业系统配合协调？

【答案与解析】

答 1：劳动力计划调整后，3 月份和 7 月份的施工人员分别是 20 人和 120 人。

劳动力优化配置的依据：项目所需劳动力的种类及数量；项目的施工进度计划；项目的劳动力资源供应环境。

解析：

3 月份，减少生活给水系统施工人员 40 人，增加排水系统施工人员 20 人。

则 40－40 + 20 = 20 人。

7 月份，增加生活给水系统施工人员 40 人，减少排水系统施工人员 20 人。

则 100 + 40－20 = 120 人。

答 2：第一批进场的阀门按规范要求最少应抽查 44 个进行强度试验（见下表）；

DN300 闸阀的强度试验压力应为 2.4MPa；最短试验持续时间是 180s。

解析：

阀门安装前，应做强度和严密性试验，试验应在每批（同牌号、同型号、同规格）数量中抽查 10%，且不少于一个。对于安装在主干管上起切断作用的闭路阀门，应逐个做强度和严密性试验。

阀门的强度试验压力为公称压力的 1.5 倍；$DN240\sim DN450$ 的试验时间不少于 180s。

名称	公称压力	DN400	DN300	DN250	DN200	DN150	DN125	DN100
闸阀	1.6MPa	4	8	16	24			
球阀	1.6MPa					38	62	84
碟阀	1.6MPa			16	26	12		
合计		4	8	32	50	50	62	84
抽查数量		4	8	2＋2＝4	3＋3＝6	4＋2＝6	7	9

注意：不同规格型号。

答 3：水泵运行时会产生的不良后果：进水管的同心异径接头会形成气囊；压力表接管没有弯圈，压力表会有压力冲击而损坏。合格的返工部分示意图如下：

答 4：本工程在联动试运行中，需要与建筑电气系统、通风空调风系统、建筑智能化系统、火灾自动报警（联动）系统、建筑（装饰）专业的配合协调。

解析：把建安的几个分部工程写上去是最讨巧的答题方法。

经典案例二
（2017 年一级案例三）

【背景资料】

某机电工程公司经招标投标承接了一台 660MW 火电机组安装工程。工程开工前，施工单位向监理工程师递交了工程安装主要施工进度计划（如下图所示，单位：d），满足合同工期的要求并获业主批准。

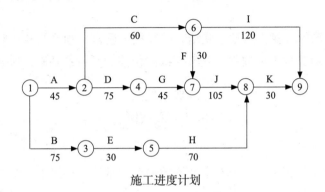

施工进度计划

在施工进度计划中，因为工作 E 和 G 需吊装载荷基本相同，所以租赁了同一台塔吊安装，并计划在第 76 天进场。

在锅炉设备搬运过程中，由于叉车故障在搬运途中失控，使所运设备受损，返回制造厂维修，工作 B 中断 20d，监理工程师及时向施工单位发出通知，要求施工单位调整计划，以确保工程按合同工期完成。对此施工单位提出了调整方案，即将工作 E 调整为工作 G 完成后开工。在塔吊施工前，施工单位组织编写了吊装专项施工方案，并经审核签字后组织了实施。

该工程安装完毕后，施工单位在组织汽轮机单机试运转中发现，在轴系对轮中心找正过程中，轴系联结时的复找存在一定误差，导致运行噪声过大，经再次复找后满足了要求。

【问题】

1. 在原计划中如果按照先工作 E 后工作 G 组织吊装，塔吊应安排在第几天投入使用可使其不闲置？说明理由。

2. 工作 B 停工 20d 后，施工单位提出的计划调整方案是否可行？说明理由。

3. 塔吊专项施工方案在施工前应由哪些人员签字？塔吊选用除了考虑吊装载荷参数外还有哪些基本参数？

4. 汽轮机轴系对轮中心找正除轴系联结时的复找外还包括哪些找正？

【答案与解析】

答 1：在原计划中如果按照先工作 E 后工作 G 组织吊装，塔吊安排在第 91 天进场；因为，G 在关键线路上，第 121 天要用吊机，这个时间不能动。

要使吊机连续作业，则，121-E 工作的 30d = 91。在第 91 天投入使用，可使吊机不闲置。

答 2：调整方案可行。

理由：如果还是先 E 再 G，75 + 20 + 30 = 125 超过关键工作 G 必须 121d 作业。

所以，应该是利用工作 E 的总时差，先进行 G 的吊装，完成后再进行 E。方案调整正确。

答 3：需要签字的人员有机电工程公司单位技术负责人、总监理工程师。

塔吊选用的基本参数中除了吊装载荷外，还包括额定起重量、最大幅度、最大起升高度。

答 4：轴系对轮中心找正除轴系联结时的复找，还包括轴系初找；凝汽器灌水至运行重量后的复找；汽缸扣盖前的复找；基础二次灌浆前的复找；基础二次灌浆后的复找。

经典案例三
（2016 年一级案例一）

【背景资料】

某制氧站经过招标投标，由具有安装资质的公司承担全部机电安装工程和主要机械设备的采购。安装公司进场后，按合同工期、工作内容、设备交货时间、逻辑关系及工作持续时间（见下表）编制了施工进度计划。

制氧站安装公司工作内容、逻辑关系及持续时间表

工作内容	紧前工作	持续时间（天）
施工准备	—	10
设备订货	—	60
基础验收	施工准备	20
电气安装	施工准备	30
机械设备及管道安装	设备订货、基础验收	70
控制设备安装	设备订货、基础验收	20
调试	电气安装、机械设备及管道安装、控制设备安装	20
配套设备安装	控制设备安装	10
试运行	调试、配套设施安装	10

在计划实施过程中，电气安装滞后 10d，调试滞后 3d。

设备订货前，安装公司认真对供货商进行了考查，并在技术、商务评审的基础上对供货商进行了综合评审，最终选择了各方均满意的供货商。

由于安装公司进场后，未向当地（市级）特种设备安装监督部门书面告知，致使安装工作受阻，经补办相关手续后，工程得以顺利进行。

在制氧机法兰和管道法兰连接时，施工班组未对法兰的偏差进行检验，即进行法兰连接，遭到项目工程师的制止。

【问题】

1. 根据上表计算总工期需要多少天？电气安装滞后及调试滞后是否影响总工期？并分别说明理由。

2. 制氧机法兰与管道法兰的偏差应在何种状态下进行检验？检验的内容有哪些?

【答案与解析】

答 1：根据上表绘制出双代号网络图如下图所示：

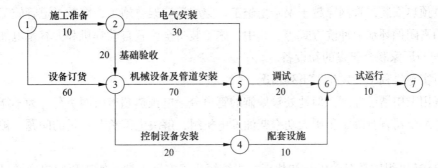

如上图所示，关键线路为①→③→⑤→⑥→⑦，总工期为：$60 + 70 + 20 + 10 = 160d$

电气安装滞后不影响总工期，电气安装有 90d 的总时差，电气安装滞后 10d 小于其总时差，对总工期没有影响。调试滞后影响总工期，调试是关键工作，影响总工期 3d。

答 2：（1）新氧机法兰与管道法兰的偏差应在自由状态下检验。

（2）检查的内容包括：法兰的平行度和同轴度，偏差应符合规定要求。管道与机械设备最终连接时，应在联轴节上架设百分表监视机器位移。管道经试压、吹扫合格后，应对该管道与机器的接口进行复位检验。管道安装合格后，不得承受设计以外的附加荷载。

经典案例四
（2016年一级案例五）

【背景资料】

某城市基础设施升级改造项目为市郊的热电站二期 $2 \times 330MW$ 凝汽机组向城区集中供热及配套管网，工艺流程如下图所示。业主通过招标与 A 公司签订施工总承包合同，工期 12 个月。

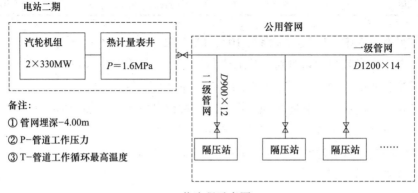

工艺流程示意图

公用管网敷设采用闭式双管制，以电站热计量表井为界，一组高温水供热管网 16km，二级供热管网 9km，沿线新建 6 座隔压换热站，隔压站出口与原城市一级管网连接。

针对公用管网施工，A 公司以质量和安全为重点进行控制策划，制定危险性较大的分部分项工程清单及安全技术措施，确定主要方案的施工技术方法包括：管道预制、保温及外护管工厂化生产；现场施焊采取氩弧焊打底，自动焊填充，手工焊盖面；直埋保温管道无补偿电预热安装；管网穿越干渠暗挖施工，穿越河流架空施工，穿越干道顶管施工；管道清洗采用密闭循环水力冲洗方式等。其中，施工装备全位置自动焊机和大容量电加热装置是 A 公司与厂家联合研发的新设备。

项目实施过程中，发生了下列情况：

现场用电申请已办理，但地处较偏僻的管道分段电预热超市政网负荷，为不能影响工程进度，A 公司自行决定租用大功率柴油发电机组，解决电网负荷不足的问题，被供电部门制止。

330MW 机组轴系对轮中心初找正，为缩短机组安装工期，钳工班组提出通过提高中调整精度等级，在基础二次灌浆前的工序阶段，一次性对轮中心进行复查和找正，被 A 公司否定。公用管网焊接过程中，发现部分焊工的焊缝不稳定，经无损检测结果分析，主要缺陷是气孔数量超标。A 公司排除焊工操作和焊接设备影响因素后，及时采取针对性的质量预控措施。

【问题】

1. 针对公用管网施工，A 公司应编制哪些需要组织专家论证的安全专项方案？

2. 供电部门为何制止 A 公司自行解决用电问题？指出 A 公司使用自备电源的正确做法。

3. 针对 330MW 机组轴系调整，钳工班组还应在哪些工序阶段多次对轮中心进行复查和找正？

4. 针对气孔数量超标缺陷，A 公司在管道焊接过程中应采取哪些质量预控措施？

【答案与解析】

答1：针对公用管网施工，A 公司应对超过一定规模的危险性较大的分部分项工程编制专项方案，这些方案需要组织专家论证。

包括以下专项方案：

（1）管网穿越干渠暗挖施工专项方案；

（2）"密闭循环水力"管道冲洗专项方案；

（3）使用全位置自动焊机和大容量电加热装置的新设备的焊接作业专项施工方案。

答2：A 公司用自备电源解决用电问题未办理正确的用电手续。A 公司应告知供电部门并征得同意。同时要妥善采取安全技术措施，防止自备电源误入市政电网。

答3：轴系中心找正要进行多次，轴系初找后，还应分别进行凝汽器灌水至运行重量后的复找；汽缸扣盖前的复找；基础二次灌浆前的复找；基础二次灌浆后的复找；轴系联结时的复找。

答4：针对气孔数量超标缺陷，应采取的质量预控措施：进行焊材烘干；配备焊条保温桶；采取防风措施；控制氩气纯度；焊接前进行预热等。

经典案例五
（2015 年一级案例五）

【背景资料】

A 安装公司承包某分布式能源中心的机电安装工程，工程内容有：三联供（供电、供冷、供热）机组、配电柜、水泵等设备安装和冷热水管道、电缆排管及电缆施工。三联供机组、配电柜、水泵等设备由业主采购；金属管道、电力电缆及各种材料由安装公司采购。

A 安装公司项目部进场后，编制了施工进度计划（见下表）、预算费用计划和质量预控方案。对业主采购的三联供机组、水泵等设备检查，核对技术参数，符合设计要求。设备基础验收合格后，采用卷扬机及滚杠滑移系统将三联供机组二次搬运、吊装就位。安装中设置了质量控制点、做好施工记录，保证安装质量，达到设计及安装说明书要求。

施工进度计划

序号	工作内容	持续时间	开始时间	完成时间	紧前工序	3月			4月			5月			6月		
						1	11	21	1	11	21	1	11	21	1	11	21
1	施工准备	10d	3.1	3.10	—												
2	基础验收	20d	3.1	3.20	—	—											

序号	工作内容	持续时间	开始时间	完成时间	紧前工序	3月			4月			5月			6月		
						1	11	21	1	11	21	1	11	21	1	11	21
3	电缆排管施工	20d	3.11	3.30	1		—	—									
4	水泵及管道安装	30d	3.11	4.3	1		—	—									
5	机组安装	60d	3.31	5.29	2、3			—	—	—	—	—	—				
6	配电及控制线安装	20d	4.1	4.20	2、3				—	—							
7	电缆敷设连接	20d	4.21	5.10	6						—	—					
8	调试	20d	5.30	6.18	4、5、7										—	—	
9	配电设施安装	20d	4.21	5.10	6						—	—					
10	试运行、验收	10d	6.19	6.28	8、9												—

在施工中发生了以下3个事件：

事件1：项目部将2000m电缆排管施工分包给B公司，预算单价为120元/m，在3月22日结束时检测，B公司只完成电缆排管施工1000m，但支付给B公司的工程进度款累计已达160000元，项目部对B公司提出警告，要求加快施工进度。

事件2：在热水管道施工中，按施工图设计位置施工，碰到其他管线，使热水管道施工受阻，项目部向设计单位提出设计变更，要求改变热水管道的走向，结果使水泵及管道安装工作拖延到4月29日才完成。

事件3：在分布式能源中心项目试运行验收中，有一台三联供机组噪声较大，经有关部门检验分析及项目部提供的施工文件证明，不属于安装质量问题，后增加机组的隔声设施，验收通过。

【问题】

1. 业主采购水泵时应考虑哪些性能参数？

2. 三联供机组就位后，试运行前还有哪些安装步骤？

3. 计算事件1的 CPI 和 SPI 及其影响，请问是否影响总工期？

4. 请问事件2中承包单位如何才能修改图纸？请问延误是否影响工期？

5. 针对事件3中，施工单位需要哪些资料才能证明自己没有过错？

【答案与解析】

答1：业主采购水泵时应考虑以下性能参数：流量、扬程、轴功率、转速、效率、必需的汽蚀余量。

答2：三联供机组就位后，试运行前还有以下安装步骤：安装精度调整与检测、设备固定与灌浆、零件装配、润滑与设备加油。

答3：背景资料——在3月22日结束时检测，实际工程量为 $2000/20 \times 12d$

已完工程预算费用 $BCWP = 1000 \times 120 = 120000$ 元；

已完工程实际费用 $ACWP = 160000$ 元；

计划工程预算费用 $BCWS = （2000/20 \times 12）\times 120 = 144000$ 元。

所以：

（1）事件1中的 $CPI = BCWP/ACWP = 120000/160000 = 0.75$，说明费用超支。

（2）事件1中的 $SPI = BCWP/BCWS = 120000/144000 = 0.83$，说明进度延误。

（3）影响总工期，理由：工作电缆排管施工在关键线路上，是关键工作，总时差为0，任何延误均会影响计划工期，在计划工期＝总工期情况下，会影响总工期。

答4：

（1）如发现设计有问题或因施工方面的原因要求变更设计，应提出设计变更，办理签认后方可更改。

本案例背景情形属于一般设计变更，由A公司项目部工程师提出设计变更申请单，经项目部技术管理部门审核签字后提交建设（监理）单位审核。经设计单位同意后，由设计单位签发设计变更通知书并经建设单位（监理）会签后生效。

（2）不影响工期。理由：水泵及管道安装工作（工序4）在非关键线路上，是非关键工作，总时差为50d；原计划到4月9日完工，拖延到4月29日才完成，说明工作延误20d，延误时间没有超出总时差，所以不影响工期。

第3、4问解析：画出网路计划图，如下所示：

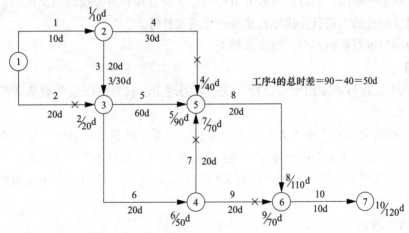

说明：

(1) 关键线路：①→②→③→⑤→⑥→⑦；

(2) 关键工作：工序1、3、5、8、10。

答5：（考工程建设中形成的验收依据）针对事件3中，施工单位证明自己没有过错需要以下资料：施工图纸、设备技术资料、设计说明书、设计变更单及有关技术文件合同。

经典案例六

（2019年二级案例四）

【背景资料】

某超高层项目，建筑面积约18万 m^2，高度260m，考虑到超高层施工垂直降效严重的问题，建设单位（国企）将核心筒中四个主要管井内立管的安装，由常规施工方法改为模块化的装配式建造方法，具有一定的技术复杂性，建设单位还要求F1~F7层的商业部分提前投入运营，需要提前组织消防验收。

经建设单位同意，施工总承包单位将核心筒管井的机电工程公开招标。管井内的管道主要包括空调冷冻水、冷却水、热水、消火栓及自动喷淋系统。该机电工程招标控制价2000万元，招标文件中明确要求投标人提交60万元投标保证。某分包单位中标该工程，并与总承包单位签订了专业分包合同。

施工过程中，鉴于模块化管井立管的吊装属于超过一定规模的危险性较大的专项工程，分包单位编制安全专项施工方案，通过专家论证后，分包单位组织了实施。

该工程管井内的空调水立管上设置补偿器，分包单位按设计要求的结构形式及位置安装支架。在管道系统投入使用前，及时调整了补偿器。

F1~F7层商业工程竣工后，建设单位申请消防验收，递交的技术资料如下：

（1）消防验收申请表；

（2）工程竣工验收报告、隐蔽工程施工和验收资料；

（3）消防产品市场准入证明文件；

（4）具有防火性能要求的建筑构件、装修材料证明文件和出厂合格证；

（5）工程监理单位、消防技术服务机构的合法身份和资质等级证明文件；

（6）建设单位的工商营业执照合法身份证明文件等。

经消防部门审查资料不全，被要求补充。

【问题】

1. 该机电工程可否采用邀请招标方式？说明理由。投标保证金金额是否符合规定？说明理由。

2. 该工程的安全专项施工方案专家论证会应由哪个单位组织召开？论证前由哪几个单位人员审核？参加论证会的专家中，符合专业要求的人数应不少于多少名？

3. 补偿器两侧的空调水立管上应安装何种形式的支架？补偿器应如何调整？使其处于何种状态？

【答案与解析】

答1：（1）该机电工程不能采用邀请招标方式。

理由是：超高层建筑管道工程模块化安装属于建筑管道先进适用技术，也是国家的推广技术。该工程虽然有一定的技术复杂性，但是工厂化和计算机三维技术能有效地解决。

（2）投标保证金金额不符合规定，招标人在招标文件中要求投标人提交投标保证金的，投标保证金不得超过招标项目估算价的2%，该机电工程招标控制价2000万元，因此需要提交40万元投标保证金。

答2：（1）该工程的安全专项施工方案专家论证会应由总承包单位组织召开。

（2）专家论证前专项施工方案应当通过施工单位审核和监理单位总监理工程师审查。

（3）专家应当从国家专家库中选取，符合专业要求且人数不得少于5名。

答3：（1）补偿器两侧的空调水立管上应安装固定支架。

（2）补偿器形式、规格、位置应符合设计要求，并按有关规定进行预拉伸。

两个补偿器之间（一般为 20～40m）以及每一个补偿器两侧（指远的一端）应设置固定支架。两个固定支架的中间应设导向支架。补偿器两侧的第一个支架应为活动支架，设置在距补偿器弯头弯曲起点 0.5～1m 处，不得设置导向支架或固定支架。

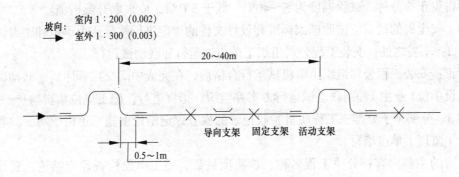

经典案例七
（2015 年二级案例三）

【背景资料】

　　某安装工程公司承包了一套燃油加热炉安装工程，包括加热炉、燃油供应系统、钢结构、工艺管道、电气动力与照明、自动控制、辅助系统等。

　　燃油泵的进口管道焊缝要求 100% 射线检测，因阀门和法兰未到货，迟迟未能焊接，为了不影响单机运行的进度要求，阀门和法兰到达施工现场后，安装工程公司项目部马上安排施工人员进行管道和法兰的施焊，阀门同时安装就位。

　　安装公司项目部向总工程师组织编写了加热炉、燃油泵等动力设备的单机试运行方案，报建设单位进行了审批，按照试运行方案，安装工程公司项目部组织了单批试运行和联动试运行。

　　安装工程公司项目部在分项、分部工程质量验收评定合格后，填写管道工程质量验收记录，并作了检查评定结论，向建设单位提出进行单位工程质量验收评定和竣工验收的申请。

　　安装工程公司项目部向建设单位提交的竣工工程施工记录资料有：图纸会审记录，设计变更单，隐蔽工程验收记录，焊缝的无损检测记录；质量事故处理报告及记录。建设单位认为，安装工程公司项目部提交的施工记录不全，要求安装工程公司项目部完善、补充，安装工程公司项目部全部整改补充后，建设单位同意该工程组织竣工验收。

【问题】

　　1. 阀门在安装前应该检查哪些内容？

　　2. 指出安装工程公司项目部组织运行的不妥之处，并予以纠正。

　　3. 工艺管道工程质量验收记录填写的主要内容有哪些？

　　4. 安装工程公司项目部应补充哪些施工记录资料？

【答案与解析】

　　答 1：阀门进入现场要检查制造厂的质量证明书。阀门安装前检验内容如下：

（1）阀门应进行壳体压力试验和密封试验。阀门壳体压力试验和密封试验应以洁净水为介质，不锈钢阀门试验时，水中氯离子含量不得超过 25ppm。

（2）阀门的壳体试验压力为阀门在 20℃时最大允许工作压力的 1.1 倍，试验压力持续时间不得少于 5 分钟，试验温度为 5～40℃，低于 5℃时，应采取升温措施。

（3）安全阀的校验应按照国家标准和设计文件的规定进行整定压力调整和密封试验。

答 2：不妥之处：安装工程公司组织了单机试运行和联动试运行。

纠正：安装工程公司组织了单机试运行合格后，在完成中间交接程序后，联动试运行应由建设单位（业主）编制联动试运行方案并组织、指挥进行，施工单位负责监护、指导。

答 3：分部（子分部）工程质量验收记录的检查评定结论由施工单位填写。验收结论由建设（监理）单位填写。

填写的主要内容：分项工程名称、检验项目数、施工单位检查评定结论、建设（监理）单位验收结论。结论为"合格"或"不合格"。

记录表签字人：建设单位项目负责人、建设单位项目技术负责人；总监理工程师；施工单位项目负责人、施工单位项目技术负责人；设计单位项目负责人。

答 4：安装工程公司项目部还应补充协商记录、材料合格证及检验试验报告、施工记录、施工试验记录、观测检录、检测报告、试运转记录、中间交接记录、竣工图、分部分项工程质量验收记录。

模拟预测篇

2021年度全国一级建造师执业资格
考试模拟预测试卷一

一、单项选择题（共20题，每题1分。每题的备选项中，只有1个最符合题意）

1. 反映热水锅炉工作强度指标的是（　　）。

A. 温度　　　　　　　　　　　　B. 受热面的蒸发率

C. 受热面的发热率　　　　　　　D. 热效率

2. 设备安装的基准线是标注在（　　）。

A. 基础边缘　　　　　　　　　　B. 中心标版上

C. 基础的中心线　　　　　　　　D. 基础的纵横中心线

3. 若采用2个以上吊点起吊时，每点的吊索与水平线的夹角不宜小于（　　）。

A. 15°　　　　　　　　　　　　B. 30°

C. 45°　　　　　　　　　　　　D. 60°

4. 下列焊条选用原则中，属于提高生产率和降低成本原则的是（　　）。

A. 母材中硫磷元素含量偏高时，选用低氢型焊条

B. 接触腐蚀介质的焊件，选不锈钢或耐腐蚀焊条

C. 结构复杂、刚性大的焊件选韧性高、氢裂纹倾向低的焊条

D. 酸洗焊条和碱性焊条都满足，尽量选酸洗焊条

5. 石油化工工程的烟囱和火炬基础宜选用（　　）。

A. 垫层基础　　　　　　　　　　B. 深基础

C. 沉井基础　　　　　　　　　　D. 绝热层基础

6. 符合电动机干燥要求的是（　　）。

A. 经2h烘干，绝缘电阻值稳定不变，完成干燥

B. 干燥过程中温升控制在10℃

C. 干燥过程中可以用水银温度计测量温度

D. 可以采用电流加热干燥方法

7. 符合热力管道安装要求的是（　　）。

A. 室外热力管道的坡度应该为0.002

B. 补偿器必须垂直安装

C. 弹簧吊架一般安装在垂直膨胀的横向、纵向均有伸缩处

D. 补偿器两侧的第一个支架应为导向支架

8. 储罐组焊，预防焊接变形措施不包括（　　）。

A. 焊缝要分散，对称布置

B. 底板边缘板对接接头采用等间隙

C. 壁板卷制中要用弧形样板检查边缘的弧度

D. 可以采用反变形措施，补偿焊缝的角向收缩

9. 锅炉受热面施工程序中，通球试验与清理的紧后工序是（   ）。

A. 设备及其部件清点检查
B. 管子就位对口焊接

C. 联箱找正划线
D. 组件地面验收

10. 气动信号管通常不采用（   ）。

A. 紫铜管
B. 镀锌钢管

C. 不锈钢管
D. 尼龙管

11. 氟涂料宜采用（   ）施工。

A. 刷涂法
B. 滚涂法

C. 喷涂法
D. 淋涂法

12. 下列耐火材料中，既耐酸也耐碱腐蚀的是（   ）。

A. 高铝砖
B. 镁铝砖

C. 硅砖
D. 白云砖

13. 自动扶梯、自动人行道必须通过安全触点或安全电路来断开开关的是（   ）。

A. 无控制电压
B. 电路接地的故障

C. 过载
D. 梯级或踏板下陷

14. 某建筑室外消火栓灭火系统，工作压力为 0.3MPa，该系统水压试验压力为（   ）MPa。

A. 0.33
B. 0.4

C. 0.45
D. 0.6

15. 下列情况中，招标投标中不属于废标的有（   ）。

A. 截止投标前 5 分钟进行报价变更，并提交变更文件

B. 提供的企业资质等级低于资格预审时提供的资质等级

C. 未按招标文件提供的工程量报价

D. 投标工期高于合同工期

16. 施工单位项目部与有合同契约关系的单位间的协调包括（   ）。

A. 设计单位
B. 供水供电单位

C. 材料供应单位
D. 消防单位

17. 以下设备采购工作阶段工作内容属于实施阶段工作内容的是（   ）。

A. 需求分析
B. 编制采购计划

C. 招标或询价
D. 交接

18. 机电工程项目成本控制中，在施工准备阶段项目成本的控制要点是（   ）。

A. 优化施工方案
B. 落实分解的成本计划

C. 成本差异分析
D. 注意工程变更

19. 下列不属于 A 类计量器具的是（   ）。

A. 一级平晶   B. 压力表

C. 接地电阻测量仪   D. 水平仪检具

20. 分项工程质量验收记录应由施工单位（　　　）填写。

A. 专业施工员   B. 质量检验员

C. 工程资料员   D. 技术负责人

二、多项选择题（共 10 题，每题 2 分。每题的备选项中，有 2 个或 2 个以上符合题意，至少有 1 个错项。错选，本题不得分；少选，所选的每个选项得 0.5 分）

21. 建筑管道预制要求包括（　　　）等。

A. 预制阶段应同时进行管道的检验和底漆的涂刷工作

B. 冲压弯头曲率应不小于管道外径

C. 焊接弯头曲率应不小于管道外径的 1.5 倍

D. 钢管热弯曲率应不小于管道外径的 1.5 倍

E. 冷弯曲率应不小于管道外径的 3.5 倍

22. 以下属于变配电室子分部工程的分项工程是（　　　）。

A. 变压器安装

B. 裸母线、封闭母线、插接式母线安装

C. 动力配电箱及控制柜安装

D. 电加热器及电动执行机构检查、接线

E. 接地装置安装

23. 在矩形风管无法兰连接中，适用于中压风管连接的是（　　　）。

A. S 形插条   B. C 形插条

C. 薄钢板法兰插条   D. 薄钢板法兰弹簧夹

E. 直角形平插条

24. 关于光缆的施工要求，正确的有（　　　）。

A. 动态弯曲半径应大于光缆外径的 15 倍

B. 光缆的牵引力不应超过 150kg

C. 光的牵引速度宜为 10m／min

D. 一次牵引的直线长度不宜超过 1km

E. 光纤接头的预留长度不应小于 5m

25. 机电工程项目内部协调管理的措施主要有（　　　）。

A. 合同措施   B. 技术措施

C. 经济措施   D. 制度措施

E. 教育措施

26. 项目直接成本计划主要反映（　　　）。

A. 施工现场管理费用的计划数   B. 工程成本的预算价格

C. 工程成本计划降低额和降低率   D. 工程预算收入及降低额

E. 施工生产消耗水平

27. 人力需求预测分为（　　）预测。

A. 企业流动率预测
B. 现实人力资源需求
C. 未来人力资源需求
D. 企业项目数量
E. 未来流失人力资源需求

28. 建设工程质量方面存在的问题的风险有（　　）。

A. 发生停机
B. 发生工程垮塌事故
C. 存在影响结构安全的重大隐患
D. 存在影响环境的隐患
E. 影响使用功能

29. 试运行前设备及其附属装置安装及内部处理的全部工作已完成，并经有关单位检查确认外还应完成（　　）。

A. 管道系统
B. 给水排水系统
C. 电气系统
D. 控制系统
E. 消防工程

30. 工业炉窑砌筑工程量大于100m³时，分项工程按（　　）划分。

A. 座
B. 台
C. 结构组成
D. 区段
E. 种类

三、实务操作和案例分析题（共5题，（一）、（二）、（三）题各20分，（四）、（五）题各30分）

（一）

【背景资料】

某大型机电工程施工总承包合同工期为20个月。在该机电工程开工之前，总承包单位向总监理工程师提交了施工总进度计划，各工作均匀进行，如图1-1所示。该计划得到总监理工程师的批准。

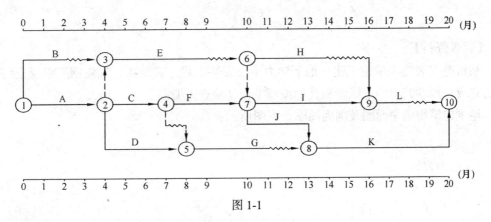

图 1-1

当该机电工程进行到第 7 个月末时，进度检查绘出的实际进度前锋线如图 1-2 所示。

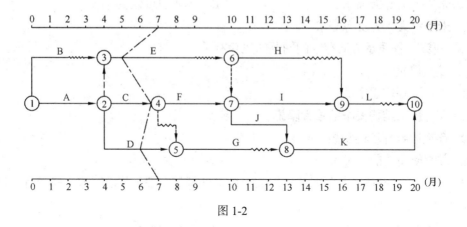

图 1-2

E 工作和 F 工作于第 10 个月末完成以后，业主决定对 K 工作进行设计变更，变更设计图纸于第 13 个月末完成。

工程进行到第 12 个月末时，进度检查时发现：

（1）H 工作刚刚开始；

（2）I 工作仅完成了 1 个月的工作量；

（3）J 工作和 G 工作刚刚完成。

【问题】

1. 为了保证本工程的建设工期，在施工总进度计划中应重点控制哪些工作？

2. 根据第 7 个月末工程施工进度检查结果，分别分析 E、C、D 工作的进度情况及对其紧后工作和总工期产生什么影响？

3. 根据第 12 个月末进度检查结果，在图 1-1 中绘出进度前锋线。此时总工期为多少个月？

4. 由于 J、G 工作完成后 K 工作的施工图纸未到，K 工作无法在 J 完工后就开始施工，总承包单位就此向业主提出了费用索赔。监理工程师应如何处理？说明理由。

（二）

【背景资料】

某机电安装施工单位承建一地下动力中心安装工程，建筑物为现浇钢筋混凝土结构，并已完成。预埋的照明电线管和其他预埋工作经检查无遗漏。

地下建筑物的平面图及剖面简图如下图所示：

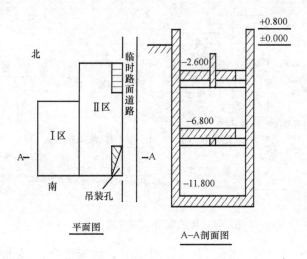

北

临时路面道路

Ⅱ区

Ⅰ区

A— —A

南

吊装孔

+0.800
±0.000

-2.600

-6.800

-11.800

平面图   A-A剖面图

临时路面道路为回填土地基铺钢板道路。

设备布置和设计要求是：

（1）-2.600 层Ⅰ区安装冷却塔及其水池。

（2）-6.800 层Ⅰ区安装燃油供热锅炉、Ⅱ区北侧安装换热器，南侧安装各类水泵。

（3）-11.800 层Ⅰ区为变配电所、Ⅱ区北侧安装离心冷水机组，南侧安装柴油发电机组。

（4）动力中心设有通风排气和照明系统，在 -11.800 层地面下有集水坑。各层吊装孔在设备吊装结束后加盖，达到楼面强度，并做防渗漏措施。

（5）每种设备均有多台，设备布置紧凑，周界通道有限。

安装开工时，工程设备均已到达现场仓库。所有工程设备均需用站位于吊装孔边临时道路的汽车式起重机（40t），吊运至设备所在平面层，经水平拖运才能就位。

【问题】

1. 根据建筑物设备布置和要求怎样合理安排设备就位的顺序？说明理由。用任意一层（-2.600 层除外）为例，做设备就位流程图。

2. 为充分利用资源、降低成本、改善作业环境，动力中心开工时，可安排哪些工程施工？说明理由。

3. 动力中心安装前要进行起重吊装作业的专项安全技术交底，交底内容中哪些与土建工程有关？说明理由。

4. 动力中心的设备就位作业计划宜用什么形式表达？有什么优点？

（三）

【背景资料】

某公司承包某厂煤粉制备车间的煤粉生产线的机电设备安装工程，工程内容包括：一套球磨机及其配套的输送、喂料、分离器等辅助机械设备安装；电气及自动化仪表安装；一座煤粉仓及车间的非标管道的制作及安装；煤粉仓及煤粉输送管道保温；无负荷单机调试试运转（图 3-1）。

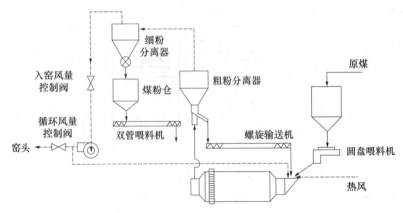

图 3-1　煤粉制备车间工艺布置图

球磨机筒体单重 60t，长 3.8m，有效容积 43m³，装球量 79t，安装在设备基础上，拟采用 95t 汽车式起重机进行吊装就位，钢丝绳重 5t，在现场许可的工作幅度和臂长的工况条件下查得额定起重量为 77t（图 3-2）。

图 3-2　粉煤球磨机

……

【问题】

1. 安排本工程的施工程序。

2. 球磨机宜采用哪种基础种类？说明理由。球磨机安装前对基础质量要进行哪些检查？

3. 球磨机的吊装工况是否符合要求？可否直接进行试吊作业？说明理由。

4. 该设备安装单位需要和该工程项目哪些专业施工单位进行配合？

主要的配合工作内容有哪些？

（四）

【背景资料】

某安装公司（以下简称 A 公司）承建一高层商务楼的机电工程改建项目，该高层建筑位于闹市中心，周界已建满高层建筑。有地上 30 层、地下 3 层，工程改建的主要项目有变压器、成套配电柜的安装调试；母线安装、主干电缆敷设；给水主管、（非高温）热水供暖系统管道安装；锅炉设备安装；空调机组和风管的安装；冷水机组、水泵、冷却塔和空调水主管的安装。锅炉设备、变压器、成套配电柜、冷水机组和水泵安装在地下2层，需从建筑物原吊装孔吊入。冷却塔安装在顶层。

A公司项目部进场后，编制了施工组织设计、施工方案和施工进度计划，根据有限的施工场地设计了施工总平面图，并经建设单位和监理单位审核通过。

A公司项目部将变压器、冷水机组及冷却塔等设备的吊装分包给专业吊装公司（B公司）。B公司编制了汽车式起重机进行设备吊装的方案。方案审核未通过，被公司技术负责人退回。方案重新编制，决定采用桅杆式起重机吊装，并制定了相应的安全技术措施，该方案经论证后通过。

【问题】

1. A公司项目部编制施工进度计划时，哪些改建项目应安排在设备吊装完成后施工？

2. 请说明为何原"汽车式起重机进行设备吊装的方案"未能通过审核，而"桅杆式起重机吊装方案"通过了审核？

3. 在设备吊装施工中主要存在哪些风险？

4. 简述高层建筑管道安装的防振降噪措施。

5. 简述热水供暖系统管道水压试验要求。

（五）

【背景资料】

某实施监理的机电安装工程项目，施工合同采用了包工包全部材料的固定价格合同。工程招标文件参考资料中提供的用砂地点距工地4km。但是开工后，检查该砂质量不符合要求，承包商只得从另一距离工地20km的供砂地点采购。而在一个关键工作面上又发生了以下原因造成临时停工：

（1）2017年5月20日至2017年5月26日，承包商的施工设备出现了从未出现过的故障。

（2）应于2017年5月24日交给承包商的后续设计图纸直到2017年6月10日才交给承包商。

（3）2017年6月7日至2017年6月12日，施工现场下了该季节罕见的特大暴雨，造成了2017年6月11日至2017年6月14日该地区的供电全面中断。

【问题】

1. 由于供砂距离增大，必然引起费用的增加，承包商经过仔细认真计算过后，在业主指令下达的第3天，向业主的监理工程师提交了将原用砂单价提高5元人民币的索赔要求。作为一名监理工程师应该批准该索赔要求吗？为什么？

2. 由于几种情况的暂时停工，承包商在6月15日向监理工程师提交了延长工期25d，成本损失2万元/d（此费用已经监理工程师核准）和利润损失费用2000元/d的索赔要求，共计赔偿款57.2万元。

作为一名监理工程师应该批准该索赔款额多少万元？工期可以补偿多少天？

3. 索赔成立的条件是什么？

4. 若承包商对因业主原因造成窝工损失进行索赔时，要求设备窝工损失按台班计算，人工的窝工损失按工作日计价是否合理？如不合理应怎样计算？

5. 如果索赔产生争端，应如何解决？

模拟预测试卷一参考答案及解析

一、单项选择题

1. C

【解析】选项 B 是蒸汽锅炉的工作强度指标；选项 D 是锅炉经济性指标。

2. B

3. D

【解析】若采用 2 个以上吊点起吊时，每点的吊索与水平的夹角不宜小于 60°。

4. D；5. C；6. D

【解析】选项 A 错，应为 5h；选项 B，温升应控制在 5~8℃；选项 C 错，不得采用水银温度计，可以用酒精温度计、电阻温度计或温差温度计；选项 D 正确，还可以采用外部加热干燥法。

7. C

【解析】选项 A 错，室外热力管道坡度应该为 0.003。选项 B 错，没有这个强制要求，但是当垂直安装时，有其相应的要求。选项 D 错，补偿器两侧的第一个支架应为导向支架。

8. B

【解析】底板边缘板对接接头采用不等间隙，间隙要外小内大。

9. C

【解析】锅炉受热面施工程序：设备及其部件清点检查→合金设备（部件）光谱复查→通球试验与清理→联箱找正划线→管子就位对口焊接→组件地面验收→组件吊装→组件高空对口焊接→组件整体找正等。

10. B

【解析】气动信号管应采用紫铜管、不锈钢管或聚乙烯、尼龙管。

11. C；12. A；13. D

【解析】无控制电压、电路接地的故障，过载情况下自动扶梯、自动人行道必须自动停止运行。

14. D

【解析】系统试验压力为工作压力的 1.5 倍，不小于 0.6MPa。（本题相关知识点，考点分析中没有写）

15. A

【解析】在这些情况中，招标投标中不属于废标的是截止投标前 5 分钟进行报价变更，并提交变更文件，其他都不符合条件，是废标。

16. C

【解析】机电工程项目部与施工单位有合同契约关系的单位间协调包括：发包单位、

业主及其代表监理单位；材料供应单位及个人；设备供应单位；施工机械出租单位；经委托的检验、检测、试验单位；临时设施场地或建筑物出租单位或个人；其他。

17．C

【解析】选项 A、B 属于准备阶段工作；选项 D 属于收尾阶段工作。

18．A

【解析】施工准备阶段项目成本的控制要点：（1）优化施工方案：对施工方法、施工顺序、机械设备的选择、作业组织形式的确定、技术组织措施等方面进行认真研究分析，运用价值工程理论，制定出技术先进、经济合理的施工方案；（2）编制成本计划并进行分解；（3）做出施工队伍、施工机械、临时设施建设等其他间接费用的支出预算，进行控制。

19．B

【解析】项目部的计量器具分为 A、B、C 三类，A 类为本单位最高计量标准器具和用于量值传递的工作计量器具，如：一级平晶、水平仪检具、千分表检具、接地电阻测量仪、列入国家强制检定目录的工作计量器具。

20．B

【解析】分项工程质量验收记录应由施工单位质量检验员填写，验收结论由建设（监理）单位填写。填写的主要内容：检验项目；施工单位检验结果；建设（监理）单位验收结论。结论为"合格"或"不合格"。记录表签字人为施工单位专业技术负责人、建设单位技术负责人、监理工程师。

二、多项选择题

21．A、B、C

【解析】选项 D、E 错，钢管热弯曲率应不小于管道外径的 3.5 倍；冷弯曲率应不小于管道外径的 4 倍。

22．A、B、E

【解析】选项 C、D 属于电气动力子分部工程的分项工程。

23．B、C、D

【解析】选项 A、E 适用微压和低压。

24．B、C、D

【解析】光缆的敷设要求：光缆最小动态弯曲半径应大于光缆外径的 20 倍。光缆的牵引端头应做好技术处理，可采用自动控制牵引力的牵引机进行牵引。牵引力应加在加强芯上，其牵引力不应超过 150kg；牵引力速度宜为 10m/min；一次牵引的直线长度不宜超过 1km，光纤接头的预留长度不应小于 8m。

25．C、D、E；26．B、C；27．B、C、E；28．B、C、E；29．A、C、D；30．C、D

三、实务操作和案例分析题

（一）

答1：重点控制的工作为 A、C、F、J、K。

答2：（1）E 工作拖后 2 个月，影响 H、I、J 工作的最早开始时间，E 工作总时差为

1个月，影响工期1个月。

（2）C工作实际进度与计划进度一致（或无进度偏差），不影响F、G的最早开始时间。

（3）D工作延后1个月，影响G工作的最早开始时间，但不影响总工期，D工作有2个月的总时差。

答3：绘制的进度前锋线图如下所示：

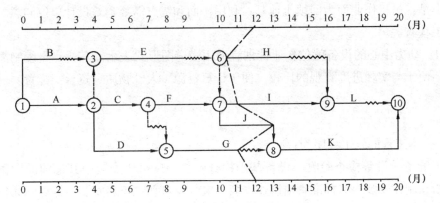

如不进行调整，此时进度总工期为19个月，可以提前1个月。

答4：不予批准。

理由是：虽然J、G工作在第12个月末完成了，K的图纸没有交付，但是K工作的计划开始时间是第13个月结束时，只要在第13个月末前完成即可。对总监理工程师批准的进度计划还未造成影响，所以不予批准。

（二）

答1：根据建筑物设备的布置和要求，合理的设备就位顺序如下：

（1）先安装-11.800层的设备，后安装-6.800层的设备；每层先安装远离吊装孔的设备，最后安装靠近吊装孔的设备，即：2区北→1区→2区南区；-2.600层冷却塔安装可作为作业平衡调剂用。

理由是：

先安装-11.800层的设备，使-6.800层吊装孔封闭，便于该层设备平移就位。

每层先安装远离吊装孔的设备，最后安装靠近吊装孔的设备，是为了避免堵塞通道。

-2.600层冷却塔安装可作为作业平衡调剂用，是因为该层设备就位后不会挡住吊装孔。

（2）-6.800层的设备就位流程：换热器→供热锅炉→各类水泵；

或，-11.800层设备就位流程：离心冷水机组→变配电设备→柴油发电机组

答2：为充分利用资源、降低成本、改善作业环境，动力中心开工时，可安排以下工程施工：照明工程、通风排气工程、集水坑排水工程。

理由是：照明工程优先安排施工，验收合格后可以优先投用，减少现场临时用电设施；

通风排气工程优先安排施工，验收合格后可以优先投用，有利于现场作业人员的身

体健康；

集水坑排水工程优先安排施工，有利于现场安全。

答3：动力中心安装前要进行起重吊装作业的专项安全技术交底，交底内容中与土建工程有关的有：吊机作业面的承载力试验；楼面承载力核算；水平拖运锚点利用建筑物时，锚点的强度计算（核算）。

理由是：吊机作业面为回填土地基；利用楼面和锚点需要建筑设计单位同意。这些都和土建工程有关。

答4：动力中心的设备就位作业计划宜采用横道图形式表示。其优点是编制简单、直观清晰，便于与实际进度直观的比较，便于计算资源（人、物质、资金）配置。

（三）

答1：本工程的施工程序为：

施工准备→设备检查验收→设备基础检查验收→球磨机安装→其他辅助设备机械安装→煤粉仓制作安装→非标准管道制作安装→电气及自动化仪表安装→保温→无负荷单机调试试运行。

答2：球磨机宜采用桩基础。

理由是：球磨机为振动大的大型机械设备，桩基础可以有效减弱基础振动。

球磨机安装前对基础质量要进行以下检查验收：

（1）基础施工质量证明文件的检查验收；

（2）基础位置和尺寸的检查验收；

（3）基础沉降观测记录的检查。

答3：不可直接进行试吊作业。

理由：

$Q_j = K_1 \times Q = 1.1 \times (60 + 5) = 71.5t$，小于额定起重量 77t。

满足额定起重量大于计算载荷，但还必须考虑吊臂与设备之间的安全距离是否符合规范要求，所以不可直接进行试吊。要通过计算确定符合安全距离的要求，才可以进行试吊及正式吊装。

答4：该设备安装单位需要和该工程项目的土建结构工程专业施工单位进行配合。

主要的配合工作内容有：

图纸会审，确认一致性；

预留预埋的配合；

进度计划的配合；

成品保护的配合等。

（四）

答1：项目部编制施工进度时，母线安装、主干电缆敷设，给水主管、热水供暖系统管道安装，空调机组和风管的安装，空调水主管的安装，应安排在设备吊装完成后施工。

答2："汽车式起重机进行设备吊装的方案"未能通过审核，其原因是：周界已建满高层建筑，采用汽车式起重机，其吊装区域受到限制，不能满足本工程的吊装作业要求。

而"桅杆式起重机吊装方案"通过了审核是因为：桅杆式起重机结构简单，起重量也大，对场地要求不高，能满足本工程的吊装作业要求。

答3：在设备吊装施工中主要存在以下风险：

（1）有机械打击伤害的风险；

（2）起重作业还有起重机械失稳的风险；

（3）起重系统失稳的风险；

（4）设备失稳的风险；

（5）气候条件影响吊装作业的风险等。

答4：高层建筑管道安装的防振降噪措施有：保证管道安装牢固；坡度合理；采取必要的减振隔离；加柔性连接等措施。

答5：热水供暖系统管道安装完毕，管道保温之前应进行水压试验。试验压力应符合设计要求。当设计未注明时，热水供暖管道，应以系统顶点工作压力加 0.1MPa 做水压试验，同时在系统顶点的试验压力不小于 0.3MPa。

（注意：案例背景如果是高温热水供暖系统，试验压力应为系统顶点工作压力加 0.4MPa）

（五）

答1：因砂场地点的变化提出的索赔，监理工程师不应批准，理由是：施工合同为包工包料的固定价格合同，承包单位应该了解其中的风险因素。

供砂地点和质量是承包单位自己确认过的，出了问题也应该自己承担。

（投标时，应对招标文件进行研究和考察）

答2：就几种情况的暂时停工，监理工程师应批准索赔款额为 44 万元。

（1）承包商的施工设备出现的故障，是自己的责任，不能索赔。

（2）应于 2017 年 5 月 24 日交给承包商的后续设计图纸直到 2017 年 6 月 10 日才交给承包商。所延误的 18 天工期可以进行索赔，但利润不能索赔。18×2 = 36 万元。

（3）因罕见的特大暴雨，按不可抗力，经济损失不赔；造成的停电，延误的 4 天可以进行索赔 4×2 = 8 万元，利润不赔。

工期可以批准 22 天。

（1）事件 1 不能索赔；

（2）5 月 24 日到 6 月 10 日——18 天；

（3）6 月 7 日到 6 月 12 日（全部是重叠的时间，与图纸重叠 4 天，与停电重叠 2 天）；

（4）6 月 11 日至 6 月 14 日——4 天。

答3：索赔成立的前提条件为：

（1）与合同对照，事件已造成了承包商工程项目成本的额外支出，或直接工期损失；

（2）造成费用和工期的损失，按合同约定不属于承包商的行为责任；

（3）承包商按合同规定的程序和时间提交了索赔意向通知和索赔报告。

答4：承包商要求设备窝工损失按台班计算，人工的窝工损失按工作日计价不合理。

理由是：

（1）设备窝工费用索赔，属于自有设备应按折旧费计算，租赁的应按租赁费用计算。

（2）施工人员发生窝工，应进行调整，索赔的费用应为工作时功效降低的损失费用。或按合同约定的窝工损失费用进行索赔。

答5：索赔发生争端，首先可以由监理工程师主持协商会议，进行协商；协商不能解决可由合同约定的争端裁决委员会进行调解；再不能解决可以仲裁机构或法院诉讼进行解决。

2021年度全国一级建造师执业资格
考试模拟预测试卷二

一、单项选择题（共20题，每题1分。每题的备选项中，只有1个最符合题意）

1. 关于黑色金属的类型及应用表述错误的是（　　）。

A. 黑色金属主要是铁和以铁为基的合金

B. 钢也是黑色金属，其含碳量一般在2%以下

C. 石油化工、压力容器钢制法兰可用材料为板材、铸件和钢管

D. 生活污水应采用铸铁管或塑料管、混凝土管

2. 以下输送机，物品与牵引件在工作区段一起移动的是（　　）。

A. 螺旋输送机　　　　　　　　　　B. 气力输送机

C. 滚柱输送机　　　　　　　　　　D. 悬挂输送机

3. 工业设备安装前，埋设了标高基准点后应进行（　　）。

A. 基准线设置　　　　　　　　　　B. 沉降观测

C. 设置沉降观测点　　　　　　　　D. 设备安装控制测量

4. 用（　　）作为保护气体，可焊接不锈钢和铜；也常用于等离子弧切割，作为外层保护气体。

A. N　　　　　　　　　　　　　　B. O_2

C. H_2　　　　　　　　　　　　　D. Ar

5. T形头地脚螺栓属于（　　）。

A. 长地脚螺栓　　　　　　　　　　B. 预埋地脚螺栓

C. 胀锚地脚螺栓　　　　　　　　　D. 短地脚螺栓

6. 电动机安装中，做法错误的是（　　）。

A. 电动机与基础之间衬垫防振物体　　B. 拧紧螺母时须按顺时针方向拧紧

C. 用水平仪调整电动机的水平度　　　D. 底座安装完后进行二次灌浆

7. 管道轴测图应标明的焊接工艺信息不包括（　　）。

A. 焊缝编号和焊工代号　　　　　　B. 无损检测焊缝位置

C. 热处理焊缝位置　　　　　　　　D. 焊接检查记录

8. 储罐常用的焊接方法不包含（　　）。

A. 焊条电弧焊　　　　　　　　　　B. 埋弧焊

C. 钨极惰性气体保护焊　　　　　　D. 气电立焊

9. 压力取源部件的安装位置应选在被测物料（　　）的位置。

A. 压力稳定　　　　　　　　　　　B. 压力变化

C. 流束稳定   D. 流束变化

10. 铝箔组成的绝热结构采用（　　　）施工方法。

    A. 焊接或铆接   B. 螺栓固定

    C. 粘贴固定   D. 捆扎固定

11. 电动调节阀安装前应按说明书的规定检查线圈与阀体间的电阻、模拟动作试验，还要进行（　　　）。

    A. 供电电压检查   B. 试压试验

    C. 输入信号检查   D. 调试

12. 机械设备的使用，折算费用来选择施工机械，这种方法属于（　　　）。

    A. 应用综合评价法   B. 单位工程量成本比较法

    C. 界限使用判断法   D. 等值成本法

13. 项目部与施工单位有合同契约关系的单位协调不包括（　　　）单位。

    A. 业主   B. 专业分包

    C. 设备供应商   D. 施工机械出租单位

14. 某工序总时差 5d，自由时差 3d，设计变更等图纸等了 6d，则（　　　）。

    A. 该工序的延误影响紧后工序最早开始 1d

    B. 该工序的延误影响紧后工序最迟开始 3d

    C. 该工序的延误影响工期 6d

    D. 该工序的延误影响紧后工序最早开始 3d

15. $ACWP$ 为 12000 元，$BCWP$ 为 9000 元，$BCWS$ 为 10800 元，则（　　　）。

    A. 进度延误、费用节省   B. 进度超前、费用节约

    C. 费用超支、进度延误   D. 施工效率高

16. 按施工阶段分，联动试车属于（　　　）。

    A. 过程检验   B. 最终检验

    C. 监督检验   D. 验收检验

17. 施工图预算编制的关键在于编制好（　　　）。

    A. 分部工程施工图预算   B. 单位工程施工图预算

    C. 单项工程施工图预算   D. 建设项目施工图预算

18. 因质量管理有过失，造成施工现场脚手架倒塌，重伤 10 人、死亡 1 人，物资经济损失 80 万元，该质量事故属于（　　　）。

    A. 特别重大事故   B. 重大事故

    C. 较大事故   D. 一般事故

19. 特种设备生产单位应当具备与生产相适应的条件。下列选项中，不属于对特种设备生产单位考核的条件是（　　　）。

    A. 质量保证、安全管理和岗位责任制度   B. 资金和业绩

    C. 专业技术人员   D. 设备、设施和工作场所

20. 所有检验批均应由监理工程师或（　　　）组织验收。

A. 建设单位专业技术负责人　　　　　B. 建设单位项目技术负责人

C. 总监理工程师　　　　　　　　　　D. 设计单位技术负责人

二、多项选择题（共10题，每题2分。每题的备选项中，有2个或2个以上符合题意，至少有1个错项。错选，本题不得分；少选，所选的每个选项得0.5分）

21. 桅杆起重作业，地锚结构形式应根据（　　　）设计和选用。

A. 设备重量　　　　　　　　　　　　B. 受力条件

C. 桅杆截面　　　　　　　　　　　　D. 桅杆稳定性

E. 作业场地的地质条件

22. 发电机转子测量包括（　　　）等。

A. 轴颈椭圆度测量　　　　　　　　　B. 弯曲度测量

C. 静频率测量　　　　　　　　　　　D. 中心孔测量

E. 推力盘瓢偏度测量

23. 可以在环境温度为5～10℃进行施工作业的耐火料是（　　　）。

A. 耐火泥浆　　　　　　　　　　　　B. 耐火可塑料

C. 水泥耐火浇注料　　　　　　　　　D. 水玻璃耐火浇注料

E. 磷酸盐耐火浇注料

24. 焊接主要适用于建筑管道的（　　　）连接。

A. 埋地金属管道　　　　　　　　　　B. 高层金属管道

C. 镀锌钢管道　　　　　　　　　　　D. 铜管

E. 消防水管道

25. 符合母线槽安装连接要求的是（　　　）。

A. 母线槽直线段安装应平直

B. 母线槽跨越建筑物变形缝处宜设置伸缩节

C. 母线槽连接的接触电阻不应大于 0.5Ω

D. M18 螺栓力矩值为 70N·m

E. 母线槽全厂与保护导体可靠连接至少一处

26. 下列试验内容，空调多联机组的冷媒管道试验内容有（　　　）。

A. 真空试验　　　　　　　　　　　　B. 气密性试验

C. 气压试验　　　　　　　　　　　　D. 检漏试验

E. 通水试验

27. 下列装置中，属于电梯设备安全运行的装置有（　　　）。

A. 对重　　　　　　　　　　　　　　B. 限速器

C. 召唤器　　　　　　　　　　　　　D. 安全钳

E. 缓冲器

28. 消防验收现场检查主要是核查工程实体是否符合经审核批准的消防设计，其内容包括（　　　）。

A. 房屋建筑的类别　　　　　　　　　B. 消防车通道的布置

C. 消防实战演练情况　　　　　　D. 消防实施的测试

E. 内部平面的布置

29. 以下成本控制要点属于施工阶段项目成本控制要点的是（　　）。

A. 优化施工方案　　　　　　　　B. 核算实际发生的费用，计算实际成本

C. 成本差异分析　　　　　　　　D. 及时结算工程款

E. 控制保修期的保修费用支出

30. 建筑安装工程一般按（　　）划分为一个检验批。

A. 工种　　　　　　　　　　　　B. 材料

C. 施工工艺　　　　　　　　　　D. 设备组别

E. 设计系统

三、实务操作和案例分析题（共 5 题，（一）、（二）、（三）各 20 分，（四）、（五）各 30 分）

（一）

【背景资料】

某机电安装公司中标位于海南岛沿海码头附近一个炼化工程的 PC 项目，工程范围包括大量钢结构、超大塔器（直径 4.8m、长度 78m、重量 360t）的采购工作。机电安装公司成立了项目部，负责项目的运行。

项目部成立设备、材料采购部，组织工程材料的采办工作。

根据技术文件的要求，超大型塔器需热处理完毕后，整体到货安装。经业主批准的塔器采购名单中 A 公司位于张家港，B 公司位于无锡，C 公司位于西安，D 公司位于武汉，E 公司位于贵阳。项目部拟采用邀请招标的形式优选制造厂。采办合同要求施工现场交货。

期间发生了以下事件：

对于关键设备塔器设备，项目派遣监造工程师驻场监造，项目部组织编制了监造大纲，并要求监造工程师采用巡检、停检、周会的形式履行监造职责。

塔器到达现场后，机电安装公司组织项目技术部、采购部、业主工程师对到场的塔器进行检测验收。发现塔器的进料法兰有一条深约 2mm 的贯穿密封面的划痕、塔器裙座的角焊缝焊渣未清理就涂防腐油漆。

【问题】

1. 塔器是否可以采用邀请招标采购？请分析塔器潜在供货商情况，选择合适的采购方略。

2. 塔器的现场验收工作有什么不足？

3. 关于塔器的缺陷，制造厂和监造工程师应负什么责任？

4. 监造工程师的监造活动还应有哪些？

（二）

【背景材料】

某公司以 C 方式总承包机电工程，工程含 5 座 3000m³ 低合金高强度制作的储油球罐

现场组焊。总包单位承担关键设备的安装调试，将 5 座球罐现场组焊分包给具备相应资质的分包单位承担。

施工过程中发生下列事件：

事件 1：钢结构制作全部露天作业。任务还未完成时雨季来临，工期紧迫，不能停止施工。

事件 2：球罐赤道带组对焊接后，立即进行了超声波探伤检测，只发现几处焊缝有气孔。

事件 3：在下温带组焊前，监理对赤道带又进行焊缝质量抽检，发现多处焊缝存在裂纹。

【问题】

1. 事件 1 中，雨季施工焊接前应采取哪些措施？

2. 事件 2 中的质量问题应如何处置？

3. 绘制油罐焊缝出现气孔质量问题的因果分析图。

4. 为何在事件 2 中没有发现裂纹？施工单位如何控制事件 3 的质量问题？

（三）

【背景资料】

某成品燃料油外输项目，由 4 台 5000m³ 成品汽油罐、两台 1000m³ 消防罐、外输泵和工作压力为 4.0MPa 的外输管道及相应的配套系统组成。

具备相应资质的 A 公司为施工总承包单位。A 公司拟将外输管道及配套系统施工任务分包给 GC2 资质的 B 专业公司，业主认为不妥。随后 A 公司征得业主同意，将土建施工分包给具有相应资质的 C 公司，其余工程由 A 公司自行完成。

A 公司在进行罐内环焊缝碳弧气刨清根作业时，采用的安全措施有：36V 安全电源作为罐内照明电源；3 台气刨机分别由 3 个开关控制，共用一个总漏电保护开关；打开罐体的透光孔、人孔和清扫孔，用自然对流方式通风。经安全检查，存在不符合安全规定之处。

管道试压前，项目部全面检查了管道系统：试验范围内的管道已按图纸要求完成；焊缝已除锈合格并涂好了底漆；膨胀节已设置了临时约束装置；一块 1.6 级精度等级的压力表已校验合格待用；待试管道与其他系统已用盲板隔离。项目部在上述检查中发现了问题，并出具了整改书，要求作业队限时整改。

由于业主负责的施工图设计滞后，造成 C 公司工期延误 20d，窝工损失达 30 万元人民币，C 公司向 A 公司提请工期和费用索赔。A 公司以征地由业主负责，C 公司应向业主索赔为由，拒绝了 C 公司的索赔申请。

【问题】

1. 说明 A 公司拟将管道系统分包给 B 单位不妥的理由。

2. 指出罐内清根作业中不符合安全规定之处，并阐述正确的做法。

3. 管道试压前的检查中发现了哪几个问题？应如何整改？

4. 该管道系统安装后应进行哪些试验？

5. A公司拒绝C公司索赔是否妥当？说明理由。

（四）

【背景资料】

某安装公司分包了某生产车间的设备安装工程，设备包括10kV电动机、生产线等。
合同履约过程中发生以下事件：

（1）电动机安装前进行绝缘电阻测试，定子绕组绝缘电阻8MΩ，转子绕组绝缘电阻为6.8MΩ。

（2）吸收比试验记录表如下：

测试记录时间	测试值（MΩ）
10s	16
15s	18
20s	21
30s	25
40s	30
45s	32
50s	34
55s	36
60s	39

（3）安装公司中标后进场，编制了施工组织设计，其中进度计划如下图所示，报监理批准后按此进度计划组织了施工。

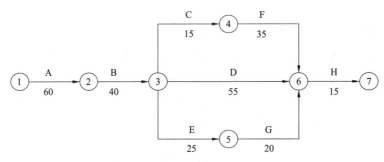

施工进行到75天时，监理工程师进行进度检查，发现A工作已全部完成，工作B即将开始。监理工程师认为施工进度滞后比较严重会影响总工期，要求施工单位在工艺管线不变的情况下，进行赶工，并要求提出有效的赶工措施，按原计划完工。

经测算各工作可压缩的时间及所需的赶工费用如下：

工作	最大可压缩时间（天）	赶工费用（元／天）
A	10	2000
B	5	2000

工作	最大可压缩时间（天）	赶工费用（元／天）
C	3	1000
D	10	3000
E	5	2000
F	10	1500
G	10	1200
H	5	4200

【问题】

1. 电动机接线方式有哪些？画出其中一种的示意图。

2. 该电动机是否需要进行干燥？理由是什么？

3. 吸收比试验结果是否符合要求？

4. 施工单位如何调整原进度计划，既经济又保证按原计划完工。

（五）

【背景资料】

其施工单位承建一南方沿海城市的大型商场的机电安装工程。合同工期为10个月，于2004年11月10日开工，2005年9月10日竣工。该工程特点是各类动力设备包括冷冻机组、水泵、集中空调机组、变配电装置等，均布置在有通风设施和排水设施的地下室。由于南方沿海空气湿度高、昼夜温差大，夏天地下室结露严重，给焊接、电气调试、油漆、保温等作业的施工质量控制带来困难。通风与空调系统的风管设计工作压力为1000Pa。项目部决定风管及部件在场外加工。项目部制订的施工进度计划中，施工高峰期在6～8月，正值高温季节。根据地下室的气候条件和高空作业多的特点，需制订针对性施工技术措施，编制质检计划和重点部位的质量预控方案等，使工程施工顺利进行，确保工程质量。

风井与屋顶风机连接安装的施工图如下所示：

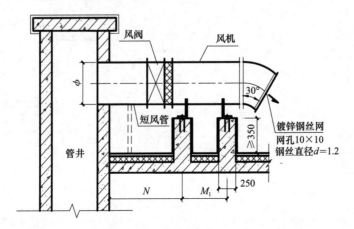

【问题】

1. 针对环境条件，制定主要的施工技术措施。

2. 为保证地下室管道焊接质量，针对环境条件编制质量预控方案。

3. 风管及部件进场做什么检验？风管系统安装完毕后做什么检验？

4. 风井与风机的连接安装图中有何问题？

5. 变配电装置进入调试阶段，因环境湿度大，会造成调试时测试不准或不能做试验，在管理上应采取哪些措施？

模拟预测试卷二参考答案及解析

一、单项选择题

1. C

【解析】选项 C 错，应该是：石油化工、压力容器钢制法兰可用材料为板材和锻件。

2. D

【解析】本题考查的是有挠性牵引件的输送设备。A、B、C 选项属于无挠性牵引件的输送设备。学习的时候，要求掌握无挠性牵引件的输送设备，考查有挠性的，用排除法做题。

3. C

【解析】埋设了标高基准点后就要进行第一次沉降观测，但是沉降观测也是需要设观测点的，所以按程序应选 C，选项 B 是干扰项。

4. A

【解析】O_2 主要作用是助燃。H_2 作为还原气体，焊接时与 O_2 混合燃烧，作为气焊的热源。焊接低合金高强钢时，从减少氧化物夹杂和焊缝含氧量出发，希望采用纯 Ar 做保护气体；从稳定电弧和焊缝成型出发，希望向 Ar 中加入氧化性气体。

5. A

【解析】长地脚螺栓是活动地脚螺栓，如 T 形头螺栓、拧入式螺栓、对拧式螺栓等。

6. B

【解析】应按对焦交错次序拧紧。

7. D

8. C

9. C

10. A

【解析】铝箔、抛光不锈钢、电镀板组成的绝热结构称为金属反射绝热结构，这类结构采用焊接或铆接的施工方法。

11. B

【解析】主要输出设备的安装要求：

（1）电磁阀、电动调节阀安装前，应按说明书规定检查线圈与阀体间的电阻，进行模拟动作试验和试压试验。阀门外壳上的箭头指向与水流方向一致。

（2）电动风阀控制器安装前，应检查线圈和阀体间的电阻、供电电压、输入信号等是否符合要求，宜进行模拟动作检查。

12. D

13. B

【解析】专业分包单位属于内部协调单位。题干考的是外部协调单位的有合同契约关系的单位。

14. D

【解析】选项 A 错，影响紧后工序最早开始时间＝延误时间－自由时差，所以选项 D 正确。对工期的影响和对紧后最迟开始时间的影响＝延误的时间－总时差，故选项 B、C 也错。

15. C

【解析】费用偏差＝已完工作预算费用 9000－已完工作实际费用 12000 ＝ －3000 元

进度偏差＝已完工作预算费用 9000－计划工作预算费用 10800 ＝ －1800 元

16. B

【解析】选项 A、B 的分类方式是按施工阶段分。选项 C 既属于按质量检验的目的分，也属于按施工阶段分。选项 D 属于按验收目的分。

17. A

【解析】施工图预算由单位工程施工图预算、单项工程施工图预算和建设项目施工图预算三级编制综合汇总而成。由于施工图预算是以单位工程为单位编制，按单项工程汇总而成，所以施工图预算编制的关键在于编制好单位工程施工图预算。

18. C

19. B

【解析】这种题，即便不看知识点也是应该能选对的。

20. B

二、多项选择题

21. B、E

22. A、B、E

23. A、B、C

【解析】耐火泥浆、耐火可塑料、耐火涂料和水泥耐火浇注料等在施工时的温度均不应低于 5℃。黏土结合耐火浇注料、水玻璃耐火浇注料、磷酸盐耐火浇注料施工时的温度不宜低于 10℃（养护要采用干热法）。

24. A、B、D

【解析】焊接。焊接适用于非镀锌钢管，多用于暗装管道和直径较大的管道，并在高层建筑中应用较多。铜管连接可采用专用接头或焊接。

25. A、B

【解析】选项 B 可以按正确选项判断，母线槽跨越建筑物变形缝处应设置补偿装置，伸缩节是其中一种。选项 C 错，母线槽连接的接触电阻应小于 0.1Ω（不大于 0.1Ω）。选项 D，这种选项，知识点难记，可以跳过，不管考正确还是错误的都不选。选项 E，表述不准确，应该是不少于 2 处。

26. A、B、D；27. B、D、E；28. A、B、E

29. B、C

【解析】选项 A，属于施工准备阶段成本控制要点。选项 D、E 为竣工交付使用及保修阶段项目成本的控制要点。

30．D、E

三、实务操作和案例分析题

（一）

答 1：塔器数量少又制造高度专业化，可以采用邀请招标的方式，但是需经批准。

因为工程位于海南沿海码头附近。所以在潜在供应商中选择，在考虑了供应商是否具备技术水平和生产能力，以及其生产任务的饱和情况、履约信誉，还需要考虑供货商的地理位置情况。西安、贵阳位于内陆，铁路公路运输成本大、道路桥梁多有障碍。而A、B、D 公司水运发达交通便利，项目应在这三家中进行邀请招标。

答 2：塔器现场验收工作有以下不足：

（1）设备验收组织人不符合要求，应该由建设单位组织验收。

（2）参加单位不符合要求，除项目技术部、采购部、业主工程师参加外，监理工程师、设备制造方代表、施工技术人员也应参加。

（3）验收内容不符合要求，除了外观检查外，还应检查产品合格文件、重要的试验检验报告、规格尺寸、随机文件、塔内件及安全附件的规格、型号、数量等。

答 3：塔器的质量责任主要是制造厂，应负责进行缺陷的处理。监造工程师应承担监造管理责任。

答 4：监造工程师的监造活动还应有监造会议、现场见证、文件见证、质量会议、例会、监造周报及月报等。

（二）

答 1：雨季空气湿度大，焊条易受潮、积水或锈蚀。

应采取以下措施：焊条烘干、焊条保湿（如保温桶）、焊件局部干燥、防雨措施（如防雨棚等）、焊缝除锈或清理。

答 2：事件 2 中的质量问题应采取返工处理的方式，碳弧气刨清根，铲除有问题的焊缝，重新焊接。

答 3：油罐焊缝出现气孔质量问题的因果分析图如下所示：

答 4：事件 2 中没有发现裂纹，是因为该球罐是低合金高强度钢，有延迟裂纹倾向，焊后立即探伤错，应在焊后 36 小时进行探伤检测。

防止产生延迟裂纹的措施主要有：焊条烘干、焊前预热、焊后热处理；严格执行焊后消氢处理的工艺；不能及时进行热处理，焊后应立即均匀加热至 200～350℃，并保温缓冷。

答 1：A 公司拟将管道系统分包给 B 单位不妥的理由：

工作压力为 4.0MPa 的成品燃料油外输管道为 GC1 级管道；

B 单位具备的是 GC2 级资质，所以 B 单位不具备相应的施工资质。

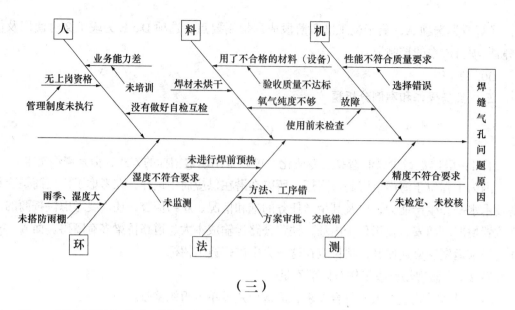

（三）

答2：罐内清根作业中不符合安全规定之处有：

36V安全电源作为罐内照明电源；

3台气刨机分别由3个开关控制，共用一个总漏电保护开关；

打开罐体的透光孔、人孔和清扫孔，用自然对流方式通风。

正确的做法应该是：

罐内照明电源应采用12V安全电源；应采用"一机一闸一保护"；应采取强制通风的措施。

答3：管道试压前的检查中发现了以下几个问题（抄背景）

试验范围内的管道已按图纸要求完成；

焊缝已除锈合格并涂好了底漆；

一块1.6级精度等级的压力表已校验合格待用；

整改措施如下：

试验范围内的管道除防腐绝热外已按图纸要求完成；

试压前，焊缝无损检测应合格，不得进行防腐作业；

应准备二块精度等级为1.6级以上的压力表，压力表应在检定周期内并校验合格；量程也符合要求，表的刻度应该为被测最大压力的1.5～2倍。

答4：该管道系统安装后应进行压力试验、泄露性试验和真空度试验。

答5：A公司拒绝C公司索赔不妥当。

理由：C索赔程序正确；C公司和建设单位没有合同关系。

（四）

答1：电动机接线方式有丫接和三角接。

"丫接"示意图：

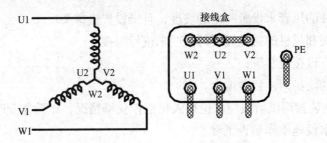

三角接示意图:

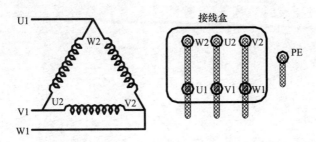

答2：该电动机需要进行干燥，因为定子绕组绝缘电阻测试值不符合要求，测试值应不小于 10MΩ。（干燥方法有外部加热干燥法和电流干燥法）

答3：吸收比符合要求，R60/R15 = 39/18 = 2.16

答4：在 B 工作上赶 5 天、C 赶 3 天、D 赶 8 天，H 赶 2 天，成本最低。

（五）

答1：主要的施工技术措施有：

（1）在比赛大厅地面分段组装风管，经检测合格后保温，减少高空作业。

（2）先安装地下室排风机，进行强制排风，降低作业环境湿度。

（3）必要时，采取加热烘干措施。

答2：地下室管道焊接质量预控方案：

1. 工序名称：焊接工序。

2. 可能出现的质量问题：产生气孔、夹渣等质量缺陷。

3. 提出质量预控措施：

（1）焊工备带焊条保温筒；

（2）施焊前对焊口进行清理和烘干（烘干时，温度不能超过管材金属材料脆性转变温度）；

（3）进行强制通风，检测相对湿度（大于 90% 时，停止作业）。

答3：风管及部件进场时进行外观检查；风管漏光法检测。

因该风管系统属于中压风管，系统安装完毕后应做严密性试验。即：风管漏光法检测合格后做漏风量测试的抽检。

答4：风井与风机的连接安装图中有以下主要问题：

（1）穿过管井未设套管；

（2）穿出管井的风管未设置一定的坡度，且未设置支撑架；

（3）连接风阀和风机的柔性短管的法兰未进行跨接；

（4）风机没有设接地装置；

（5）出风口的防护网，目数偏大。

答5：变配电装置调试阶段应派值班人员监控受潮情况，试验作业时应加强监护，检查排风设施和排水设施工作是否正常。